高职高专计算机类系列教材

动态网页制作教程

主　编　杨　晶
副主编　刘　杰　王学慧
参　编　高建芳　宋海涛

西安电子科技大学出版社

内 容 简 介

本书按照高职培养方案的要求编写，分为 10 个任务，详细讲解了一个动态网页制作的全过程，包括搭建 Web 开发环境、网站规划与设计、网页主题母版及导航设计、Web 服务器控件应用、内置对象应用、ADO.NET 技术应用、数据库操作的实现、LINQ 数据库技术应用、后台管理系统的使用、网站的发布等环节。

本书可作为高等职业院校电子信息类计算机网络技术专业动态网页制作、Web 程序开发等相关课程的教材，也可作为 ASP.NET 学习者的参考书。本书提供了数字课程的视频，欢迎读者扫码学习。

图书在版编目 (CIP) 数据

动态网页制作教程 / 杨晶主编 . —西安：西安电子科技大学出版社，2020.8(2024.8 重印)
ISBN 978-7-5606-5698-4

Ⅰ. ①动…　Ⅱ. ①杨…　Ⅲ. ①主页制作—教材　Ⅳ. ① TP393.092

中国版本图书馆 CIP 数据核字 (2020) 第 083641 号

策　　划　秦志峰
责任编辑　秦志峰
出版发行　西安电子科技大学出版社 (西安市太白南路 2 号)
电　　话　(029)88202421　88201467　　邮编　710071
网　　址　www.xduph.com　　电子邮箱　xdupfxb001@163.com
经　　销　新华书店
印刷单位　广东虎彩云印刷有限公司
版　　次　2020 年 8 月第 1 版　　2024 年 8 月第 3 次印刷
开　　本　787 毫米 ×1092 毫米　1/16　印张 21
字　　数　499 千字
定　　价　49.00 元
ISBN 978－7－5606－5698－4
XDUP 6000001-3

前言

本书按照高职培养方案的要求编写，全书分 10 个任务，详细讲解了一个 Web 应用程序开发的全过程，主要内容包括：开发环境搭建、网站规划与设计、网站的主题母版及导航设计，Web 服务器控件应用、内置对象应用、ADO.NET 技术应用、数据库操作的实现、LINQ 数据库技术应用、后台管理系统的使用、网站的发布。

本书任务基本上都由任务描述及工作单、知识点、拓展知识、综合案例和单元测试组成。任务描述阐述了任务的由来，由学习情境引出任务，通过对任务的描述，提出任务中所要解决的问题，让读者带着问题进行学习；知识点讲授了完成任务所需要的知识，使读者在掌握了相关知识之后可以实施任务；综合案例完成网站的设计，10 个任务的综合案例即为一个完整网站的设计、部署过程；单元测试供读者在学习完该单元后进行学习评估。

本书通过案例的方式介绍知识点，再引导读者实施任务，不仅能使读者掌握完成一项任务所要学习的主要内容与技能，还能利用这些技能自主地解决一些实际问题，从而激发其学习的积极性和对知识的渴望。本书按“理论实践一体化”的教学方式编写，设计了许多实例，可采用边讲解、边思考，边理论教学、边实践训练的方式进行教学，使读者能够通过所设计的实例和知识的学习解决实际问题，既掌握了理论知识，也提高了实践动手能力。

本书所有的内容都有同步的 PPT、电子教案、视频等资料，重难点知识还配有动画讲解；有丰富的习题与试题供读者巩固练习；有大量的组件开发资源及相关的源代码，供读者提高技能使用。

本书任务 1、2 由杨晶编写，任务 3、4 由刘杰编写，任务 5、6 由宋海涛编写，任务 7、9 由王学慧编写，任务 8、10 由高建芳编写。

由于编者水平有限，书中难免有不当之处，恳请广大同行和读者批评指正。

编　者

2020 年 5 月

任务 1　开发环境搭建 ………………………………………………………………………… 1

1.0　任务描述及工作单 ………………………………………………………………… 1

1.1　.NET 框架及开发环境概述 ………………………………………………………… 2

1.2　知识点 1：IIS 安装 ………………………………………………………………… 8

1.3　知识点 2：SQL 安装 ……………………………………………………………… 12

1.4　知识点 3：VS 2013 安装 …………………………………………………………… 21

1.5　知识点 4：Web 项目创建 …………………………………………………………… 24

1.6　知识点 5：Web 网站创建 …………………………………………………………… 28

1.7　拓展知识——编写动态网页的几种技术 ……………………………………………… 34

1.8　综合案例——构建动态网页制作开发环境 …………………………………………… 35

单元测试 ………………………………………………………………………………… 36

任务 2　网站规划与设计 ……………………………………………………………………… 37

2.0　任务描述及工作单 ………………………………………………………………… 37

2.1　网站规划的基本概念 ……………………………………………………………… 37

2.2　知识点 1：HTML 基础知识 ……………………………………………………… 41

2.3　知识点 2：CSS 基础知识 ………………………………………………………… 43

2.4　知识点 3：JavaScript 脚本语言 …………………………………………………… 48

2.5　拓展知识——网站建设流程 ………………………………………………………… 50

2.6　综合案例 1——创建网页模板 ……………………………………………………… 52

2.7　综合案例 2——PS 切片技术创建网站首页 ………………………………………… 58

2.8　综合案例 3——利用 DIV 创建网页 ………………………………………………… 62

2.9　综合案例 4——利用 CSS 美化网页 ………………………………………………… 74

单元测试 ………………………………………………………………………………… 80

任务 3　网站主题母版及导航设计 …………………………………………………………… 83

3.0　任务描述及工作单 ………………………………………………………………… 83

3.1　主题与皮肤简介 …………………………………………………………………… 85

3.2　知识点 1：皮肤文件的建立及应用 ………………………………………………… 86

3.3　知识点 2：样式表的建立与应用 …………………………………………………… 90

3.4　知识点 3：主题的指定与禁用 ……………………………………………………… 90

3.5　知识点 4：母版的建立与应用 ……………………………………………………… 92

3.6　知识点 5：站点导航 ……………………………………………………………… 98

3.7　拓展知识——母版页的应用 ……………………………………………………… 105

3.8 综合案例——母版的创建和使用 …… 107
单元测试 …… 115
任务 4 Web 服务器控件应用 …… 117
4.0 任务描述及工作单 …… 117
4.1 Web 服务器控件简介 …… 117
4.2 知识点 1：Label 控件和 TextBox 控件 …… 118
4.3 知识点 2：Button 控件和 DropDownList 控件 …… 124
4.4 知识点 3：ListBox 控件和 CheckBox 控件 …… 128
4.5 知识点 4：RadioButton 控件和 RadioButtonList 控件 …… 131
4.6 知识点 5：FileUpLoad 控件和 Table 控件 …… 134
4.7 知识点 6：Calendar 控件和 AdRotator 控件 …… 138
4.8 知识点 7：验证控件 …… 141
4.9 综合案例 1——用户登录页面设计 …… 146
4.10 综合案例 2——用户注册页面设计及注册信息验证 …… 148
单元测试 …… 156
任务 5 内置对象应用 …… 158
5.0 任务描述及工作单 …… 158
5.1 内置对象简介 …… 158
5.2 知识点 1：Response 对象 …… 159
5.3 知识点 2：Request 对象 …… 162
5.4 知识点 3：Server 对象 …… 165
5.5 知识点 4：Session 对象 …… 168
5.6 知识点 5：Cookie 对象 …… 169
5.7 知识点 6：Application 对象 …… 169
5.8 拓展知识——网站计数器设计 …… 170
5.9 综合案例——利用内置对象组织页面结构 …… 175
单元测试 …… 179
任务 6 ADO.NET 技术应用 …… 181
6.0 任务描述及工作单 …… 181
6.1 ADO.NET 简介 …… 182
6.2 知识点 1：Connection 对象连接数据库 …… 183
6.3 知识点 2：Command 对象操作数据库 …… 184
6.4 知识点 3：DataReader 对象读取数据库 …… 185
6.5 知识点 4：DataAdapter 和 DataSet 对象 …… 186
6.6 拓展知识——Page 类的继承 …… 186
6.7 综合案例 1——数据库的建立和用户注册功能的实现 …… 189
6.8 综合案例 2——用户登录的实现 …… 193
单元测试 …… 195
任务 7 数据库操作的实现 …… 197
7.0 任务描述及工作单 …… 197
7.1 数据绑定技术及控件简介 …… 197

7.2 知识点 1：GridView 控件 …… 203
7.3 知识点 2：代码技术操作 GridView 控件 …… 207
7.4 知识点 3：DetailsView 控件 …… 213
7.5 知识点 4：DataList 控件 …… 215
7.6 知识点 5：ListView 控件 …… 220
7.7 拓展知识——FormView 和 Repeater 控件 …… 222
7.8 综合案例 1——用户信息查看修改删除操作 …… 224
7.9 综合案例 2——利用代码进行用户浏览删除修改 …… 229
7.10 综合案例 3——利用 DataList、ListView 控件管理数据 …… 233
单元测试 …… 243
任务 8 LINQ 数据库技术应用 …… 244
8.0 任务描述及工作单 …… 244
8.1 LINQ 技术简介 …… 244
8.2 知识点 1：使用 LINQ 技术连接数据库并显示数据 …… 248
8.3 知识点 2：LINQ 技术查询 …… 250
8.4 知识点 3：LINQ 技术增加数据 …… 257
8.5 知识点 4：LINQ 技术修改数据 …… 258
8.6 知识点 5：LINQ 技术删除数据 …… 259
8.7 拓展知识——LINQDataSource 控件的使用 …… 259
8.8 综合案例——LINQ 技术实现留言簿的设计 …… 261
单元测试 …… 269
任务 9 后台管理系统的使用 …… 270
9.0 任务描述及工作单 …… 270
9.1 网站后台管理系统简介 …… 270
9.2 知识点 1：利用 CMS 整合网站 …… 271
9.3 知识点 2：网站管理后台的使用 …… 279
9.4 知识点 3：网站文章列表的显示 …… 283
9.5 知识点 4：首页板块文章的显示 …… 289
9.6 知识点 5：首页图片动态效果实现 …… 293
9.7 知识点 6：利用 Ajax 技术实现局部刷新 …… 297
9.8 知识点 7：网站文章内容的显示 …… 298
9.9 拓展知识——Ajax 技术 …… 300
单元测试 …… 316
任务 10 网站的发布 …… 317
10.0 任务描述及工作单 …… 317
10.1 网站发布简介 …… 317
10.2 知识点 1：网站的发布 …… 321
10.3 知识点 2：网站的部署 …… 324
10.4 拓展知识——Web 应用程序部署 …… 326
单元测试 …… 327
参考文献 …… 328

任务1　开发环境搭建

教学目标

通过本任务的学习，理解动态网页与静态网页的区别，对ASP.NET动态网页开发技术及.NET框架的体系结构有所了解，掌握制作动态网页所需软件的安装方法。

知识目标

- 了解ASP.NET的开发环境。
- 掌握安装与配置ASP.NET开发环境的方法。
- 掌握ASP.NET应用程序的创建方法与构成。
- 掌握ASP.NET应用程序的管理及运行方法。
- 了解ASP.NET Web窗体构成与页面模型。
- 理解ASP.NET窗体的运行机制及生命周期。
- 掌握Page对象的事件及属性。

技能目标

- 能够安装与配置ASP.NET开发环境。
- 能够使用ASP.NET开发环境。
- 能够创建ASP.NET应用程序。
- 能够管理ASP.NET应用程序。
- 能够调试运行ASP.NET应用程序。

1.0　任务描述及工作单

现在主流网站均利用动态网页设计技术进行设计，如包头职业技术学院主站如图1-1所示。

网站首页包括“校园新闻”“通知公告”等功能模块，鼠标指针放到新闻标题的链接上面时，在浏览器的状态栏中可以看到网页扩展名为“.aspx”，网页名字后面则是“?x=a&y=b”之类的参数。以上所体现的信息已足够表明，这就是一个用ASP.NET技术制作的动态网页。动态网页的最大特点是存在交互性，即根据用户提交的内容、时间、方式等信息返回对应的结果。本任务将通过一个简单的案例对动态网页的基础知识进行讲解。

图 1-1 动态网页示例

1.1 .NET 框架及开发环境概述

1.1.1 网页制作技术的发展过程

技术对于互联网乃至人类的生活而言都有巨大的影响力，网站搭建技术和使用的语言对于网站的影响也是显而易见的。从基本的标签语言，到最新的 HTML5 和 CSS3 以及移动交互的 JS(JavaScript) 语言，技术的发展和进步使网站的表现力不断增强，表现方式不断拓展。

1. 静态网页

早期，由于技术限制，网站的页面多呈现为静态页面。与网站的静态页面相应，网站的主要功能是展示企业形象和商品，缺乏动态的交互性。在早期阶段，表格布局是设计网页的主要布局方式，通过元素在表格中不同的位置而实现各种布局，这种布局方式局限性很大。

2. 动态交互时代

随着计算机语言的发展，设计技术的进步推进了动态网页技术的形成，动态网页逐步取代静态网页开始成为主流。其中 JSP、PHP 等语言作为代表，大大推动了网页设计的发展，拓展了网页的表现力，使网页设计与内容开始分离。

3. 可视化集成编译平台

设计与实现分离强调的是不对整体布局设计以及相关程序进行同步编写，而采用设计先行的方式，而后通过设计分析，完成整体布局。设计采用的工具为 DreamWeaver 等可视化工具。设计与内容分离理念的产生，强调的是网页及内容的展示性。内容的增多或减少都不会对整个网页产生影响，至少不会对首页产生影响。

4. 开源性系统

后端语言的进步使具有开源性质的内容管理系统得以研发成功，CMS(内容管理系统)等得到了进一步的深化。网页设计技术的发展从本质上看，就是将原本复杂深奥的工作通过一种更加先进的方式呈现出来，网页设计也在技术的进步中不断获得新生命，并拓展了表现力。

1.1.2　动态网页和静态网页的区别

程序是否在服务器端运行，是动态网页与静态网页的重要区分标志。在服务器端运行的程序、网页、组件的网页，属于动态网页，它们会随不同客户、不同时间，返回不同的网页。在客户端运行的程序、网页、插件、组件的网页，属于静态网页。动态网页和静态网页各有特点，网站采用动态网页还是静态网页，主要取决于网站的功能需求和网站内容的多少。如果网站功能比较简单，内容更新量不是很大，采用纯静态网页的模式会更简单；反之，则要采用动态网页技术来实现网页制作。

动态网站也可以采用静动结合的方式，适合采用动态网页的地方用动态网页，如果内容需要使用静态网页呈现，则可以考虑用静态网页的方法来实现。在同一个网站上，动态网页内容和静态网页内容同时存在是很常见的。

1) 静态网页(纯粹的HTML格式的网页)的特点

(1) 静态网页是一次性写好放在服务器上供人浏览的网页，不能随时改动。如果想改动，则必须在页面上修改，然后再上传至服务器覆盖原来的页面。

(2) 静态网页每个页面都有一个固定的 URL，以 .htm、.html、.shtml 等常见形式为后缀，且不含有“?”。

(3) 网页内容一经发布到网站上，无论是否有用户访问，每个静态网页的内容都是保存在网站服务器上的。也就是说，静态网页是实实在在保存在服务器上的文件，每个网页都是一个独立的文件。

(4) 静态网页无法链接数据库。

(5) 静态网页资源开发技术为 HTML。

(6) 由于现在的 Web 页面中大量使用 JS，导致使用浏览器打开页面就会占用客户端大量的内存，虽然服务端的压力减轻了，但压力转移到了客户端。

(7) 静态页面的运行机制：客户端使用 Web 浏览器 (IE) 经过网络 (Network) 连接到服务器上，使用 HTTP 协议发起一个请求 (Request)，告诉服务器“我现在需要得到那个页面”，所有的请求都交给 Web 服务器。Web 服务器根据用户的需要，从文件系统 (存放了所有静态页面的磁盘) 中取出内容并通过 Web 服务器返回给客户端，客户端接收到内容之后经过浏览器渲染解析，得到显示效果。

(8) 为了让静态网页的显示更加美观，可使用 JavaScript/VBScript/Ajax(异步 JavaScript 和 XML，这是一种创建交互式网页应用的网页开发技术)，但是这些特效都是在客户端借助浏览器展现给用户的，在服务器上保存的网页并没有任何变化。

2) 动态网页的特点

(1) 动态网页的内容一般都是依靠服务器端的程序来生成的，不同的人在不同时候访问页面，显示的内容都可能不同。网页设计者在写好服务器端的页面程序后，不需要人工控制，页面内容就会按照页面程序的安排自动更改变换。

(2) 采用动态网页技术的网站可以实现更多功能，如用户注册、用户登录、在线调查、用户管理、订单管理等。

(3) 动态网页以数据库技术为基础，可以大幅度降低网站维护的工作量。

(4) 动态网页并不是独立存在于服务器上的网页文件，只有当用户请求时，服务器才返回一个完整的网页。

(5) 动态网页中的“?”表示搜索引擎检索存在一定的问题。搜索引擎一般不可能从一个网站的数据库中访问全部网页，或者出于技术方面的考虑，搜索引擎不去抓取网址中“?”后面的内容。因此，采用动态网页的网站在进行搜索引擎推广时，需要做一定的技术处理才能适应搜索引擎的要求。

1.1.3 静态网页的访问过程

单纯使用静态网页技术建设网站的方式在早期较为流行，虽然网页中包括文字和图片，但是只要不改变设计，网页的显示信息就不会变化。静态网页的访问过程如图 1-2 所示。

静态网页的访问过程具体如下：

(1) 客户端通过浏览器访问 Web 服务器中的静态网页。

(2) 服务器向客户端送回被申请的静态网页。

(3) 在客户端下载并在浏览器上显示页面。

(4) 断开客户端与服务器之间的联系。

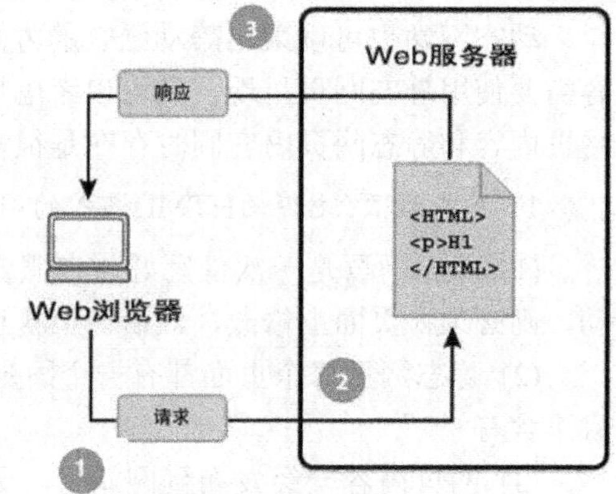

图 1-2 静态网页的访问过程

静态网页的访问整个过程比较简单，到客户端下载完页面时为止，整个过程就结束了。用于发布静态网页的网站设计比较简单，适用于发布信息量比较少、内容更新比较缓慢、客户浏览的要求不高的网站。静态网页文件的扩展名一般为 .htm 或 .html。

1.1.4 动态网页的访问过程

随着因特网应用领域的扩展，各种不同类型的客户加入到网络中，不少客户很快就提出了新的要求。例如，有的客户提出，能不能代理查询一下其银行存款的情况？要满足类似这样的需求，服务器的工作就不那么简单了。它首先要查阅该用户的银行账户，进行必要的计算和统计，再将结果反馈给客户。这就是说，服务器上的网页要具有交互性。服务器获取到用户提出的需求后，先执行相关的程序，进行处理后再返回结果。类似这种网页的输出内容将随程序执行的结果而有所不同，这样的网页被称为“动态网页”。动态网页的访问过程如图 1-3 所示。

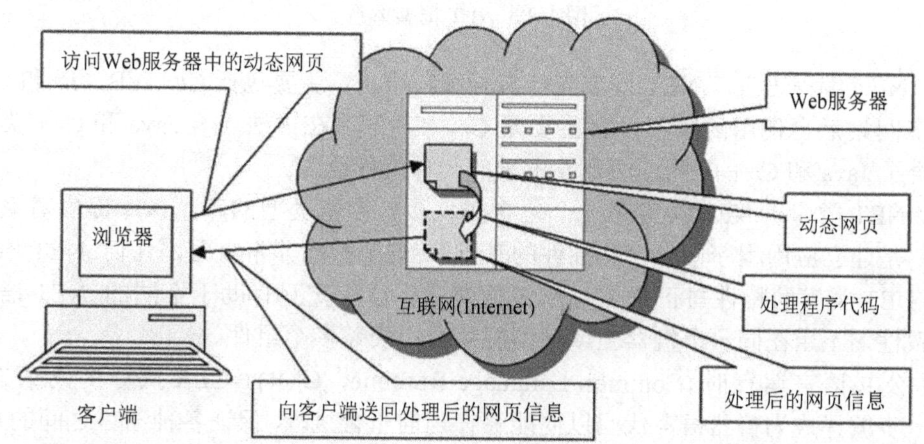

图 1-3　动态网页的访问过程

动态网页的访问过程具体如下：

(1) 客户端通过浏览器访问 Web 服务器中的动态网页。

(2) 服务器接收请求，开始处理此动态网页上的程序代码。

(3) 将代码的处理结果形成新的网页信息向客户端送出。

(4) 在客户端下载并在浏览器上显示网页。

(5) 服务器断开与客户的联系。

与静态网页相比，动态网页多了一个处理程序代码的过程。当前处理程序代码主要可以运用 CGI、ASP、JSP、PHP、ASP.NET 等多种技术。

1.1.5 ASP.NET 开发框架

ASP.NET 技术为当前较为成熟的动态网页开发工具，本书中案例主要使用 ASP.NET 框架进行程序设计开发。

1) .NET 框架概述

.NET 框架用于构架、配置、运行网络服务以及其他应用程序的开发环境。.NET 是微软公司提供的一个开发平台，其提供了一套技术规范和一系列支持产品（编译器、类库等），包括 .NET 编程语言、公共语言运行时 (Common Language Runtime，CLR)、.NET 类库、ASP.NET 以及 Visual Studio。.NET 框架体系的构成如图 1-4 所示。

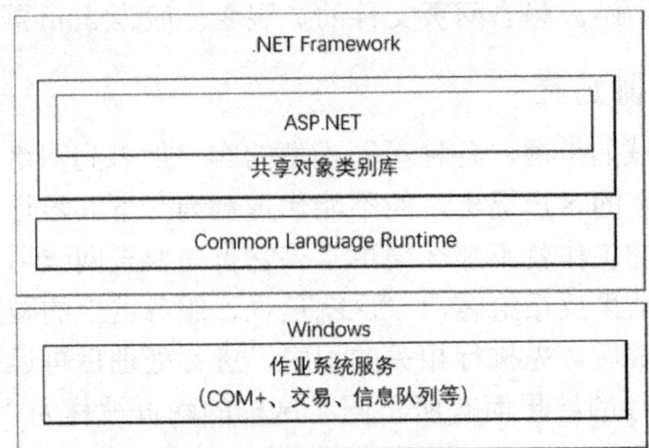

图 1-4　.NET 框架体系

(1) .NET 编程语言。.NET 框架支持多种编程语言，主要包括 C#、VB、J# 和 C++ 等，目前很多网站后台使用的编程语言主要是 C#。C# 语言在语法上与 Java 和 C++ 类似，是微软整合了 Java 和 C++ 的优点而开发出来的一种编程语言。

(2) .NET 类库。.NET 类库是一个包含类、接口和值类型的库，该库提供对系统功能的访问，是建立应用程序、组件和控件的基础。.NET 类库非常全面，任何 .NET 语言都可以使用 .NET 类库的特性与正确的对象进行交互。这种交互有助于不同的 .NET 语言之间保持一致性，不用在同一个机器上或网络服务器上安装多个组件。

(3) 公共语言运行时 (Common Language Runtime，CLR)。CLR 执行中间语言代码，将其进一步编译成为机器语言代码以便能够在当前平台执行，保证各种语言之间的兼容性。只要遵循 CLS(Common Language Sepecification)，任何利用某一种 .NET 语言编写的组件都可以被其他语言所引用。

2) ASP.NET 开发环境

(1) 运行 ASP.NET 4.0 需要 Visual Studio 2013 集成开发环境和 Internet 信息服务管理器 (IS6.0 及以上版本)。

(2) 可以安装 Visual Studio 2013 集成开发环境的 Windows 操作系统有如下几种：

① 带有 Service Pack1.SP1) 的 Windows Server 2003(其中 SP 为 Windows 操作系统的补丁，1 代表补丁的版本)。

② 带有 Service Pack2.0SP2) 的 Windows XP Professional。

③ 带有 Service Pack4.0SP24) 的 Windows Server 2000 系列。

总之，要成功安装 Visual Studio 2013，必须为 Windows 系统安装 SP 补丁。

注意

Windows XP Home 不支持本地 Web 应用程序开发；Windows 2000 Datacenter Server 系统不能安装 Visual Studio 2013；安装 Visual Studio 2013 前，必须先安装 Microsoft Internet 信息服务 (IIS)6.0 或更高版本，否则 .NET Framework 框架无法安装到 IIS 服务器上。

3) ASP.NET 应用程序的构成

ASP.NET 应用程序被分成很多 Web 页面，用户可通过不同的入口访问应用程序，也可以通过超级链接从网站的一个页面到另一个页面，还可以访问其他的服务器提供的应用程序。ASP.NET 应用程序是一系列资源和配置的组合，这些资源和配置只在同一个应用程序内共享，其他应用程序不能享用这些资源和配置。

每个 ASP.NET 应用程序都在一个单独的应用程序域中运行。应用程序域是内存中的独立区域，以此确保在同一台服务器上的应用程序不会相互干扰，不至于因为其中一个应用程序发生错误，就影响到其他应用程序的正常运行。

(1) 文件类型。

.aspx 文件：ASP.NET Web 页面，其包括用户接口和隐藏代码。

.ascx 文件：用户控件文件，与 Web 页面非常相似，但用户控件文件不能直接被访问，用户控件必须内置在 Web 页面中。

.asmx 文件：ASP.NET Web 服务，Web 服务提供一个能够通过互联网访问的方法集合。

Web.config 文件：配置文件，它是基于 XML 的文件，用来实现对 ASP.NET 应用程序进行配置。

Global.asax 文件：全局文件，在全局文件中可以定义全局变量和全局事件。

ASP.NET Web 应用程序还可以包含其他文件资源，如图片文件、HTML 文件和 CSS 文件等。

(2) 文件夹类型。

Bin：包含 ASP.NET 应用程序使用的、编译好的 NET 组件 (DLLS)。一旦 .NET 组件保存在该文件夹中，ASP.NET 就能够自动检测到这些组件，任何在该 Web 应用程序里的页面都能够使用这些组件。

App_Code：包含使用在应用程序中动态编译的源文件。

App_GlobalResources：存储全局资源，能够被 Web 应用程序中所有的页面访问。

App_Localresources：存储被特定页面访问的资源。

App_WebReferences：存储被 Web 应用程序使用的 Web 服务引用。

App_Data：存储数据，包括 SQL Server2005 Express Edition 数据库文件、XML 文件等。

App_Themes：存储要在 Web 应用程序中使用的主题。

这些文件夹由系统命名，用户不能修改。

4) .NET 语言运行的机制

一直以来，在某平台上“编译”的应用程序虽然执行效率高，但只能被本平台识别运行，不能在其他平台上运行。而采用“解释”执行，虽然容易做到跨平台使用，但是效率又变低了。如何能够做到既能跨平台，又能使执行效率高。

.NET 通过“二次编译”的方式解决了这个问题，即源程序代码先经过“预编译”转换为中间语言代码 (Intermediate Language，IL 或 MSIL)，直到在某平台执行时再通过安装在该平台的转换引擎“实时编译”为本平台的机器代码运行。

各类平台只要装上对应的能提供“实时编译”的转换引擎 (CLR 提供此功能)，就可以将其转换为本平台需要的机器代码运行，实现跨平台效果。

由于经预编译后的中间代码已经与二进制代码非常接近，因此“实时编译”的速度也很快。

.NET 语言转换的过程如图 1-5 所示。

图 1-5　从源代码到机器代码的转换过程

“二次编译”实际上是以牺牲第一次执行的效率为代价来换取程序整体执行效率的提高。所以，当一个 ASP. NET 程序首次执行时，它的执行速度会很慢，但以后的运行速度就非常快了。

1.2　知识点 1：IIS 安装

IIS 安装

IIS 可以将自身的计算机虚拟为服务器，以便进行 ASP.NET 等动态网页进行编译。在 Windows 10 中 IIS 的安装方法如下：

(1) 单击“Windows”键进入“开始”菜单，单击“所有应用”，在所有应用菜单里单击“Windows 系统”里的“控制面板”，如图 1-6 所示。

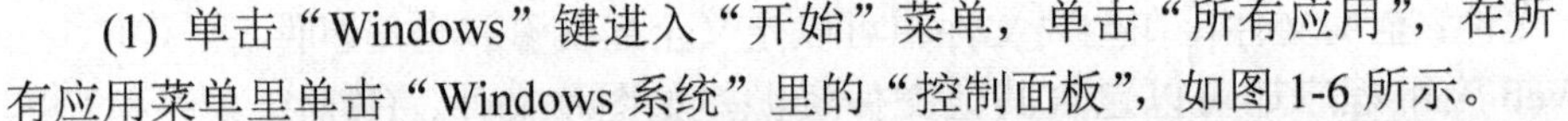

图 1-6　选择“控制面板”

(2) 在“控制面板”对话框里单击“程序”，如图 1-7 所示。

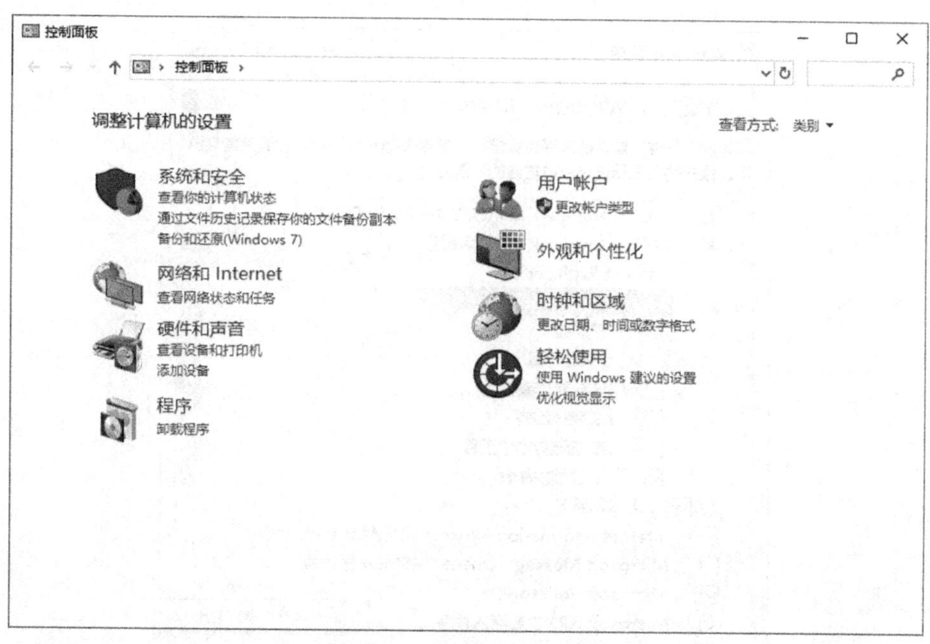

图 1-7　选择“程序”

(3) 在“程序”对话框里单击“启用或关闭 Windows 功能”，如图 1-8 所示。

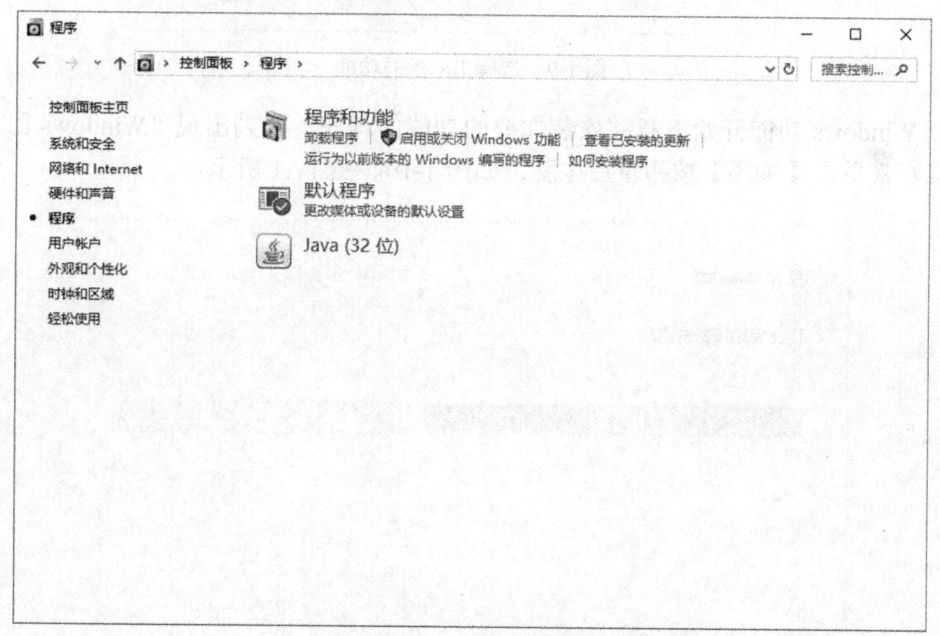

图 1-8　选择“启用或关闭 Windows 功能”

(4) 在“Windows 功能”对话框里选中“Internet Information Services”，在 Internet Information Services 功能展开选择框里根据需要选择功能就行了，比如要用 Web 管理功能，能运行 ASP.NET 程序等，只要选中这些功能即可。然后单击【确定】按钮，如图 1-9 所示。

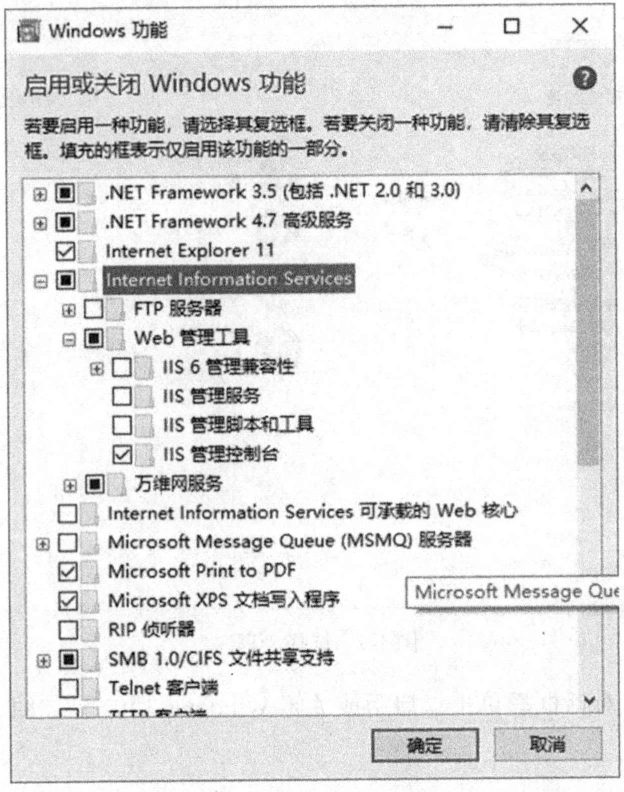

图 1-9　选择 IIS 相关功能

(5) Windows 功能开始下载并安装你要的功能的程序，直到出现“Windows 已完成请求的更改”，单击【关闭】按钮重启电脑，如图 1-10、图 1-11 所示。

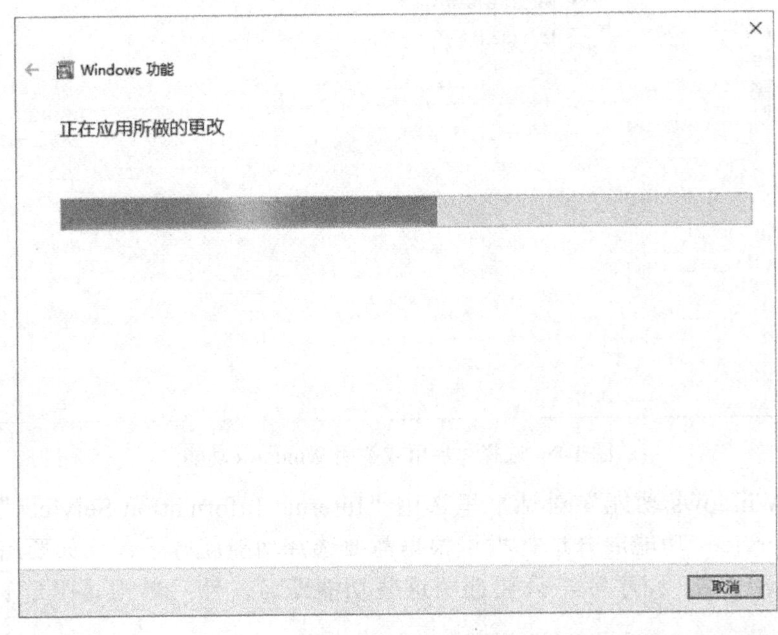

图 1-10　安装 IIS 组件

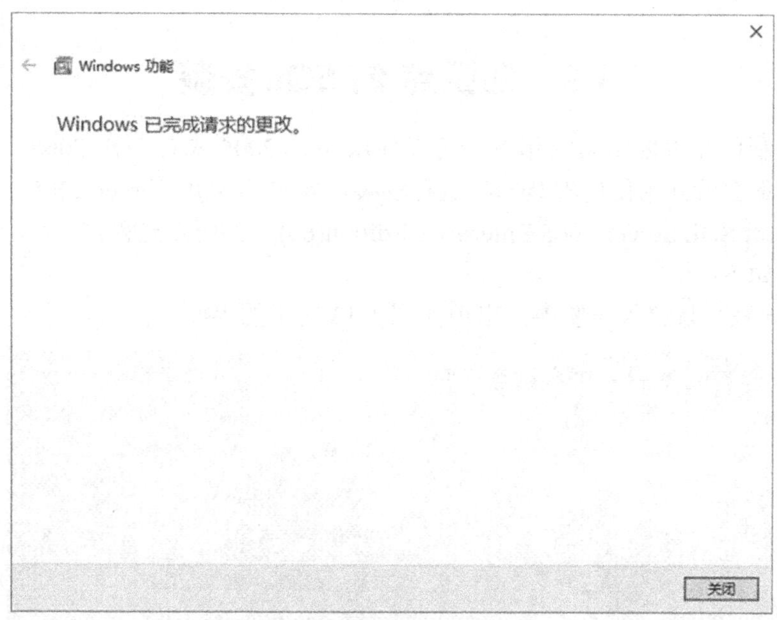

图 1-11　安装 IIS 完成

(6) 安装完成后，在 IE 地址栏里输入 localhost 或 127.0.0.1，如出现图 1-12 所示界面就代表安装成功。

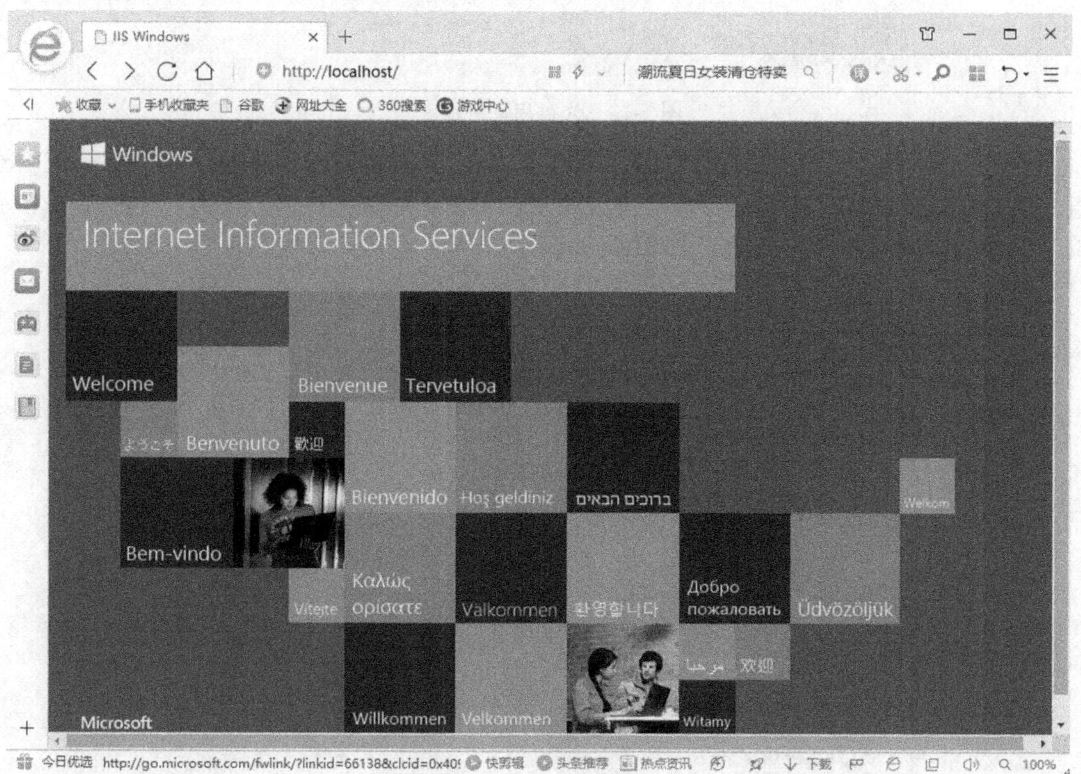

图 1-12　IIS 安装成功界面

1.3 知识点 2：SQL 安装

SQL2005 安装

动态网页制作和数据库紧密相关，可以使用 SQL 2005 或者 SQL 2008 及以上版本。下面就开始使用安装向导进行安装，安装的 SQL Server 2005 版本为 Microsoft SQL Server 2005 Enterprise Edition(64)，共两张光盘。

安装过程如下：

(1) 把第一张光盘放入光驱中，出现如图 1-13 所示的界面。

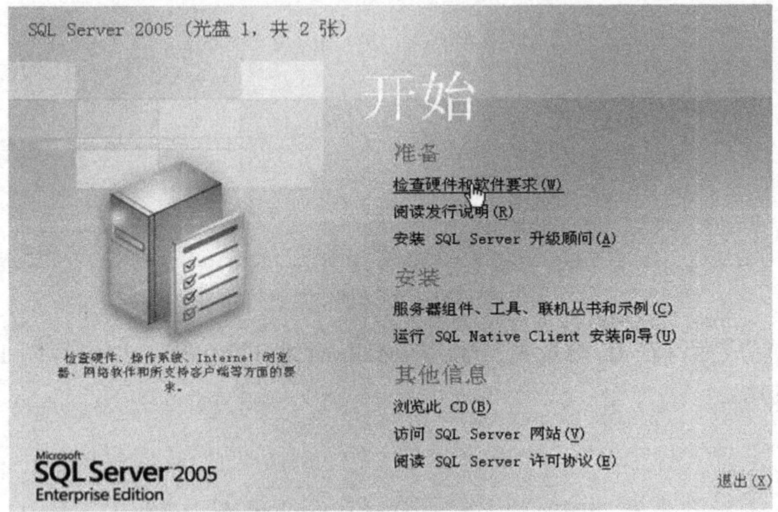

图 1-13　光盘启动界面

(2) 在该界面中，可以为开始安装做准备，单击“检查硬件和软件要求”链接可以检查计算机的硬件和软件环境是否符合安装要求。单击“服务器组件、工具、联机丛书和示例”链接，开始安装 SQL 2005，如图 1-14 所示。

图 1-14　选择安装项

(3) 在“最终用户许可协议”界面下方，单击选中“我接受许可条款和条件”复选框，然后单击【下一步】按钮，如图1-15所示。

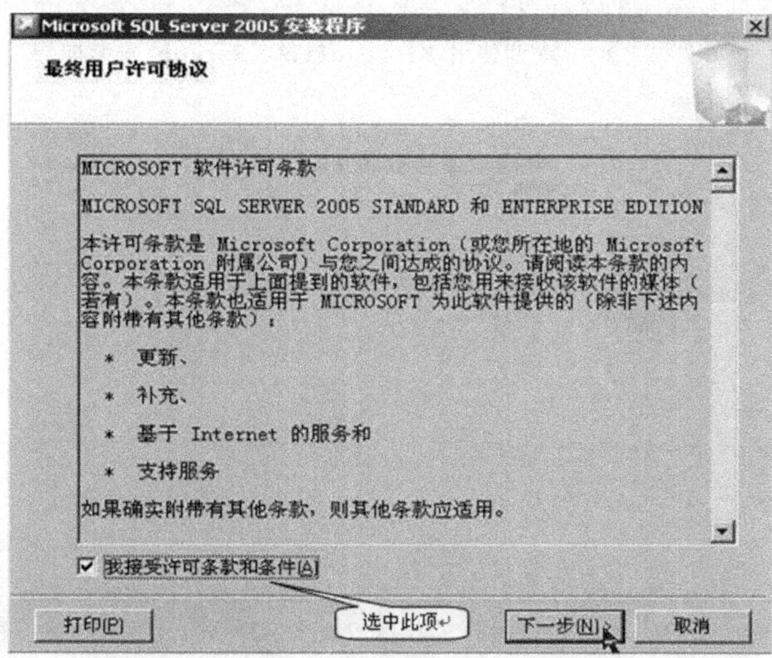

图1-15　最终用户许可协议

(4) 出现“安装必备组件”界面，耐心等待系统自动安装所必需的组件，如图1-16所示。

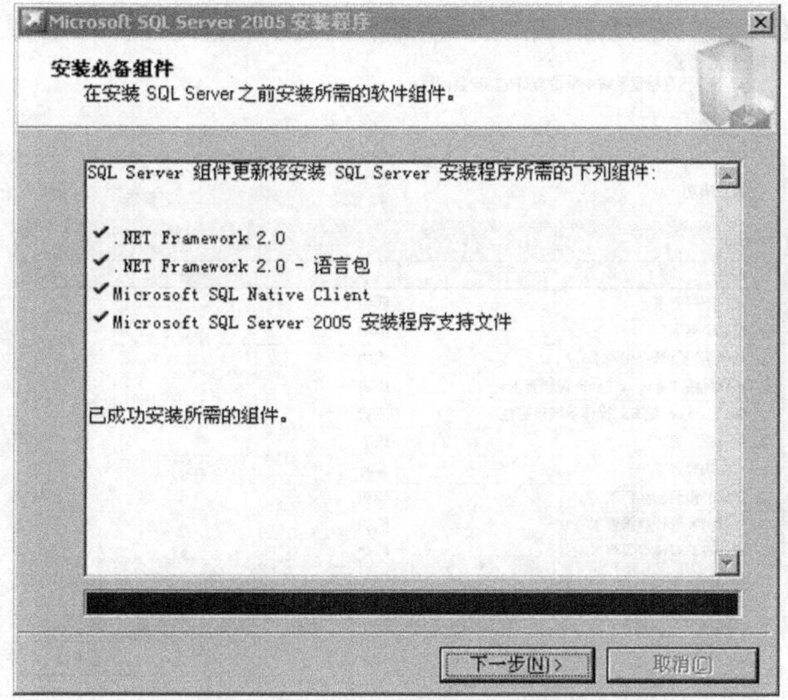

图1-16　安装必备组件

(5) 等待一段时间后，进入“欢迎使用 Microsoft SQL Server 安装向导”界面，如图 1-17 所示。

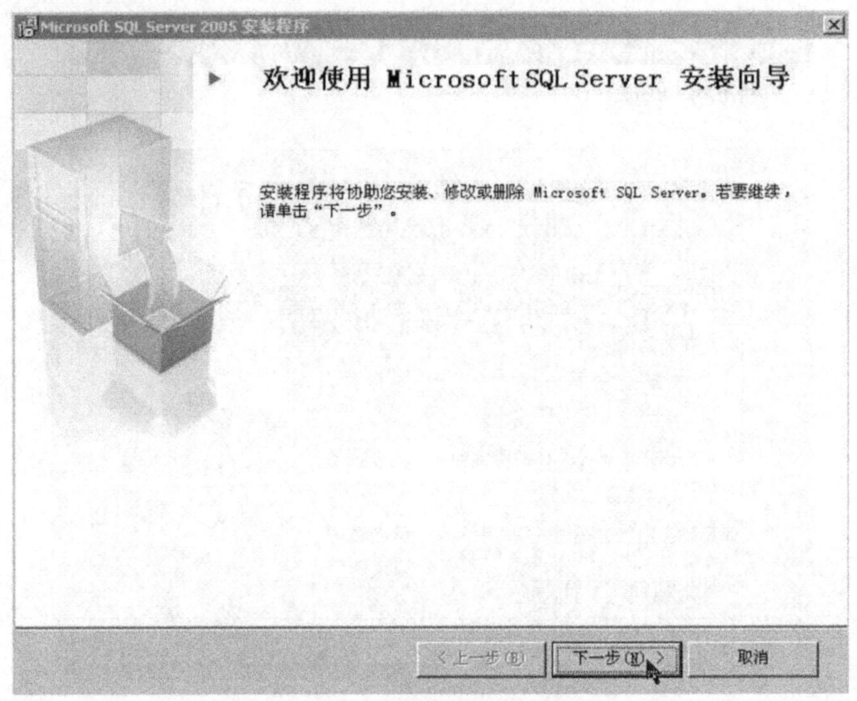

图 1-17 安装向导的欢迎界面

(6) 出现“系统配置检查”(SCC) 界面，将对系统自动进行检查，如图 1-18 所示。

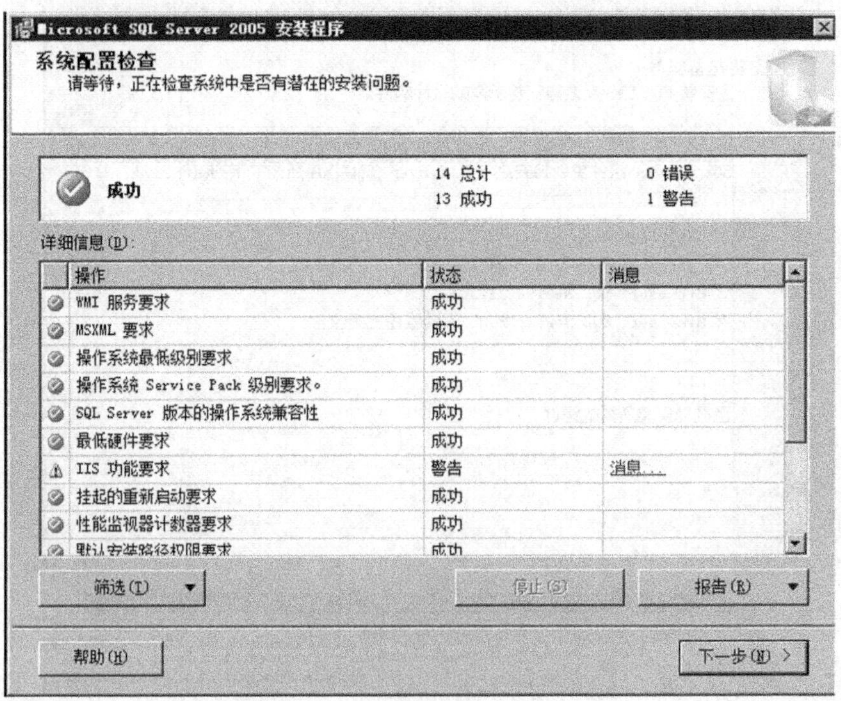

图 1-18 “系统配置检查”界面

(7)“系统配置检查”界面将扫描安装计算机，检查是否存在可能阻止安装程序运行的情况。若要查看 SCC 结果，可单击【报告】按钮选择报告选项，包括查看报告、将报告保存到文件、将报告复制到剪贴板和以电子邮件的形式发送报告。在此过程中，如果存在不满足安装要求的配置，SCC 会提示用户。

完成系统配置检查后，系统将要求用户输入安装密钥，用以注册，如图 1-19 所示。

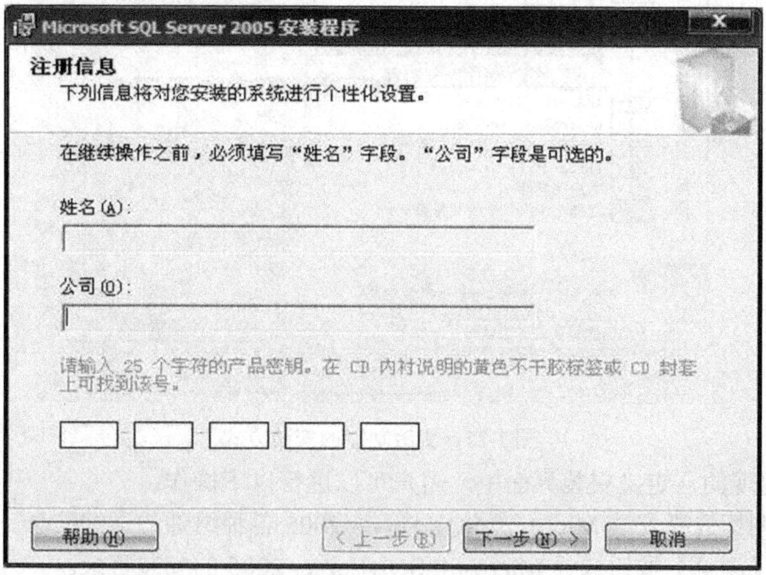

图 1-19 “注册信息”界面

(8) 在接下来的“要安装的组件”界面中，用户可自定义选择安装所需要的组件，如图 1-20 所示。

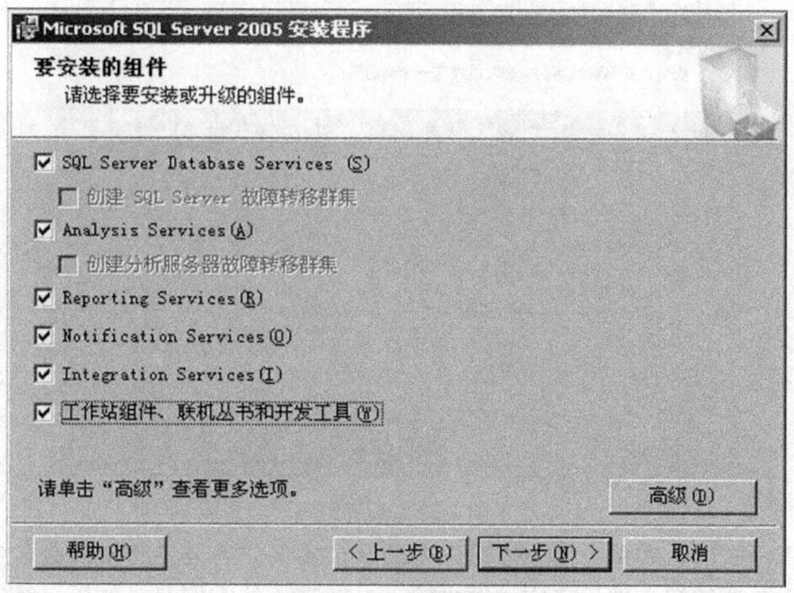

图 1-20　选择安装组件

(9) 单击【高级】按钮后，可以查看更多的选项，如图 1-21 所示。

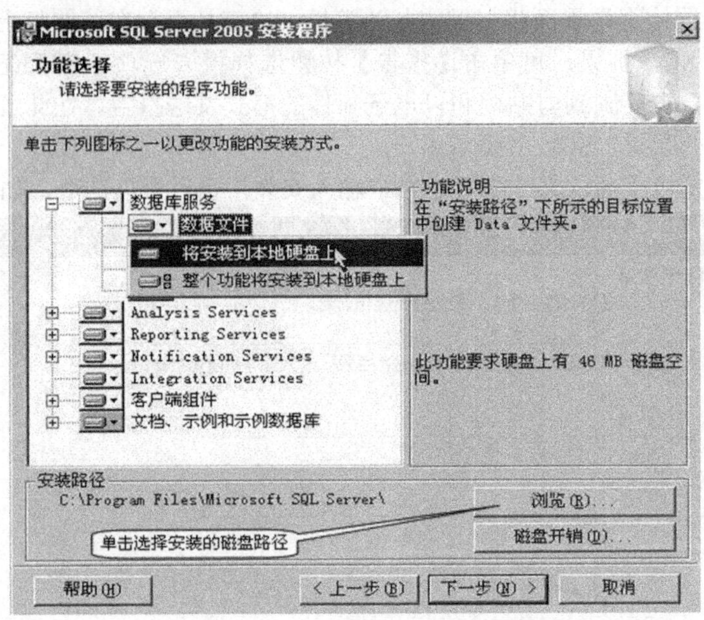

图 1-21　更改功能的安装方式

(10) 在出现的自定义安装界面中，用户可以进行以下操作：

① 单击图标选择安装 Microsoft SQL Server 2005 各种组件的详细信息。

② 单击【浏览】按钮选择 Microsoft SQL Server 2005 的安装目录。

③ 选择安装 Microsoft SQL Server 2005 的各种组件以及安装的目录和检查磁盘开销。

接下来进行“实例”的安装，安装向导将询问是否安装默认实例或命名实例，如图 1-22 所示。

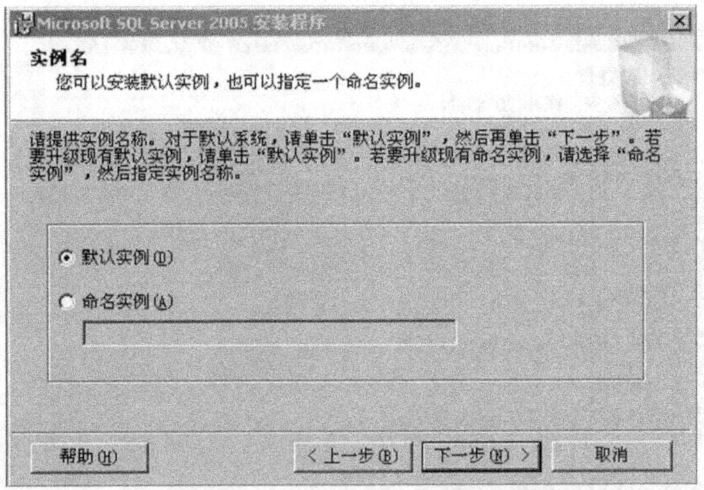

图 1-22　安装实例

如果本机没有默认实例，用户才可以安装默认实例。若要安装新的命名实例，可选中“命名实例”单选按钮，然后在文本框中输入一个唯一的实例名。如果已经安装了默认实例或已命名实例，并且为安装的软件选择了现有实例，安装程序将升级所选择的实例并提供安装其他组件的选项。

(11) 选中“默认实例”单选按钮，单击【下一步】按钮，出现“服务帐户”(注:“帐”应为“账”，下同，此处为了与界面中保持一致而未做改正)设置界面，可为 SQL Server 服务账户指定用户名、密码和域名，如图 1-23 所示。

Microsoft SQL Server 2005 安装程序
服务帐户
服务帐户定义登录时使用的帐户。
为每个服务帐户进行自定义(C)
服务(E):
使用内置系统帐户(Y)　本地系统
使用域用户帐户(R)
用户名(U):
密码(P):
域(D):
安装结束时启动服务
SQL Server(S)　Reporting Services(O)
SQL Server Agent(G)　SQL Browser(W)
Analysis Services(A)
帮助(H)　< 上一步(B)　下一步(N) >　取消

图 1-23 “服务账户”设置界面

注意
SQL Server 不支持完整的域名系统名称。

(12) 选好“服务账户”后，单击【下一步】按钮，出现“身份验证模式”设置界面，如图 1-24 所示。

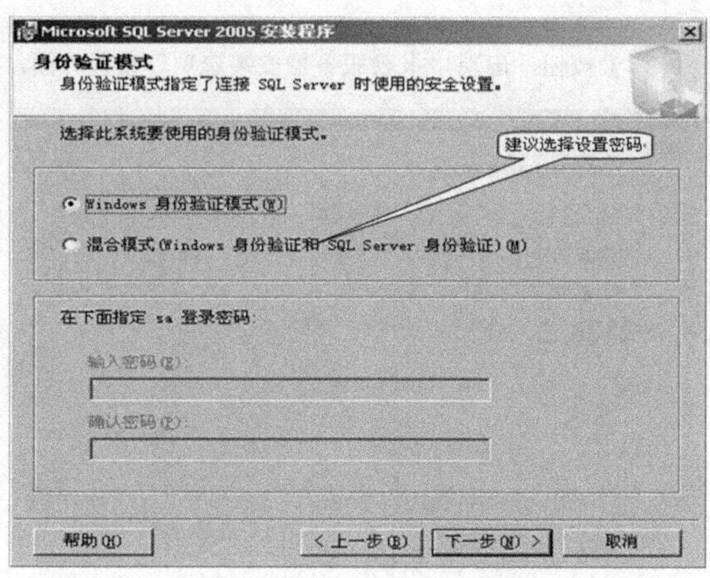

图 1-24 “身份验证模式”设置界面

提示

选择要用于 SQL Server 安装的身份验证模式，还必须输入并确认用于 sa 登录的强密码。建议用户使用混合模式身份验证，SQL Server 2005 安装程序虽不对不是域成员的 Windows Server 2003 的默认设置没有强制密码要求，但设置强密码对于确保系统的安全至关重要。强烈建议用户使用强密码。

(13) 单击【下一步】按钮，出现“排序规则设置”界面，如图 1-25 所示。

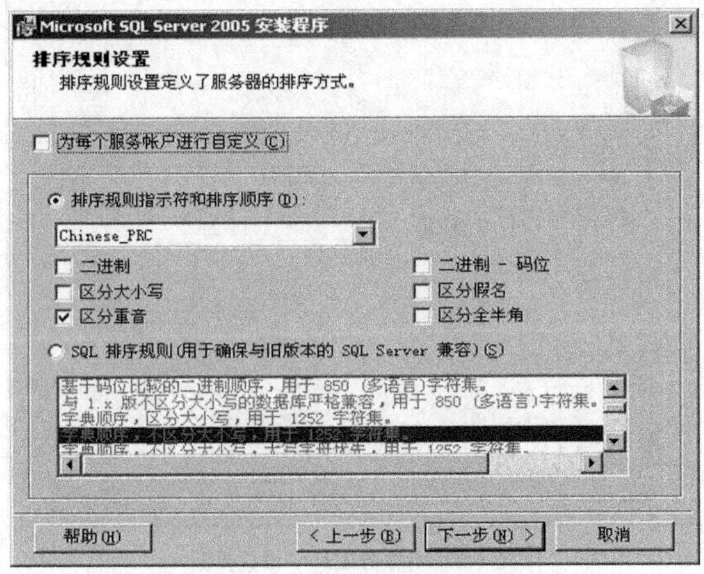

图 1-25 “排序规则设置”界面

技巧

用户此时指定的 SQL Server 实例的排序规则，将只用于 SQL Server 和 SQL Analysis，或为各个组件指定排序规则。若要为 SQL Server 和 SQL Analysis 设置单独的排序规则，可选中“为每个服务帐户进行自定义”复选框。选中之后，将出现下拉选择框。从下拉选择框中选择一个服务，然后分配其排序规则。对每个服务重复此操作。

(14) 单击【下一步】按钮，出现“报表服务器安装选项”设置界面，如图 1-26 所示。

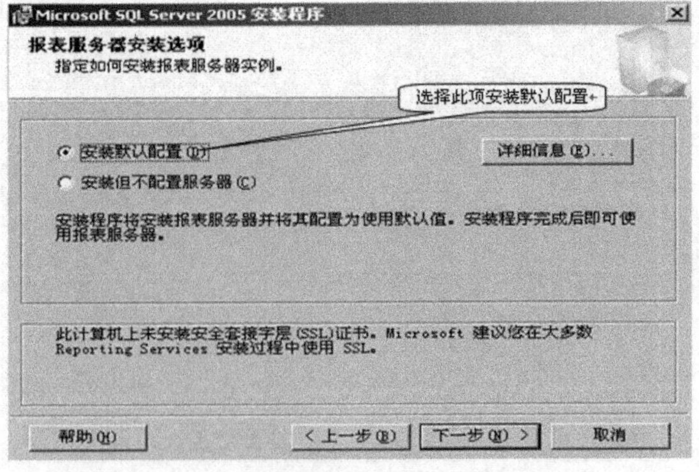

图 1-26 “报表服务器安装选项”设置界面

(15) 单击【下一步】按钮，出现“错误和使用情况报告设置”界面，如图 1-27 所示。

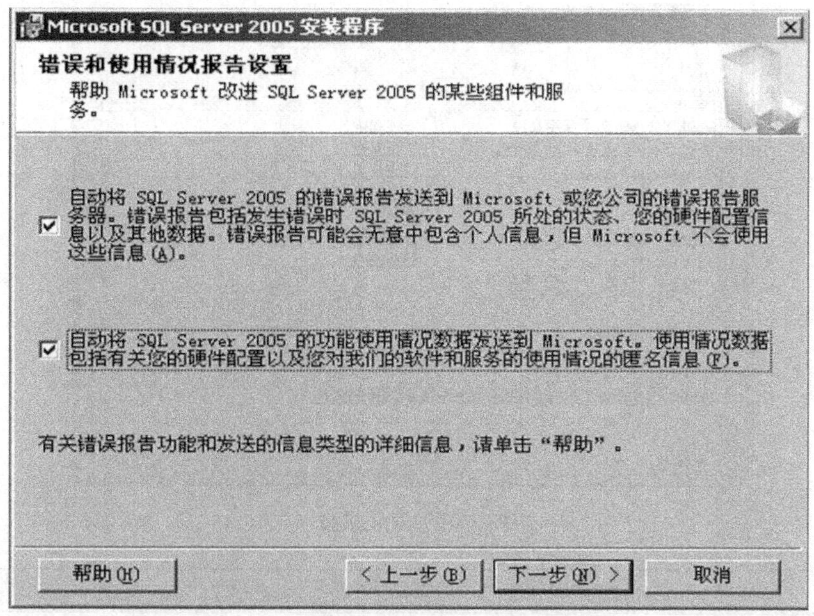

图 1-27　“错误和使用情况报告设置”界面

(16) 单击【下一步】按钮，出现“准备安装”界面，单击【安装】按钮，开始安装，如图 1-28 所示。在安装过程中可以监视安装进度，如图 1-29 所示。

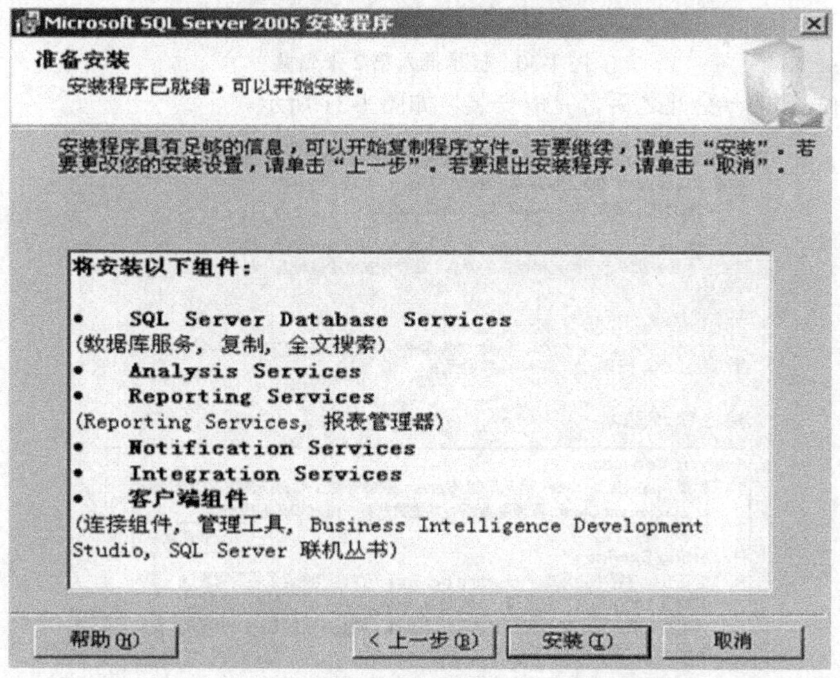

图 1-28　安装提示

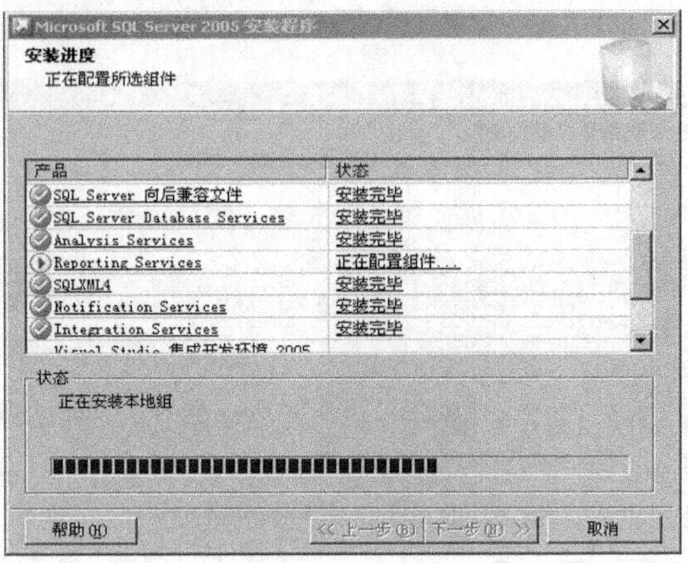

图 1-29　安装进度

提示
单击“状态”栏可以查看各组件的安装日志。

(17) 在安装过程中，将会提示用户放入光盘 2，如图 1-30 所示。

图 1-30　提示插入第 2 张光盘

(18) 耐心等待一会儿之后，完成安装，如图 1-31 所示。

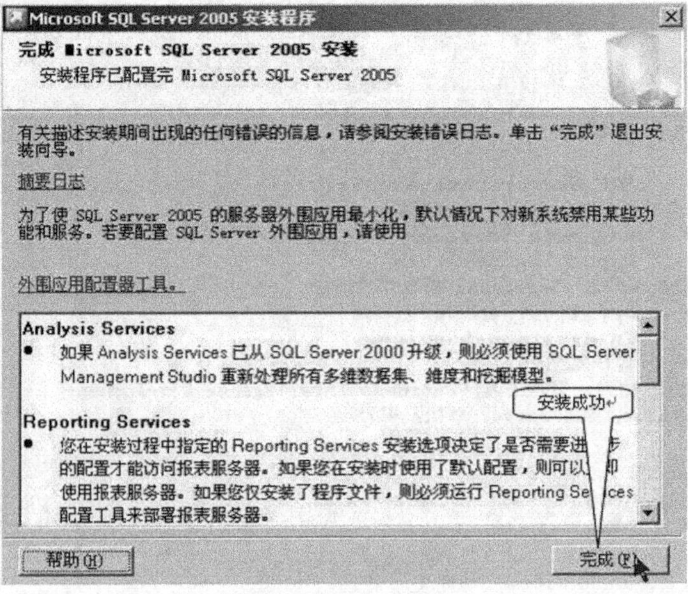

图 1-31　完成安装界面

1.4　知识点 3：VS 2013 安装

VS 2013 安装

选择合适的网站下载 VS2013 中文旗舰版 (VS2013_ULT_chs.iso)。

按下面的步骤启动安装：

直接使用鼠标右键单击下载的 iso 文件，解压缩到某个目录，如解压缩到“D:\setup\”目录，然后在“D:\setup\”下面找到 vs_ultimate.exe，双击运行。

注意
电脑上可能不显示后缀名，看到的名称可能不带后缀 .exe

运行 vs_ultimate.exe 后，将进入下面的安装过程：

(1) 确定安装目录，同意许可条款和条件，如图 1-32 所示。

(2) 在图 1-32 中选择“我同意许可条款和隐私策略”，单击【下一步】按钮，出现如图 1-33 所示的安装选项选择界面。可以全选，也可以只选择图示中的前 3 个组件，然后单击【安装】按钮。

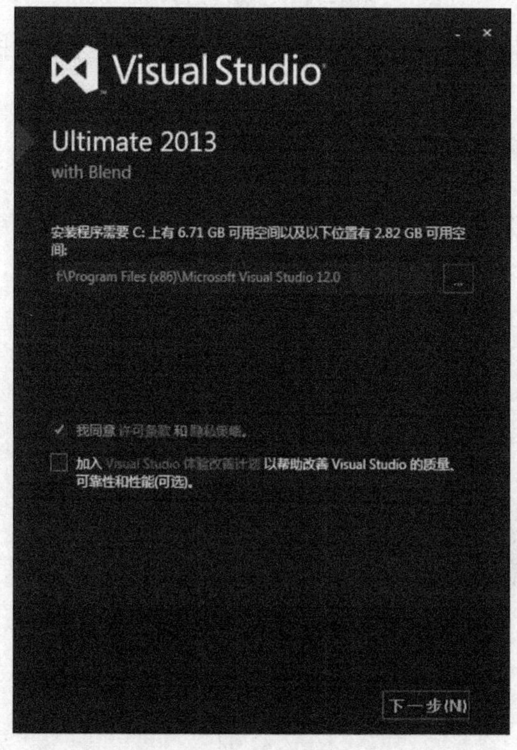

图 1-32　启动 VS 2013 安装

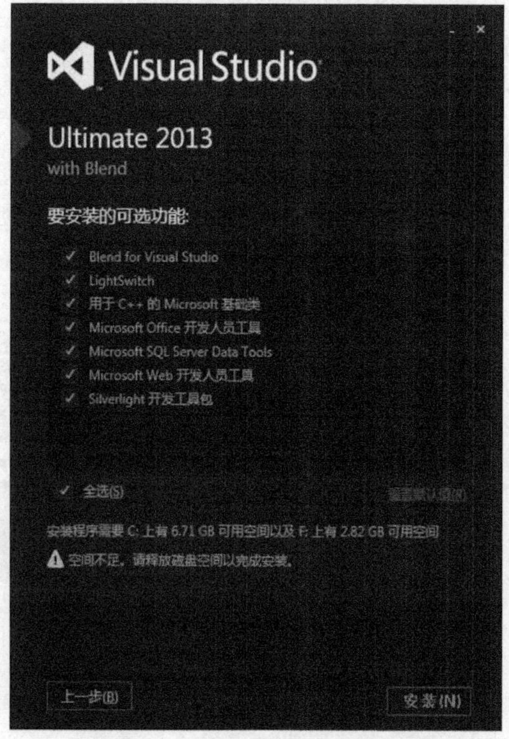

图 1-33　选择 VS 2013 安装选项

(3) 进入安装界面（全部功能安装可能要 1 个小时左右），如图 1-34 所示。安装成功后，界面如图 1-35 所示。

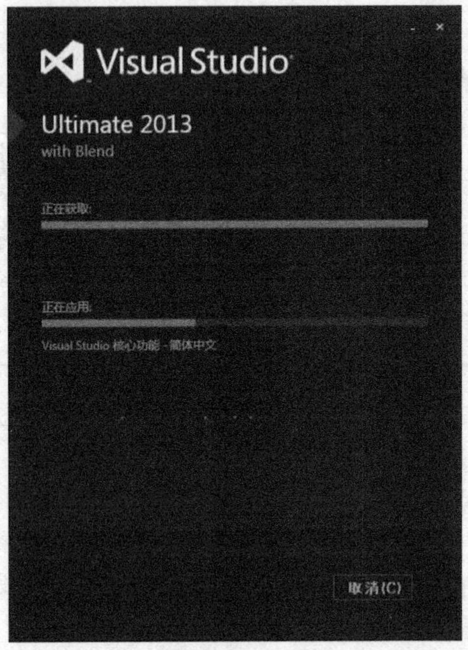

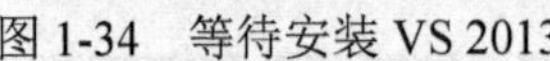
图 1-34　等待安装 VS 2013

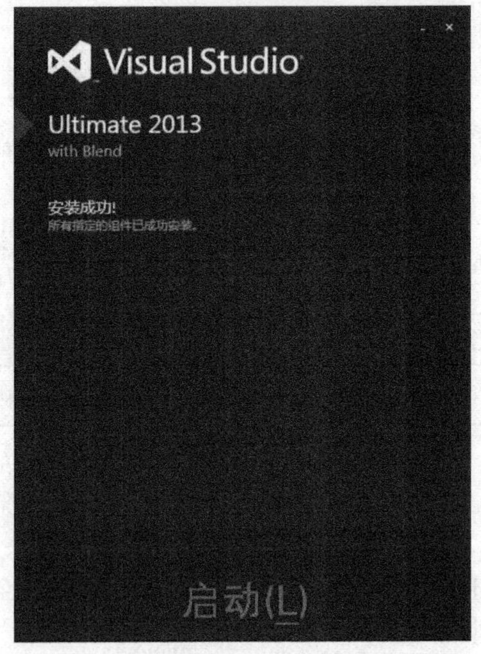

图 1-35　安装成功界面

(4) 打开软件，以熟悉的环境启动(包括 VB、VC、VF 等多个开发环境)，如图 1-36 所示。

图 1-36　启动环境选择

(5) 第一次运行程序的速度较慢，可稍等一会儿，界面如图 1-37 所示。

图 1-37　首次启动 VS 2013

(6) VS 2013 操作界面如图 1-38 所示。

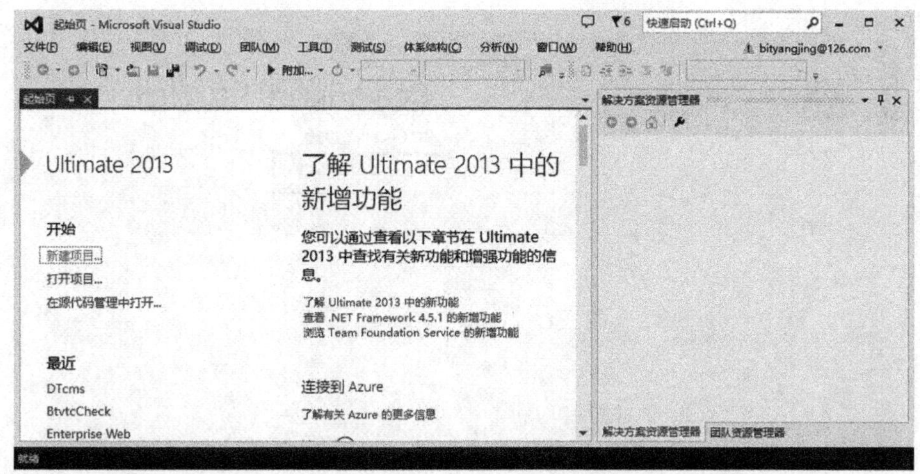

图 1-38　VS 2013 操作界面

(7) 单击“帮助”|“注册软件”，可以看到软件拥有 30 天的试用期，单击“更改我的产品许可证”，如图 1-39 所示。

图 1-39　登录界面

(8) 输入 Visual Studio 2013 密钥“BWG7X-J98B3-W34RT-XXXXX-JVYW9”，如图1-40 所示。

图 1-40　输入产品密钥

至此，已经成功激活 VS 2013，现在就可以无限期地使用了，如图 1-41 所示。

图 1-41　激活 VS 2013

到此 VS 2013 安装完成。

1.5　知识点 4：Web 项目创建

Web 项目指在服务器上运行的项目，页面是通过服务器上的程序运行所得到的结果。常见的 Web 项目按所采用的技术分为 Java Web(Java EE)、ASP.Net 和 PHP 项目。本书只介绍 ASP.NET 项目。

Web 项目创建　　ASP. NET 程序运行与调试(上中下)

1. Web 项目的创建

启动 Visual Studio 2013，单击工具栏中的【新建项目】按钮或选择菜单“文件”|“新建项目”命令，打开“新建项目”对话框，选择“Visual C#”类型中的“Web”模板，选择“ASP.NET空Web应用程序”选项，在“名称”文本框中输入项目名称，在“位置”文本框中输入相应的存储路径，在“解决方案名称”文本框中输入解决方案名称。最后，单击【确定】按钮即可创建一个新的Web项目，如图1-42所示。

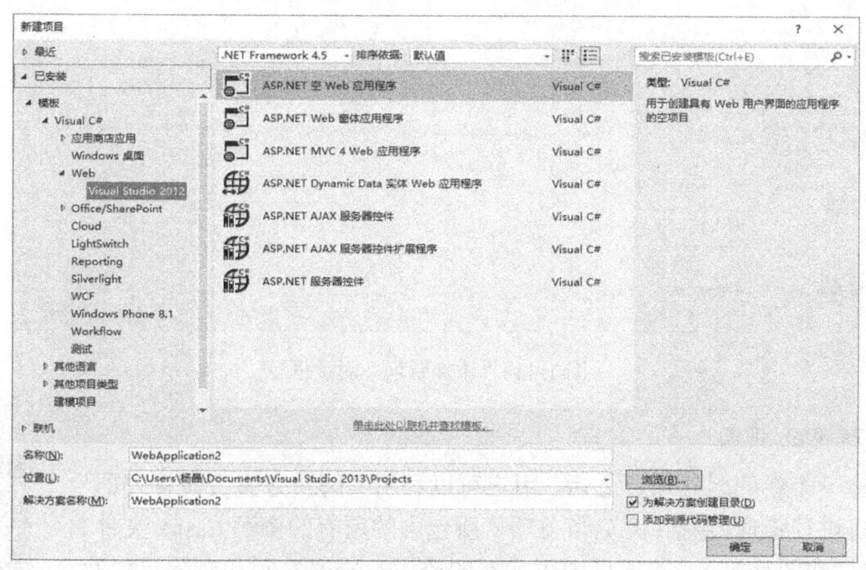

图 1-42　“新建项目”对话框

2. Web 项目的管理

1) *添加新资源*

右键单击项目名称，在弹出的快捷菜单中选择“添加”命令，弹出下一级子菜单，其包括“新建项 ...”“现有项 ...”“新建文件夹”和“添加 ASP.NET 文件夹”等多个命令，如图 1-43 所示。

Web 项目添加资源

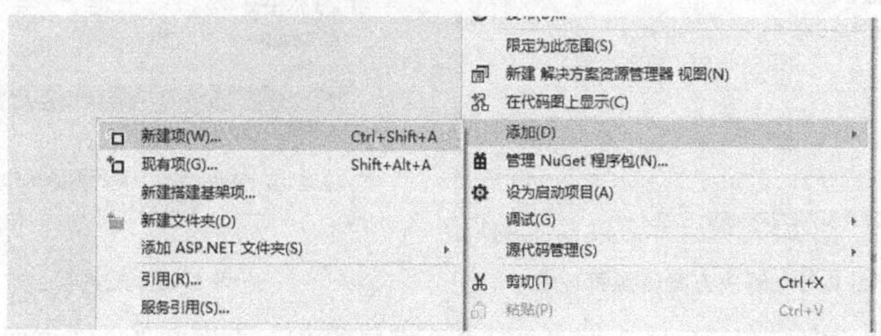

图 1-43　“新建项”菜单

选择“新建项 ...”命令，打开“添加新项”对话框，选择“已安装”模板列表中的“Web”模板，并在模板文件列表中选中“Web 窗体”选项，在“名称”文本框输入文件的名称，最后单击【添加】按钮，如图 1-44 所示。

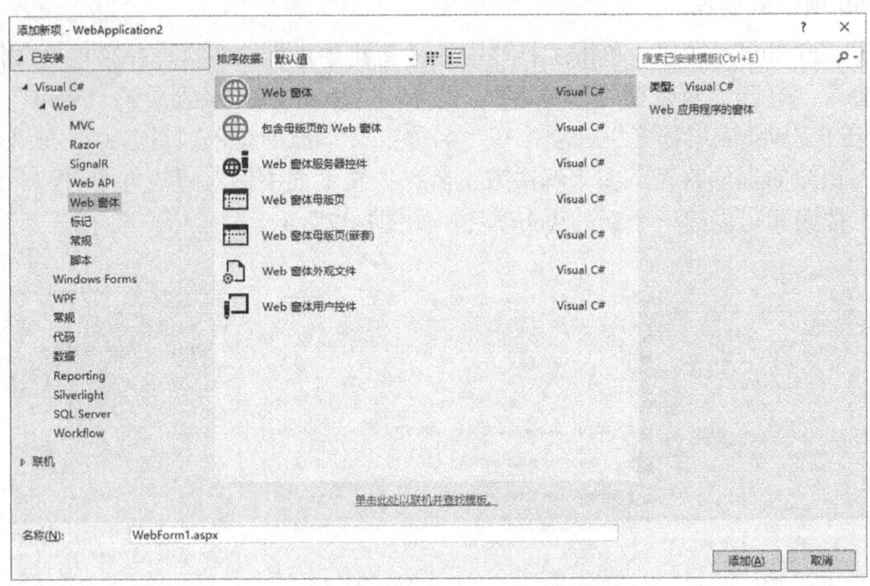

图 1-44 “添加新项”对话框

2) 编辑 Web 页面

编辑 Web 页面

当创建一个新的网站项目之后，用户可以利用“解决方案资源管理器”对网站项目进行管理，包括：浏览当前项目所包含的所有的资源 (.aspx 文件、.aspx.cs 文件和图片等)，向项目中添加新的资源，修改复制和删除已经存在的资源。解决方案资源管理器如图 1-45 所示，工具箱如图 1-46 所示。

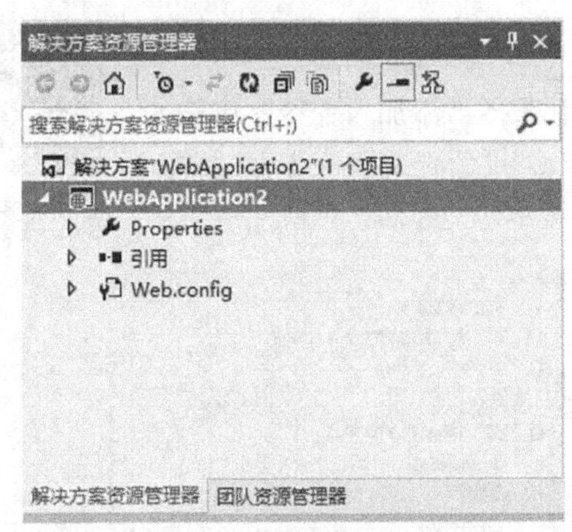

图 1-45 解决方案资源管理器

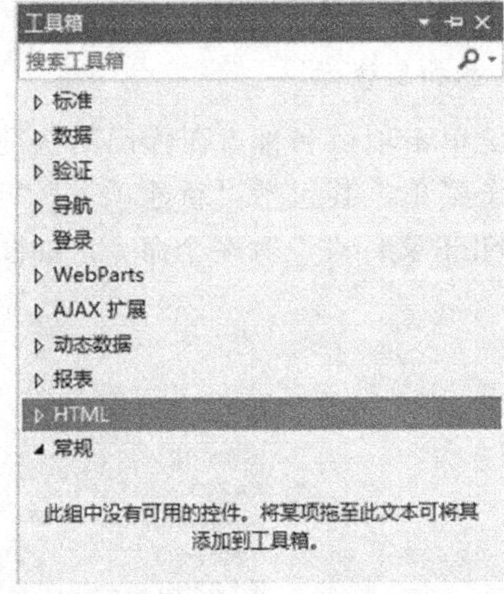

图 1-46 工具箱

在“解决方案资源管理器”中双击某个要编辑的 Web 页面文件，该页面文件就会在中间的视窗中打开。页面文件编辑视窗分为设计视图、拆分视图和源视图 3 种视图。其中，设计视图用来显示设计的效果，并且可以从工具箱中直接把控件拖放到设计视图中；拆分视图可以同时显示设计视图和源视图；源视图显示设计源码，可以在该视图中直接通过编写代码来设计页面。

3) 属性查看器

属性查看及编辑

在 Web 页面的设计视图下，右键单击某一个控件或页面的任何地方，在弹出的快捷菜单中选择“属性”命令，就会打开“属性”窗口，如图 1-47 所示。在“属性”窗口中可以设置页面和控件的相关属性。

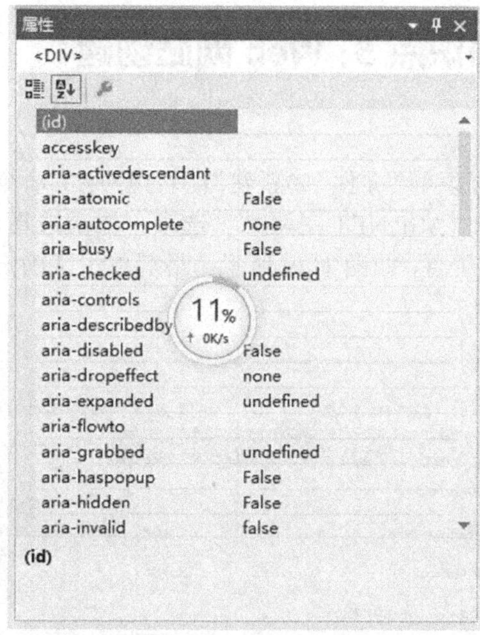

图 1-47　“属性”窗口

4) 编辑后台代码

编辑后台代码

在 Web 页面的设计视图下，双击页面的任何地方或者在“解决方案资源管理器”中选择 .aspx.cs 文件，可打开隐藏的后台代码文件，开发者可以编写与页面对应的后台逻辑代码。后台代码编辑页如图 1-48 所示。

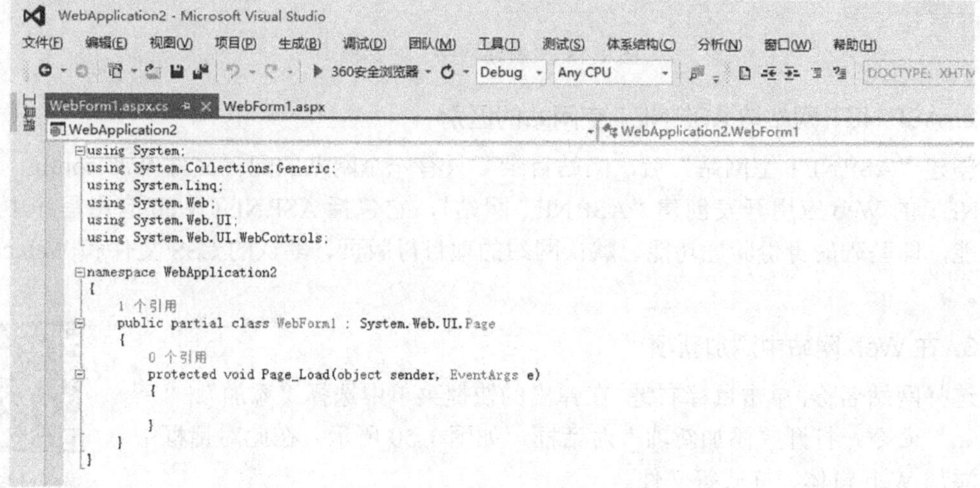

图 1-48　后台代码编辑页

5) 编辑及运行应用程序

选择菜单“生成”|“生成网站”命令，如果生成成功，则单击工具栏上的【启动调试】按钮运行程序(图1-48上侧第三行绿色三角形按钮)，浏览器就会显示程序的运行效果。

1.6 知识点5：Web网站创建

1. Web网站的创建

Web网站的创建

启动Visual Studio 2013，选择菜单“文件”|“新建”|“新建网站”命令，打开“新建网站”对话框，选择“ASP.NET空网站”选项，依次选择语言模板，.NET框架版本和保存的位置，如图1-49所示。最后单击【确定】按钮。

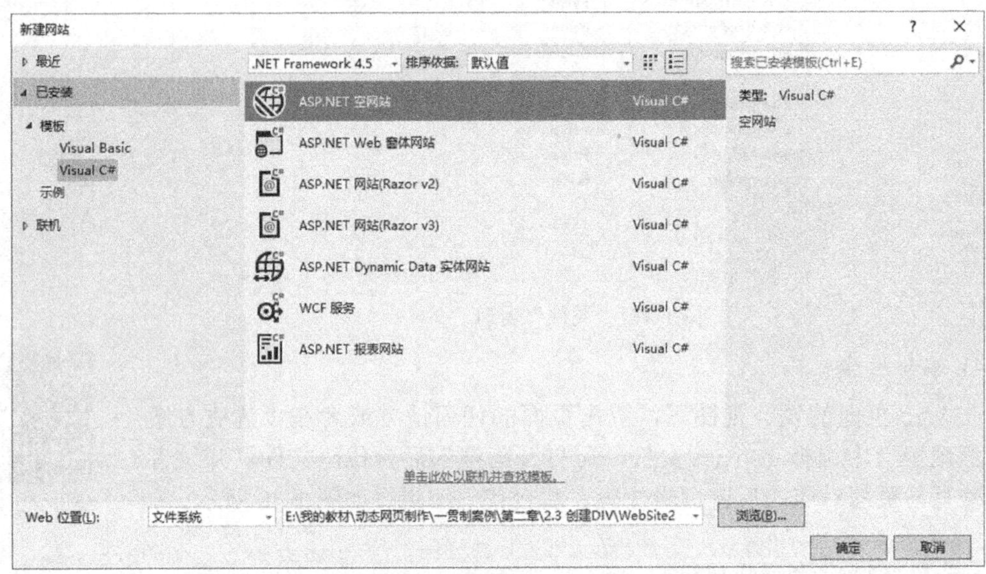

图1-49 “新建网站”对话框

2. ASP.NET网站与ASP.NET空网站的区别

创建“ASP.NET空网站”后，网站目录下只有一个网站的配置文件Web.config。基于ASP.NET的Web应用开发创建“ASP.NET网站”，它包括ASP.NET Web应用程序中所有的功能，即基础的身份验证功能、默认网站的项目母版页、默认的CSS文件和Web.config文件。

3. 在Web网站中添加新项

添加网站页面

选择网站名称，单击鼠标右键，在弹出的快捷菜单中选择“添加”|“新建项...”命令，打开“添加新项”对话框，如图1-50所示。在此对话框中可以添加Web窗体、样式等文件。

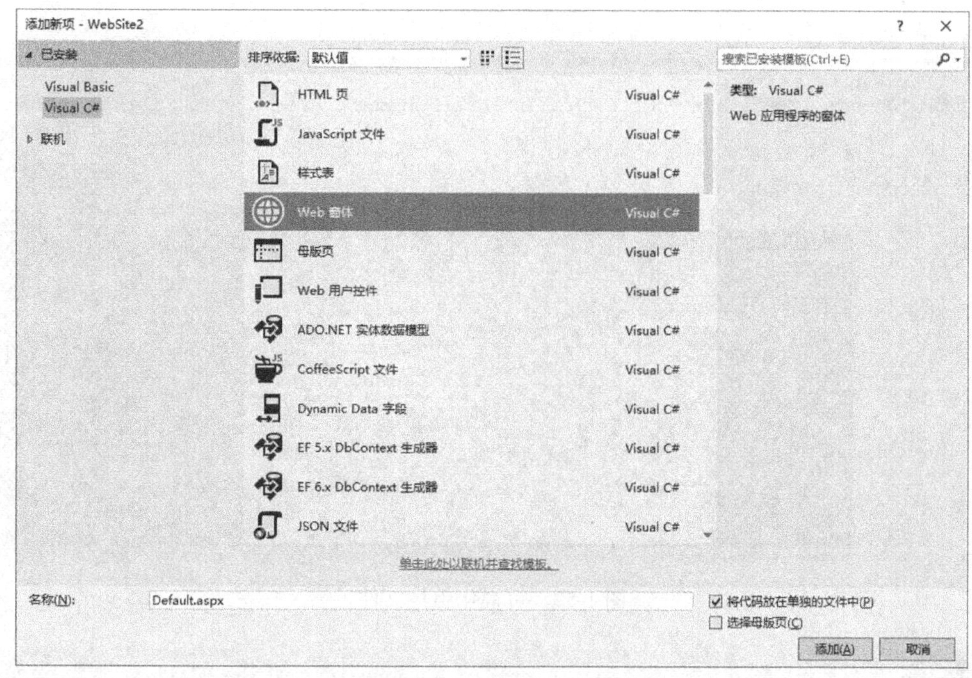

图 1-50　添加 Web 窗体

4. Web 窗体

1) Web 窗体的概念

ASP.NET 网页也称 ASP.NET Web 窗体 (Web Form)，是基于 .NET 通用运行环境的编程模型，用于为 Web 应用程序创建用户界面。Web 窗体还提供了丰富的控件集，使用支持 .NET 的语言可对这些控件编程。通过使用 Web 窗体上的各种服务器控件，可在 ASP.NET 网站上检索和更新信息。

2) Web 窗体的模型

Web 窗体模型

ASP.NET 的 Web 窗体模型由两部分组成：页面的显示逻辑 (或称用户界面 UI、可视化组件、可视元素) 和页面的业务逻辑 (或称编程逻辑、代码)。ASP.NET 程序的执行过程如图 1-51 所示。

图 1-51　ASP.NET 程序的执行过程

Web 窗体文件的扩展名为 .aspx，Web 窗体由可视化组件和功能代码组成。可视化组件对应的文件是 .aspx，如图 1-52 所示。功能代码对应的文件是 .aspx.cs，如图 1-53 所示。

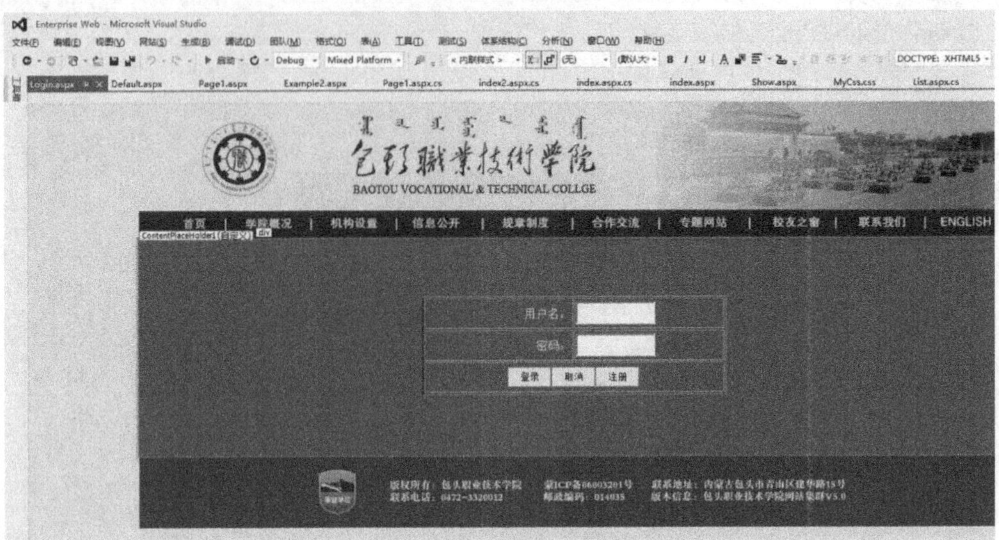

图 1-52 可视化组件文件

localhost_27467

Login.aspx.cs

MyWeb | Login | Page_Load(object sender, EventArgs e)

```
SqlConnection con = new SqlConnection(constr);

string sql = "select count(*) from Userinfo where Username=@name and password=@pwd";
SqlCommand cmd = new SqlCommand(sql, con);
SqlParameter[] paras ={
                new SqlParameter("@name",SqlDbType.VarChar,20),
                new SqlParameter("@pwd",SqlDbType.VarChar,20)
            };
paras[0].Value = TextBox1.Text.Trim();
paras[1].Value = TextBox2.Text.Trim();
cmd.Parameters.AddRange(paras);
con.Open();
int n = int.Parse(cmd.ExecuteScalar().ToString());
con.Close();
if (n > 0)
{
    Response.Redirect("~/Admin/index.aspx");
}
else
{
    ClientScript.RegisterStartupScript(this.GetType(), "error", "alert('用户输入的信息有误，请重新输入')", true);
}

}
0 个引用
protected void Button2_Click(object sender, EventArgs e)
{
    TextBox1.Text = "";
    TextBox2.Text = "";
}
}
```

100 %

图 1-53 功能代码文件

3) ASP.NET 网页的代码模型

(1) 单文件页模型。在单文件页模型中，页的标记及其编程代码位于同一个 .aspx 文件中。编程代码位于 <script runat= "server" > 和 </script> 块中，该块包含 runat= "server" 属性，该属性将其标记为在服务器上执行的代码。

(2) 代码隐藏页模型。在代码隐藏页模型中，页的标记 (显示逻辑) 位于 .aspx 文件中，功能代码 (业务逻辑) 位于 aspx.cs(对于 C#) 文件中，如图 1-54 所示。新建网站时默认创建的 Default.aspx 和 Default.aspx.cs 文件是代码隐藏页模型。

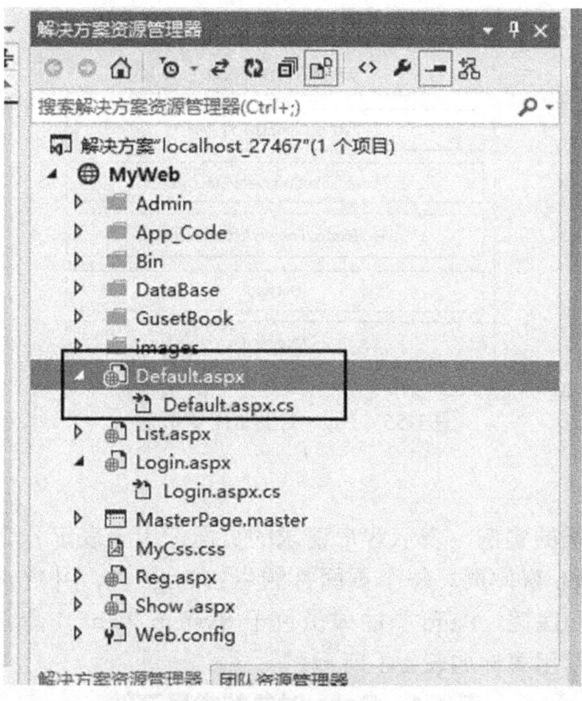

图 1-54　默认创建的文档结构

5. Page 对象

1) Page 页的生命周期

一个 ASP.NET 应用程序中每一个页面 (Page) 也有其生命周期。在 Page 生命周期中将引发一系列的事件主要如下：

Page 运行机制

(1) 请求：页面请求发生在页面生命周期开始之前。

(2) 开始：在开始阶段设置页属性，通过 Request 和 Response 来确定请求是回发请求还是新请求，并设置 IsPostBack 属性。

Page 生命周期

(3) 初始化：页面初始化期间，可以使用页中的控件，并设置每个控件的 UniqueID 属性。如果当前请求是回发请求，则回发数据尚未加载，并且控件属性值尚未还原为视图状态中的值。

(4) 加载：加载期间，如果当前请求是回发请求，则将使用从视图状态和控件状态恢复的信息加载控件属性。

(5) 验证：在验证期间，将调用所有验证程序控件的 Validate 方法，该方法将设置各个验证程序控件和页的 IsValid 属性。

(6) 回发事件处理：如果请求是回发请求，则将调用所有事件处理程序。

(7) 呈现页面：在页面呈现期间，视图状态将被保存到页面，然后页面将调用每个控件，把其呈现的输出提供给页的 Response 属性 OutputStream。

(8) 卸载：完全呈现页面、将页面发送至客户端并准备丢弃时，将调用卸载。此时，将卸载页属性 (如 Response 和 Request) 并执行清理。

Page 类的生命周期事件如图 1-55 所示。

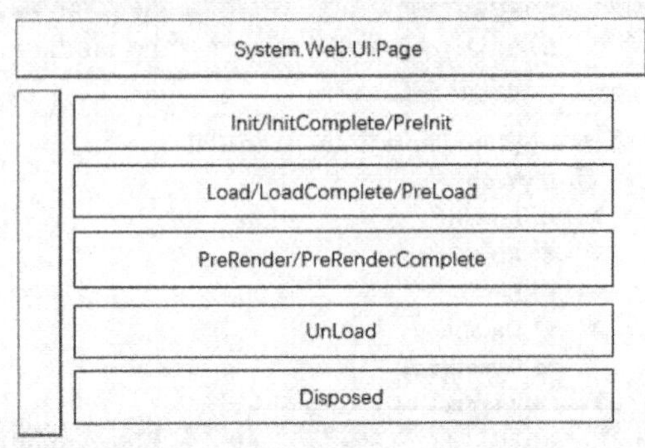

图 1-55 Page 类生命周期事件

2) Page 对象

Page 对象及 Load 事件

Page 对象是页面类的实例，表示客户请求的页面，用于表示一个.aspx 文件，也称为 Web 窗体页。每个页面都派生自 Page 类，并继承该类公开的所有方法和属性。Page 类的成员位于 System.Web.UI 命名空间中。Page 对象的常用事件如表 1-1 所示。

表 1-1 Page 对象的常用事件

事 件	说 明
Init	当服务器控件初始化时发生
InitComplete	在页面初始化完成时发生
PreInit	在页面初始化开始时发生
Load	当服务器控件加载到 Page 对象时发生
LoadComplete	在页生命周期的加载阶段结束时发生
PreLoad	在页面 Load 事件之前发生
PreRender	在页面加载控件对象之后、呈现前发生
PreRenderComplete	在呈现页面内容之前发生
Unload	页面卸载时发生
Disposed	当从内存释放服务器控件时发生

Page 对象的常用属性 IsPostBack 用于获取一个逻辑值，该值指示当前页是否属于首次加载和访问。True 表示页面是为响应客户端回发而加载，False 表示页面是首次加载。在 Page_Load 事件处理过程中，通过该属性实现首次加载或回发时执行不同的程序代码，示例代码如下：

```
Protected void Page_Load(Object o，EventArgs e)
{
    if(! Page IspostBack)
    {
```

Page 属性及 IsPostBack

```
            //如果网页为首次加载，则进行一些操作
            …
        }
    }
```

Page 对象的 IsValid 属性用于获取一个值，该值指示页验证是否成功。若页面验证控件全部验证成功，则该值为 True，否则为 False。在页面显示验证的结果，示例代码如下：

```
    Protected void Button1_Click(Object Sender，EventArgs E)
    {
        if(Page.IsValid)// 也可以写成 if(Page.IsValid=True)
            mylabel.Text = " 信息验证成功 !";
        else
            mylabel.Text = " 信息验证失败 ";
    }
```

Page 对象的方法如表 1-2 所示。

表 1-2　Page 对象的方法

方　法	说　明
DataBind	将数据源绑定到被调用的服务器控件及其所有子控件
FindControl	在页面中搜索指定的服务器控件
RegisteClientScriptBlock	向页面发送客户端脚本块
MapPath	检索虚拟路径（绝对的或相对的）或应用程序相关的路径映射到的物理路径
Validate	指示页面中所有验证控件进行验证

3) Page 指令

在 ASPNET 页面或用户控件中有 11 个 Page 指令。无论页面是使用后台编码模型还是内置编码模型，都可以在应用程序中使用这些指令，常见的 Page 指令如表 1-3 所示。

表 1-3　Page 指令

指令名称	作　用
@Page	定义 ASP.NET 页解析器和编译器所使用的特定页面属性
@Control	定义 ASP.NET 页解析器和编译器所使用的特定用户控件的属性
@Import	在页面或用户控件中显式地导入一个名称空间
@Implements	允许在页面或用户控件中实现一个 .NET 接口
@Register	用于注册页面中的用户控件和自定义服务器控件
@Assembly	将程序集引入到当前页面或用户控件中，以便它所包含的类和接口能够适用于页面中的代码
@OutputCache	对页面或用户控件在服务器上如何进行高速缓存进行控制
@Reference	识别当前页面在运行时动态编译和链接的页面或用户控件

@Page 指令位于每个 ASP.NET 页面的顶部，告诉 ASP.NET 该页面使用的属性。@Page 指令的语法如下：

```
<% @Page attribute="value" [attribute=value…]%>
```

例如：

```
<%@ Page Title="" Language="C#" AutoEventWireup="true" CodeFile="Default.aspx.cs"
Inherits="Default" %>
```

Language：指定页中所有内联 (<%%> 和 <%=%>) 和代码声明块进行编译时使用的语言。每页只能使用和指定一种语言，但一个工程中可以使用多种语言。

AutoVentWrieup：设置页面的事件是否自动绑定，默认为 True。

Trace：设置是否启用跟踪，默认为 False。

Codefile：指定页引用的代码隐藏类 (源) 文件的路径。

Inherits：指定义供页面继承的代码隐藏类，它可以是从 Page 类派生的任何类。此特性与 CodeFile 特性一起使用，后者包含指向代码隐藏类的源文件的路径。Inherits 属性只用于采用代码隐藏方式编写的 Web 窗体。也就是说，如果你的代码全都是在 Web 窗体的标签中，就不必用这个属性了。

使用 CodeFile 和 Inherits 两个属性可以将代码隐藏源文件和网页相关联。

1.7 拓展知识——编写动态网页的几种技术

1. CGI

CGI 是英文 Common Gateway Interface(公共网关接口) 的缩写，代表服务器端的一种通用 (标准) 接口。每当服务器接到客户更新数据的要求以后，即利用这个接口去启动外部应用程序来完成各类计算、处理或访问数据库的工作，处理完后将结果返回 Web 服务器，再发给浏览器。可以使用不同的编程语言编写外部应用程序，如 Visual Basic、Delphi 或 C/C++ 等。虽然 CGI 技术已经发展成熟而且功能强大，但由于其编程困难、效率低下、移植性差、修改复杂，所以逐渐没落。

2. ASP

ASP 的全名是 Active Server Pages，由微软公司于 1996 年推出，采用脚本语言 VBScript 或 JavaScript 作为开发语言，简单易学，现今仍在动态网页开发领域占据很高的份额。该类网页文件的扩展名一般为 .asp。

3. PHP

PHP 即 Hypertext Preprocessor(超文本预处理器)，由 RasmusLerdorf 于 1994 年提出，是一种开放的、跨平台的服务器端嵌入式脚本语言。其大量借用 C、Java 和 Perl 语言的语法，并且完全免费，可以直接从 PHP 官方站点自由下载。该类网页文件的扩展名一般为 .php。

4. JSP

JSP(Java Server Page) 是 Sun 公司于 1999 年推出的开发技术。借助在 Java 上的不凡造诣，JSP 在执行效率、安全性和跨平台性方面均有着出色的表现。该类网页文件的扩展名

一般为 .jsp。

5. 新一代的 ASP.NET

虽然微软公司借助 ASP 获得了 Web 开发领域的巨大成功，但是受到了 PHP、JSP 的严峻挑战。2000 年，微软公司推出了全新的 ASP.NET 开发技术。

ASP.NET 是建立在 .NET 框架平台上的完全的面向对象系统，是在借鉴了 JSP 的诸多优点后推出的，因此 ASP.NET 具有后发优势。

ASP.NET 不再采用解释型的脚本语言，而是采用编译型的程序语言，如 C#(读作“C Sharp”)、VB .NET 等，执行速度加快了许多。并且 ASP.NET 可以把网页的内容与程序代码分开，即“Code-Behind(代码隐藏)”技术，这样可以使得页面的编码井井有条，便于协作开发和功能的重复使用等。一系列的新特性都让 ASP.NET 获得了更高的开发效率及更优秀的使用效果。该类网页文件的扩展名一般为 .aspx。

1.8　综合案例——构建动态网页制作开发环境

1. 安装 Internet 信息服务管理器

1) 在 Windows XP 专业版中安装 IIS(Windows XP Home 版不支持 IIS)

搭建 ASP.NET 开发环境

(1) 软件准备：下载 IIS5.1 安装包和 Windows XP Service Pack3 (XPSP3)，并分别将其用 WinRaR 解压缩。

(2) 单击桌面左下角的【开始】按钮，在弹出的主菜单中选择“控制面板”命令，在打开的“控制面板”窗口中单击“添加 / 删除程序”图标，打开“添加或删除程序”窗口，在窗口左侧单击【添加 / 删除 Windows 组件】按钮，打开添加或删除“Windows 组件向导”对话框，可以添加或删除 Windows XP 的组件。

(3) 在该对话框中，选中“Internet 信息服务 (IIS)”选项，单击右下角的【详细信息】按钮，在打开的“Internet 信息服务 (IIS)”对话框中添加 FTP 服务等组件。单击【下一步】按钮，开始安装选中的组件。

2) 在 Windows 7 中安装 IIS

(1) 单击【开始】按钮，在弹出的主菜单中选择菜单“设置”|“控制面板”命令，在打开的“控制面板”窗口中单击“程序和功能”图标，在打开的“程序和功能”窗口中选择左侧的“打开或关闭 Windows 功能”选项，打开“Windows 功能”对话框，在打开的对话框中，选中 Internet 信息服务 (IIS) 及万维网相关的程序。

(2) 单击【确定】按钮完成安装。启动 IE 浏览器，在地址栏中输入网址 http:localhost，测试 IIS 是否启动。

2. 安装 SQL Server 2005

(1) 解压下载的文件，在路径 SQL Server 2005\SQL Server x86\Tools 下双击 setup.exe，单击【下一步】按钮。

(2) 依次单击【下一步】按钮。

(3) 填写好相关信息后，单击【下一步】按钮。

(4) 选择好要安装的功能后，可以单击【浏览】更改安装路径，单击【下一步】按钮。

(5) 单击【下一步】按钮。

(6) 单击【安装】按钮。

(7) 单击【下一步】按钮。

(8) 单击【完成】按钮。

3. 安装 Visual Studio 2013

(1) 将准备好的 Visual Studio 2013 光盘放入光驱，双击执行 setup.exe 文件，进入安装向导界面。

(2) 选择“安装 Visual Studio 2013”选项，即可进入“资源复制过程”。

(3) 完成资源复制后，进入“加载组件的过程”。

(4) 完成组件加载后，【下一步】按钮被激活，单击【下一步】按钮进入“软件安装许可认证”界面。选择“我已阅读并接受许可条款”单选框并输入产品密钥和用户名称，【下一步】按钮会被激活，单击【下一步】按钮。

(5) 选择“自定义”安装选项，确定安装方式和安装路径，单击【下一步】按钮。

(6) 选择要安装的功能。

(7) 单击【安装】按钮，进入安装过程界面，开始安装并显示当前安装的组件。

(8) 成功完成所有组件的安装后，显示已经成功安装 Visual Studio 2013 的提示信息，最后单击【完成】按钮，结束安装过程。

单 元 测 试

1. 填空题

(1) .NET 框架由 ________、________、________ 和 ________ 四部分组成。.NET 框架中包括一个庞大的类库。为了便于调用，将其中的“类”按照 ________ 进行逻辑分区。

(2) 实现交互式网页需要采用 ________ 技术，至今已有多种实现交互式网页的方法，如 ________、________、________ 等。

2. 选择题

(1) 静态网页文件的扩展名是 (　　)。

A. .asp　　B. .aspx　　C. .htm　　D. .jsp

(2) 在 ASP.NET 中源程序代码先被生成中间代码 (IL 或 MSIL)，待执行时再转换为 CPU 所能识别的机器代码，其目的是 (　　) 的需要。

A. 提高效率　　B. 保证安全　　C. 程序跨平台　　D. 易识别

3. 判断题

(1) 和 ASP 一样，ASP.NET 也是一种基于面向对象的系统。(　　)

(2) 在 ASP.NET 中能够运行的程序语言只有五种。(　　)

4. 简答题

(1) 静态网页与动态网页在运行时的最大区别在哪里?

(2) 简述 .NET 框架中 CLR 的作用。

任务2 网站规划与设计

教学目标

通过本章的学习，使学生了解一个简单的动态网站从策划、准备、建设到最终发布的基本流程，掌握相关工具软件的基本使用方法。

知识目标

- 掌握网站规划的原则。
- 掌握网站规划的内容。
- 掌握网站规划的方法。
- 掌握 HTML 的使用方法。
- 掌握页面美化技术 CSS。
- 掌握脚本编写语言 JavaScript.。

技能目标

- 能利用撰写网站规划书进行网站前期规划。
- 能利用 HTML、CSS、JavaScript 搭建网站前台。

2.0 任务描述及工作单

包头职业技术学院拟建一个网站，在网站建设之前需要规划网站内容，再根据客户确定的效果图完成网站前台界面的制作。

完成一个网站前台的设计与制作，首先要撰写一份企业网站规划书，其内容包括：前期调研分析；确定网站目的及功能定位；拟订网站技术解决方案；规划网站内容，大致设计网页效果；列出网站维护、测试、发布与推广方案等。

完成规划后搭建网站首页的结构，主要运用 HTML 语言来完成。在 HTML 文档中使用 CSS 可以美化页面的外观，改变页面的布局，而网页中动态特效则运用 JavaScript 脚本语言来完成。本章将通过一个案例对动态网站的完整开发步骤加以介绍。

2.1 网站规划的基本概念

一个网站的成功与否与建站前的网站规划有着极为重要的关系。在建立网站前应明确建设网站的目的，确定网站的功能和规模、投入费用，进行必要的市场分析等。只有进行了详细的规划，才能有效避免在网站建设中出现的很多问题，使网站建设能顺利进行。

网站规划是指在网站建设前，网站设计者应对市场进行分析、确定网站的目的和功能，并根据需要对网站建设中的技术、内容、费用、测试、维护等做出规划。网站规划对网站建设起到计划和指导的作用，对网站的内容和维护起到定位作用。

1. 网站规划书

网站规划书出应该尽可能涵盖网站规划中的各个方面，网站规划书的写作要科学、认真、实事求是。

网站规划书包含的内容如下：

1) 建设网站前的市场分析

(1) 了解相关行业的市场是怎样的，市场有什么样的特点，是否能够在互联网上开展公司业务。

(2) 对市场主要竞争者进行分析，了解竞争对手上网情况及其网站规划、功能作用。

(3) 分析公司自身条件、公司概况、市场优势，可以利用网站提升哪些竞争力，了解建设网站的能力(费用、技术、人力等)。

2) 建设网站目的及功能定位

(1) 思考为什么要建立网站，是为了宣传产品，进行电子商务，还是建立行业性网站？是企业的需要还是市场开拓的延伸？

(2) 整合公司资源，确定网站功能。根据公司的需要和计划，确定网站的功能类型：产品宣传型、网上营销型、客户服务型、电子商务型等。

(3) 根据网站功能，明确网站应达到的目的作用。

(4) 分析企业内部网 (Intranet) 的建设情况和网站的可扩展性。

3) 网站技术解决方案

根据网站的功能，确定网站技术解决方案有如下几方面：

(1) 决定采用自建服务器，还是租用虚拟主机。

(2) 决定选择操作系统，用 Unix、Linux 还是 Window Server 2008。分析投入成本、功能、开发、稳定性和安全性等。

(3) 决定采用系统性的解决方案(如 IBM，HP) 等公司提供的企业上网方案、电子商务解决方案？还是自己开发。

(4) 确定网站安全性措施，防黑、防病毒方案。

(5) 完成相关程序开发，如网页程序 ASP、JSP、CGI、ASP.Net 数据库程序等。

4) 网站内容规划

(1) 根据网站的目的和功能规划网站内容，一般企业网站应包括：公司简介、产品介绍、服务内容、价格信息、联系方式、网上定单等基本内容。

(2) 电子商务类网站要提供会员注册、详细的商品服务信息、信息查询搜索、定单确认、付款、个人信息保密措施、相关帮助等。

撰写网站规划

(3) 如果网站栏目比较多，则考虑采用网站编程专人负责相关内容。

注意

网站内容是网站吸引浏览者最重要的因素，无内容或不实用的信息无法吸引匆匆浏览的访客。可事先对人们希望阅读的信息进行调查，并在网站发布后调查人们对网站内容的满意度，以及时调整网站内容。

5) 网页设计

(1) 网页设计的美术设计要求一般要与企业整体形象一致，要符合 CI(企业文化识别系统) 规范。其中，需要注意网页色彩、图片的应用及版面规划，保持网页的整体一致性。

(2) 在新技术的采用上要考虑主要目标访问群体的分布地域、年龄阶层、网络速度、阅读习惯等。

(3) 制定网页改版计划，如半年到一年时间进行较大规模改版等。

6) 网站维护

(1) 服务器及相关软硬件的维护，对可能出现的问题进行评估，制定响应时间。

(2) 数据库维护，有效地利用数据是网站维护的重要内容，因此数据库的维护要受到重视。

(3) 内容的更新、调整等日常维护。

(4) 制定相关网站维护的规定，将网站维护制度化、规范化。

7) 网站测试

网站发布前要进行细致周密的测试，以保证正常浏览和使用。主要测试内容：

(1) 服务器稳定性、安全性。

(2) 程序及数据库测试。

(3) 网页兼容性测试，如浏览器、显示器。

(4) 根据需要的其他测试。

8) 网站发布与推广

(1) 网站测试后进行发布的公关，广告活动。

(2) 搜索引擎登记等。

9) 网站建设日程表

各项规划任务的开始完成时间，负责人等。

10) 费用明细

各项事宜所需费用清单。

例如：

某旅游网站建设规划书（示范）

1. 网站简介

宁海长街位于宁波市宁海县，特色有农家乐，大家可以通过网站了解信息……旅游……。

2. 网址

http: //www.*****.com.cn。

3. 网站作用

➢ 树立品牌

为了发展宁海的旅游产业，……配合产品打入中国市场作宣传，充分利用互联网的优势进行品牌推广。

➢ 完善服务

主要为售后服务。发布完善的服务信息供用户查询。

➢ 服务介绍

通过产品介绍及解决方案介绍，使潜在客户更充分的了解产品的优势及技术特点。

➢ 个性化设计

通过策划及整体网站风格设计，并采用合适的多媒体层技术，使公司的网站成为领域最具国际化特色的企业网站之一，从而令客户对公司的印象得到充分的肯定。

➢ 兼容与标准

同时支持 IE 与 NETSCAPE 及多种浏览器，同时支持 1024×768，1600×1200 等多种屏幕分辨率模式，且自动适应各种分辨率模式。

……

4. 模块分析

主要网页为主页，上有简介(地理位置、交通、……)、新闻、产品介绍、用户留言等……

5. 色调

根据公司性质特点，结合企业 VI 设计，基色为淡蓝色……

6. 页面布局

主页页面布局采用典型企业网站结构，最上面使用 LOGO，然后导航，主体采用左中右结构，最下面为版权区域，如下图所示：

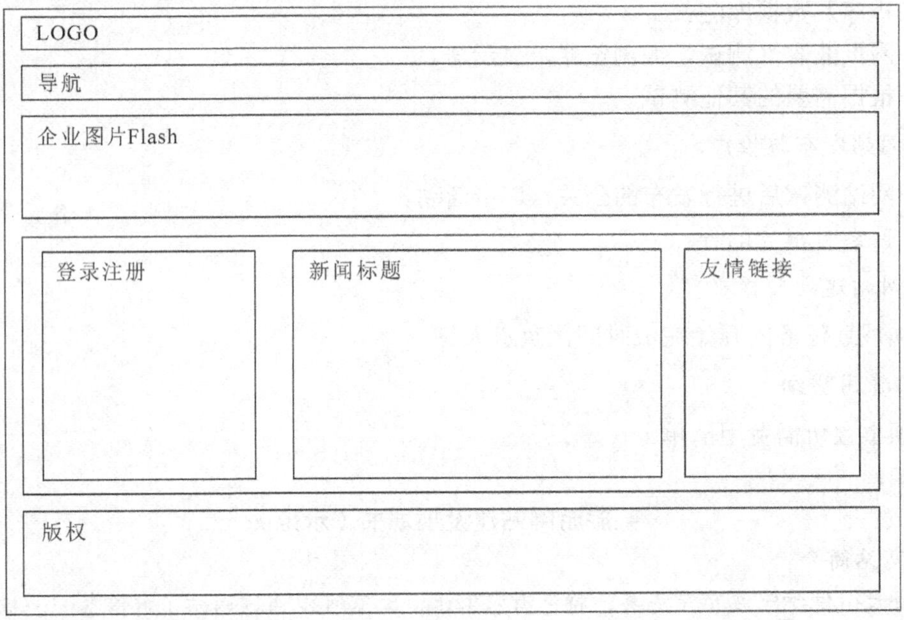

LOGO

导航

企业图片Flash

登录注册

新闻标题

友情链接

版权

各个子页布局如下：

……

7. 页面特效说明

页面特效不宜过多，一张页面 1～2 种特效即可。

8. 页面链接

主页名称为 Index.html，从主页可以链接到各个子页，各个子页链接回到主页。

主页中有登录与注册模块。其中，登录时有用户名及密码验证，点击注册按钮，链接到注册页面。

9. 测试

测试时，要求各个页面之间的链接正常，图片与 Flash 正常显示，未完成页面可以统一使用“该网页正在建设中……”字样网页。

2. 互联网动态网站的开发步骤

ASP.NET 动态网站的开发，与普通的静态网站相比，除了在上传网站前增加了一个“预编译”的环节外，其他方面比较相近，步骤如图 2-1 所示。

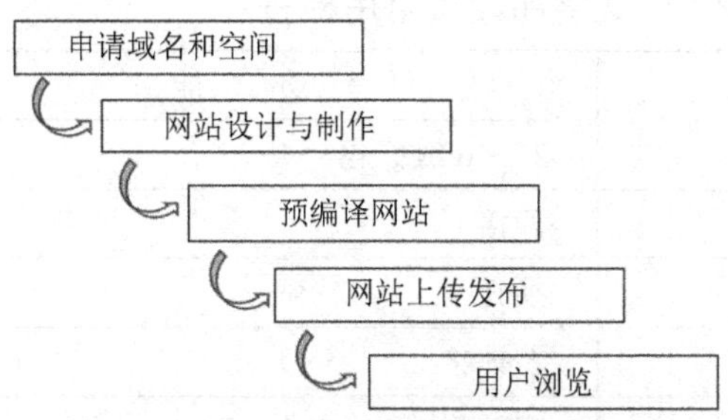

图 2-1　ASP.NET 动态网站开发步骤

“网站设计与制作”和“预编译”两个环节主要使用 Visual Studio 2013 集成化编程工具，“申请域名和空间”这一环节可以与虚拟主机提供商联系购买，“网站上传发布”环节由 FTP 工具软件实现，之后，就可以进入“用户浏览”环节查看动态网站的效果了。

2.2　知识点 1：HTML 基础知识

1．HTML

HTML(Hypertext Markup Language，超文本标记语言)是使用特殊标记来描述文档结构和表现形式的一种标记语言。HTML由W3C(World Wide Web Consortium)所制定和更新。HTML文件是一种纯文本文件，可以使用任何一种文本处理软件来编辑HTML文件。

2. HTML 的基本组成结构

HTML 语言的基本结构

一个完整的 HTML 文件由标题、段落、表格和文本等各种嵌入对象组成，这些对象统称为元素，HTML 使用标记来分隔并描述这些元素。即整个 HTML 文件就是由元素与标记组成的。下面是一个 HTML 文件的基本结构。

```
<html><!-- 文件开始标记 -->
        <head><!- 文件头开始的标记 -->
                ……文件头的内容
        </head><!-- 文件头结束的标记 -->
        <body><!-- 文件主体开始的标记 -->
                文件主体的内容
        </body><!-- 文件主体结束的标记 -->
</html><!-- 文件结束标记 -->
```

3. HTML 元素的属性

一个元素可以拥有一个或多个属性。例如：<a href="http：//blog.abcd.net/zbcd"> 请访问作者博客 <a>。

HTML 元素的属性　HTML 标题

4. HTML 常用标签

(1) 注释：<!-- 注释的内容 -->。

(2) 处理文字和段落的常用标签如表 2-1 所示。

HTML 段落

表 2-1　文字和段落常用标签

标　签	功　能
<h1>...</h1>	1～6 级标题
<p>...</p>	段落
 	换行
<b>...</b>	粗体字
<strong>...<strong>	粗体字 (强调)
<i>...</i>	斜体字
<em>...</em>	斜体字 (强调)

(3) 显示图像的常用标签如表 2-2 标签。

表 2-2　图像常用标签

标　签	功　能
<img src=" 图片地址 ">	插入图片
<img src=" 图片地址 " width="180" height="30">	设置图片高度和宽度
<img src=" 图片地址 " alt=" 提示文字 ">	设置图片提示文字

HTML 图片元素

(4) 链接标签如表 2-3 所示。

表 2-3　链接标签

标　签	功　能
<a href=" 地址 "></a>	外部链接
<a href=" 地址 " target="_blank"></a>	外部链接 (新打开窗口)

(5) 表格标签如表 2-4 所示。

表 2-4　表格标签

标　签	功　能
<table align="left">...</table>	表格位置，居左
<table align="center">...</table>	表格位置，居中
<table border=" 边框大小 ">...</table>	设置表格边框大小 (使用数字)
<table width=" 宽度 ">...</table>	设置表格宽度 (使用数字)
<table height=" 高度 ">...</table>	设置表格高度 (使用数字)

HTML 中添加表格

(6) 列表标签如表 2-5 所示。

HTML 列表标签

表 2-5　列表标签

标　签	功　　能
<ul>...</ul>	无序列表
<ol>...</ol>	有序列表
<li>...</li>	列表项

(7) 表单标签。一个表单由多个 HTML 输入控件组成，以供用户输入数据，通过使用 <input> 的 type 值设置不同的表单控件。常用的表单标签如表 2-6 所示。

表 2-6　表单标签

Type 值	说　　明
text	普通文本框
password	密码文本框
file	选择文件框
checkbox	复选框
radio	单选框
button	普通按钮
submit	提交按钮
reset	重置按钮
hidden	隐藏域
image	图像域 (图像提交按钮)

form 元素的 action 属性指明接收并处理数据的处理程序 (通常为 .aspx 网页)，post 属性指明数据提交的方法。

2.3　知识点 2：CSS 基础知识

1. CSS 的含义

CSS 样式表示例

CSS(Cascading Style Sheet，层叠样式表) 是用于控制网页样式并允许将样式信息与网页内容分离的一种标记性语言。HTML 定义了网页的结构，CSS 决定了浏览器如何显示 HTML 代码。

2. 在 HIML 中引入 CSS 的方式

CSS 引用方式 1

(1) 行内式：在 HTML 标签的 style 属性中写 CSS 代码。

(2) 嵌入式：在 <head></head> 中写 CSS 代码。

(3) 链接式：使用 <link> 链接外部 CSS 文件。

例如：<link type="text/css" rel="stylesheet" href="mycss.css"/>。

(4) 导入式：使用 @import 指令。

例如：

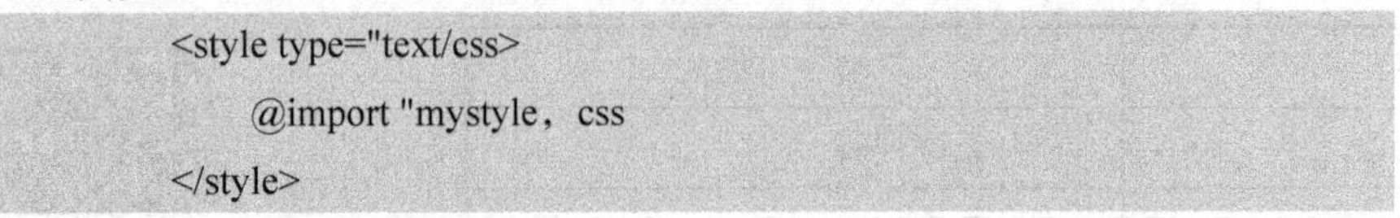

```
<style type="text/css">
    @import "mystyle，css
</style>
```

3. 编写 CSS 规则

CSS 的思想就是首先指定对什么“对象”进行设置，然后指定对该对象的哪方面的“属性”进行设置，最后给出该设置的“值”。因此，概括来说，CSS 就是由“对象”“属性”和“值”3个基本部分组成的。

CSS 文档由一条或多条 CSS 规则 (Rules) 组成。CSS 规则由两个主要的部分构成：选择器以及一条或多条声明。选择器通常是需要改变样式的 HTML 元素，每条声明由一个属性和一个值组成。属性是希望设置的样式属性，每个属性有一个值。属性和值被冒号分开。

例如：p{color：red；background：yellow；}。

这条代码的作用是将段落文字颜色设置为红色，段落背景设置为黄色。

其代码结构如图 2-2 所示。常用的 CSS 单位如表 2-7 所示。

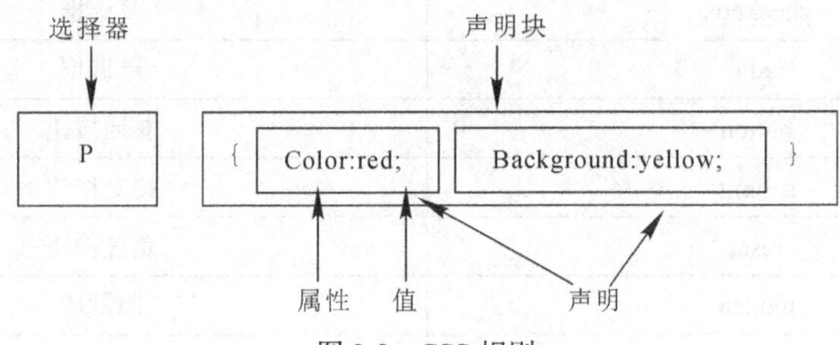

图 2-2　CSS 规则

表 2-7　常用的 CSS 单位

单位名称	说　明
pc	12 点活字 (1pc 等于 12 点)
pt	磅 (lpt 等于 1/72 英寸)
cm	厘米
mm	毫米
in	英寸
px	像素 (计算机屏幕上的一个点)
em	表示字体高度的单位
ex	表示字体中字母 X 的高度

4. CSS 选择器

在 CSS 的 3 个组成部分中，“对象”指定了对哪些网页元素进行设置，因此它有一个专门的名称——选择器 (Selector)。

1) 标签选择器

标签选择器可以直接将 HTML 标签作为选择器，也可以将 p、hl、dl、

strong 等 HTML 标签作为选择器，用于设定 HTML 文档中指定标签的显示样式。

例如：h1{color：blue；font-size：16px；}。

这条代码的作用是将 h1 标题颜色设置为蓝色，字体大小为 16px。

2) 类别选择器

在 CSS 中用一个点开头表示类别选择器定义，可以用于给特定的一组 CSS 代码取名，也可以应用于多个不同的标签。

CSS 类别选择器

例如：.da1{color：#f60；font-size：14px；}。

这条代码的作用为定义了一个名为 da1 的类样式，其作用是设置颜色为 #F60，字体大小为 14px，可用于任何一个适用的元素。

3) ID 选择器

对于页面中独一无二的元素，如页脚，可以给其 ID 属性赋予一个独一无二的值，然后可以用 ID 选择器给指定 ID 的元素设置样式。

CSS 之 ID 选择器

例如：#main{color：#000；line-height：26px；}。

这条代码的作用是设置颜色为黑色，行高为 26px，用于 ID 名为 main 的元素。

4) 伪类选择器

CSS 伪类选择器

超链接标签 <a> 支持特殊的 CSS 样式类，用于定义超链接不同状态的样式，这些样式类被称为“伪类 (Pseudo Class)”。常见的伪类选择器见表 2-8。

表 2-8　伪类选择器

属　性	说　明
a:link	超链接的普通样式，即正常浏览状态的样式
a:visited	被单击过后呈现的样式
a:hover	鼠标指针悬停于超链接元素之上时呈现的样式
a:active	单击超链接时呈现的样式

5) 复合选择器

标记选择器、类别选择器和 ID 选择器统称为基本选择器。复合选择器包括交集选择器、并集选择器和后代选择器。

CSS 复合选择器

- 交集选择器，直接指定特定标记中特定类别或 ID 的样式。
- 并集选择器，一次定义多个标签或类别或 ID 的样式。
- 后代选择器，选择嵌套在指定元素的内部元素的样式。

5. CSS 的层叠与继承

样式的优先级为：行内样式 >ID 样式 > 类别样式 > 标记样式。没有定义 CSS 规则的 HTML 元素从其父元素中继承样式。

CSS 的层叠与继承

6. 盒模型

HTML 标签分为两大类：<div>、<p>、<h2> 等是常见的块级 (block) 元素标签；<span>、<a>、<img> 等是常见的行内 (inline) 元素标签。块元素与行内元素可以互换，所有元素均可成为容器，即盒子，每个盒子都具有内容 (content)、填充 (padding)、边框 (border)、边界 (margin) 等属性。

CSS 盒模型

盒模型边框属性设置

CSS 盒子设定属性的简写

其中 <div> 与 <span> 没有特殊的语义，多用于页面布局与排版，它们是网页布局设计中使用最多的两个标签。

7. 标准流布局方式

标准流是指页面元素按照所在 XHTML 文档的位置顺序排列的布局方式。在没有添加其他布局方式的情况下，页面遵循标准流的布局方式。

CSS 标准流布局方式

8. CSS 浮动布局方式

CSS 浮动布局方式

使用浮动布局是目前网页制作中最为常用的方式。应用了浮动布局的元素全部会成为块级元素，并且脱离原来的常规流模式。应用了浮动布局的元素可以向页面的左边或者右边移动，直到其边缘接触到其父元素的边框或者另外一个浮动元素的边框。盒子拥有一个 float 属性，可以设置为向左或向右浮动。

9. 元素的定位问题

CSS 盒子的定位方式

标准流式布局中块元素分行显示，行内元素在同一行内显示，一行显示不下则折行。对于浮动布局，情况就复杂得多，盒子模型中定义了一个 position 属性用于指定元素的布局方式。

(1) position：static 即静态定位方式，是默认的属性值，表明盒子中的元素按照标准流方式进行定位。

(2) position：relative 即相对定位方式。使用相对定位方式的盒子，会相对于其自身原本位置有一个偏移，到达一个新位置。使用相对定位方式的盒子仍在标准流中，因此会影响其后继元素的定位。

(3) position：absolute 即绝对定位方式。使用绝对定位的盒子以它“最近”的一个已经定位的父元素为基准进行定位，若没有这样的元素，则以浏览器窗口为基准。绝对定位的盒子从标准流中脱离，它们对其后元素的定位没有影响。其中“已经定位”是指 position 属性被设置为除 static 以外的所有值之一。

10. CSS 常用属性

1) *颜色属性*

```
<div style= "color: blueviolet" >ppppp</div> 输入颜色英文单词
```

```
<div style= "color: #ffee33" >ppppp</div> 16 进制颜色样式
<div style= "color: rgb(255，0，0)" >ppppp</div> 红绿蓝三原色按顺序
<div style= "color: rgba(255，0，0，0.5)" >ppppp</div> a 代指透明度
```

2) 字体属性

```
font-size: 20px/50%/larger 字体大小
font-family: 'Lucida Bright' 字体样式
font-weight: lighter/bold/border/ 字体粗细
line-height: 40px; 字体上下调到居中位置
<h1 style= "font-style: oblique" > 老男孩 </h1> 斜体
```

3) 背景属性

```
background-color: cornflowerblue 背景颜色
background-image: url('1.jpg')，打开一个图片当做背景图片
background-repeat: no-repeat; (repeat: 平铺满 ) 不平铺
background-position: right top(20px 20px); ( 横向 : left center right)( 纵向 : top center bottom) 相当于抠一个洞拿到自己想要的图片位置
```

简写方案如下：

```
<body style="background: 20px 20px no-repeat #ff4 url('1.jpg')">
<div style="width: 300px; height: 300px; background: 20px 20px no-repeat #ff4 url('1.jpg')">
```

注意

如果将背景属性加在 body 上，要记得给 body 加上一个 height，否则结果异常，这是因为 body 为空，无法撑起背景图片。另外，如果此时设置一个 width = 100px，也看不出效果，除非设置了 html。

4) 文本属性

```
font-size: 10px;
text-align: center; 横向排列
line-height: 200px; 文本行高。通俗地讲，即文字高度加上文字上下的空白区域的高度。50%: 基于字体大小的百分比
p
{ width: 200px;
  height: 200px;
  text-align: center;
  line-height: 200px; }
text-indent: 150px; 首行缩进，50%: 基于父元素 (weight) 的百分比
letter-spacing: 10px; 字体间距
word-spacing: 20px;
direction: rtl; # 右边开始
text-transform: capitalize; # 字母
```

5) 边框属性

```
border-style: solid;
border-color: chartreuse;
border-width: 20px;
简写: border: 30px rebeccapurple solid;
<!--border: 有 3 个参数: 线的粗细、线的样式(实线、点、虚线等)、线的颜色 -->
<!-- 第一种: 线的粗细为 1 像素, 实线、红色 -->
<div style="border: 1px solid red; height: 10px" ></div>
<!-- 第二种: 线的粗细为 1 像素, 点、蓝色 -->
<div style="border: 1px dotted blue; height: 10px" ></div>
<!-- 第三种: 线的粗细为 1 像素、虚线、紫色 -->
<div style="border: 1px dashed purple; height: 10px" ></div>
```

6) dispaly 属性

```
none
block
inline
<!--display 为 none 将隐藏标签 -->
<div style="display: none; "> 测试文字 </div>
<!--display 为 inline 会将块级别标签调为内联标签 -->
<div style="background-color: red; display: inline"> 测试文字 </div>
<!--display 为 block 会将内联标签调为块级别标签 -->
<a style="background-color: red; display: block"> 测试文字 </a>
```

2.4 知识点 3：JavaScript 脚本语言

1. JavaScript 概述

JavaScript 是浏览器端的编程语言，可以动态生成和控制 HTML 元素，可以嵌入到网页中。JavaScript 的主要功能是动态操控网页上的 HTML 元素，控制浏览器完成一些工作。

2. 在 HTML 中使用 JavaScript

(1) 使用 <script> 标签，例如：

```
<script type="text/javascript">
此处是 JavaScript 代码
</script>
```

在 HTML 中使用 JavaScript

(2) 在窗体控件的事件属性中直接输入简短的 JavaScript 脚本代码，例如：

```
<form onsubmit="return checkData(this); " method="post" action="register. asp">
</form>
```

(3) 使用外部 JavaScript 文件，例如：

```
<script type="text/javascript" src= "JavaScript 文件名 ">
```

```
</script>
```

3. 变量

定义变量时不需要指定变量类型，变量类型运行时可变。变量共有 5 种基本数据类型：

(1) string：字串类型，以双引号或单引号界定。

(2) number：数字类型，既可以保存 32 位的整数，也可保存 64 位的浮点数。

(3) boolean：布尔类型，只有 true 和 false 两个值。

(4) object：引用类型，通常用来引用对象。例如，保存在网页上的文本框等控件的变量类型就是 object。

(5) undefined：当一个变量未初始化时，其值就是 undefined。

变量作用域有全局和局部，例如：

```
var global；//全局变量
function f()
{
  var local；//局部变量
}
```

注意

当有多个 JavaScript 文件时，要注意变量的同名问题。

4. JavaScript 函数

使用 function 关键字定义 JavaScript 函数，要注意的是函数是一个对象。

5. JavaScriptt 对象

创建 JavaScript 对象有两种方式。

(1) 字面量法：var point={x：0，y：0}；

(2) 直接创建 Object 类的对象实例，然后给其再添加属性和方法。例如：

```
var point-new Object()
point.x=100
point.y=200
alert(point x)
```

JavaScript 对象的特点：其属性与方法可以动态地增加和删除。

6. 浏览器对象模型 (BOM)

BOM 用于访问与操纵浏览器窗口。BOM 可以通过编写代码来操控浏览器，使用 Windows 对象打开新窗口访问网站，获取网页当前 URL 的相关信息，使用 Timer 对象实现网页定时刷新。

7. 文档对象模型 (DOM)

DOM 是一组可供 JavaScript 编程访问的对象，主要用于描述 HTML 网页，浏览器通过它来管理和显示 HTML 元素。

DOM 编程模型：

(1) 浏览器将整个 HIML 网页解析为一棵 DOM 树。

(2) 每个 HTML 元素都对应着 DOM 树中的一个结点。

(3) 通过 JavaScript 可以访问这棵 DOM 树中的任意一个结点，并且可以修改，如给其增加一个子结点。

(4) 结点被修改，意味着 HTML 文档本身发生了变化，从而导致网页显示内容的变化。

8. 事件

事件是指可以被浏览器识别的、发生在页面上的用户动作或状态变化。许多 HTML 元素可以激发事件，通过响应特定元素的特定事件，可以大大提升网页的交互性。

其中，用户动作指用户对页面的鼠标或键盘操作，如 click、keypress 等事件；状态变化是指页面的状态发生变化，如 load、resize、change 等事件。事件驱动编程的一般步骤如下。

第 1 步：确定响应事件的元素。

第 2 步：为指定元素确定需要响应的事件类型。

第 3 步：为指定元素的指定事件编写相应的事件处理程序。

第 4 步：将事件处理程序绑定到指定元素的指定事件。

其中，事件绑定是指将一个函数与某个 HTML 元素的事件属性关联起来使当相应事件发生时就会触发该函数的执行；事件处理程序为被绑定的函数。

事件绑定的方法有静态绑定和动态绑定。静态绑定，是指将处理事件的程序代码直接指定为 HTML 元素的事件属性值。动态绑定，是指通过“对象 . 事件 = 函数引用；”语句建立事件绑定。

事件通常分为以下 4 类：

(1) 页面事件，指因页面状态发生变化而产生的事件，包括 onload、onunload、onresize、onabort、onerror 等。

(2) 鼠标事件，指用户操作鼠标 (单击或移动) 而触发的事件，包括 onclick、ondblclick、onmousedown 等。

(3) 键盘事件，指用户在键盘上敲击、输入时触发的事件，包括 onkeypress、onkeydown、onkeyup 等。

(4) 表单事件，指与表单或表单控件相关的事件，包括 onsubmit、onreset、onchange、onselect、onblur、onfocus 等。

2.5 拓展知识——网站建设流程

网站建设包括网站策划、网页设计、网站功能设计、网站内容整理、网站推广、网站评估、网站运营、网站整体优化、网站改版等。网站建设的前期准备包括网站定位、内容、功能、页面风格等战略性调研，完成前期准备后，再去完成注册域名、租用空间、网站设计及制作，整个过程需要网站策划人员、美术设计人员和 Web 程序员共同完成。

网站开发流程如图 2-3 所示。

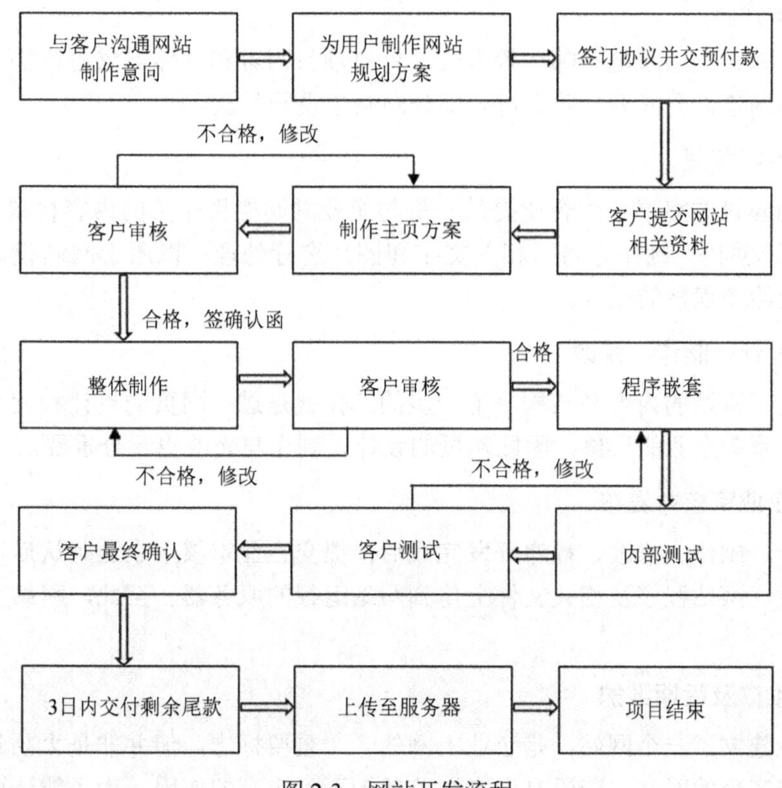

图 2-3　网站开发流程

1. 企业客户提出需求

企业客户提出自己网站建设方面的“基本需求”，内容包括：公司介绍、栏目描述、网站功能需求和基本设计要求。

2. 设计建站方案

根据企业的要求和实际状况，设计适合企业的网站方案。比如确定是选择虚拟主机服务，还是自购服务器；根据企业风格量身订制网站风格；一切根据企业的实际需要进行设计选择，最合适的才是最好的。

3. 查询申办域名

域名就是企业在网络上的招牌，是一个名字，并不影响网站的功能和技术。根据企业的需要，选用国际域名或国内域名。若要登记国际域名，须向国际互联网络管理中心申请；国内域名则在中国互联网服务中心登记。

4. 网站系统规划

网站是发布公司产品与服务信息的平台，一个好的网站，不仅是一本网络版的企业产品目录与说明书，而且是展示企业风貌的窗口。给网站浏览者提供方便的浏览导航应具有合理的动态结构设计，选择适合企业商务发展的功能构件，如信息发布系统、产品展示系统等，以及丰富实用的资讯和互动空间。

5. 确定合作

双方以面谈、电话或电子邮件等方式，针对项目内容和具体需求进行协商。双方认可后，签署《网站建设合同书》并支付一部分网站建设预付款。

6. 网站内容整理

根据网站建设方案书，由企业提供一份与企业网站栏目相关的内容材料（包括文字和图片等的电子文档）。制作方将对相关文字和图片进行处理，以用于网站设计与制作，该过程需要企业给予积极的配合。

7. 网页设计、制作、修改

一旦确定了网站的内容与结构，下一步的工作就是进行网页的设计和程序的开发。网页设计的效果事关企业的形象，因此网页的设计、制作与修改也十分重要。

8. 提交企业审核并发布

网站设计、制作、修改、程序开发完成后，提交企业审核，企业确认后，支付网站建设余款。同时，网站程序及相关文件上传到网站运行的服务器。至此，网站正式开通并对外发布。

9. 网站推广及后期维护

在网络上建立了一个网站，是企业上网的一个重要标志，但并非是大功告成。一个设计新颖、功能齐全的网站，若没有人来浏览就起不到应有的作用。为了能让更多的人来浏览企业的网站，必须有一个详尽而专业的网站推广方案，包括向网络搜索引擎提交网址、发布网络广告、邮件群发推广和互换链接等。这一部分尤其重要，专业的网络营销推广策划必不可少。

2.6 综合案例1——创建网页模板

1. 分析网页结构

通过分析以下网页，设计网页模板，网页样式如图2-4所示。

创建网页模板

这个网站的结构为上中下结构：最上层为LOGO区域。紧接着是菜单区域，此为重要区域，分为图片展示区、校园新闻、通知公告、快速通道、快速链接。校园新闻左侧为新闻图片，右侧为文字区域；通知公告右侧为两个链接；快速通道有10个链接分别对应不同的系统；快速链接为友情链接区域。最下层为版权版本信息区域。

对区域进行安排、测量之后，区域的划分如图2-5所示。

区域划分后经测算，页面的宽度为1200像素，高度是所有区域高度的总和，计算后为1560像素。

图 2-4　网页结构分析

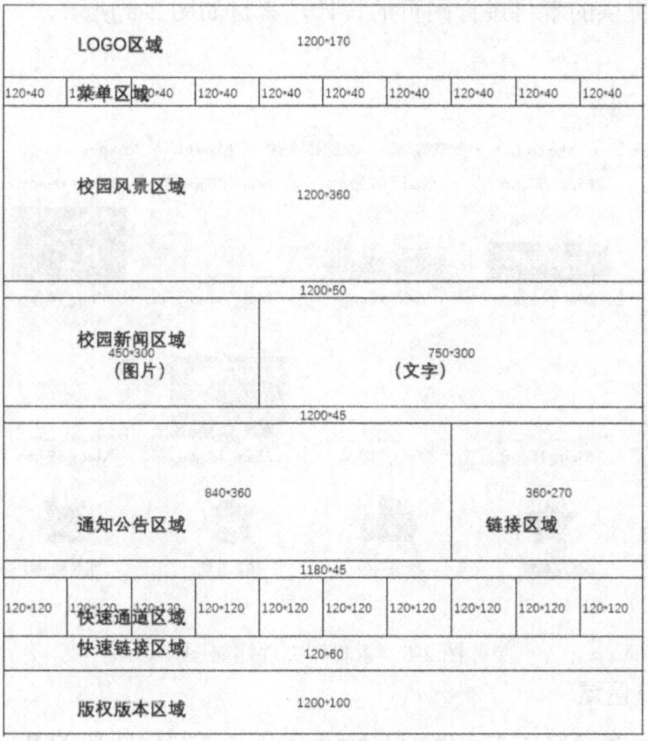

LOGO区域　1200*170

菜单区域
120*40　120*40　120*40　120*40　120*40　120*40　120*40　120*40　120*40　120*40

校园风景区域　1200*360

1200*50

校园新闻区域　450*300（图片）　750*300（文字）

1200*45

通知公告区域　840*360

链接区域　360*270

1180*45

快速通道区域
120*120　120*120　120*120　120*120　120*120　120*120　120*120　120*120　120*120　120*120

快速链接区域　120*60

版权版本区域　1200*100

图 2-5　网页结构区域划分

2. 创建文件并新建参考线

在 Photoshop 中新建一个图片，图片的大小为 1200 像素 ×1560 像素，如图 2-6 所示。

为了在当前图中合理的划分区域，设计好相应的区块，先做几条参考线，参考线分别为：水平 170 像素、水平 210 像素、水平 570 像素、水平 620 像素、水平 920 像素、水平 965 像素、水平 1235 像素、水平 1280 像素、水平 1400 像素、水平 1460 像素，垂直 450 像素，垂直 840 像素。垂直参考线也可以不做，如图 2-7。

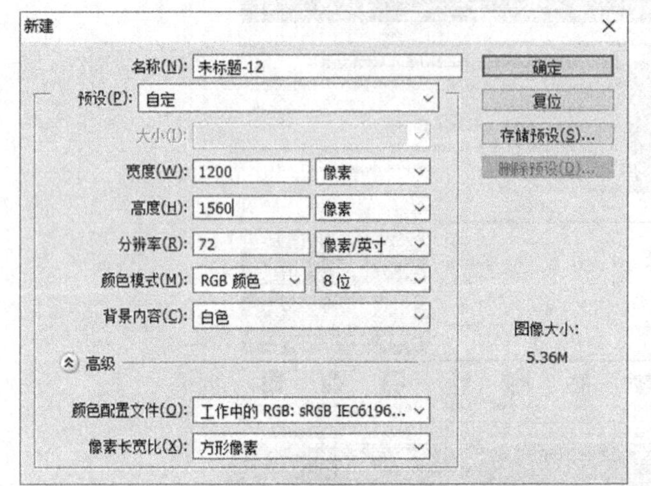

图 2-6 Photoshop 新建图片

图 2-7 创建参考线

接下来利用所提供的素材进行网页的设计，素材如图 2-8 所示。

图 2-8 素材库文件缩略图

3. 创建 LOGO 区域

利用 Photoshop 将素材库中 1.jpg 和 2.jpg 打开并复制到新建的 Photoshop 文件中，放置到合适的位置中，如图 2-9 所示。

图 2-9　创建 LOGO 区域

4. 创建校园新闻区域及菜单区域

打开 Main_12.jpg 文件，并复制到校园新闻区域上侧，如图 2-10 所示。

图 2-10　创建校园新闻区域

选择校园新闻的背景色蓝色为 Photoshop 前景色，并将菜单区域选中填充为蓝色，如图 2-11 所示。

图 2-11　修改菜单区域背景为蓝色

5. 创建通知公告区域

将Main_12.jpg文件，并复制到通知公告区域上侧，同时将校园新闻修改为“通知公告”。并将srcmainall3.jpg复制到通知公告下方右侧区域，如图2-12所示。

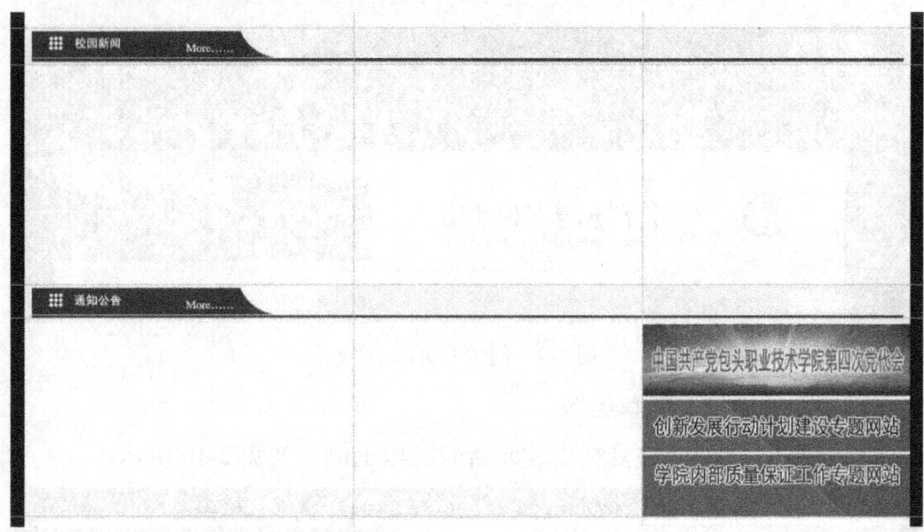

图 2-12　创建通知公告区域

6. 创建快速通道及快速链接区域

将 Main_12.jpg 文件，并复制到快速通道及快速链接区域上侧，同时将校园新闻修改为“快速通道”“快速链接”区域。并将 dept101.jpg ～ dept110.jpg 复制到快速通道下方区域。为了能合理安排 10 个图片的位置，可以新建 120 像素、240 像素、360 像素、……、1080 像素的垂直参考线，如图 2-13。

图 2-13　创建快速通道及快速链接区域

7. 创建版权版本区域

将 Main_38.jpg 复制到版权版本区域，居中放置，并将左右 2 侧的空白区域修改为 Main_38.jpg 的背景色，如图 2-14。

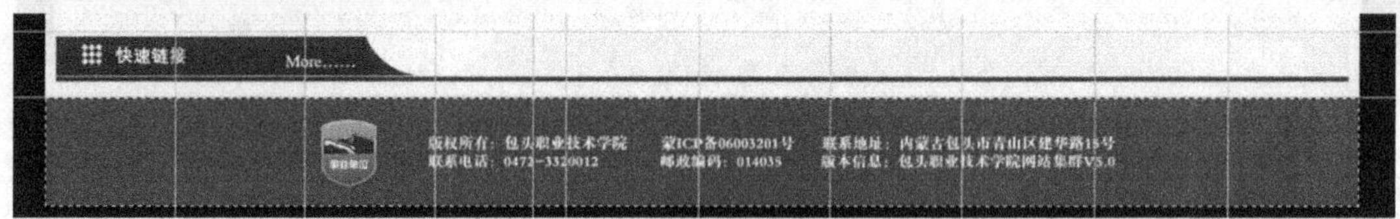

图 2-14　创建版权版本区域

8. 渐进处理 LOGO 区域的 2 个图片

选中 LOGO 区域右侧图片，利用渐变工具进行渐变处理，效果如图 2-15 所示。

图 2-15 LOGO 区域渐变处理

利用以上的技术和方法进一步完善本网页，最终效果如图 2-16。同时将图片保存为 Main.jpg 文件，供下一步继续使用。

图 2-16 网页模板效果图

2.7 综合案例 2——PS 切片技术创建网站首页

在网页中处理图片时，有时会想要加载一个大的图像，比如页面上的主图，或者是背景。如果文件很大，加载需要的时间就会长，在用户网速比较慢的时候尤为明显。可以通过压缩的方式来减小文件大小，但是这会使图像质量受到影响，所以压缩文件也要适可而止。因此需要注意以下三点：一是实际文件的大小，二是分辨率，三是压缩。

利用 PS 切片技术进行图片分割

解决整图加载时间过长的方法就是把图片分割，这样在加载图片的时候就可以一片一片地加载，直到整个图像出现在屏幕上。

1. 切片技术工作原理

当有一个需要花很长时间来加载的大图像时，可以使用 Photoshop 中的切片工具把图像切分成几个小图。这些小图像将被作为单独的文件保存，可以进行优化再保存为中 Web 所用格式。此外，Photoshop 生成 HTML 和 CSS 以便用来显示切片图像。在网页中使用时，图像通过使用前面提到的 HTML 或 CSS 在浏览器中重新组合以便达到一个平滑流畅的效果。下面进行网页的切片处理工作。

2. 切片工具的使用

使用 PS 将上节中创建的 Main.jpg 文件打开，并选择切片工具进行切片工作。切片工具如图 2-17 所示。

图 2-17 切片工具

(1) 在创建切片时，可以使用切片工具或构建使用层。

(2) 切片可以被选择工具选中。

(3) 可以移动、设置切片的大小，还可以让切片与其他切片对齐。此外，还可以给切片指定一个名称，类型和 URL。

(4) 每个切片都可以通过保存时的网页对话框进行优化设置。按下键盘上的 C 键，选中裁剪工具，单击鼠标右键选择切片工具。

在创建切片时，可以进行如下三个样式设置：正常、固定长宽比和固定大小。

(1) 正常：随意切片，切片的大小和位置取决于你在图像中所画的框开始和结束的位置。

(2) 固定长宽比：给高度和宽度设置数字后，你得到的切片框就会是这个长宽比

(3) 固定大小：固定设置长和宽的大小当分割图像时你会碰到一些选项。

如果精确度不那么重要，可以手工进行图像切片，必要的时候，可以使用切片选择工具对已完成的切片图像进行调整。如果精确度很重要，可以使用参考线在图像上标出重要的位置再进行切片。

在顶部的切片菜单栏中，按下C键或单击切片工具按钮激活它片上面菜单栏图片，见图2-18。画好参考线后选择基于参考线的切片的按钮。软件就会自动绘制切片。此外，还可以使用切片选择工具重新定位切片。

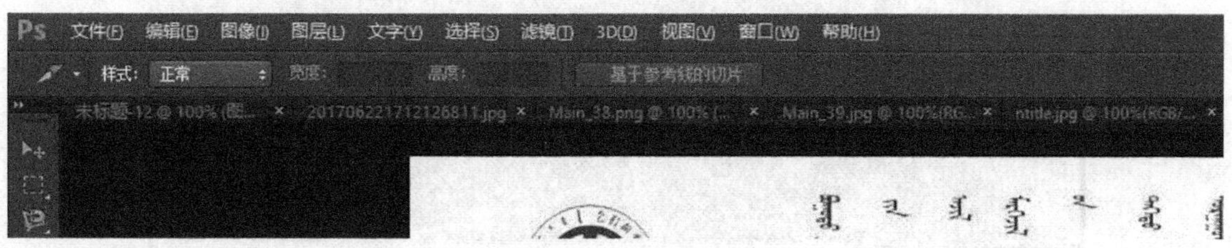

图2-18　切片工具栏

3. 编辑切片信息

创建切片之后，可以通过以下两种方式中的任一种编辑切片信息。一种是点击切片选择工具，单击想编辑的切片，然后点击菜单栏中的“切片选择工具”为当前切片设置选项的按钮。另一个方式是右键单击切片，在弹出的菜单中，选择编辑切片选项。两种方式都将弹出如下的切片选项对话框，如图2-19所示。

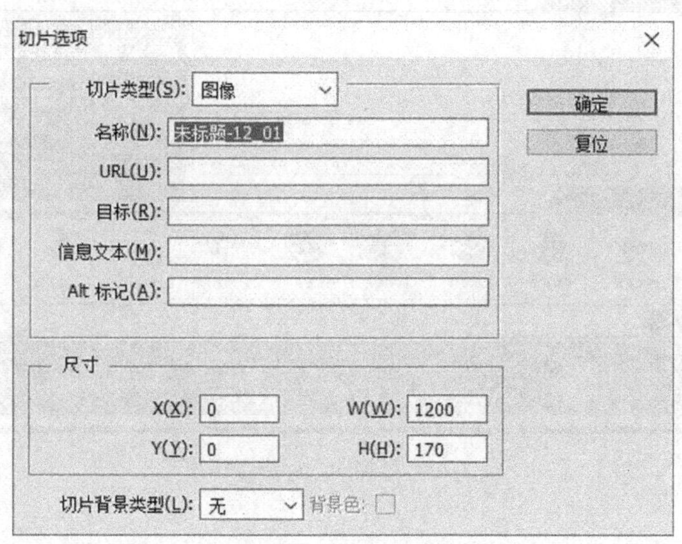

图2-19　切片选项对话框

(1) 名称：打开网页之后显示的名称。

(2) URL：点击被编辑的图片区域后，会跳到输入的目标网址内。

(3) 目标：指定载入的 URL 帧原窗口打开，表示还是在新窗口打开链接。

PS 切片构建网页

(4) 信息文本：鼠标移到这个块时浏览器左下角显示的内容。

(5) Alt 标记：图片的属性标记，鼠标移动到这时鼠标旁的文本信息。

(6) 尺寸：设置块的 X、Y 轴坐标，W、H 的精确大小。

利用切片工具及切片选择工具将 Main.jpg 进行切片，如图 2-20 所示。

图 2-20　对 Main.jpg 进行切片

4. 保存网页

确认网页布局后，选择文件 > 存储为 Web 所用格式，保存图片，如图 2-21 所示。

在这里，可以为切片设置文件类型或者使用网页对话框中列出默认设置。完成设置后，单击【保存】按钮，如图 2-22 所示。

图 2-21　存储为 Web 所用格式对话框

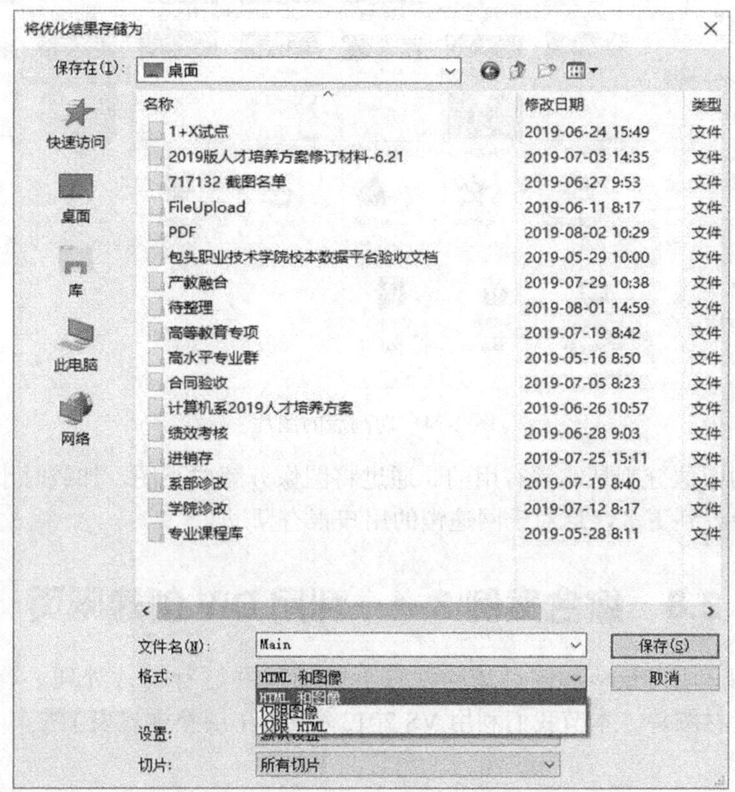

图 2-22　存储对话框

弹出存储优化结果的对话框，底部的对话框是几个重要的设置。

(1) 格式：分别是 HTML 和图像，仅限图像和仅限 HTML。

(2) 设置：选择自定，背景图像，默认设置，XHTML 和其他。

(3) 切片：所有切片，所有用户切片和选中切片。

当前选择 HTML 和图像（一般都这样保存），默认设置和所有切片。完成设置后，选择您想要保存文件的文件夹，并单击【保存】按钮。这时会创建一个 HTML 文件和一个包含若干图像文件，它们在同一个大文件夹中，如图 2-23 和图 2-24 所示。

图 2-23　存储后的文件及文件夹

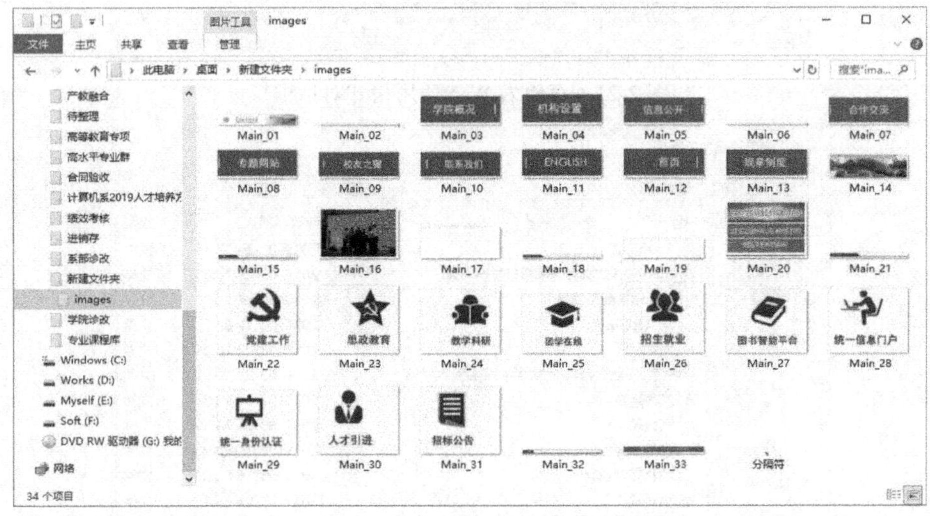

图 2-24　切割后的图片

网页模板的图像分割是非常有用的。通过将图像分解成小图，加载时小图一个一个加载，让用户逐步看到更多，这对于网速慢的用户很有帮助。

2.8　综合案例 3——利用 DIV 创建网页

上两节教授利用 Photoshop 设计网站首页的模板并进行切片处理，生成了需要的素材图片。本节我们利用 VS 2013 和 DIV（层叠样式表）进行网页的设计。

网页结构搭建

1. 创建网站

启动 Visual Studio 2013，选择创建“网站 ...”选项，在随后弹出的“新建网站”对话框中“模板列表框内”选择“ASP.NET 网站”选项，编程语言采用 Visual C#，以文件系统方式保存在本机的合适的目录下，创建网站，如图 2-25 所示。

利用 DIV 创建网页

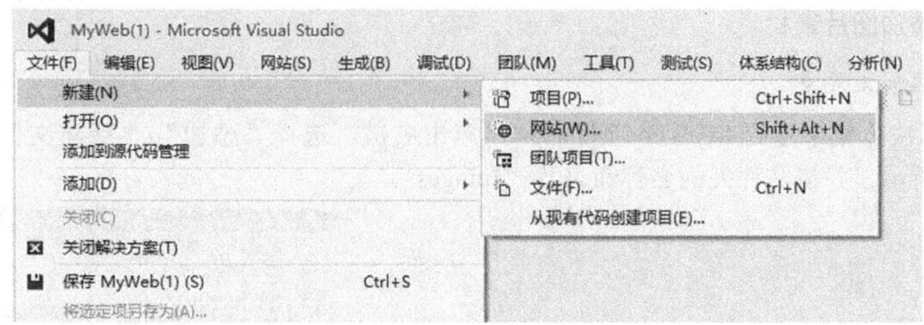

图 2-25　新建网站

在“新建网站”对话框中选择“ASP.NET 空网站”，并在 Web 位置中选择合适的文件夹，用来存放网站，如图 2-26 所示。

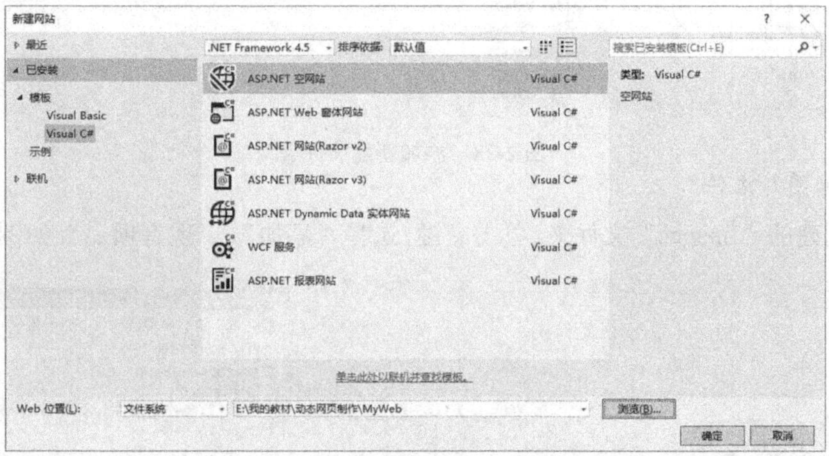

图 2-26　新建空网站

创建后的网站如图 2-27 所示。空网站没有其他文件，只有一个 Web.config 文件，该文件是网站的配置文件，根据网站的配置自动生成。

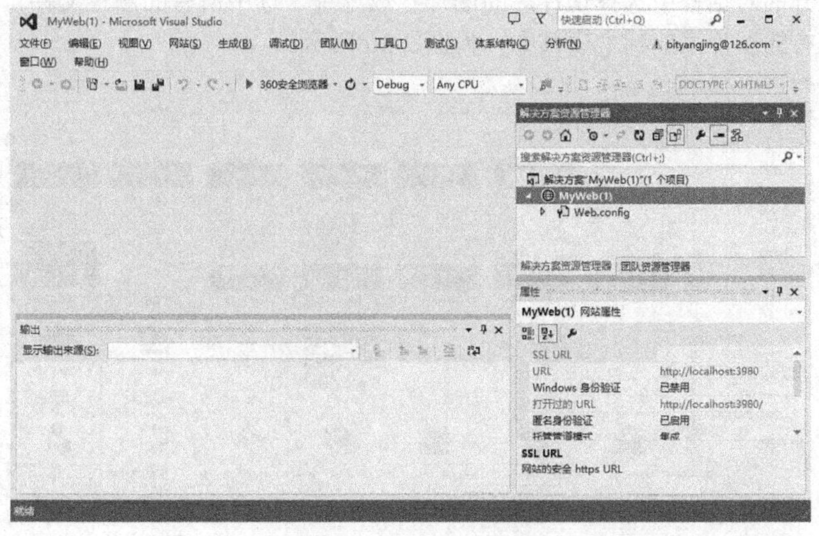

图 2-27　空网站示意图

2. 添加图片素材

1) 添加文件夹

在解决方案中选择 MyWeb 项目名称，单击右键，选择“添加” | “新建文件夹”，如图 2-28 所示。并将文件夹的名称命名为“Images”。

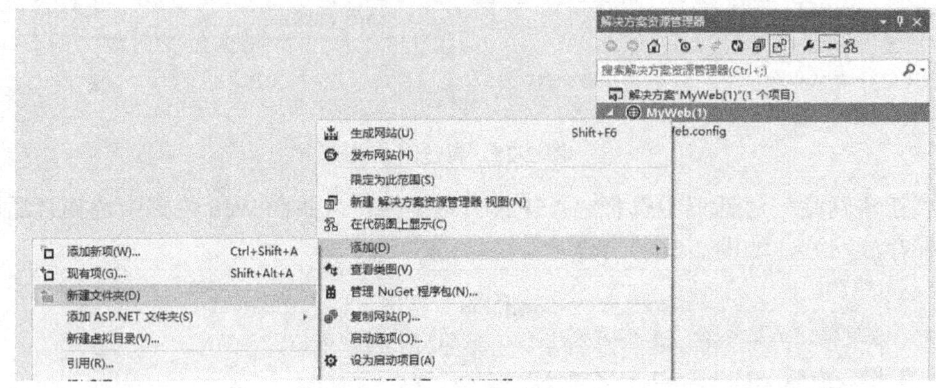

图 2-28　添加新建文件夹

2) 添加图片文件

选中创建的“Images”文件夹，单击右键，选择“添加” | “现有项 ...”，如图 2-29 所示。

图 2-29　添加现有项对话框

在新打开的对话框中选择切片后的图片存放地址。选中所有的图片文件，单击【添加】按钮，将所有的图片添加到本项目中，如图 2-30 所示。

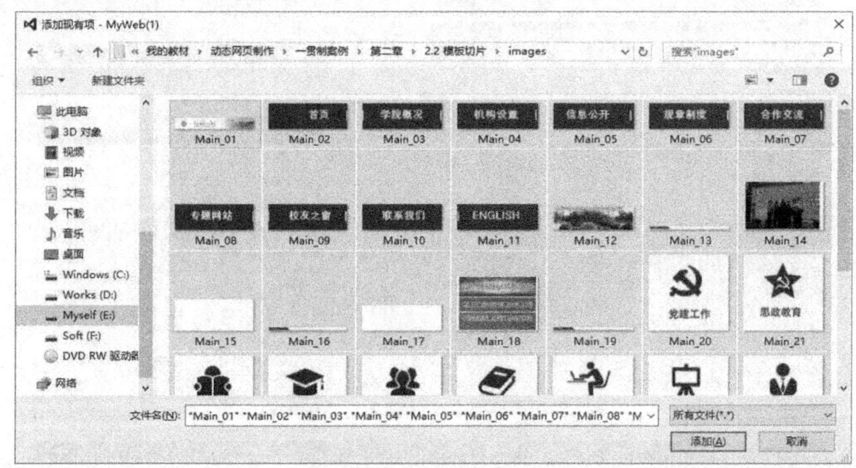

图 2-30　添加图片

添加成功后，本项目的资源管理器如图 2-31 所示。此后本项目就可以使用这些图片了。

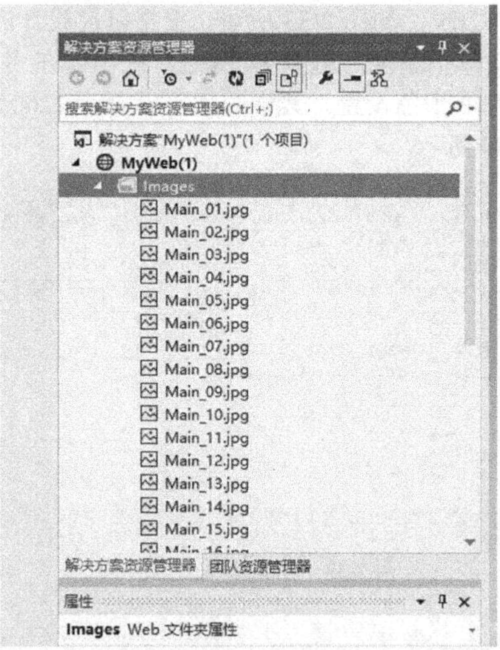

图 2-31　成功添加图片

3. 添加首页

在解决方案中选择 MyWeb 项目名称，单击右键，选择“添加 ...”|“添加新项 ...”，如图 2-32 所示，并将文件的名称命名为“Default.asp”。

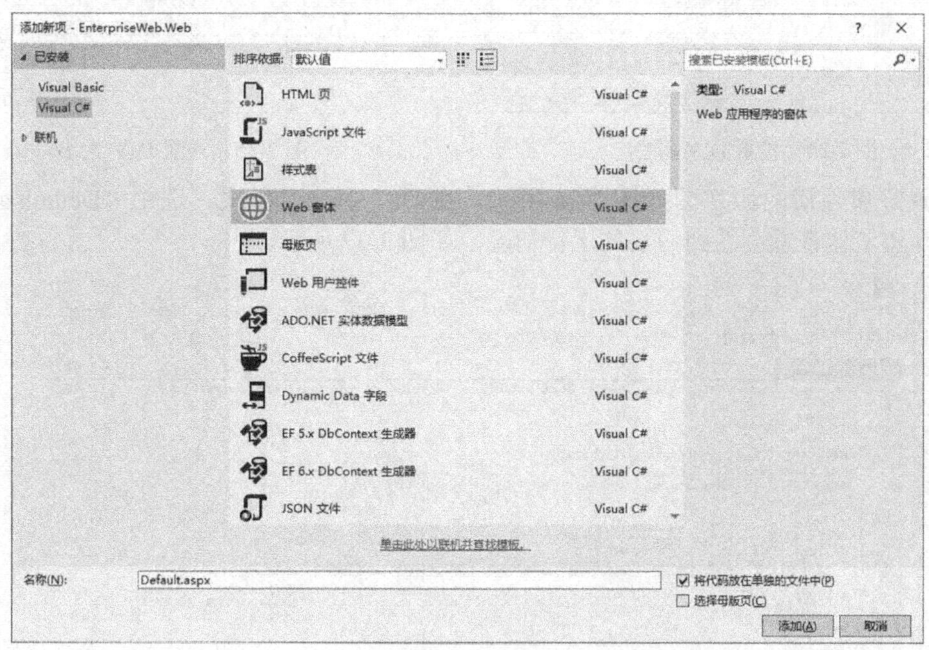

图 2-32　添加首页

1) 修改外围 DIV

新建网页中只有一个 DIV，如图 2-33 所示。根据以前设计的网站模板，将此 DIV 属性进行设置。如果属性窗口不出现，可按 F4 键进行呼出。在属性窗口中选择“Style...”，在弹出的对话框中进行大小颜色设置。其中的大小设置为 1200×1560，背景设置为一个黄色，如图 2-34 和图 2-35 所示。

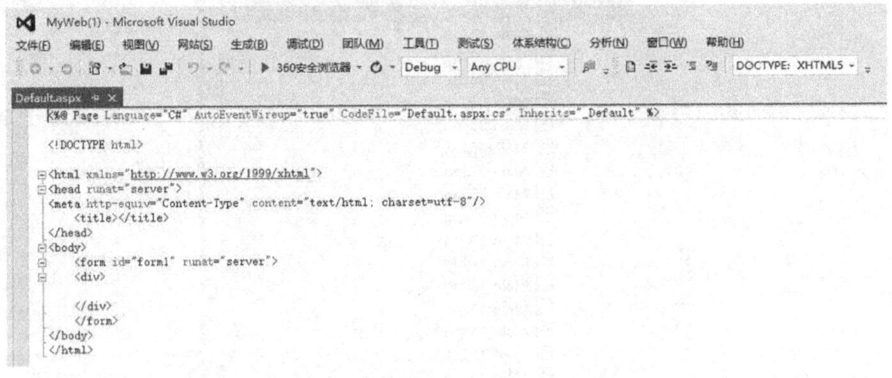

图 2-33　Default.aspx 源界面

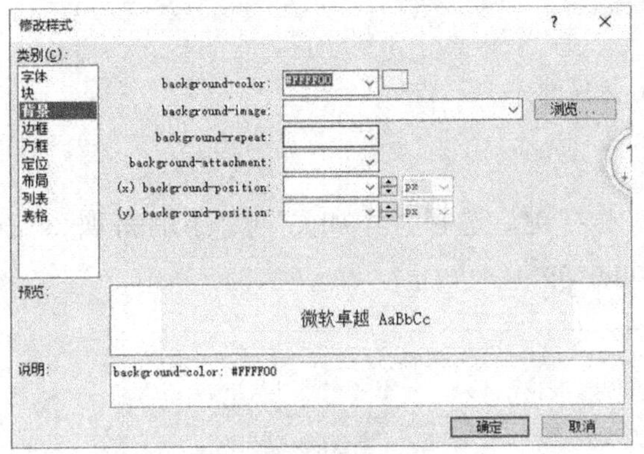

图 2-34　设置 DIV 颜色

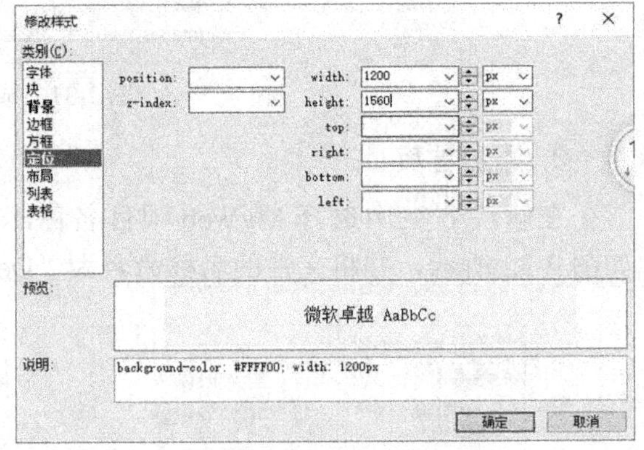

图 2-35　设置 DIV 大小

设置好属性后的源视图如图 2-36 所示，在 DIV 中有了样式。选中“Default.asp”单击右键，浏览器查看会看到网页的运行情况，如图 3-37 所示。

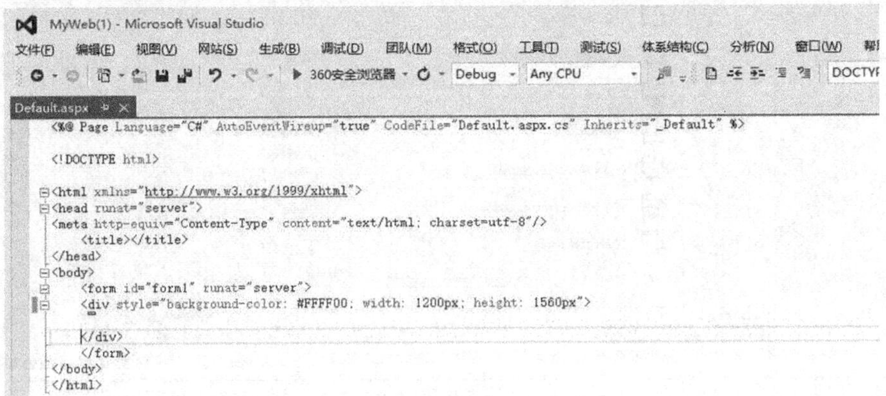

图 2-36　设置好属性的源视图

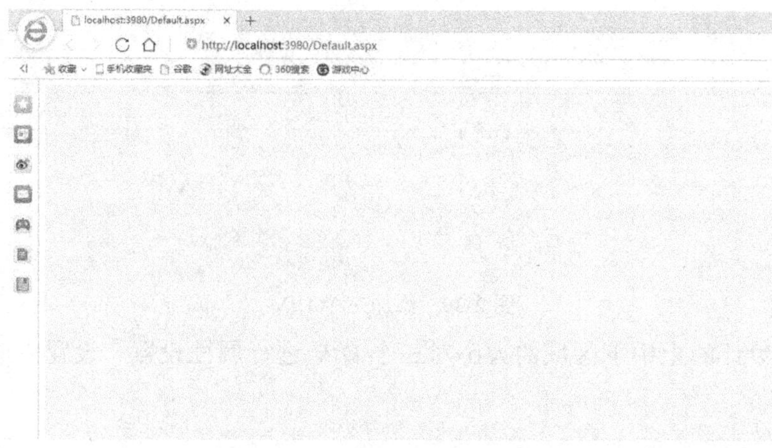

图 2-37　浏览设计好的网页

2) 设计第一层 DIV

按照前面设计的上中下结构形式，创建上、中、下三个 DIV，对应 LOGO 区域、中间内容区域，下侧版权版本区域。

在设计视图中，选择工具箱中 HTML 中的 DIV 控件，将鼠标停留在刚修改的 DIV 中，双击三次就可以创建三个 DIV，工具箱如图 2-38 所示，完成后的效果如图 2-39 所示。

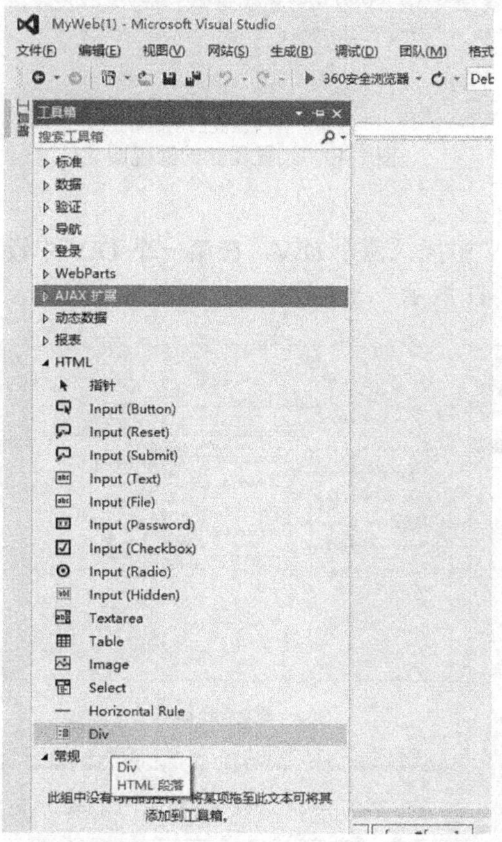

图 2-38　工具箱

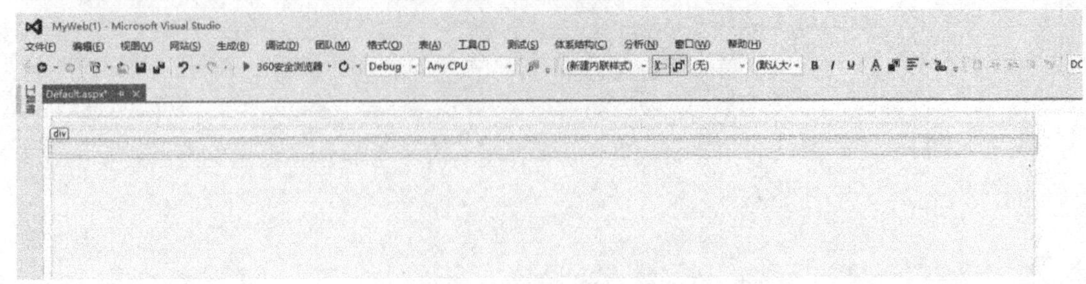

图 2-39　添加三个 DIV

按照前面设计的上中下区域的大小对三个 DIV 进行属性设置。设置完成后的源视图如图 2-40 所示。

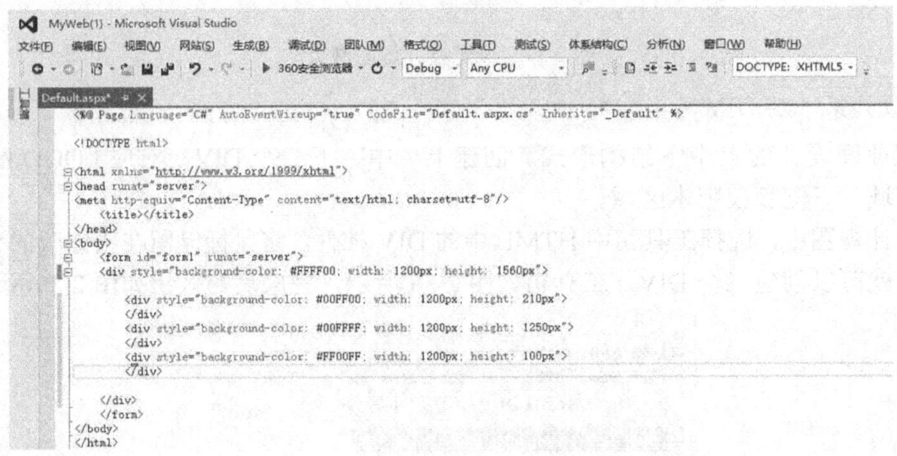

图 2-40　设置属性的源视图

3) 设计 LOGO 区域

在 LOGO 区域的 DIV 中插入两个 DIV，在第一个 DIV 中设置大小及背景图像属性，背景图像属性设置如图 2-41 所示。

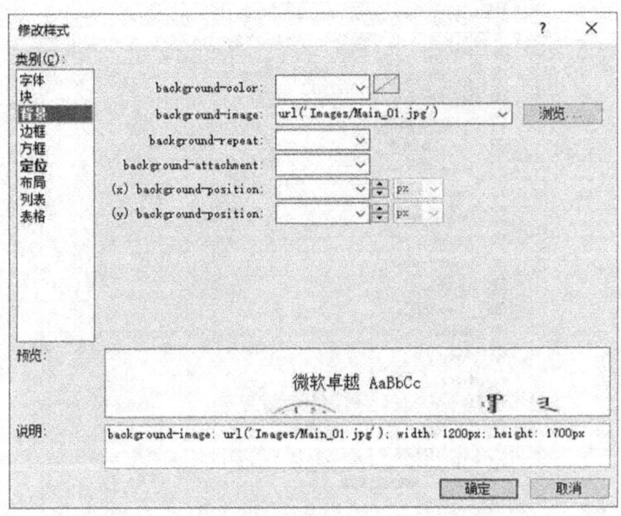

图 2-41　设置 DIV 背景

在第二个 DIV 中设计 10 个 DIV，用于显示 10 个菜单区域的图片，在本区域的设置过程中要注意相互之间的位置关系。本区域的 10 个 DIV 从左到右进行排列。左侧第一个 DIV“首页”属性设置如图 2-42 所示。

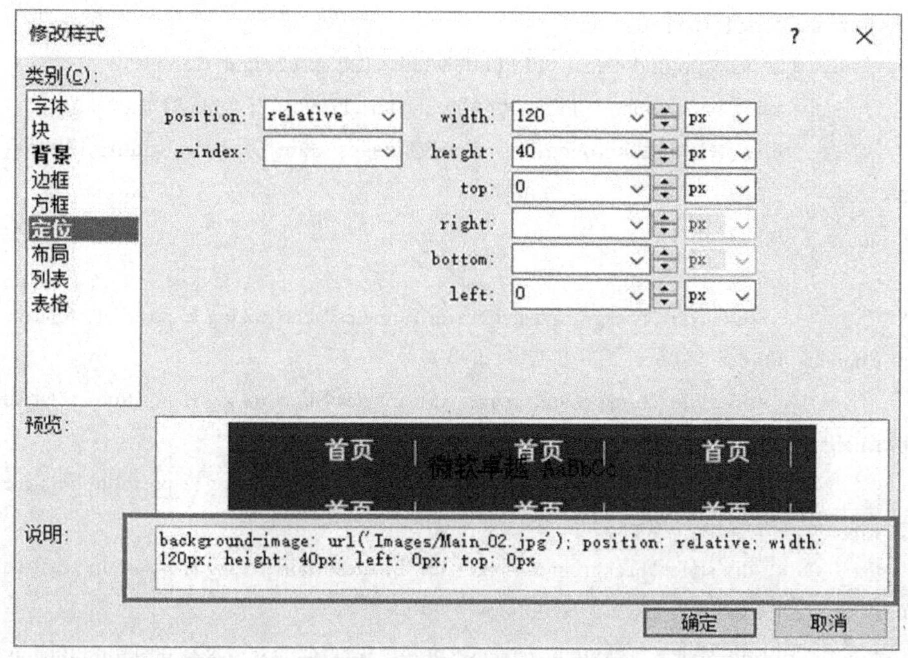

图 2-42　首页菜单属性设置

需要特别强调的是使用了 position、left、top 属性，这样才能进行行排列，否则是上下排列，按照首页菜单 DIV 的设置方法设置“学院概况”菜单如图 2-43 所示。

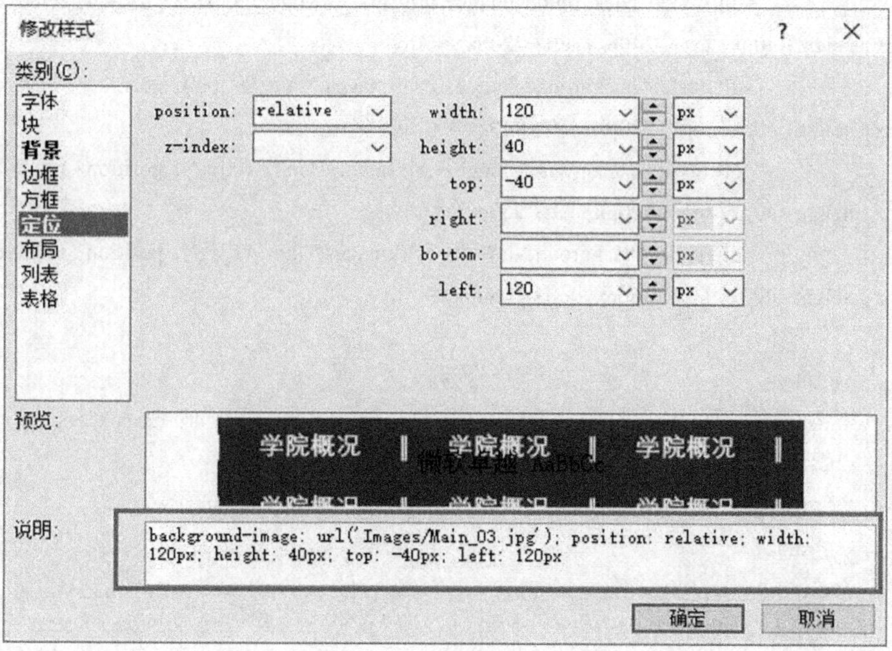

图 2-43　菜单属性设置

特别要注意 position 属性为 relative，表示几个 DIV 的位置是相对的容器 DIV；top 属性值为 -40px，因是相对“首页”DIV 的；left 属性为 120px，也是相对于“首页”DIV 的。

按照上述方法对 LOGO 区域的其他菜单进行设置，设置完成的源代码如下：

```
<form id="form1" runat="server">
  <div style="background-color: #FFFF00; width: 1200px; height: 1560px">
    <div style="background-color: #00FF00; width: 1200px; height: 210px">
      <div style="background-image: url('Images/Main_01.jpg'); width: 1200px; height: 170px">
      </div>
      <div>
        <div style="background-image: url('Images/Main_02.jpg'); position: relative; width: 120px; height: 40px; left: 0px; top: 0px"></div>
        <div style="background-image: url('Images/Main_03.jpg'); position: relative; width: 120px; height: 40px; top: -40px; left: 120px"></div>
        <div style="background-image: url('Images/Main_04.jpg'); position: relative; width: 120px; height: 40px; top: -80px; left: 240px"></div>
        <div style="background-image: url('Images/Main_05.jpg'); position: relative; width: 120px; height: 40px; top: -120px; left: 360px"></div>
        <div style="background-image: url('Images/Main_06.jpg'); position: relative; width: 120px; height: 40px; top: -160px; left: 480px"></div>
        <div style="background-image: url('Images/Main_07.jpg'); position: relative; width: 120px; height: 40px; top: -200px; left: 600px"></div>
        <div style="background-image: url('Images/Main_08.jpg'); position: relative; width: 120px; height: 40px; top: -240px; left: 720px"></div>
        <div style="background-image: url('Images/Main_09.jpg'); position: relative; width: 120px; height: 40px; top: -280px; left: 840px"></div>
        <div style="background-image: url('Images/Main_10.jpg'); position: relative; width: 120px; height: 40px; top: -320px; left: 960px"></div>
        <div style="background-image: url('Images/Main_11.jpg'); position: relative; width: 120px; height: 40px; top: -360px; left: 1080px"></div>
      </div>
    </div>
    <div style="background-color: #00FFFF; width: 1200px; height: 1250px">
    </div>
    <div style="background-color: #FF00FF; width: 1200px; height: 100px">
    </div>
  </div>
</form>
```

4) 设计其他区域

按照前述方法为中间内容区域及下侧的版权版本区域进行设置，因颜色属性是设计过程中为了区分 DIV 的位置大小而设置的，不具备实际的作用，设置完其他属性后可以将颜色属性去掉。整个页面设计完成的源代码如下：

```
<%@ Page Language="C#" AutoEventWireup="true" CodeFile="Default.aspx.cs" Inherits="_Default" %>

<!DOCTYPE html>

<html xmlns="http：//www.w3.org/1999/xhtml">
<head runat="server">
<meta http-equiv="Content-Type" content="text/html；charset=utf-8"/>
  <title></title>
</head>
<body>
  <form id="form1" runat="server">
  <div style="width：1200px；height：1560px">
    <div style=" width：1200px；height：210px">
        <div style="background-image：url('Images/Main_01.jpg')；width：1200px；height：170px">
      </div>
      <div style="position：relative；width：1200px；height：40px；top：0px；left：0px">
          <div style="background-image：url('Images/Main_02.jpg')；position：relative；width：120px；height：40px；left：0px；top：0px"></div>
          <div style="background-image：url('Images/Main_03.jpg')；position：relative；width：120px；height：40px；top：-40px；left：120px"></div>
          <div style="background-image：url('Images/Main_04.jpg')；position：relative；width：120px；height：40px；top：-80px；left：240px"></div>
          <div style="background-image：url('Images/Main_05.jpg')；position：relative；width：120px；height：40px；top：-120px；left：360px"></div>
          <div style="background-image：url('Images/Main_06.jpg')；position：relative；width：120px；height：40px；top：-160px；left：480px"></div>
          <div style="background-image：url('Images/Main_07.jpg')；position：relative；width：120px；height：40px；top：-200px；left：600px"></div>
          <div style="background-image：url('Images/Main_08.jpg')；position：relative；width：120px；height：40px；top：-240px；left：720px"></div>
          <div style="background-image：url('Images/Main_09.jpg')；position：relative；width：120px；height：40px；top：-280px；left：840px"></div>
          <div style="background-image：url('Images/Main_10.jpg')；position：relative；width：
```

```
120px; height: 40px; top: -320px; left: 960px"></div>
                <div style="background-image: url('Images/Main_11.jpg'); position: relative; width:
120px; height: 40px; top: -360px; left: 1080px"></div>
            </div>
        </div>
        <div style="background-color: #00FFFF; width: 1200px; height: 1250px">
            <div style="background-image: url('Images/Main_12.jpg'); position: relative; width:
1200px; height: 360px; top: 0px; left: 0px">
            </div>
            <div style="position: relative; width: 1200px; height: 350px; top: 0px; left: 0px">
                <div style="background-image: url('Images/Main_13.jpg'); position: relative; width:
1200px; height: 50px; top: 0px; left: 0px">
                </div>
                <div style="position: relative; width: 1200px; height: 300px; top: 0px; left: 0px">
                    <div style="background-image: url('Images/Main_14.jpg'); position: relative; width:
470px; height: 300px; top: 0px; left: 0px">
                    </div>
                    <div style="background-image: url('Images/Main_15.jpg'); position: relative; width:
730px; height: 300px; top: -300px; left: 470px">
                    </div>
                </div>
            </div>
            <div style="position: relative; width: 1200px; height: 315px; top: 0px; left: 0px">
                <div style="background-image: url('Images/Main_16.jpg'); position: relative; width:
1200px; height: 45px; top: 0px; left: 0px">
                </div>
                <div style="position: relative; width: 1200px; height: 270px; top: 0px; left: 0px">
                    <div style="background-image: url('Images/Main_17.jpg'); position: relative; width:
820px; height: 270px; top: 0px; left: 0px"></div>
                    <div style="background-image: url('Images/Main_18.jpg'); position: relative; width:
380px; height: 270px; top: -270px; left: 820px"></div>
                </div>
            </div>
            <div>
                <div style="background-image: url('Images/Main_19.jpg'); position: relative; width:
1200px; height: 45px; top: 0px; left: 0px">
                </div>
                <div style="position: relative; width: 1200px; height: 120px; top: 0px; left: 0px">
```

```
            <div style="background-image: url('Images/Main_20.jpg'); position: relative; width: 120px; height: 120px; top: 0px; left: 0px"></div>
            <div style="background-image: url('Images/Main_21.jpg'); position: relative; width: 120px; height: 120px; top: -120px; left: 120px"></div>
            <div style="background-image: url('Images/Main_22.jpg'); position: relative; width: 120px; height: 120px; top: -240px; left: 240px"></div>
            <div style="background-image: url('Images/Main_23.jpg'); position: relative; width: 120px; height: 120px; top: -360px; left: 360px"></div>
            <div style="background-image: url('Images/Main_24.jpg'); position: relative; width: 120px; height: 120px; top: -480px; left: 480px"></div>
            <div style="background-image: url('Images/Main_25.jpg'); position: relative; width: 120px; height: 120px; top: -600px; left: 600px"></div>
            <div style="background-image: url('Images/Main_26.jpg'); position: relative; width: 120px; height: 120px; top: -720px; left: 720px"></div>
            <div style="background-image: url('Images/Main_27.jpg'); position: relative; width: 120px; height: 120px; top: -840px; left: 840px"></div>
            <div style="background-image: url('Images/Main_28.jpg'); position: relative; width: 120px; height: 120px; top: -960px; left: 960px"></div>
            <div style="background-image: url('Images/Main_29.jpg'); position: relative; width: 120px; height: 120px; top: -1080px; left: 1080px"></div>
          </div>
        </div>
          <div style="background-image: url('Images/Main_30.jpg'); position: relative; width: 1200px; height: 60px; top: 0px; left: 0px">
        </div>
      </div>
      <div style="width: 1200px; height: 100px; background-image: url('Images/Main_31.jpg'); ">
      </div>
    </div>
    </form>
  </body>
  </html>
```

注意

DIV 可以进行包含，若将某个 DIV 作为容器，在此容器 DIV 中设计其他的 DIV，就可以层叠 DIV，这样设计比较具有逻辑性，可以在今后的修改中快速定位。

设计完成后可以在浏览器中进行浏览，浏览的结果如图 2-44 所示。

图 2-44 首页浏览效果图

2.9 综合案例 4——利用 CSS 美化网页

通过观察上节中的源代码，可以发现 DIV 的样式在行内，每行都比较长，不便于修改和观察。利用 CSS 美化可以改善这个情况。

1. 添加样式表

在解决方法资源管理器中选择中项目名称，单击右键，选择“添加”|“样式表”，如图 2-45 所示。

利用 CSS 美化网页

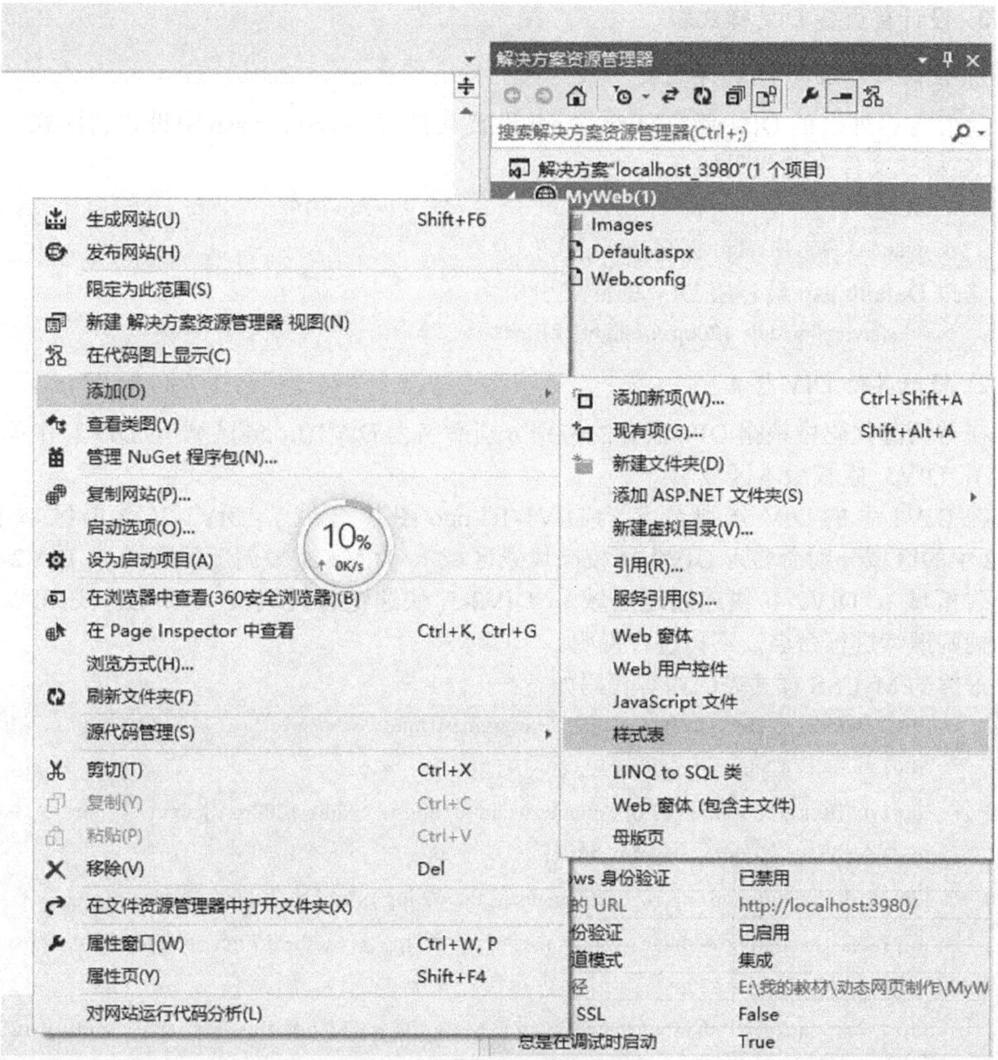

解决方案资源管理器
搜索解决方案资源管理器(Ctrl+;)
解决方案"localhost_3980"(1 个项目)
MyWeb(1)
Images
Default.aspx
Web.config
生成网站(U) Shift+F6
发布网站(H)
限定为此范围(S)
新建 解决方案资源管理器 视图(N)
在代码图上显示(C)
添加(D)
查看类图(V)
管理 NuGet 程序包(N)...
复制网站(P)...
启动选项(O)...
设为启动项目(A)
在浏览器中查看(360安全浏览器)(B)
在 Page Inspector 中查看 Ctrl+K, Ctrl+G
浏览方式(H)...
刷新文件夹(F)
源代码管理(S)
剪切(T) Ctrl+X
复制(Y) Ctrl+C
粘贴(P) Ctrl+V
移除(V) Del
在文件资源管理器中打开文件夹(X)
属性窗口(W) Ctrl+W, P
属性页(Y) Shift+F4
对网站运行代码分析(L)
添加新项(W)... Ctrl+Shift+A
现有项(G)... Shift+Alt+A
新建文件夹(D)
添加 ASP.NET 文件夹(S)
新建虚拟目录(V)...
引用(R)...
服务引用(S)...
Web 窗体
Web 用户控件
JavaScript 文件
样式表
LINQ to SQL 类
Web 窗体 (包含主文件)
母版页
已禁用
http://localhost:3980/
已启用
集成
E:\我的教材\动态网页制作\MyW
False
总是在调试时启动
True
图 2-45　添加样式表文件

在弹出的对话框中命名样式表为 MyCSS，见图 2-46。

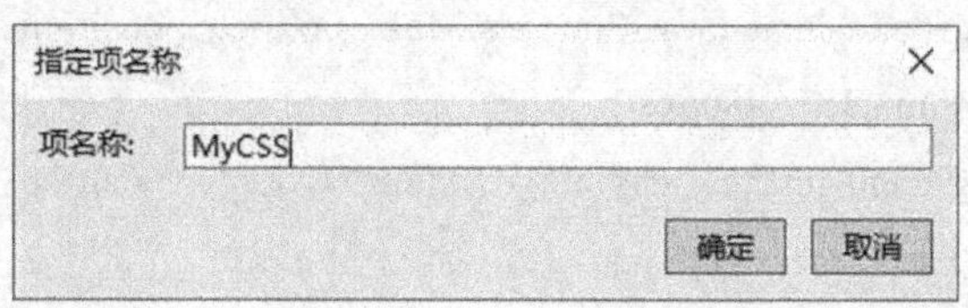

指定项名称
项名称:
MyCSS
确定
取消
图 2-46　命名样式表

2. 关联样式表文件

打开 Default.asp 文件，在 <head></head> 区域中添加 link 文件如下：

```
<link type="text/css" rel="stylesheet" href="MyCSS.css" />
```

这样首页就可以使用 MyCSS 中定义的样式了。

3. 设计首页各 DIV 样式表

1) 设计最外层的 DIV 样式表

我们将最外层的 DIV 命名为 div0，并设置其样式为 Default.asp 中设置的样式。其中 MySCC 样式文件中的代码如下：

```
.div0 {
width: 1200px; height: 1560px}
```

修改 Default.asp 最外层 DIV 的样式引用为：

```
<div style=" width: 1200px; height: 210px">
```

2) 修改其他 DIV 样式

在首页源代码中根据 DIV 嵌套的级别分别命名为 DIV1(Logo 区域)、DIV2(中间内容区域)、DIV3(版权版本区域)。

在 DIV1 中的 DIV 分别命名为 DIV1-1(Logo 图片区域)、DIV1-2(菜单区域)；将 DIV2 中的区域分别命名为 DIV2-1(校园风景区域)、DIV2-2(校园新闻区域)、DIV2-3(通知公告区域)、DIV2-4(快速通道区域)、DIV2-5(快速链接区域)。每个 DIV 还可以按上述的规则继续进行命名，不再进行说明。

最终的 MyCSS 样式表的内容代码如下：

```
.div0 {width: 1200px; height: 1560px; margin: 0 auto; }
.div1 {width: 1200px; height: 210px; }
.div1-1 {background-image: url('images/Main_01.jpg'); width: 1200px; height: 170px; }
.div1-2 {width: 1200px; height: 40px; }
.div1-2-1 {background-image: url('images/Main_02.jpg'); width: 120px; height: 40px; }
.div1-2-2 {background-image: url('images/Main_03.jpg'); width: 120px; height: 40px; position: relative; top: -40px; left: 120px; }
.div1-2-3{background-image: url('images/Main_04.jpg'); position: relative; width: 120px; height: 40px; top: -80px; left: 240px; }
.div1-2-4{background-image: url('images/Main_05.jpg'); position: relative; width: 120px; height: 40px; top: -120px; left: 360px; }
.div1-2-5{background-image: url('images/Main_06.jpg'); position: relative; width: 120px; height: 40px; top: -160px; left: 480px; }
.div1-2-6{background-image: url('images/Main_07.jpg'); position: relative; width: 120px; height: 40px; top: -200px; left: 600px; }
.div1-2-7{background-image: url('images/Main_08.jpg'); position: relative; width: 120px; height: 40px; top: -240px; left: 720px; }
.div1-2-8{background-image: url('images/Main_09.jpg'); position: relative; width: 120px; height: 40px; top: -280px; left: 840px; }
.div1-2-9{background-image: url('images/Main_10.jpg'); position: relative; width: 120px; height: 40px; top: -320px; left: 960px; }
```

```
.div1-2-10{background-image: url('images/Main_11.jpg'); position: relative; width: 120px;
height: 40px; top: -360px; left: 1080px; }
.div2 {width: 1200px; height: 1250px; }
.div2-1 {background-image: url('images/Main_12.jpg'); width: 1200px; height: 360px; }
.div2-2 {width: 1200px; height: 350px; }
.div2-2-1 {background-image: url('images/Main_13.jpg'); width: 1200px; height: 50px; }
.div2-2-2 {width: 1200px; height: 300px; }
.div2-2-2-1 {background-image: url('images/Main_14.jpg'); width: 470px; height: 300px; }
.div2-2-2-2 {position: relative; width: 730px; height: 300px; top: -300px; left: 470px; }
.div2-3 { width: 1200px; height: 315px; }
.div2-3-1 {background-image: url('images/Main_16.jpg'); width: 1200px; height: 45px; }
.div2-3-2 {width: 1200px; height: 270px; }
.div2-3-2-1 {width: 820px; height: 270px; }
.div2-3-2-2 {background-image: url('images/Main_18.jpg'); position: relative; width: 380px;
height: 270px; top: -270px; left: 820px; }
.div2-4 {width: 1200px; height: 165px; }
.div2-4-1 {background-image: url('images/Main_19.jpg'); width: 1200px; height: 45px; }
.div2-4-2 { width: 1200px; height: 120px; }
.div2-4-2-1{background-image: url('images/Main_20.jpg'); position: relative; width: 120px;
height: 120px; top: 0px; left: 0px; }
.div2-4-2-2{background-image: url('images/Main_21.jpg'); position: relative; width: 120px;
height: 120px; top: -120px; left: 120px; }
.div2-4-2-3{background-image: url('images/Main_22.jpg'); position: relative; width: 120px;
height: 120px; top: -240px; left: 240px; }
.div2-4-2-4{background-image: url('images/Main_23.jpg'); position: relative; width: 120px;
height: 120px; top: -360px; left: 360px; }
.div2-4-2-5{background-image: url('images/Main_24.jpg'); position: relative; width: 120px;
height: 120px; top: -480px; left: 480px; }
.div2-4-2-6{background-image: url('images/Main_25.jpg'); position: relative; width: 120px;
height: 120px; top: -600px; left: 600px; }
.div2-4-2-7{background-image: url('images/Main_26.jpg'); position: relative; width: 120px;
height: 120px; top: -720px; left: 720px; }
.div2-4-2-8{background-image: url('images/Main_27.jpg'); position: relative; width: 120px;
height: 120px; top: -840px; left: 840px; }
.div2-4-2-9{background-image: url('images/Main_28.jpg'); position: relative; width: 120px;
height: 120px; top: -960px; left: 960px; }
.div2-4-2-10{background-image: url('images/Main_29.jpg'); position: relative; width: 120px;
```

```
height: 120px; top: -1080px; left: 1080px; }
    .div2-5 {background-image: url('images/Main_30.jpg'); width: 1200px; height: 60px; }
    .div3 { width: 1200px; height: 100px; background-image: url('images/Main_31.jpg'); }
```

第一行中“margin：0 auto；”表示该 DIV 在浏览器中居中对齐。

Default.aspx 的源代码修改如下：

```
    <%@ Page Language="C#" AutoEventWireup="true" CodeFile="Default.aspx.cs" Inherits="_
Default" %>

    <!DOCTYPE html>

    <html xmlns="http: //www.w3.org/1999/xhtml">
    <head runat="server">
    <meta http-equiv="Content-Type" content="text/html; charset=utf-8"/>
      <title></title>
      <link type="text/css" rel="stylesheet" href="MyCSS.css" />
    </head>
    <body>
      <form id="form1" runat="server">
      <div class="div0">
        <div class="div1">
          <div class="div1-1"></div>
          <div class="div1-2">
            <div class="div1-2-1"></div>
            <div class="div1-2-2"></div>
            <div class="div1-2-3"></div>
            <div class="div1-2-4"></div>
            <div class="div1-2-5"></div>
            <div class="div1-2-6"></div>
            <div class="div1-2-7"></div>
            <div class="div1-2-8"></div>
            <div class="div1-2-9"></div>
            <div class="div1-2-10"></div>
          </div>
        </div>
      <div class="div2">
          <div class="div2-1"></div>
          <div class="div2-2">
```

```
            <div class="div2-2-1"></div>
            <div class="div2-2-2">
                <div class="div2-2-2-1"></div>
                <div class="div2-2-2-2"></div>
            </div>
        </div>
        <div class="div2-3">
            <div class="div2-3-1"></div>
            <div class="div2-3-2">
                <div class="div2-3-2-1"></div>
                <div class="div2-3-2-2"></div>
            </div>
        </div>
        <div class="div2-4">
            <div class="div2-4-1"></div>
            <div class="div2-4-2">
                <div class="div2-4-2-1"></div>
                <div class="div2-4-2-2"></div>
                <div class="div2-4-2-3"></div>
                <div class="div2-4-2-4"></div>
                <div class="div2-4-2-5"></div>
                <div class="div2-4-2-6"></div>
                <div class="div2-4-2-7"></div>
                <div class="div2-4-2-8"></div>
                <div class="div2-4-2-9"></div>
                <div class="div2-4-2-10"></div>
            </div>
        </div>
        <div class="div2-5"></div>
    </div>
    <div class="div3"></div>
  </div>
  </form>
</body>
</html>
```

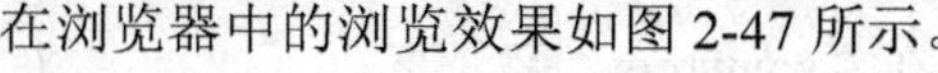
在浏览器中的浏览效果如图 2-47 所示。

网页美化

图 2-47　CSS 美化后首页的浏览效果

单 元 测 试

1. 填空题

(1) 对于工作区内编辑的内容页，在设计视图与源代码视图之间切换的是 ________ 按钮。

(2) Label 控件的 Text 属性用于 ________。

(3) 开发 ASP.NET 网站最有利的工具是 ________。

(4) 为了提高网站的安全性和初次访问速度，在使用 FTP 工具上传前，应首先对网站进行 ________。

2. 判断题

(1) Web.config 是动态网站必需的配置文件。　(　　)

(2) 对于任意一款虚拟主机，网站都应存放在“wwwroot”目录下。　(　　)

(3) .cs 代码文件必须随网站一同上传到 Web 服务器。　(　　)

(4) 并不是所有的虚拟主机都能够支持 ASP .NET 网页的运行。　(　)

3. 选择题

(1) bin 目录用来放置 (　　)。

A. 专用数据库文件　B. 共享文件

C. 编译后的 .dll 文件　D. .cs 代码文件

(2) 使用 FTP 工具上传网站，不需要使用下列哪项信息？(　　)

A. FTP 服务器地址　B. 用户名

C. 密码　D. 浏览网址

(3) 若内容页文件名为 view.aspx，则其对应的代码页文件名默认是 (　　)。

A. view.cs　B. view.cs.aspx

C. view.aspx.cs　D. view.aspx

(4) 在网站整体规划时，第 1 步要做的是 (　　)。

A. 确定网站主题　B. 选择合适的制作工具

C. 搜集材料　D. 制作网页

(5) 电子商务网站建设的一般流程中包括：① 架设网上站点；② 网站的规划和分析；③ 网站的维护；④ 网页设计；⑤ 域名注册。正确的顺序应该是 (　　)。

A. ②—①—④—⑤—③　B. ⑤—②—④—①—③

C. ②—⑤—①—④—③　D. ⑤—④—②—①—③

(6) 网站的规划和分析不包括 (　　)。

A. 明确电子商务网站构建的目标　B. 分析网上能够开展的业务

C. 竞争对手分析　D. 选择站点架构方式

(7) 下列属性中不是文本标签属性的是 (　　)。

A. nbsp　B. align　C. color　D. face

(8) 下列说法中错误的是 (　　)。

A. CSS 可以将格式和结构分离　B. CSS 可以控制页面的布局

C. CSS 可以使许多网页同时更新　D. CSS 不能制作体积更小、下载更快的网页

(9) 显示上边框 10px、下边框 5px、左边框 20px、右边框 1px 的 CSS 为 (　　)。

A. border-width：10px 5px 20px lpx　B. border-width：10px 20px 5px lpx

C. border-width：5px 20px 10px lpx　D. border-width：10px lpx 5px 20px

(10) 下列 Javascript 语句中，(　　) 能实现单击一个按钮时弹出一个消息框。

A. <BUTTON VALUE = "鼠标响应"onClick = alert("确定")><BUTTON>

B. <INPUT TYPE = "BUTTON"VALUE= "鼠标响应 "onClick = alert("确定")>

C. <INPUT TYPE = "BUTTON" VALUE= "鼠标响应 "onChange = alert("确定")>

D. <BUTTON VALUE = "鼠标响应"onChange= alert("确定")><BUTTON>

(11) 分析下面的 JavaScript 代码

```
x=11
y="number"
n=x+y
```

m 的值为 (　　)。

A. 11number　　B. number

C. 11　　D. 程序报错

4. 简述题

(1) 网站设计流程大致分为几个阶段？

(2) 网站策划书的撰写要点有哪些？

(3) 网站规划应遵循的原则有哪些？

(4) 简述 HTML 文档的基本结构。

(5) 什么是标记选择器请举例说明。

(6) 在 HML 中，有一个省份的下拉列表框的代码为

```
<select id="country">
<option value="1"> 广东 </option>
<option value="2"> 海南 </option>
</select>
```

使用 JavaScript 分别写出如何得到当前选中省份的值和名称（名称是广东和海南）

(7) 什么是虚拟目录？

(8) 仔细对比后回答：网站内 .aspx 内容页文件在进行预编译前后有什么变化？

5. 操作题

(1) 利用百度搜索提供免费试用业务的虚拟主机提供商，并申请试用。

(2) 实际创建一个 ASP.NET 网站。

(3) 发布创建的 ASP.NET 网站到虚拟主机并浏览效果。

任务 3　网站主题母版及导航设计

教学目标

通过本章的学习，掌握主题及母版页的相关技术，合理运用以创建风格一致的多个网页，实现站点的外观一致。

知识目标

- ➤ 掌握主题文件的使用方法。
- ➤ 掌握母版页的运行原理。
- ➤ 掌握母版页的设计及使用方法。
- ➤ 掌握导航控件的使用方法。

技能目标

- ➤ 能设计网站的主题。
- ➤ 能利用母版页技术设计网站。
- ➤ 能实现网站的导航功能。

3.0　任务描述及工作单

同一个网站，即使由再多的网页组成，每个网页也都应该具有一致的风格。例如，包头职业技术学院的网站的首页和两个内容页，虽然信息内容不同，但从颜色、结构、导航、版权等各方面来看大体是一致的，这就是风格一致，如图 3-1～图 3-3 所示。

图 3-1　包头职业技术学院网站首页

图 3-2　包头职业技术学院网站内容页 1

图 3-3　包头职业技术学院网站内容页 2

3.1　主题与皮肤简介

在 Internet 上很少看到风格不统一的网站。统一的风格通常体现在以下几方面：

(1) 一个公共标题和整个站点的菜单系统。

(2) 页面左边的导航条提供一些页面导航选项。

(3) 提供版权信息的页脚和一个用于联系网管的二级菜单。

(4) 相似的色彩、字体。

这些元素将显示在所有页面上，它们不仅提供了最基本的功能，也能通过这些元素的统一风格使得用户意识到它们仍处于同一个站点内。

随着网站功能的增强，网站逐渐变得庞大起来。现在一个网站包括几十、上百个网页已是常事。这种情况下，如何简化对众多网页的设计和维护，特别是如何解决好对一批具有同一风格网页界面的设计和维护，就成为普遍面对的难题。ASP.NET 4.5 提供的主题、用户控件和母版页技术，从统一控件的外貌，局部到全局风格的一致，提供了最佳的解决方案。

1. 主题

主题 (Theme) 是 ASP.NET 4.5 提供的一种新技术，利用主题可以为一批服务器控件定义外貌。例如，可以定义一批 TextBox 或者 Button 服务器控件的底色、前景色，或者定义 GridView 控件的头模板、尾模板样式等。

设计网站的主题

系统为创建主题制定了一些规则，但没有提供什么特殊的工具。这些规则是：对控件显示属性的定义必须放在以 .skin 为扩展名的皮肤文件中，皮肤文件必须放在“主题”目录下，而“主题”目录又必须放在专用目录“App_Themes”下。每个专用目录下可以放多个主题目录，每个主题目录下可以放多个皮肤文件。只有遵守这些规定，在皮肤文件中定义的显示属性才能够起作用。

为了创建主题，首先需要创建一个名为 App_Themes 的主题文件夹用来存放主题。该文件夹必须位于应用程序的根目录中。在该文件夹中可以存放多个主题设置，每个主题必须用一个单独的子文件夹进行存放。

在创建主题的过程中，必须注意主题和主题文件夹的命名。主题文件夹在后台会自动编译为一个新类。因此不能把主题命名为项目中已经存在的类名，否则会发生冲突。

2. 皮肤文件

皮肤文件又叫外观文件，每个皮肤文件中都可以定义一个或者多个控件类型的皮肤。皮肤可分为默认皮肤和命名皮肤两种类型。当页面应用某一主题时，该主题中的默认皮肤将自动应用于同一类型的所有控件上。默认皮肤是指在定义控件的皮肤时没有设置 SKinID 属性，设置了 SKinID 属性的皮肤被称为命名皮肤。在一个皮肤文件中，针对一种类型控件，仅能设置一个默认皮肤。每个皮肤文件中可以定义一个或多个控件类型的文件，一个主题可以包含一个或者多个皮肤文件。皮肤文件允许修改服务器控件中任何影响其皮肤呈现的属性。VS 2013 没有提供对皮肤文件设计时的支持。因此，为了对特定的服务器控件创建皮肤，

皮肤文件的建立

开发人员需要先在页面中设计好外观，然后复制到皮肤文件中。对服务器控件的外观定义与普通的 Web 页面相似，唯一不同的是不能使用 ID 属性。

皮肤文件的后缀名为 .skin，在 .skin 中定义的时候，要注意 <asp:TextBox runat = "server" BackColor ="Green"> 和 <asp:TextBox runat ="server" SkinID ="One" BackColor ="Green"> 是有不同意义的。一个加了 SkinID，一个没有，二者都对 Page 页中的 TextBox 设置皮肤。但是，如果没有指定 SkinID 的定义，则是针对 Page 页中的所有 TextBox 控件设置的；如果指定了 SkinID 的定义，则是指 Page 页中的某一个 TextBox 控件调用的皮肤。

注意
在页面应用主题时，主题中的默认皮肤自动地应用于同一类型的所有控件。一种类型的控件仅能设置一个默认皮肤。

3.2 知识点 1：皮肤文件的建立及应用

【实例 3.1】分别给两个文本框应用两种不同的皮肤。

(1) 在网站中新建页面文件“Page1.aspx”，如图 3-4 所示。

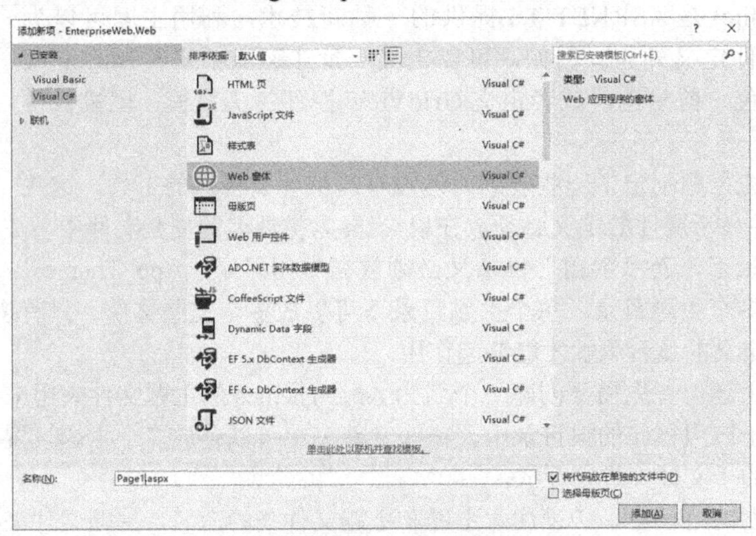

图 3-4 添加新页面

(2) 在页面当中添加两个文本框控件，如图 3-5 所示。

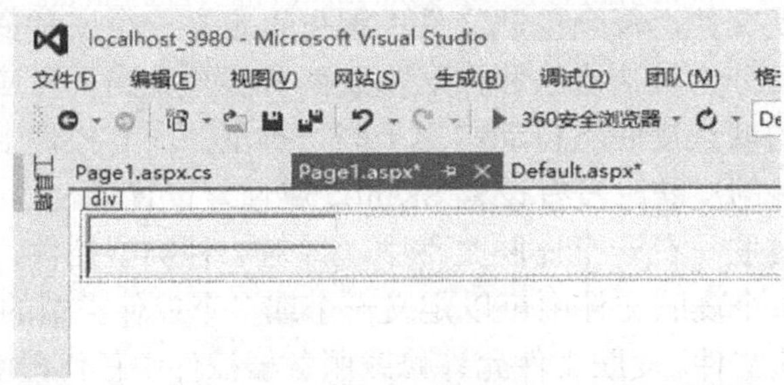

图 3-5 添加文本框控件

(3) 在网站目录下添加一个外观文件目录，如图 3-6 所示。

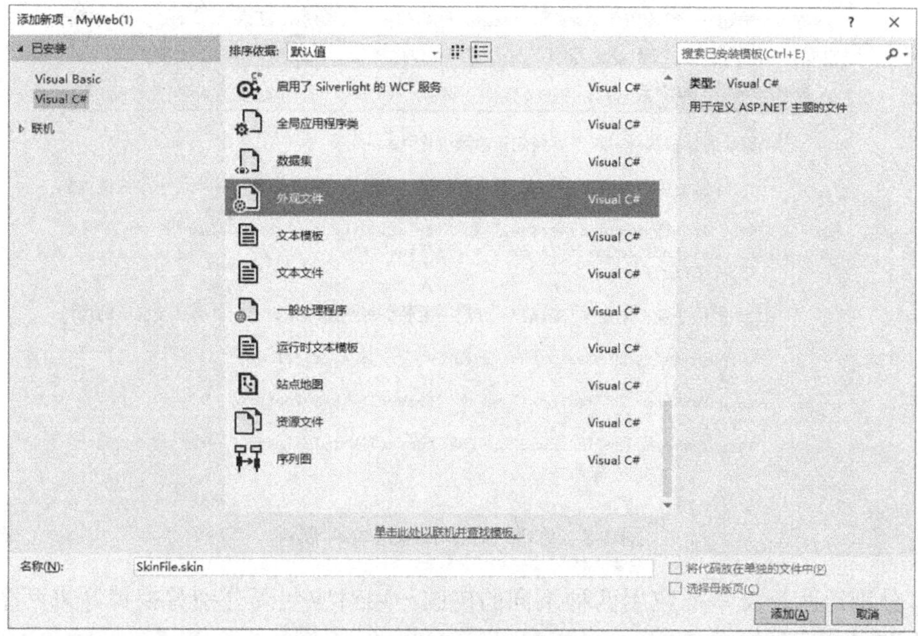

图 3-6　添加外观文件目录

(4) 修改默认外观文件目录名称改为“theme1”，如图 3-7 所示。

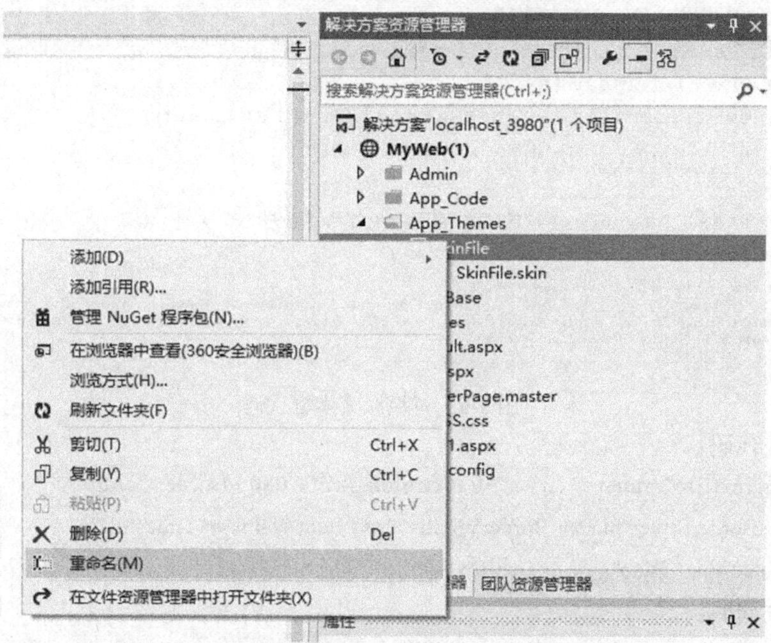

图 3-7　修改外观文件目录名称

(5) 其中包含一个名为 SkinFile.skin 的外观文件，将“源”视图中两个文本框的代码剪切下来，粘贴到 SkinFile.skin 文件中，删除文本框 ID 属性，并给第二个文本框加上 SkinID="skin1"，如图 3-8 所示。

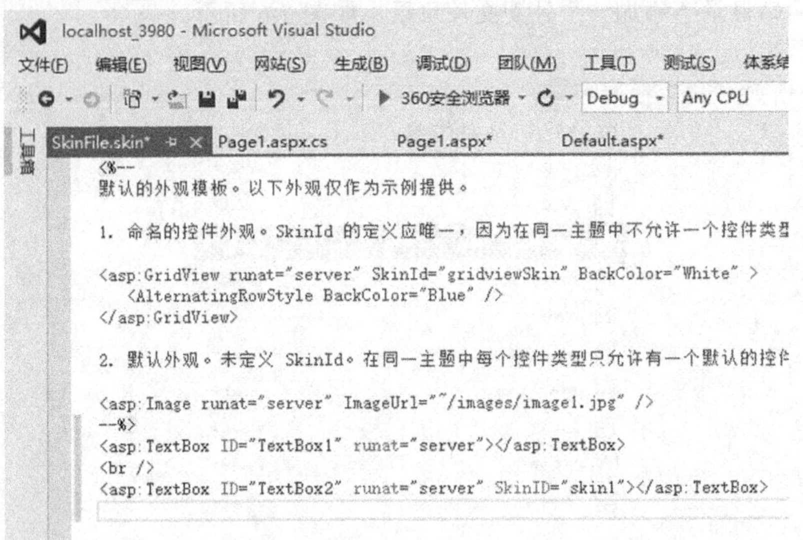

图 3-8 修改 SkinFile.skin 文件属性

(6) 分别给两个文本框应用两种不同的皮肤，用对应代码分别替换掉原来两个文本框代码，如图 3-9 所示。

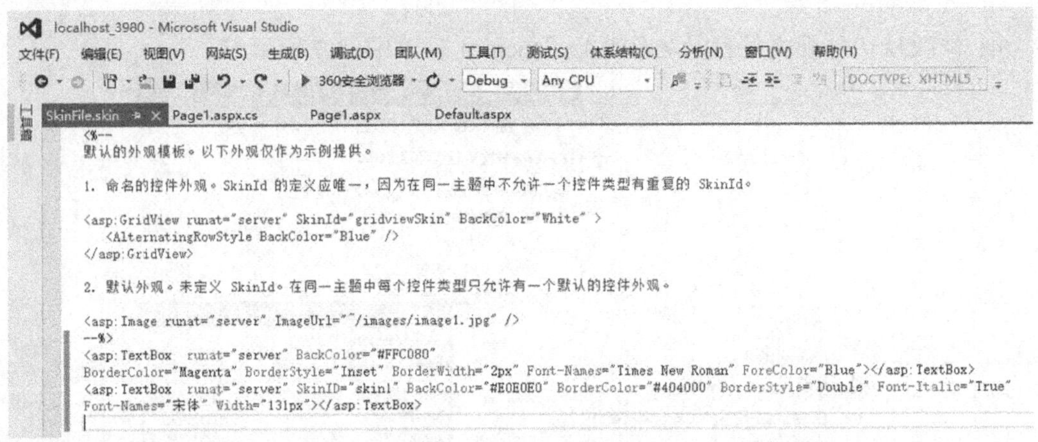

图 3-9 替换原文本框代码

默认皮肤代码：

```
<asp:TextBox runat="server" BackColor="#FFC080" BorderColor="Magenta" BorderStyle="Inset" BorderWidth="2px" Font-Names="Times New Roman" ForeColor="Blue"></asp:TextBox>
```

给文本框控件应用皮肤

命名皮肤代码：

```
<asp:TextBox runat="server" SkinID="skin1" BackColor="#E0E0E0" BorderColor="#404000" BorderStyle="Double" Font-Italic="True" Font-Names=" 宋体 " Width="131px">
</asp:TextBox>
```

两个替换代码分别定义了两种不同的文本框的格式属性，包括文本框的背景色、字体、字号、字体颜色等。

(7) 在 Page1 文件的源视图中第一条语句中添加“theme="theme1"”，给第二个文本框的代码中添加“SkinId="skin1"”，可将两个不同的皮肤应用到两个文本框中，如图 3-10 所示。

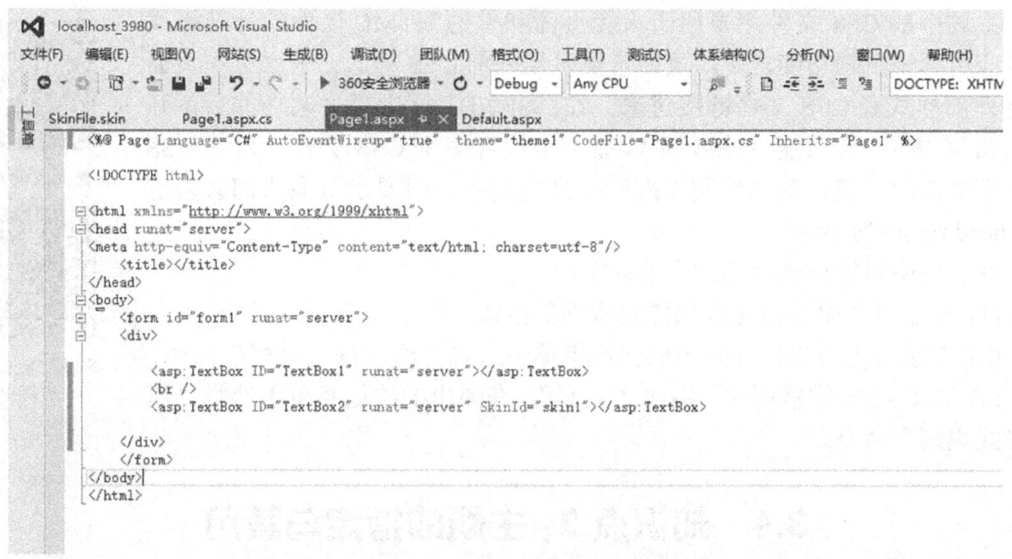

图 3-10　在 Page1 源视图中添加代码

(8) 完成操作，在浏览器中查看效果，如图 3-11 所示。

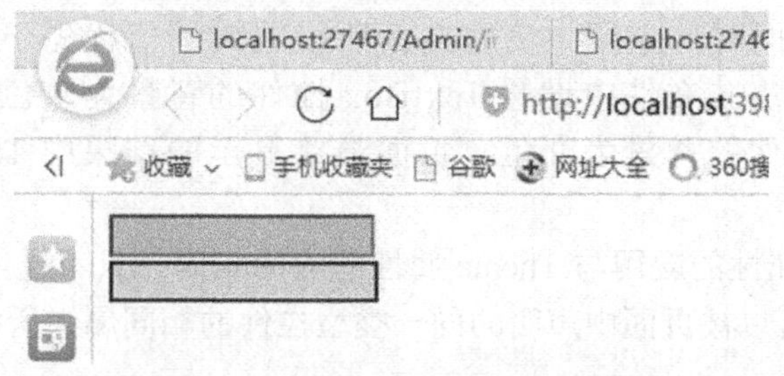

图 3-11　两个文本框不同的格式效果

控件皮肤的属性可以是简单属性，也可以是复杂属性。简单属性是控件皮肤设置中最常见的类型，如 Backcolor、With 等。复杂属性主要包括集合属性、模板属性、数据绑定表达式等类型。

设置皮肤文件中控件的属性有一个简单的方法。先将控件添加到 .aspx 页面中，利用 Visual Studio 2013 的“属性”窗口及可视化设计界面直接对控件的外观进行设置，然后将控件代码剪切到皮肤文件中，去掉所有控件属性设置中的 ID 属性。再根据实际需要设置 SkinID 属性：如果是默认皮肤，可不作任何修改；如果是命名皮肤，则加上 SkinID 属性。需要注意的是，若在页面的属性设置中与皮肤文件中同时对同一属性设置了不同的值，如都设置了 Width 属性，但值不一样，这时页面将首先应用在页面中控件的属性设置值，然后应用主题中的属性，这样主题中的属性就重写了控件的属性值。页面最终显示的是控件在皮肤文件中的设置效果。

3.3 知识点 2：样式表的建立与应用

样式表的建立

将样式表应用到网页中

主题中的 CSS 文件主要用于设置页面和普通 HTML 控件的外观样式在未应用网站主题功能之前，页面若要引用外部 CSS 样式，就必须在页面中将外部样式表 CSS 文件链接进来。在 ASP.NET 提供了主题功能后，开发人员可以在一个主题文件夹中添加一个或者多个 CSS 文件，这些 CSS 文件无需使用链接，就能够同主题应用到页面中，但要求页面头部必须定义 <head runat="server">。

在主题中添加样式规则的方法如下：

(1) 在工具栏中单击【添加样式规则】按钮。

(2) 在空白处右击，在弹出的快捷菜单中选择“添加样式规则”命令。

(3) 在 CSS 大纲视图中，右击“元素”，在弹出的快捷菜单中选择“添加样式规则”命令。

3.4 知识点 3：主题的指定与禁用

1. 为页面指定主题

通常为某个页面指定主题有两种方法，分别是设置 Theme 和 StyleSheetTheme 属性。

当主题应用于页面时，主题中皮肤文件所设置属性值优先于页面中直接设置的属性值。例如，如果在皮肤文件中设置 TextBox 控件的背景为灰色，即使在某页面中设置了一个 TextBox 控件的背景为红色，页面最终显示的结果中 TextBox 控件的背景色仍为灰色。

StyleSheetTheme 属性的应用与 Theme 属性的应用相同。只不过当使用 StyleSheetTheme 时，控件皮肤的设置可以被页面中声明的同一类型控件的相同属性所替代。

2. 页面禁用主题

若需禁用页面主题，只要在页头 <%@ Page%> 中设置 EnableTheming= "false" 即可。

【实例 3. 2】 StyleSheetTheme 属性的应用。

(1) 新建主题 theme2 文件。在“解决方案资源管理器”中右击 App_Themes，在弹出的快捷菜单中选择“添加 ASP.NET 文件夹”|“主题”命令，将默认的“主题 1”重命名为 theme2。

(2) 在 theme2 主题下新建一个皮肤文件 TextBox.skin，设置背景色和前景色，示例代码如下：

```
<asp:TextBox BackColor="Silver" ForeColor="Blue" Runat="Server"/>
```

(3) 新建 Example2.aspx 页面，应用 StyleSheetTheme 属性，同时在页面添加两个文本框，将第二个文本框的背景色设置为红色，示例代码如下：

```
<%@ Page Language="C#" AutoEventWireup="true" CodeFile="Example2.aspx.cs"
Inherits="Example2" StylesheetTheme="theme2" %>
```

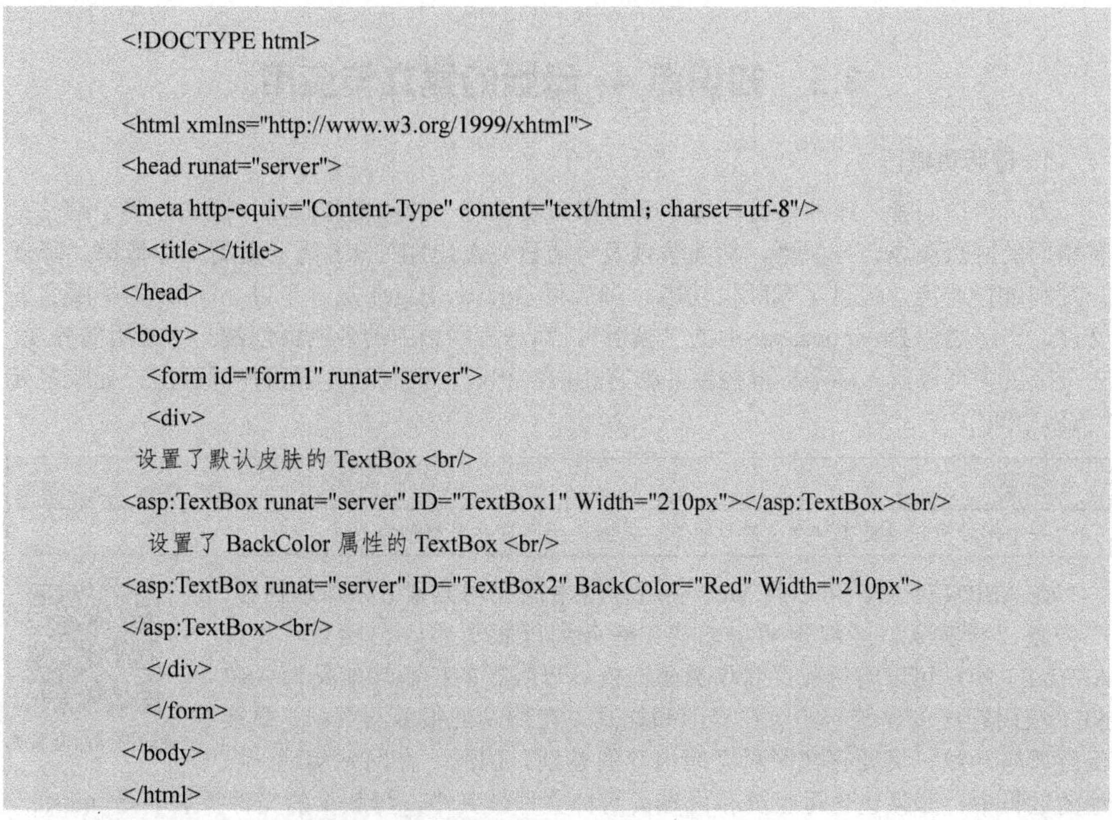

```
<!DOCTYPE html>

<html xmlns="http://www.w3.org/1999/xhtml">
<head runat="server">
<meta http-equiv="Content-Type" content="text/html; charset=utf-8"/>
  <title></title>
</head>
<body>
  <form id="form1" runat="server">
  <div>
 设置了默认皮肤的 TextBox <br/>
<asp:TextBox runat="server" ID="TextBox1" Width="210px"></asp:TextBox><br/>
  设置了 BackColor 属性的 TextBox <br/>
<asp:TextBox runat="server" ID="TextBox2" BackColor="Red" Width="210px">
</asp:TextBox><br/>
  </div>
  </form>
</body>
</html>
```

(4) 保存页面，浏览页面，运行结果如图 3-12 所示。

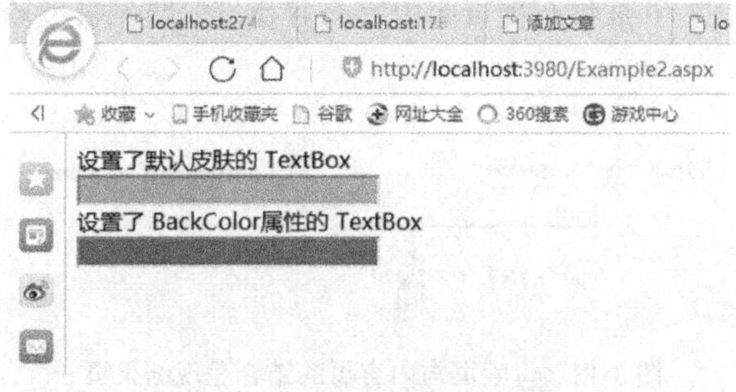

图 3-12　实例 3.2 运行效果图

该页面通过 StyleSheetTheme 属性应用 theme2 主题。第一个 TextBox 控件则使用控件皮肤的默认设置，第二个 TextBox 控件设置 BackColor 属性为 Red。控件的 BackColor 属性值代替 TextBox.skin 中设置的 BackColor 属性，使其背景显示为红色。

如果需要页面既使用 Theme 属性，又使用 StyleSheetTheme 属性，同时还在页面中声明控件的属性，可使用在源代码中页头的 <%@Page%> 指令同时设置 Theme 和 StyleSheetTheme 属性，并且二者的属性值可以不相同。在应用过程中，首先应用 StyleSheetTheme 属性的设置，然后应用页面中的控件所设置的属性，如果这些属性与 StyleSheetTheme 的设置属性重复，则替换 StyleSheetTheme 的设置，最后应用 Theme 属性。若出现属性重复的情况，则 Theme 属性设置将重写控件代码声明的属性。

3.5 知识点 4：母版的建立与应用

1. 母版页概述

为了给访问者一致的感受，每个网站都需要有统一的风格和布局。例如，整个网站都有相同的网页头尾、导航栏、功能条以及广告区。ASP.NET 4.5 为了提高工作效率，降低开发和维护难度，提供了母版页功能。母版页 (Master Page) 是一个以 .master 为扩展名的文件，作用类似 Dreamweaver 中的“模板”，都是为网站中的各网页创建一个通用的外观。在母版页中可以放入多个标准控件并编写相应的代码，同时还给各窗体页留出一处或多处“自由空间”。

注意
一个网站可以设置多种类型的母版页，以满足不同显示风格的需要。

在 ASP.NET 中，可以将 Web 应用程序中的公用元素 (如网站标志、广告条、导航条、版权声明等内容) 整合到母版页中。也就是说，在 ASP.NET 中，可以将母版页看作页面模板。母版页的核心功能是为 ASP.NET 应用程序创建统一的用户界面和样式。在网站的很多网页中，既要保持风格一致，又要存在网页之间内容的差别。因此，在网站实现一致性的过程中，必须包含母版页和内容页两种文件。其中，母版页的文件扩展名是 .master，封装页面中的公共元素；内容页是普通的 .aspx 文件，包含除母版页之外的其他非公共内容。在运行过程中，ASP.NET 引擎将两种页面内容合并执行，将结果发给客户端浏览器，如图 3-13 所示。

设计网站的母版页

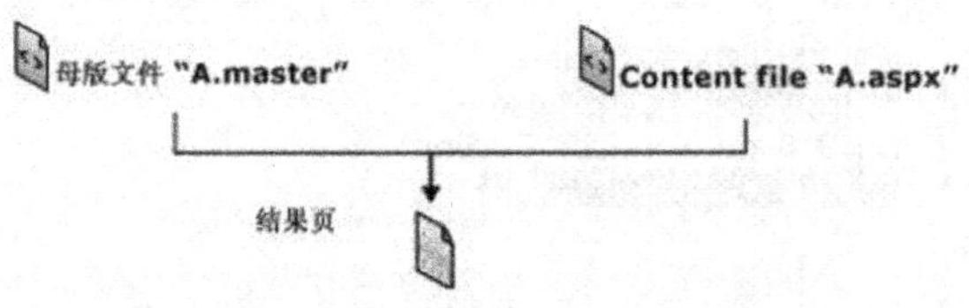

图 3-13　母版页与内容页的结合呈现结果页

2. 母版页的使用

1) *母版页的创建*

右击所选择的站点名称，在弹出的快捷菜单中选择“添加新项 ...”命令，在打开的“添加新项”对话框中选择“母版页”选项，在“名称”栏中可修改母版页的名称，完成后单击【添加】按钮。

母版页的建立

常见的母版页代码如下：

```
<%@ Master Language="C#" AutoEventWireup="true" CodeFile="MasterPage.
master.cs"
    Inherits="MasterPage"%>
```

母版样式表的建立

```
<!DOCTYPE html PUBLIC"-//W3C//DTD XHTML 1.0 Transitional//EN""http://www.w3.org/
TR/xhtml1/DTD/xhtml1-transitional.dtd">
<html xmlns="http://www.w3.org/1999/xhtml">
<head runat="server">
<title></title>
<asp: ContentPlaceHolder id="head" runat="server">
</asp: ContentPlaceHolder>
</head>
<body>
<form id="form1" runat="server">
<div>
<asp: ContentPlaceHolder id="ContentPlaceHolder1" runat="server">
</asp: ContentPlaceHolder>
</div>
</form>
</body>
</html>
```

从以上代码中可以看到，母版页 HTML 代码与普通 .aspx 文件的 HTML 代码大致类似，都是有着完整的 HTML 标记的网页文件，如都有 <html>、<body>、<form> 等 HTML 标记，不同点有三个：一是母版页的文件扩展名是 .master，其与普通 .aspx 文件不同；二是普通 .aspx 文件的页头声明是 <%@ Page%>，而母版页文件头的声明是 <%@ Master%>；三是母版页中包括一个或者多个 ControlPlaceholder 控件，而在普通 .aspx 文件中是不包含该控件的。

ContentPlaceholder 控件起到一个占位符的作用，能够在母版页中标识出某个区域，该区域将被内容页中的特定代码代替。ContentPlaceHolder 控件就是可以显示内容页面的区域，代码如下：

```
<%@ Master Language="C#" AutoEventWireup="true" CodeFile="MasterPage.master.cs"
Inherits="MasterPage" %>
<form id="form1" runat="server">
<div>
<asp:contentplaceholderid="ContentPlaceHolder1"runat="server">
</asp:contentplaceholder>
</div>
</form>
```

2) 内容页及内容页的创建

内容页主要包含页面中的非公共内容。内容页的创建方法与内容页面的创建方法差不多，区别是一定要勾选“选择母版页”选项，在打开的“母版页”对话框中选择合适的母版页。内容页的代码如下：

```
<%@Page Title=""Language="C#" MasterPageFile="~/MasterPage. master"
AutoEventWireup="true" CodeFile="Default2.aspx.cs"Inherits="Default2"%>
<asp: Content ID="Content1"ContentPlaceHolderID="head"Runat="Server">
</asp: Content>
<asp:Content ID="Content2"ContentPlaceHolderID="ContentPlaceHolder1"runat="Server">
</asp: Content>
```

由以上代码可知，内容页的代码主要分为代码头声明和 Content 控件两部分。内容页的代码头声明与普通 .aspx 文件一样，只是增加了 MasterPageFile 属性和 Title 属性的设置。MasterPageFile 属性用于设置该内容页所绑定的母版页，Title 属性用于设置页面的标题。另外，内容页还包括一个或者多个 Content 控件。Content 控件是用来替换母版页中 ContentPlaceHolder 占位符的，其中 Content 控件中的 ContentPlaceholderID 说明了它与母版页中的哪个 ContentPlaceholder 对应。这样就可以实现母版页和内容页的结合。

3) 母版页的运行机制

单独的母版页是不能被浏览器访问的。没有内容页的母版页仅仅是一个页面模板，没有更多的实用价值，母版页与内容页关系密切，是不可分割的两部分。只有创建和使用母版页的内容页，才能发挥它们强大的功能。

在实际运行中，母版页和内容页有着严格的对应关系。母版页中包含多少个 ContentPlaceHolder 控件，内容页中也必须设置与其相同数目的 Content 控件，并且通过 Content 控件的 ContentPlaceholderID 声明两者之间的对应关系。

4) 母版页的优点

使用母版页功能可以为 ASP.NET 应用程序页面创建一个通用的外观。开发人员可以利用母版页功能创建一个单页布局，然后将其应用到多个内容页中总结起来。母版页具有以下三个优点：

(1) 有利于站点修改和维护，降低开发人员的工作强度。

(2) 有利于实现页面布局。

(3) 提供一种便于利用的对象模型。

母版页与用户控件之间的最大区别在于，用户控件是基于局部的界面设计，而母版页是基于全局的界面设计。用户控件只能在某些局部上使各网页的显示取得一致，而母版页却可以在整体的外观上取得一致。用户控件通常被嵌入到母版页中一起使用。

下面通过两个案例，对母版页和用户控件进行讲解。

【实例 3.3】本案例制作的网页由两个网页合成，一个是共用的母版页（名为 MasterPage.master，包含上方的图片和左侧登录框），另一个是具体的内容页（名为“article.aspx”，包含中间的图片和超链接文字）。浏览时输入的是内容页的网址 (article.aspx)，显示则为合成页的效果 (MasterPage.master + article.aspx)，如图 3-14 所示。

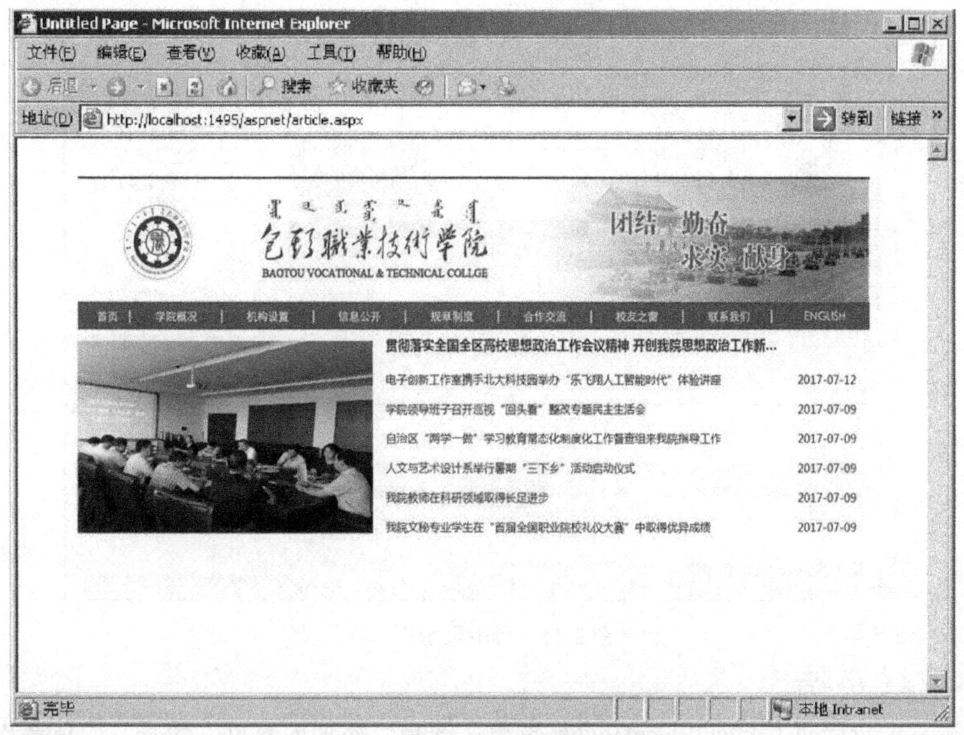

图 3-14　调用内容页实际显示效果

操作步骤如下：

(1) 创建母版页。

① 创建 ASP.NET 网站。

② 右击“解决方案资源管理器”窗口中的网站目录，在弹出的菜单中选择“添加新项”命令，在弹出的对话框中选择“母版页”选项，并使用默认名称“MasterPage.master”(可改名，但扩展名不能改)，然后单击【添加】按钮，系统创建该页，并在工作区自动打开。

③ 切换到设计视图，可以看到在界面中出现一个“ContentPlaceHolder-ContentPlaceHolder1”方形窗口，这个方形窗口是配置网页的地方。应先对网页进行布局，然后再将这个窗口移动到合适的地方。选择菜单“布局”|“插入表”命令，在“插入表”对话框中选择“模板”选项，然后在下拉列表中选择“页眉和边”样式，最后单击【确定】按钮生成布局表格。

④ 单击表格右下角的空间，在“属性”窗口中将它的 Valign 属性设置为“Top”，再将 ContentPlaceHolder 拖入到右下角的窗口中。

⑤ 分别选择左下角的空间和上边的空间，输入相应图片和控件等，并调整好位置。

⑥ 由此形成的母版页如图 3-15 所示。

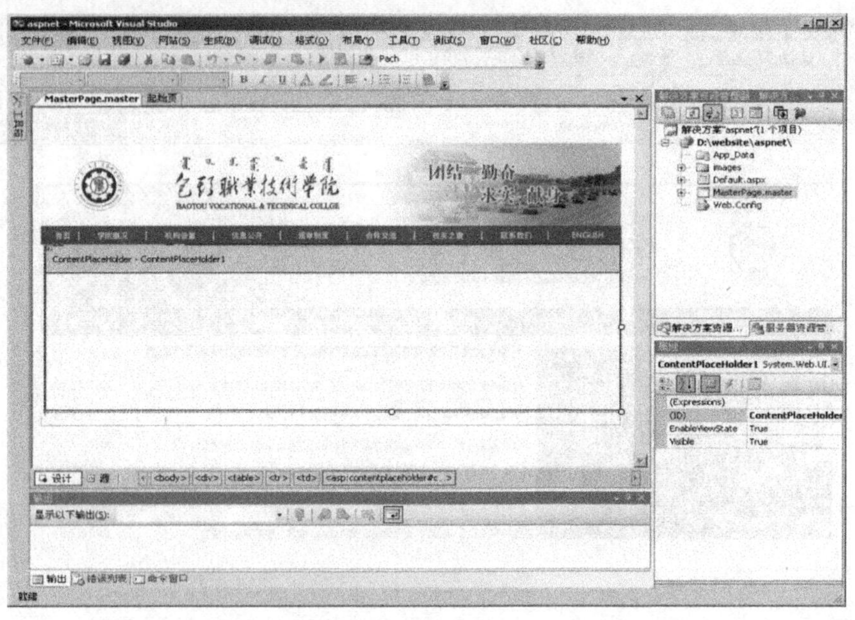

图 3-15　母版页示例

(2) 创建内容页。

① 右击母版页 ContentPlaceHolder 窗口，选择“添加内容页”命令，系统自动生成一个新的内容页 (本例中名为 Default2.aspx)，并自动打开。

② 在“解决方案资源管理器”窗口中修改内容页名称为“article.aspx”。

③ 切换到内容页的设计视图，在 ContentPlaceHolder 窗口的内容区中输入信息，如图 3-16 所示。

模板页的使用

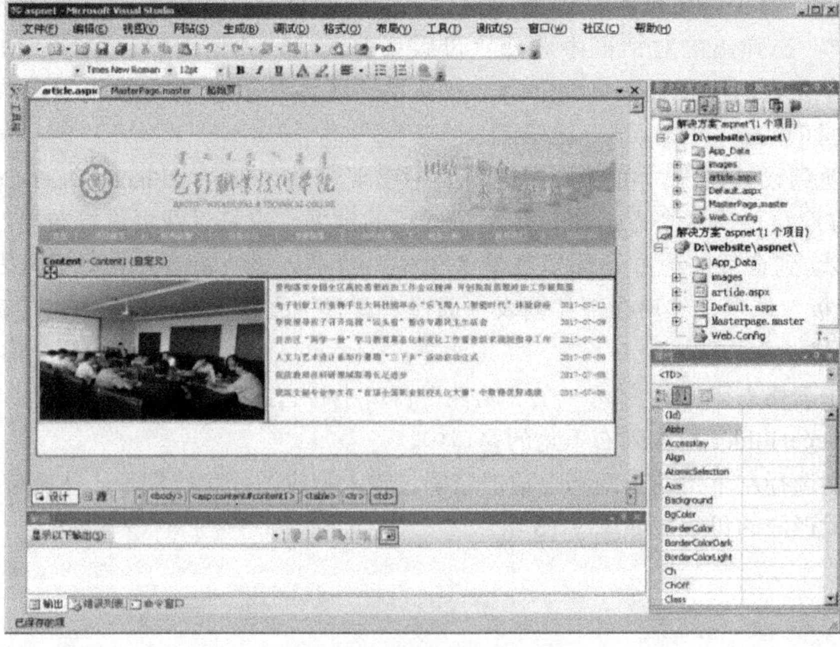

图 3-16　为内容页输入信息

④ 在“解决方案资源管理器”窗口中右击内容页 article.aspx，选择“设为起始页”命令，然后，单击【启动】按钮 ▶，即显示如图 3-14 所示的效果。

【实例 3.4】“网站版权”案例。

本案例由一个首页和一个用户控件组成，用户控件内容是“版权所有 包头职业技术学院，联系电话，版本信息”等。首页为上一任务中内容页 article.aspx，经调用用户控件，首页最终显示效果如图 3-17 所示。

图 3-17　最终显示效果

操作步骤如下：

(1) 创建一个 ASP.NET 网站。

(2) 右击网站中的目录，选择“添加新项”命令，在打开的对话框中选择“Web 用户控件”选项，将默认名称“WebUserControl.ascx”修改为“copyright.ascx”，再单击【添加】按钮。

(3) 系统自动创建用户控件 copyright.ascx，并在主工作区中打开。

(4) 切换到用户控件 copyright.ascx 的设计视图，从工具箱拖入一个 Label 控件。通过“属性”窗口设置 Label 控件的 Text 属性为“版权所有 包头职业技术学院，联系电话：0472-3320012”，并设置 Width 属性为“500px”；再从工具箱拖入一个 HyperLink 控件，设置 Width 属性为“300px”。设计效果如图 3-17 所示。

(5) 双击该页面空白处，在代码视图的页载入事件“protected void Page_Load(object sender，EventArgs e)”，在一对 {} 之间输入下面的程序代码：

HyperLink1.Text=" 联系地址：内蒙古包头市青山区建华路 15 号 版本信息：包头职业技术学院网站集群 V5.0"; HyperLink1.NavigateUrl = "http://bszs.conac.cn/sitename?method=show&id=0CFBDF66A4F7631AE053022819AC2F62"。

(6) 打开 Default.aspx 页，切换到设计视图，输入文字“我是首页中的内容”，再从“解决方案资源管理器”窗口中将用户控件文件拖到下一行的位置。

(7) 启动 Default.aspx 页，即得到如图 3-17 所示的效果。

3.6 知识点 5：站点导航

1. 站点导航简介

在网站中，常常需要设置导航使用户能够方便快捷地查阅到相关信息或者能快速地跳转到相关的版块。ASP.NET 提供的导航控件有 SiteMapPath 控件、TreeView 控件和 Menu 控件。导航信息不仅在网页内告诉用户所在的网站位置，而且可以帮助用户直接跳转到其他的网页，是网站不可缺少的重要部分。

2. TreeView 控件

TreeView 控件以一个树结构来呈现网站的结构，该控件主要用来显示分级数据，其支持数据绑定，控件的节点绑定到分层数据，如 XML 文件、表格和关系型数据等。TreeView 控件由任意多个 TreeNode 对象组成，每个 TreeNode 还可以包括任意多个子 TreeNode 对象。包含 TreeNode 及其子节点的层次结构构成了 TreeView 控件所呈现的树结构。节点类型如表 3-1 所示。

表 3-1　节点类型列表

名　称	说　明
根节点 (Root)	处于树的最顶层，与一个或多个子节点相连
父节点 (Parent)	该类型节点与一个或者多个子节点相连
叶节点 (Leaf)	该类型节点处于书的最下层，无子节点

树结构只有一个根节点，这是 TreeView 控件最为典型的结构。但是 TreeView 允许创建具有多个根节点的树结构。

应用 1：直接编辑 TreeView 自定义点方法实现导航功能。

【实例 3. 5】利用 TreeView 自定义点方法实现书籍网站导航功能，效果如图 3-18 所示。

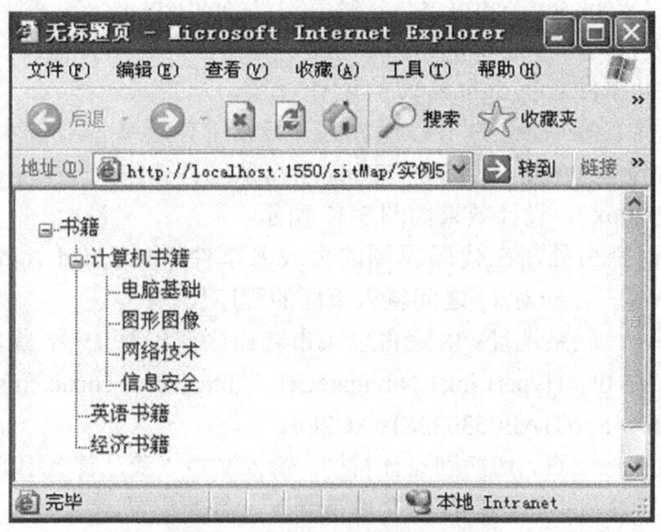

图 3-18　实例 3.4 的运行效果图

操作步骤如下：

(1) 准备网站的多个页面(Book.aspx、Computer.aspx、English.aspx、Economic.aspx、ComputerBasic.aspx、GraphicImage.aspx、Network.aspx、InfomationSafety.aspx)，并分别修改页面的Title属性以便在运行时观察结果。

(2) 新建页面，添加一个TreeView控件。

(3) 选择TreeView控件任务框中的“编辑节点”或选择属性窗口中的“Nodes”，打开“TreeView节点编辑器”对话框，按图3-18的要求编辑节点，分别对其Text、Value和NavigateUrl属性进行设置。设置完节点及相关的属性后，打开“源”视图，示例代码如下：

```
<asp:TreeView ID="TreeView1" runat="server">
<Nodes>
<asp:TreeNode NavigateUrl="~/Sample3-4/Book.aspx" Text=" 书籍 " Value=" 书籍 ">
<asp:TreeNode NavigateUrl="~/Sample3-4/Computer.aspx" Text=" 计算机书籍 " Value=" 计算机书籍 ">
<asp:TreeNode NavigateUrl="~/Sample3-4/ComputerBasic.aspx" Text=" 计算机基础 " Value=" 计算机基础 ">
</asp:TreeNode>
<asp:TreeNode NavigateUrl="~/Sample8-3/GraphicImage.aspx" Text=" 图形图像 " Value=" 图形图像 ">
</asp:TreeNode>
<asp:TreeNode NavigateUrl="~/Sample3-4/Network.aspx" Text=" 计算机网络 " Value=" 计算机网络 ">
</asp:TreeNode>
<asp:TreeNode NavigateUrl="~/Sample3-4/InformationSafety.aspx" Text=" 信息安全 " Value=" 信息安全 ">
</asp:TreeNode>
</asp:TreeNode>
<asp:TreeNode NavigateUrl="~/Sample3-4/English.aspx" Text=" 英语书籍 " Value=" 英语书籍 ">
</asp:TreeNode>
<asp:TreeNode NavigateUrl="~/Sample3-4/Economic.aspx" Text=" 经济书籍 " Value=" 经济书籍 ">
</asp:TreeNode>
</asp:TreeNode>
</Nodes>
</asp:TreeView>
```

由以上代码可知，TreeView控件的节点定义完全包含在标签<Nodes>中，无论根结点还是叶节点，均使用<asp:TreeNode>标签定义。父子关系的节点，采用标签嵌套的方法进行定义。TreeView控件实现导航应用比较简单，开发人员可以在不编写任何代码的情况下完成导航的设计。

(4) 保存页面，浏览并观察结果(如图3-18所示)，单击导航中的某个节点就会跳转到相应的页面。

应用 2：利用站点地图实现导航功能。

站点地图是一个名为 Web.sitemap 的标准 XML 文件，其包含了站点结构信息，必须存储在应用程序根目录下。若该文件存放在其他文件夹或者文件名不是 Web.sitemap，则导航控件就无法找到站点的结构。

右击所选择的站点名称，在弹出的快捷菜单中选择“添加新项”命令，在打开的“添加新项”对话框中选择“站点地图”选项，单击【添加】按钮。站点地图文件被打开，代码如下：

```
<?xml version="1.0" encoding="utf-8"?>
<siteMap xmlns="http: //schemas.microsoft.com/AspNet/SiteMap-File-1.0">
        <siteMapNode>
            <siteMapNode url="" title="" description=""/>
            <siteMapNode url="" title="" description=""/>
        </siteMapNode>
</siteMap>
```

编辑站点地图文件，如实现实例 3.4 的导航功能，其代码如下：

```
<?xml version="1.0" encoding="utf-8"?>
<siteMap xmlns="http://schemas.microsoftcom/AspNet/Sitemap-file-1.0">
  <siteMapNode url="~/Book.aspx " title=" 书籍 " description="">
   <siteMapNode url="~/Computer.aspx" title=" 计算机书籍 "  description="">
   <siteMapNode url="~/ComputerBasic.aspx" title=" 计算机基础 " description=""/>
   <siteMapNode url="~/Graphiclmage.aspx" title=" 图形图像 " description=""/>
   <siteMapNode url="/Network.aspx" title=" 计算机网络 " description=""/>
   <siteMapNode url="/InformationSafety.aspx" title=" 信息安全 " description=""/>
   </siteMapNode>
   <siteMapNode url="~/English.aspx" title=" 英语书籍 " description=""/>
   <siteMapNode url="~/Economic.aspx" title=" 经济书籍 " description=""/>
  </siteMapNode>
</siteMap>
```

从以上代码可以看出，站点中所有的节点定义均在 <siteMap> 节点中，无论是什么类型的节点均用 <siteMapNode> 标签定义，父子关系的节点用嵌套结构定义。

【实例 3. 6】 利用 TreeView 控件绑定站点地图文件实现导航。

操作步骤如下：

(1) 在站点下新建 Example4.aspx 文件，在页面上添加一个 TreeView 控件和一个 SiteMapDataSource 控件。

(2) 同实例 3.3 建立几个链接的页面。

(3) 新建一个站点地图文件 Web.sitmap(实例 3.3 中已经新建完成，该步骤可以省去)。

(4) 选择 TreeView 控件的任务框中的“选择数据源”，设置数据源为 SitMapData Source，此时页面已经将结果显示出来了。

(5) 保存页面并浏览，观察结果。

从以上代码可以看出，站点中所有的结点定义均在 <siteMap> 结点中，无论是什么类型的节点均用 <siteMapNode> 标签定义，父子关系的节点用嵌套结构定义。

应用 3：利用 TreeView 控件绑定 XML 文件的方式实现导航功能。

【实例 3.7】 利用 TreeView 控件绑定 XML 文件实现站点导航功能。

操作步骤如下：

(1) 在站点下新建页面 Example5.aspx，在页面上添加一个 TreeView 控件和一个 XmlDataSource 控件。

(2) 在站点下添加 App_Data 文件夹。右击所选择的站点名称，在弹出快捷菜单中选择“添加 ASP.NET 文件夹”|“App_Data”命令。

(3) 在 App_Data 文件夹中添加一个 XML 文件。右击所选择的 App_Data 文件夹，在弹出的快捷菜单中选择“添加新项”命令，在打开的“添加新项”对话框中，选择“XML 文件”选项，默认文件名为 XMLFile.xml，单击【添加】按钮，XMLFile.xml 文件就添加在站点了。编写 XML 文件，示例代码如下。

```
<?xml version="1.0" encoding="utf-8"?>
<Item1 title=" 书籍 "url="~/Book.aspx.aspx">
 <Item2 title=" 计算机书籍 " url="~/Computer.aspx">
  <Item3 title=" 计算机基础 " url="~/ComputerBasic.aspx">
  </Item3>
  <Item3 title=" 网络技术 " url="~/Network.aspx">
  </Item3>
  <Item3 title=" 图形图像 " url="~/Graphiclmage.aspx">
  </Item3>
 </Item2>
 <Item2 title=" 英语书籍 " url="~/English.aspx">
 </Item2>
 <Item2  title=" 经济书籍 " url="~/Economic.aspx">
 </Item2>
</Item1>
```

从以上代码中可以看出，XML 文件中使用自定义标签 <Item1>、<Item2> 和 <Item3> 分别表示节点间的层次关系。

(4) 配置 XmlDataSource 控件的数据源。打开 XmlDataSource 控件的任务框，在任务框中单击【配置数据源】按钮，在打开的“配置数据源”对话框中，单击“数据文件”右侧的【浏览】按钮，如图 3-19 所示。在打开的“选择 XML 文件”对话框中，选择 App_Data 文件夹下的 XMLFile.xml 文件，如图 3-20 所示。单击【确定】按钮，关闭“选择 XML 文件”对话框，继续单击【确定】按钮关闭“配置数据源”对话框。

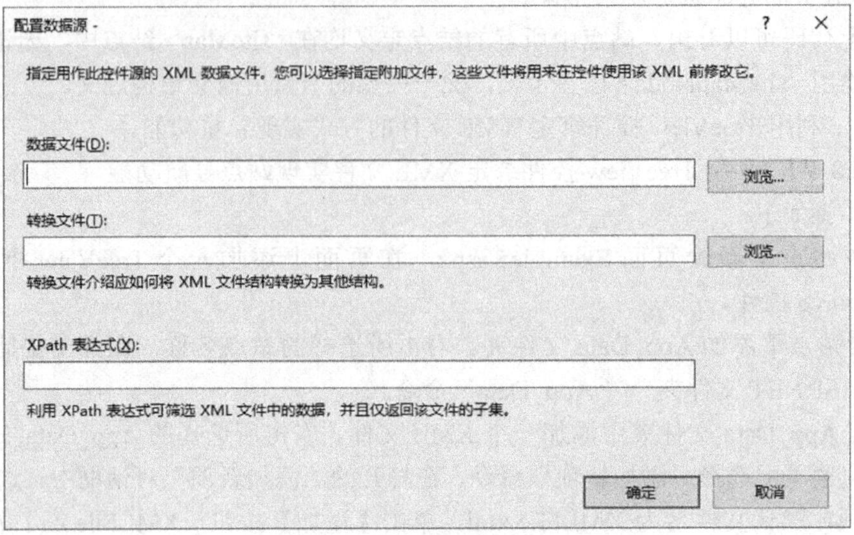

配置数据源 -

指定用作此控件源的 XML 数据文件。您可以选择指定附加文件，这些文件将用来在控件使用该 XML 前修改它。

数据文件(D):

浏览...

转换文件(T):

浏览...

转换文件介绍应如何将 XML 文件结构转换为其他结构。

XPath 表达式(X):

利用 XPath 表达式可筛选 XML 文件中的数据，并且仅返回该文件的子集。

确定 取消

图 3-19 “配置数据源”对话框

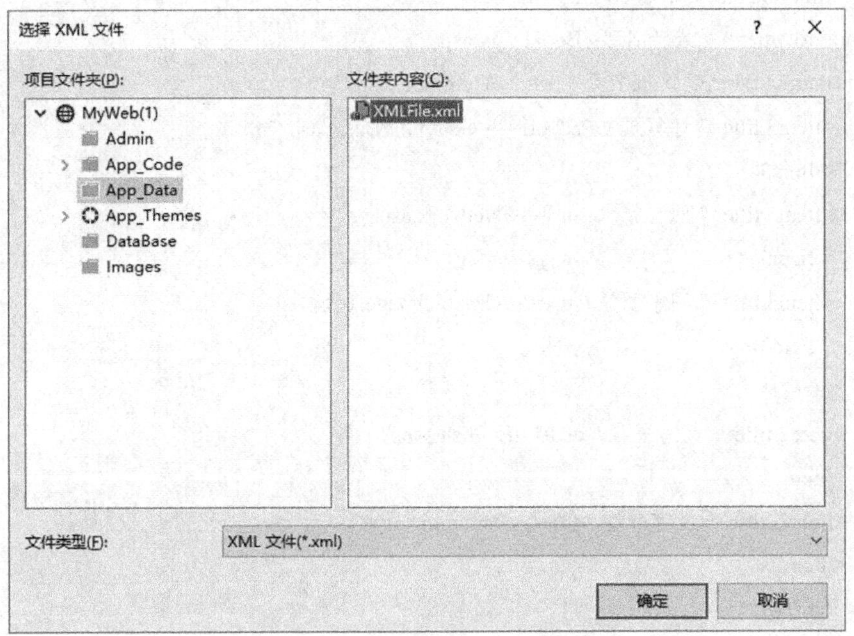

图 3-20 “选择 XML 文件”对话框

(5) 在 TreeView 控件的任务框中配置数据源，选择 XmlDataSource1。

(6) 选择“编辑 TreeNode 数据绑定”选项，打开 TreeView1 的任务框，在“Treeview1 的任务框”对话框中单击【编辑 TreeNode 数据绑定】按钮，打开“TreeViewDataBindings 编辑器”对话框，如图 3-21 所示。在该对话框中添加三个“所选数据绑定”，并分别设置它们的三个属性：DataMember 分别为“Item1”“Item2”和“Item3”；NavigateUrlField 的值为“url”；TextField 的值为“title”。

(7) 保存页面并浏览，观察结果。

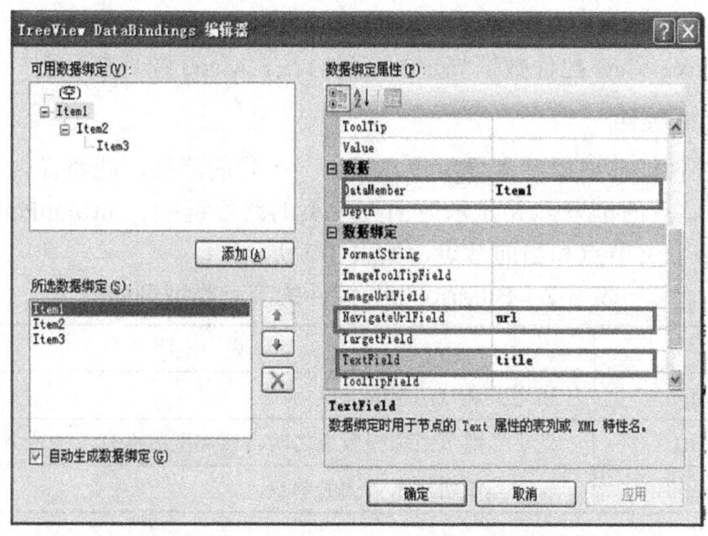

图 3-21　“TreeView DataBindings 编辑器”对话框

3. Menu 控件

Menu 控件可分为两种类型：静态菜单和动态菜单。静态菜单是指菜单选项始终不变。默认情况下，位于 Menu 控件根部的根菜单项就是一种典型的静态菜单，通过属性设置，可以控制静态菜单的显示级数。动态菜单是指当用户鼠标位于菜单项上方时，在其水平或者垂直方向将会自动显示子菜单项。子菜单项在显示短暂时间后，将自动消失。通过设置属性值，可以调整子菜单的延迟时间。

Menu 控件由多个菜单项组成。这些菜单项分为三种类型：位于控件最顶层的是根菜单项，Menu 控件可包含多个根菜单项；若菜单项包含其他菜单项，则称其为父菜单项；父菜单项下层的称为子菜单项。

【实例 3.8】 利用 Menu 菜单实现导航。

操作步骤如下：

(1) 创建一个 Web.sitemap 的站点文件。

(2) 新建页面：在页面上添加一个 Menu 控件和一个 SiteMapDataSource 控件。

(3) 将 Menu 控件的数据源配置为 SiteMapDataSource1，观察页面的变化。

(4) 保存并浏览页面，运行效果如图 3-22 所示。

图 3-22　实例 3.8 运行效果

(5) 将 Menu 控件改成动态视图并比较两者的显示效果。

前面介绍了 Tree View 控件数据绑定的三种方法，Menu 控件都适用。

4. SitMapPath 控件

SitMapPath 控件能够根据站点导航信息显示一个导航路径，此路径为准确定位当前页面所处整个 Web 站点的位置，并显示返回到主页的路径链接。SitMapPath 控件节点有三种类型，即根节点、父节点和当前节点，如表 3-2 所示。

表 3-2　SitMapPath 控件的节点类型列表

名　称	说　明
根节点 (Root)	指定节点分层组的节点
父节点 (Parent)	处于当前节点和根节点之间，该类型节点有一个或者多个节点
当前节点 (Current)	表示当前所显示页面的节点

SiteMapPath 控件将根据默认站点地图 Web.sItemap 文件中的数据，自动显示站点导航信息在实际应用中要先定义好 Web.sitemap 文件的内容，然后才能使用 SiteMapPath 控件。

【实例 3. 9】 利用 TreeView 和 SitMapPath 实现站点导航功能。

操作步骤如下：

(1) 新建页面，在页面中添加 TreeView 控件和 SitMapDataSource 控件。

(2) 新建站点地图文件 Web.sitmap 文件。

(3) 设置 TreeView 控件的数据源为 SitMapDataSource1。

(4) 新建该站点的其他页面文件，分别加入 TreeView 控件和 SitMapDataSource 控件，并将 TreeView 控件的数据源设为 SitMap DataSource1。

(5) 在所有页面添加 SiteMapPath 控件。

(6) 浏览各个页面，观察导航的效果，如图 3-23 所示。

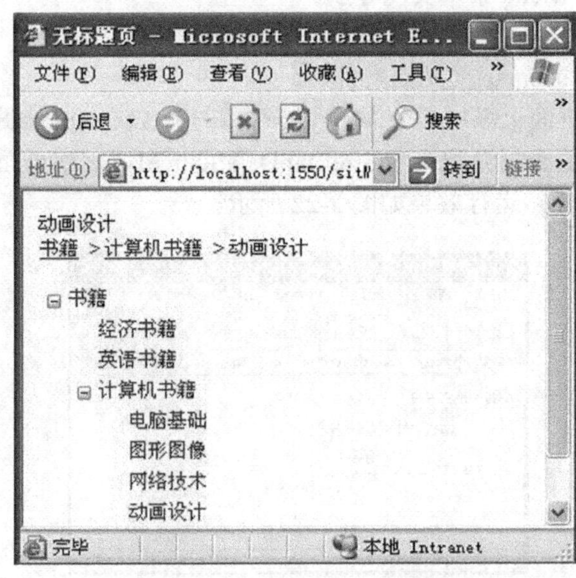

图 3-23　实例 3.9 运行效果

3.7　拓展知识——母版页的应用

1. 母版页的工作机制

母版页定义了所有基于该页面的网页使用的风格。它是页面风格的最高控制，指定了每个页面上的标题应该多大、导航功能应该放置在什么位置以及在每个页面的页脚中应该显示什么内容。母版页包含了一些可用于站点中所有网页的内容，如所有标准的版权页脚、站点顶部的主要图标等。定义好母版页的标准特性之后，可添加一些内容占位符(ContentPlaceHolder)，这些内容占位符将包含不同的页面。

每个内容页都以母版页为基础，开发人员在内容页为每个网页添加具体的内容。内容页可以包含文本、标签和服务器控件。当某个内容页收到浏览器请求时，该内容页将和它的母版页组合成一个虚拟的完整的网页(在母版页中特定的占位符中包含内容页内容)，然后将完整的网页发送到浏览器。

母版页不能被浏览器单独调用查看，只能在浏览内容页时被合并使用。如果要编辑母版页，除可以在“解决方案资源管理器”窗口中双击打开外，还可以在内容页右击选择“编辑主表”命令的方式打开对应的母版页进行编辑。

2. 在母版页中放入新网页的方法

在母版中放入新网页的方法有两种，可以直接在母版页中生成新网页，也可以在建立新网页的过程中选择母版页。

1) *直接从母版页中生成新网页*

直接从母版页中生成新网页的步骤如下：

(1) 打开母版页。

(2) 右击 ContentPlaceholder 控件，在弹出的菜单中选择“添加内容页”命令。

(3) 为内容页重新命名为合适的名称。

(4) 为新生成的内容页添加信息内容。

2) *在创建新网页中选择母版页*

在创建新网页中选择母版页的步骤如下：

(1) 在网站中创建一新网页。此时，在网页名的右方提供了两项选择，可以从中选择一项或两项，或者两项都不选择。两种选择项的含义如下：

➢“将代码放在单独的文件中”选项代表采用代码分离方式。

➢“选择母版页”选项代表将新网页嵌入到母版页中。

当两项都不选择时，系统将创建一个单文件模式的独立网页，此网页将独立于母版页。

(2) 选“选择母版页”选项，将弹出一个文件列表，提供一个或多个“母版页”文件以供选择。当选择其中之一后，新网页就会嵌入到指定的母版页中而成为内容页。母版页与内容页将构成一个整体，成为一个新的网页，新网页仍使用内容页的网页名。

3. 将已建成的网页放入母版页中

为了将已经建成的普通ASP.NET网页嵌入母版页中，需要在已经建成的网页中用手工方法增加或更改某些代码。

(1) 打开已建成的网页，进入它的源视图，在页面指示语句中增加与母版页的联系。为此，需增加以下属性。其中“MasterPageFile="~/MasterPage.master"”代表母版页名。

```
<%@ Page Language="C#" MasterPageFile="~/MasterPage.master" AutoEventWireup
="true"%>
```

(2) 由于在母版页中已经包含有html、head.Body和form等标记，因此要在网页中删除这些标记，以避免重复。

(3) 在剩下内容的前后两端加上Content标记，并增加Contentr的ID属性、Runat属性以及ContentPlaceholder属性。ContentPlaceholder属性的值(这里是ContentPlaceholde1)应该与母版页中的网页容器相同。修改后的语句结构如下：

```
<asp:Content ID="Content1" ContentPlaceHolderID="ContentPlaceHolder1" Runat= "Server">
</asp:Content>
```

修改后的代码中除页面指示语句以外，所有语句都应放置在<asp:Content>与</asp:Content>之间。

4. 选项卡

在网站的设计中，由于版面有限，有的时候需要在一个区域显示两种以上的内容，这时可以采用选项卡技术进行设计。选项卡可以使用JavaScript制作网站特效。当页面载入后，显示第一个选项卡的内容；当鼠标移至选项卡时，下方显示相应选项卡中的内容。设计方法如下：

选项卡的使用

子任务选项卡特效

创建JavaScript文件，保存为tab.js，其代码如下：

```
window.onload=function()
{
var oBox=document.getElementById('mm');
var oTab=document.getElementById('tab');
var aBtn=oTab.getElementsByTagName('li');
var aDiv=oBox.getElementsByTagName('div');
var iNum=0;
for(var i=0; i<aBn.length; i++)
{
    aBtn[i].index=I;
    aBtn[i].onmouseover=fn1
}
function fn1()
{
    aBtn[iNum].className='';
```

```
        aDiv[iNum].className= '';
        this.className='active';
        aDiv[this.index].className='show';
        iNum=this.index;
    }
```

在 HML 代码的 <head> 部分加入以下代码：

```
<script src="js/tab.js" language=javascript" type="text/javascript><script>
```

3.8　综合案例——母版的创建和使用

设计完首页之后，即发现其他的网页也需要使用首页的 Logo 区域和版本版权区域。为了不重复设计这两个区域，可以利用母版将重复使用的区域设计好，其他页面需要使用的内容由调用即可实现。

母版的创建和使用

1. 添加母版

在解决方案资源管理器中，单击右键选择【添加】|【添加新项 ...】按钮，在出现的对话框中选择母版，母版的名称使用默认值 MasterPage.master，如图 3-24 所示。

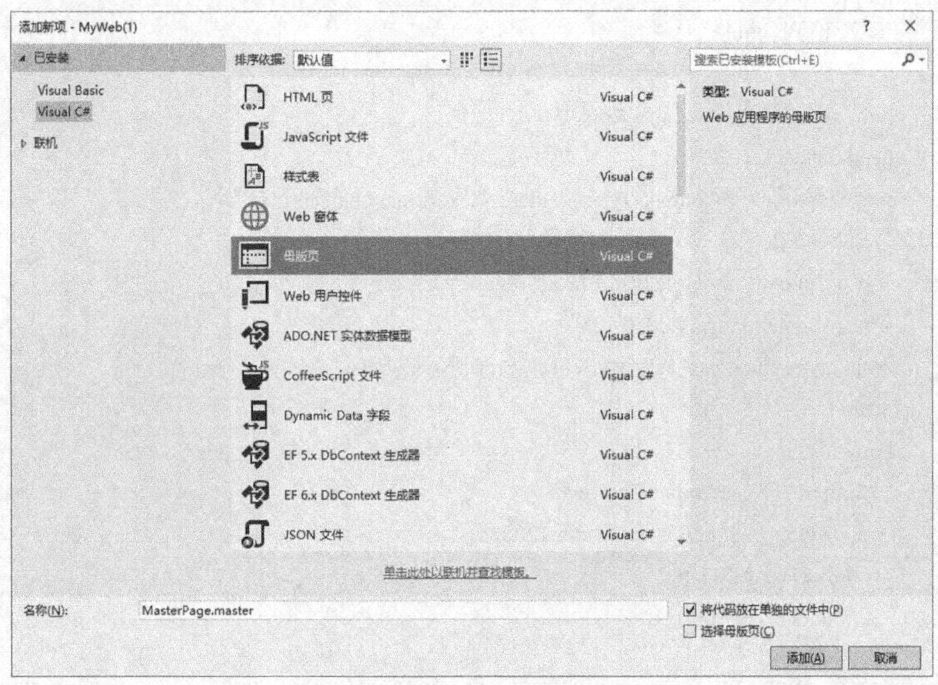

图 3-24　添加母版

新建的母版源视图如图 3-25 所示。

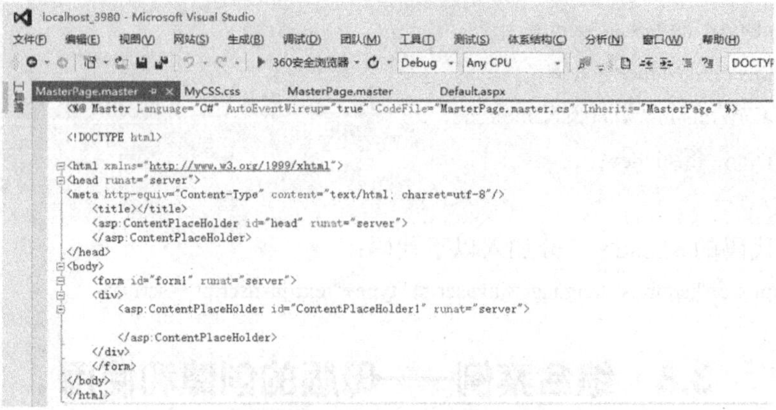

```
<%@ Master Language="C#" AutoEventWireup="true" CodeFile="MasterPage.master.cs" Inherits="MasterPage" %>

<!DOCTYPE html>

<html xmlns="http://www.w3.org/1999/xhtml">
<head runat="server">
<meta http-equiv="Content-Type" content="text/html; charset=utf-8"/>
    <title></title>
    <asp:ContentPlaceHolder id="head" runat="server">
    </asp:ContentPlaceHolder>
</head>
<body>
    <form id="form1" runat="server">
    <div>
        <asp:ContentPlaceHolder id="ContentPlaceHolder1" runat="server">

        </asp:ContentPlaceHolder>
    </div>
    </form>
</body>
</html>
```

图 3-25　母版源视图

2. 修改母版

母版中的如下代码表示其他使用该母版的网页可以在这个区域中设计个性化的页面。根据首页的设计形式，将首页中上侧LOGO区域和下侧的版本版权区域分别放置到这个DIV的上方和下侧，即可完成母版的设计。修改后的母版源代码如下：

```
<%@ Master Language="C#" AutoEventWireup="true" CodeFile="MasterPage.master.cs"
Inherits="MasterPage" %>
<!DOCTYPE html>

<html xmlns="http://www.w3.org/1999/xhtml">
<head runat="server">
<meta http-equiv="Content-Type" content="text/html; charset=utf-8"/>
  <title></title>
  <asp:ContentPlaceHolder id="head" runat="server">
  </asp:ContentPlaceHolder>
  <link type="text/css" rel="stylesheet" href="MyCSS.css" />
</head>
<body>
  <form id="form1" runat="server">
  <div style="margin:0 auto; width:1200px; ">
    <div class="div1">
      <div class="div1-1">
      </div>
      <div class="div1-2">
        <div class="div1-2-1"></div>
        <div class="div1-2-2"></div>
        <div class="div1-2-3"></div>
        <div class="div1-2-4"></div>
```

```
            <div class="div1-2-5"></div>
            <div class="div1-2-6"></div>
            <div class="div1-2-7"></div>
            <div class="div1-2-8"></div>
            <div class="div1-2-9"></div>
            <div class="div1-2-10"></div>
          </div>
        </div>
        <asp:ContentPlaceHolder id="ContentPlaceHolder1" runat="server">

        </asp:ContentPlaceHolder>
        <div class="div3" >
        </div>
      </form>
    </body>
    </html>
```

需要强调的是，因引用了样式表，在母版中页需要进行引用。另外，为了保证网页能够居中，要设计一个DIV包含所有的其他DIV并居中。

3. 引用母版

1) 新建首页文件并引用母版

母版在设计好之后就可以被其他网页引用了。在解决方案资源管理器中，单击右键选择【添加】|【添加新项 ...】按钮，在出现的对话框中选择“Web 窗体”，名称选择默认名称 Default2.aspx。并选中右下角的“选择母版页”，如图 3-26 所示。单击【添加】按钮后出现“选择母版页”对话框，选择 MasterPage.master 即可，如图 3-27 所示。

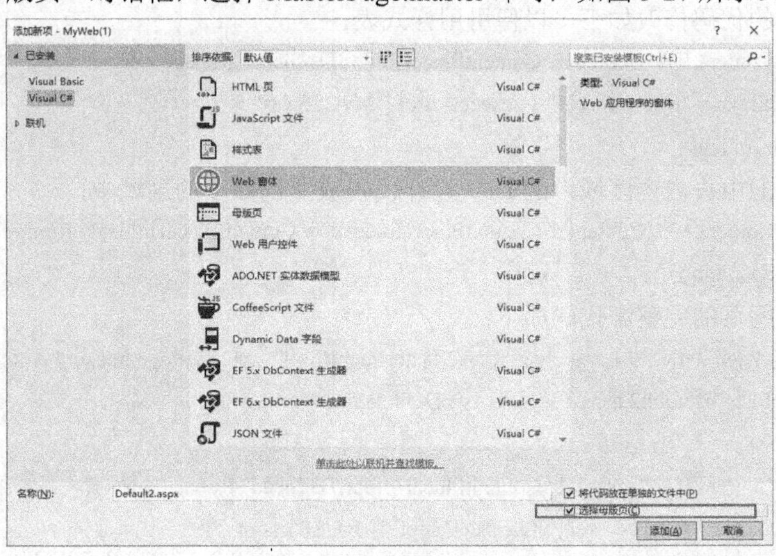

图 3-26　添加代母版的网页

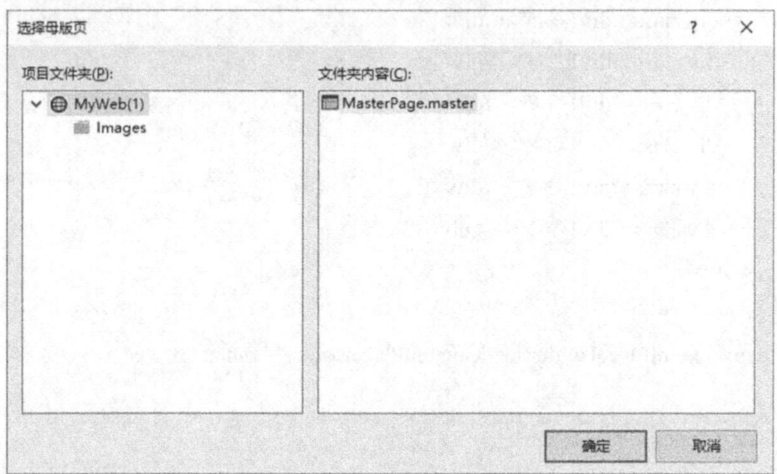

图 3-27　选择母版

生成的网页源代码如下：

```
<%@ Page Title="" Language="C#" MasterPageFile="~/MasterPage.master" AutoEventWireup=
"true" CodeFile="Default2.aspx.cs" Inherits="Default2" %>

<asp:Content ID="Content1" ContentPlaceHolderID="head" Runat="Server">
</asp:Content>
<asp:Content ID="Content2" ContentPlaceHolderID="ContentPlaceHolder1" Runat="Server">
</asp:Content>
```

其中 MasterPageFile="~/MasterPage.master" 表示本网页引用了 MasterPage.master 母版。

2) 修改网页

将最上侧的代码修改如下，以便引用样式表：

```
<asp:Content ID="Content1" ContentPlaceHolderID="head" Runat="Server">
  <link type="text/css" rel="stylesheet" href="MyCSS.css" />
</asp:Content>
```

将首页中的中央内容区域中的 DIV 设计代码放置到如下的区域中：

```
<asp:Content ID="Content2" ContentPlaceHolderID="ContentPlaceHolder1" Runat="Server">
</asp:Content>
```

修改好的网页的完整源代码如下：

```
<%@ Page Title="" Language="C#" MasterPageFile="~/MasterPage.master" AutoEventWireup=
"true" CodeFile="Default2.aspx.cs" Inherits="Default2" %>

<asp:Content ID="Content1" ContentPlaceHolderID="head" Runat="Server">
  <link type="text/css" rel="stylesheet" href="MyCSS.css" />
</asp:Content>
```

```
<asp:Content ID="Content2" ContentPlaceHolderID="ContentPlaceHolder1" Runat="Server">
  <div class="div2">
  <div class="div2-1"></div>
  <div class="div2-2">
    <div class="div2-2-1"></div>
    <div class="div2-2-2">
      <div class="div2-2-2-1"></div>
      <div class="div2-2-2-2"></div>
    </div>
  </div>
  <div class="div2-3">
    <div class="div2-3-1"></div>
    <div class="div2-3-2">
      <div class="div2-3-2-1"></div>
      <div class="div2-3-2-2"></div>
    </div>
  </div>
  <div class="div2-4">
    <div class="div2-4-1"></div>
    <div class="div2-4-2">
      <div class="div2-4-2-1"></div>
      <div class="div2-4-2-2"></div>
      <div class="div2-4-2-3"></div>
      <div class="div2-4-2-4"></div>
      <div class="div2-4-2-5"></div>
      <div class="div2-4-2-6"></div>
      <div class="div2-4-2-7"></div>
      <div class="div2-4-2-8"></div>
      <div class="div2-4-2-9"></div>
      <div class="div2-4-2-10"></div>
    </div>
  </div>
  <div class="div2-5"></div>
</div>
</asp:Content>
```

3) 重命名网页

设计好网页后，Default.aspx 和 Default2.aspx 就具备了一样的功能。一个网站的首页只能有一个，默认的网站首页名称为 Default.aspx。

(1) 删除原首页。

选中 Default.aspx 文件并单击右键，在弹出的菜单中选择“删除”命令，如图 3-28 所示，即可删除原来设计的首页。

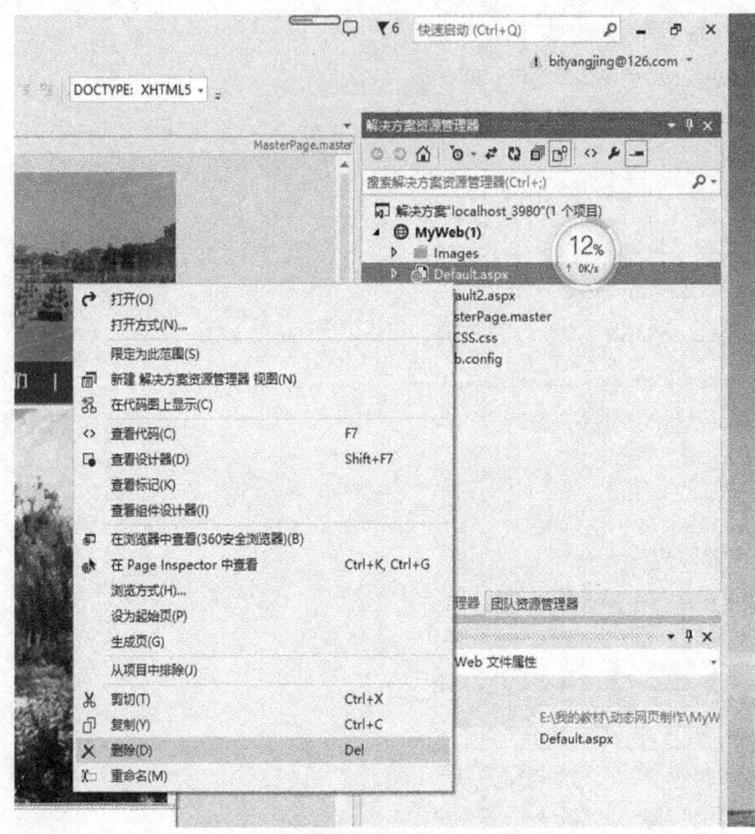

图 3-28 删除文件窗口

(2) 重命名新首页。

选中 Default2.aspx 文件并单击右键，在弹出的菜单中选择“重命名”命令，将新建的首页重命名为 Default.aspx。打开修改后的文件，在源视图中将第一行后侧的 Default2 修改为 Default，如图 3-29 所示。

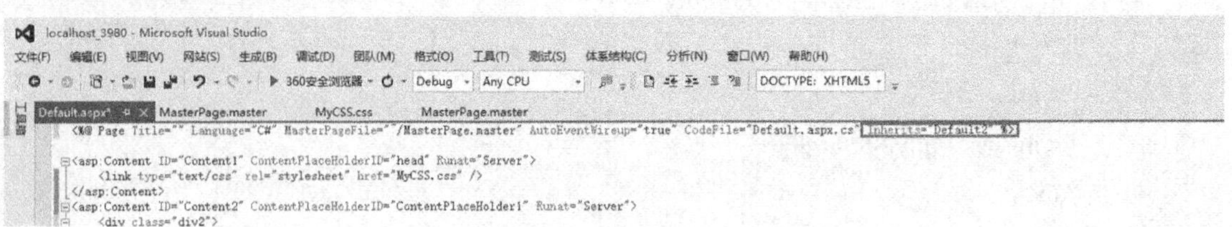

图 3-29 修改文件内容

打开 Default.aspx.cs 文件，并把 public partial class Default2: System.Web.UI.Page 修改为 public partial class Default: System.Web.UI.Page。至此，网页重命名完成。

4. 新建列表文件

通过分析可以发现，除了首页之外还需要有进行信息列表的列表页和信息展示的内容展示页，首先来设计列表页。

1) *新建列表页*

按照前面的方法，新建一个带模板的网页 List.aspx，如图 3-30 所示。

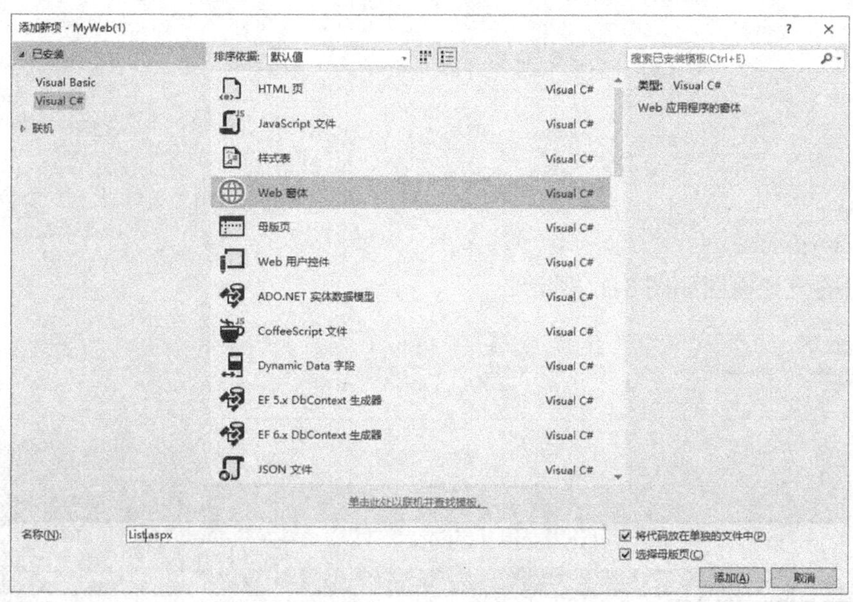

图 3-30　新建列表页

对列表页进行设计，列表页源代码如下：

```
<%@ Page Title="" Language="C#" MasterPageFile="~/MasterPage.master" AutoEventWireup=
"true" CodeFile="List.aspx.cs" Inherits="List" %>


<asp:Content ID="Content1" ContentPlaceHolderID="head" Runat="Server">
</asp:Content>
<asp:Content ID="Content2" ContentPlaceHolderID="ContentPlaceHolder1" Runat="Server">
  <table>
  <tr style="width:1200px; ">
    <td style="width:820px; vertical-align:top; ">
    <div style="background-image: url('images/ntitle.jpg'); width: 820px; height: 40px; ">
      <div style="left:60px; top:5px; position:relative; ">
          <asp:Label ID="Label1" runat="server" Font-Size="16px" ForeColor="White"
Text="Label"></asp:Label>
      </div>
    </div>
    <div></div>
```

```
        </td>
        <td style="width:380px; ">
          <h3> 栏目导航 </h3>
          <ul style="list-style-type:none; ">
            <li><a href="List.aspx?id=11"> 校园新闻 </a></li>
            <li><a href="List.aspx?id=12"> 通知公告 </a></li>
          </ul>
          <h3> 人气排行 </h3>
        </td>
      </tr>
    </table>
    </asp:Content>
```

列表页的设计视图如图 3-31 所示。

图 3-31　列表页设计视图

2) 新建内容展示页

按照上述方法新建内容显示页 Show.aspx，其源代码如下，设计视图如图 3-32 所示。

内容页的建立和关联

```
    <%@ Page Title="" Language="C#" MasterPageFile="~/MasterPage.master"
AutoEventWireup="true" CodeFile="Show .aspx.cs" Inherits="Show" %>

    <asp:Content ID="Content1" ContentPlaceHolderID="head" Runat="Server">
    </asp:Content>
    <asp:Content ID="Content2" ContentPlaceHolderID="ContentPlaceHolder1" Runat="Server">
    <table>
      <tr style="width:1200px; ">
        <td style="width:820px; vertical-align:top; ">
        <div ></div>
```

```
        <div></div>
        </td>
        <td style="width:380px; ">
          <h3> 栏目导航 </h3>
          <ul style="list-style-type:none; ">
            <li> 校园新闻 </li>
            <li> 通知公告 </li>
          </ul>
          <h3> 人气排行 </h3>
        </td>
      </tr>
    </table>
    </asp:Content>
```

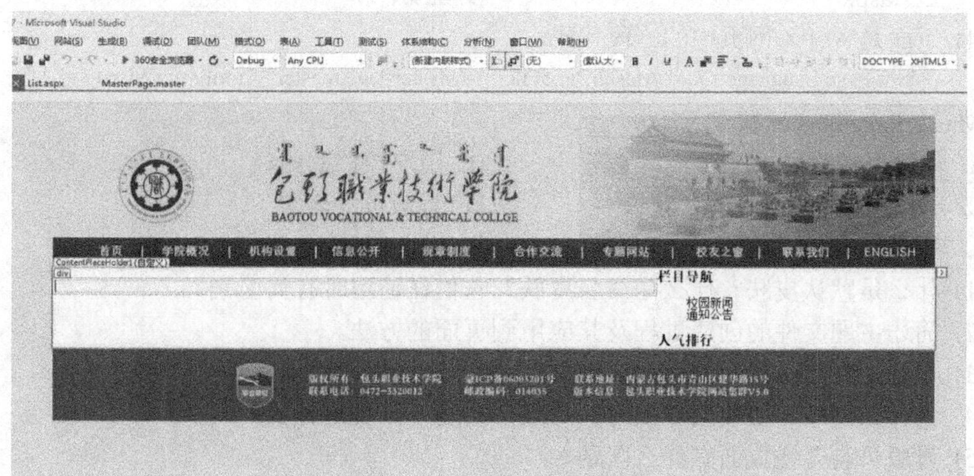

图 3-32　内容显示页设计视图

单 元 测 试

1. 填空题

(1) 皮肤文件是以 .skin 为扩展名的文件，用来定义 ________ 的样式。

(2) 下面是一段皮肤文件中的定义：

<asp:TextBox BackColor="Orange" ForeColor="DarkGreen" Runat="server"/>

代码将 ________ 服务器控件的底色定义为 ________ 色，将控件中的字符定义为 ________ 色。

2. 判断题

(1) 利用主题可以为一批服务器控件定义样式。　(　　)

(2) 主题目录必须放在专用目录“App_Themes”下，而皮肤文件必须放在主题目

录下。 (　　)

(3) 用户控件是一种自定义的组合控件。 (　　)

(4) 用户控件不能在同一应用程序的不同网页间重用。 (　　)

(5) 使用母版页是为了多个网页在全局的样式上保持一致。 (　　)

3. 选择题

(1) 当一种控件有多种定义时，用 (　　) 属性来区别它们的定义。

A. ID　　B. Color

C. BackColor　　D. SkinID

(2) 用户控件是扩展名为 (　　) 的文件。

A. .master　　B. .asax

C. .aspx　　D. .ascx

(3) 母版页是扩展名为 (　　) 的文件。

A. .master　　B. .asax

C. .aspx　　D. .ascx

(4) 下面是 ASPX 网页中的一段代码：

```
<%@Page Language="C#" MasterPageFile="~/MasterPage.master" AutoEventWireup ="...">
```

其中 MasterPage.master 代表 ________。

A. 母版页的路径　　B. 用户控件的路径

C. 用户控件的名字　　D. 母版页的名字

4. 简答题

(1) 什么是默认皮肤？什么是命名皮肤？它们在使用时有何区别？

(2) 简述主题文件的创建过程及其应用到页面的方法。

(3) 皮肤文件与样式文件有什么区别？

(4) 为什么网站中要使用母版页？母版页的运行原理是什么？

(5) 母版页与普通页面有什么区别？

(6) 在利用 TreeView 控件直接编辑节点的方法实现导航功能过程中需要设置每个节点的哪些属性？它们分别起什么作用？

(7) 新建一个站点地图文件，系统会自动生成部分代码。请问：代码中每一行的三个属性 url、title、description 分别代表什么？

(8) Menu 控件如何绑定 XML 文件实现导航功能？作导航数据用的 XML 文件有什么特点？

5. 操作题

(1) 为 TextBox 控件设置一个默认皮肤和两个命名皮肤，并应用到页面中。

(2) 将主题、用户控件及母版页技术相结合创建风格一致的多个网页。

任务 4　Web 服务器控件应用

教学目标

通过本章的学习，了解各类网页验证功能的实现过程，理解验证控件的作用并掌握其使用方法，使学生掌握常用服务器标准控件的属性及使用方法。

知识目标

- 了解 HTML 服务器控件与 Web 服务器控件的区别。
- 掌握常用 Web 服务器控件的使用方法。
- 掌握验证控件的使用方法。

技能目标

- 能利用 Web 服务器控件设计具有交互性的页面。
- 能对用户输入的信息进行验证。

4.0　任务描述及工作单

用户注册是许多综合网站应用的基础，即实现用户信息注册，并实现注册信息的验证。例如，当用户单击【注册】按钮，可以跳转到注册页面；当用户登录网站时，输入指定的用户名和密码，如果输入正确，单击【登录】按钮，即提示“登录成功”，否则即提示“登录名或密码错误”。这些功能的实现都离不开 Web 服务器控件。本章将通过一些案例对 Web 服务器控件的功能展开介绍，最后通过两个案例讲解如何实现网站用户登陆页面的设计以及用户注册信息的验证。

4.1　Web 服务器控件简介

控件就像积木，可以被用来高效地堆积出理想的功能模型。ASP.NET 中已设有很多类似积木的控件，使用者可根据需要直接将控件拖放到网页中简单配置一下即可。为了便于使用，设计者根据功能把控件分成了若干类，把其中最通用的一部分控件组成了一类，称为标准控件。

使用控件制作网页很方便，也很直观。打个比方，就像要建造一座桥梁，从前要利用砖、水泥、钢筋等建材一点点地将桥架起来，效率非常低，技术难度也大。现在研发出一种新方法，直接提供了缆索、塔柱、桥墩、桥台、主梁和辅助墩等半成品，再建桥的时候就很方便了。如果把动态网站看做桥梁，那么控件就相当于这些半成品。

Web 服务器端控件、HTML 控件和用户自定义控件是 ASP.NET 所支持的三种控件。

Web 服务器端控件是 ASP.NET 的首选控件，包括标准控件和验证控件，本章的重点是常用的 Web 服务器端标准控件。

1. Web 服务器控件

ASP.NET 提供了大量的控件，开发人员能够利用这些控件轻松建立一个复杂的、具有交互性的 Web 应用系统。Microsoft 将传统的 HTML 中的标签变成 ASP.NET 中的 HTML 控件，还提供了服务器端控件，称为 Web 服务器。Web 服务器控件派生自 System.WebUI.WebControls 命名空间。在 ASP.NET 中，控件不仅解决了代码重用的问题，对于初学者而言，控件还简单易学，并能够轻松上手进行网页开发。

Web 服务器控件是 ASP.NET 的重要组成部分。服务器控件包含方法以及与之关联的事件处理程序，并且这些代码都在服务器端执行。Visual Studio 2013 提供了可视化的编程环境，开发人员可以利用这些控件方便地创建动态网页。

Web 服务器控件先在服务器端执行，执行的结果以 HTML 的形式发送给客户端浏览器进行解析，这样在使用 ASP.NET 编写服务器端程序时，可以不必考虑客户端浏览器的兼容性问题。

Web 服务器控件的处理要经过一个“往返过程”。浏览器向用户显示一个窗体，用户才能与该窗体进行交互，之后该窗体再发送到服务器。服务器控件进行交互的所有处理必须在服务器上进行，因此每一个操作的执行都包括将该窗体发送到服务器、服务器进行处理和将处理的结果返回到浏览器，这一系列过程称做“往返行程”。即每触发一次服务器控件都要在服务器和客户端间往返一次，也就是我们平时上网时所遇到的“刷屏”现象。

2. HTML 服务器控件

HTML 服务器控件是 HTML 标记的一种演变。HTML 服务器控件使其自身在服务器上可见并可实现编程。默认情况下，服务器无法使用 Web 窗体页上的 HTML 标记，这些标记被视为不透明文本并传递给浏览器。但是，被转化为 HTML 服务器控件的 HTML 标记就可以在服务器运行。

3. HTML 服务器控件与 Web 服务器控件的区别

HTML 服务器控件比 Web 服务器控件更为灵活，但功能较少。Web 服务器控件比 HTML 服务器控件具有更多功能，并且能在可视化设计环境中更加有效地进行编程。如果用户不需要控件具有过多功能，可以使用 HTML 服务器控件。在需要大量编程或操作数据库时，则应使用 Web 服务器控件设置 HTML 标记的 runat-"server" 属性，HTML 标记将转换为 HTML 服务器控件，可以在服务器端运行。

4.2　知识点 1: Label 控件和 TextBox 控件

1. 控件类型与结构

ASP.NET 提供了大量 Web 服务器控件，包括简单控件、数据库控件、登录控件等。简单控件包括标签控件 (Label)、按钮控件 (Button、ImageButton、LinkButton)、超链接控件 (HyperLink) 等。Web 服务器控件是一系列的控件集合，它们具有一些共同的特点。所有的 Web 服务器控件都有 ID 属性，编码时通过 ID 属性来识别和操作控件，因此 Web 窗体中所有控件的 ID 是唯一的。所有的 Web 服务器控件都有 runat="server" 属性运行在服务器端。每一个 Web 服务器控件还有 ClientID 属性，包含呈现在浏览器中 HTML 标记的客户端 ID 属性。除了这些属性外，很多服务器控件还有更多共同的属性。常用 Web 服务器标准控件及其用途如表 4-1 所示。

表 4-1　常用 Web 服务器标准控件

控件名称	控 件 功 能
TextBox	生成单行、多行文本框和密码框
Button	生成按钮
Label	显示普通文本
RadioButton	生成单选按钮
RadioButtonList	支持数据链接的方式建立单选按钮列表
CheckBox	生成复选框
CheckBoxList	支持数据链接的方式建立复选框列表
ListBox	生成下拉列表，支持多选
DropDownList	生成下拉列表，只支持单选
FileUpload	上传文件
Table	建立动态表格
Panel	容器控件，存放控件并控制其显示或隐藏
PlaceHolder	容器控件，动态存放控件

服务器控件从工具箱拖放到工作区后，在源代码视图模式中会自动生成相应的代码。控件虽可以直接使用，但是只有了解了代码的含义，才能更好地利用控件。代码在书写时有一定的结构要求，格式如下：

```
<asp:ControlID="name"runat="server"></asp:Control>
```

或者写成：

```
<asp:Controlid="name"runat="server"/>
```

代码需要写在一对尖括号内，前缀 asp 为必加项，Control 表示控件的类型；ID 为该控件的“属性”，是控件的唯一标识，即编程时使用的名字；runat 是固有属性，其值为固定值“server”，表示这是一个服务器端控件。根据实际情况，里面还可以有更多的属性，可以在“属性”窗口设置或在源代码中直接添加。“属性”窗口用来设置控件的属性，当控件在页面被初始化时，这些属性将被应用到控件。也可以通过代码改变控件的属性，如设置标签 Label1 的可见性为不可见，代码如下：

```
protected void Page_Load(object sender, EventArgs e)
{
    Label1,visible=false;// 设置 Label1 为不可见
}
```

2. Label 控件

标签控件的使用

Label 控件用于在页面上显示文本，可以显示静态的信息，也可以在运行时通过代码动态地修改文本信息。

选择“设计”视图，从工具箱中将 Label 标签控件拖放到页面，即在页面的“源”视图中自动生成一段标签控件的声明代码：

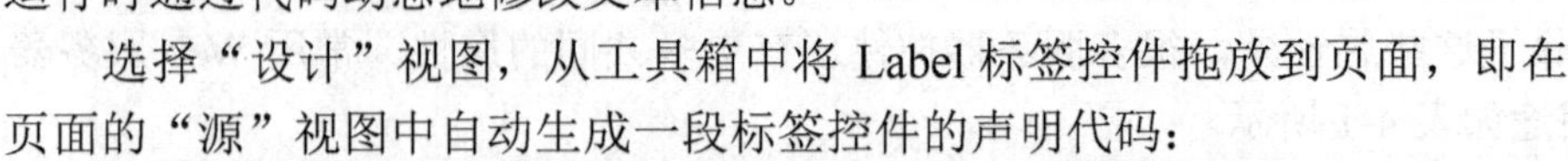

```
<asp:Label ID=Label1"runat="server" Text="Label"></asp:Label>
```

代码声明了一个标签控件，其属性设置为默认值 Label1。由于该控件是服务器端控件，包含 runat="server" 属性，标签控件的文本 Text 初始化为 Label。Label 控件最常用的属性是 Text，可以设置 Text 属性为不同的值呈现不同的文本内容。

【实例 4.1】在页面添加一个 Label 控件，通过直接设置属性的方式在页面上显示“您好”。

通过工具箱把 A Label 图标拖动到工作区，在“属性”窗口把其 ID 属性值改为“lb1Hello”，Text 属性值改为“您好！”，如图 4-1 所示。

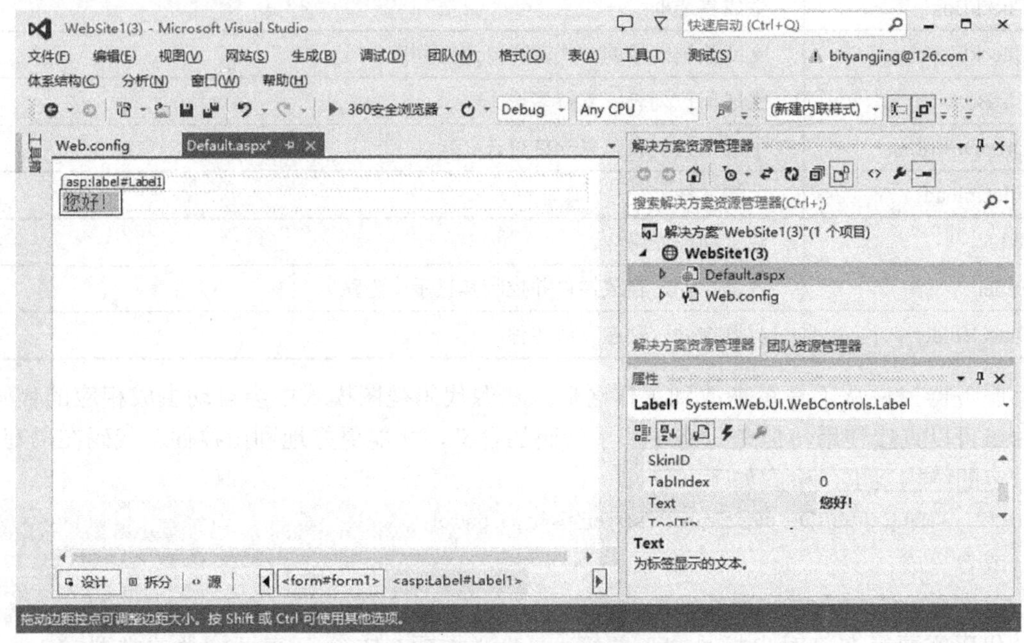

图 4-1　Label 控件实例

单击【源】按钮进入源代码视图，Label 控件对应的代码如下：

```
<asp:LabelID="lb1Hello"runat="server"Text=" 您好！ "></asp:Label>
```

可以看出，该控件为服务器端控件，控件类型为 Label 控件，控件的 ID 属性值为在“属性”窗口中设置的“lb1Hello”，runat 属性值为“server”，Text 属性值为所设置的“您好！”，是控件上显示的文本信息。

在测试页面，选择“查看”|“源文件”命令，可以看到源文件如图 4-2 所示，完全是 HTML 格式的代码，表明服务器端控件在服务器端执行完成后是以 HTML 的形式传送给客户端浏览器的。

```
<%@ Page Language="C#" AutoEventWireup="true" CodeFile="Default.aspx.cs" Inherits="_Default" %>

<!DOCTYPE html>

<html xmlns="http://www.w3.org/1999/xhtml">
<head runat="server">
<meta http-equiv="Content-Type" content="text/html; charset=utf-8"/>
    <title></title>
</head>
<body>
    <form id="form1" runat="server">
    <div>

    </div>
        <asp:Label ID="Label1" runat="server" Text="您好！"></asp:Label>
    </form>
</body>
</html>
```

图 4-2　源文件

【实例 4. 2】在页面添加一个 Label 控件，使用代码来设置显示当前系统日期。

(1) 页面设计。在站点下添加一个新的页面，在页面上添加一个 Label 控件，将其 ID 属性设置为 Lb1Date。

(2) 编写代码。选中 Label 控件，单击右键，选择查看代码，进入 CS 文件，在 protected void Page_Load(object sender, EventArgs e) 下面添加如下代码：

```
LblDate.Text=System.DateTime.Now.ToShortDateString();
```

操作结果如图 4-3 所示。

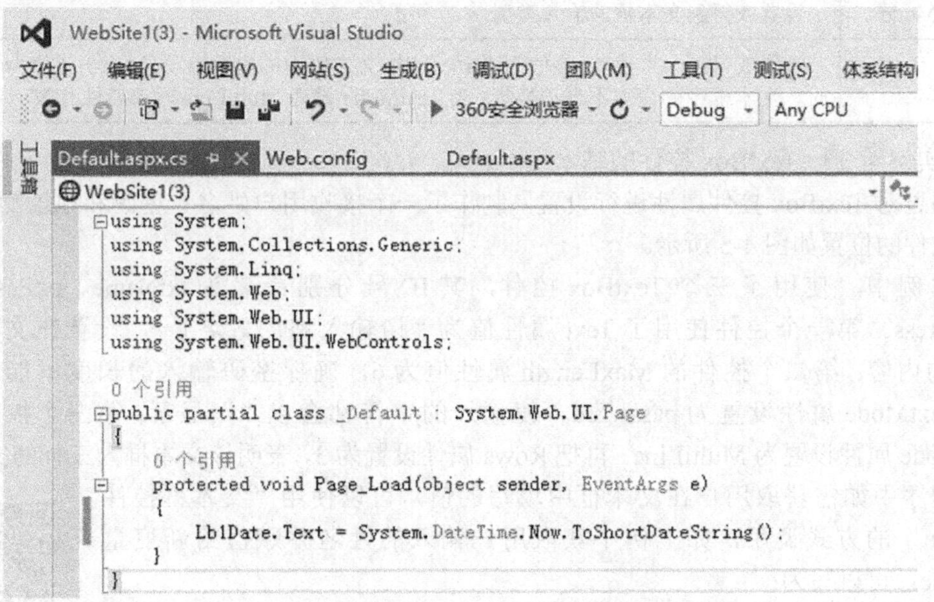
```
using System;
using System.Collections.Generic;
using System.Linq;
using System.Web;
using System.Web.UI;
using System.Web.UI.WebControls;

0 个引用
public partial class _Default : System.Web.UI.Page
{
    0 个引用
    protected void Page_Load(object sender, EventArgs e)
    {
        Lb1Date.Text = System.DateTime.Now.ToShortDateString();
    }
}
```

图 4-3　在 label 控件 cs 文件中添加代码

(3) 保存页面，浏览并运行页面，如图 4-4 所示。

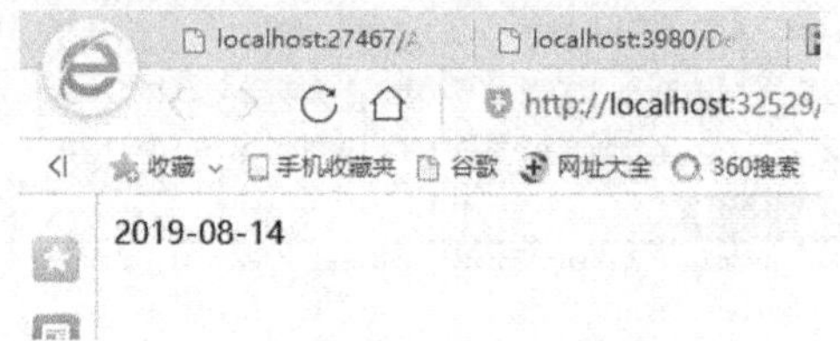

图 4-4 使用 label 控件显示系统日期

3. TextBox 控件

TextBox 文本框控件用于接收用户输入的信息。文本框无论是在 Web 应用程序还是在 Windows 应用程序开发中都是非常重要的，它在系统与用户的交互中能够起到非常重要的作用。通常情况下，TextBox 文本框控件是一个单行的文本框，用户只能在文本框中输入一行内容。通过修改其 TextMode 属性，可将文本框设置为多行或者以密码形式显示。文本框控件常用的属性如表 4-2 所示。

文本框控件的使用

表 4-2 TextBox 控件的常用属性及功能说明

属 性	功 能
Columns	设置或得到文本框的宽度，以字符为单位
MaxLength	设置或得到文本框中可以输入的最多字符个数
Rows	设置或得到文本框中可以输入的字符的行数，当 TextMode 设为 MultiLine 时有效
Text	设置或得到文本框中的内容
TextMode	设置或得到文本框的输入类型
Wrap	设置或得到一个值，当该值为“true”时，文本框中的内容自动换行；当该值为“false”时，文本框中的内容不自动换行；当 TextMode 设为 MultiLine 时该属性有效

【实例 4. 3】 TextBox 控件的基本使用。

通过对 TextBox 控件属性进行设置，制作了一个接收用户姓名、密码和地址功能的网页，控件的位置如图 4-5 所示。

本例中，使用了三个 TextBox 控件，其 ID 号分别命名为 txtName、txtPassword、txtAddress。第一个控件使用了 Text 属性值为“请输入您的姓名！”，设置在文本框中显示的内容；第二个控件的 MaxLength 属性值为 6，确保密码输入的长度不能超过六位，TextMode 属性设置为 password，使输入的字符都会以“”显示；第三个控件先把 TextMode 属性设置为 MultiLine，再把 Rows 属性设置为 3，表明该文本框为三行的文本框。

程序中如需获取用户在文本框中填写的值，可以使用“文本框控件名 .Text”的方式调用，如上例中获取用户输入的姓名并赋值给新变量 strName，可以写为：

```
stringstrName=txtName.Text;
```

程序运行效果如图 4-5 所示。

登录页面的实现

图 4-5　TextBox 控件实例

【实例 4. 4】将文本框 TextBox1 中输入的信息在页面上显示出来。

(1) 页面设计。在页面上添加一个 TextBox1。

(2) 利用文本框的 TextChanged 事件，双击 TextBox1 控件，编写 CS 代码，在 protected void TextBox1_TextChanged(object sender, EventArgs e) 语句下面添加如下代码：

```
{
    Response.Write(TextBox1.Text);
}
```

如图 4-6 所示。

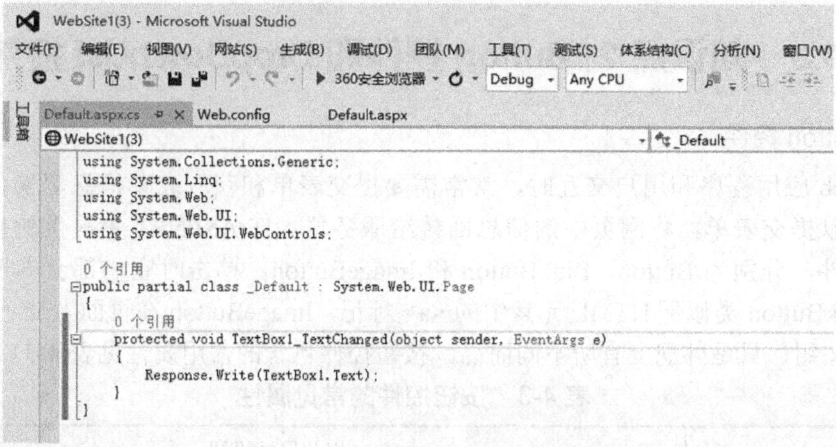

图 4-6　给 TextBox 控件添加代码

(3) 运行。在文本框中任意输入文本信息回车后，观察结果，如图 4-7 所示。

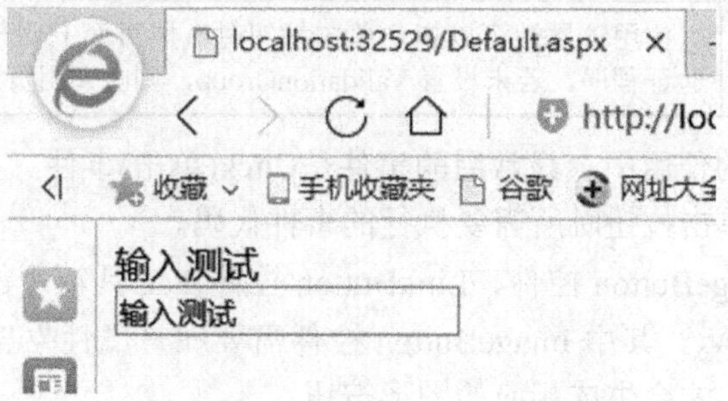

图 4-7　实例 4.4 运行效果

(4) 运行时在文本框中输入信息后，将鼠标离开 TextBox1，观察结果。

(5) 将 TextBox1 的 AutoPostBack 设置为 true，观察结果，如图 4-8 所示。

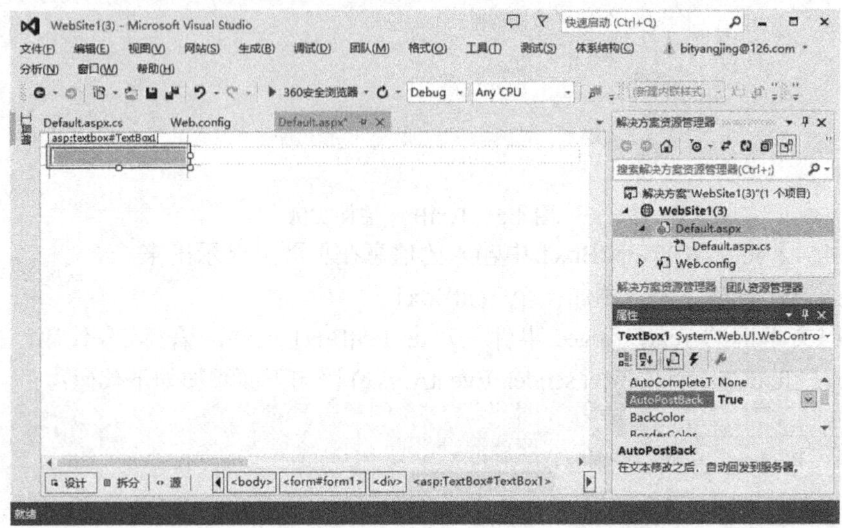

图 4-8 修改 TextBox1 的 AutoPostBack 属性

4.3 知识点 2：Button 控件和 DropDownList 控件

1. Button 控件

在 Web 应用程序和用户交互时，常常需要提交表单和获取表单信息等操作。单击按钮控件可以提交表单，将网页中的信息回传给服务器。在 ASPNET 中提供的按钮包含三类按钮控件，分别为 Button、LinkButton 和 ImageButton，单击时它们都会向服务器提交表单。LinkButton 类似于 HTML 元素中的 <a> 标记，ImageButton 在页面上显示一个图像，它们都是按钮，只是外观上有所不同而已。按钮控件包含的常用属性见表 4-3。

表 4-3 按钮控件的常见属性

属　性	相关属性设置
CommandArgument	与该按钮关联的命令参数
CommandName	与该按钮关联的命令
ValidationGroup	使用该属性可以指定单击按钮时调用页面上属于同一 Validation Group 的验证程序。若未设置 ValidationGroup，则会调用页面上的所有验证程序

这三种按钮控件的使用中，最常用的事件是Click(单击)事件。在Click事件中，按钮控件通常用于编写用户单击按钮时所需要执行的事件代码。

Button 控件、ImageButton 控件、LinkButton 控件在工具箱中的图标分别为 Button、ImageButton 和 LinkButton。其中 ImageButton 控件需要在“属性”窗口设置 ImageUrl 属性值为图片存放的路径，才会生成相应的图形按钮。

三种控件在源视图模式中对应的标签如下：

```
<asp:ButtonID="Button1"runat="server"Text="Button"/>
<asp:ImageButtonID="ImageButton1"runat="server"/>
<asp:LinkButtonID="LinkButton1"runat="server">LinkButton</asp:LinkButton>
```

按钮控件均可把页面上的输入信息提交给服务器，对其发生 Click 事件能激活服务器脚本中对应的事件过程代码。

下面的例子中，页面上有一个 Button 控件和一个 TextBox 控件，当单击按钮时，会在文本框中显示“您单击了提交按钮！”，程序运行效果如图 4-9 所示。代码如下：

```
protected void Button1_Click(object sender, EventArgs e)
{
    TextBox1.Text = " 您单击了提交按钮！ ";
}
```

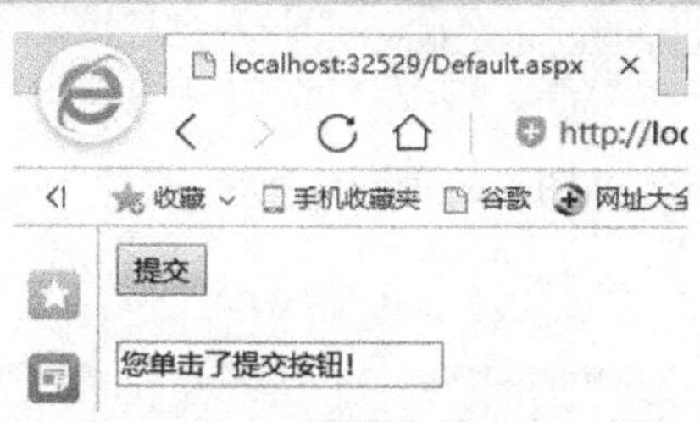

图 4-9　Button 控件实例

【实例 4.5】设计用户登录注册页面。

设计一个页面，假设登录名为“abc”，密码为“123”。当用户输入正确时，单击【登录】，提示“登录成功”，否则提示“登录名或密码错误”；单击“注册”时，可以跳转到注册页面。操作方法如下：

(1) 在站点下新建两个页面 Login.aspx 和 Register.aspx。

(2) 在 Login.aspx 页面中设置相关控件属性设置如表 4-4。

表 4-4　注册页面控件属性设置

控件名称	ID	相关属性设置
TextBox	txtName	
TextBox	txtPwd	TextMode="passwrod"
Button	btnLogin	Text=" 登录 "
LinkButton	lbtnRegister	Text=" 注册 "

(3) Login.aspx 页面控件布局如图 4-10 所示。

图 4-10　Login.aspx 页面控件布局

(4) 编写如下代码：

```
protected void btnLogin_Click(object sender,EventArgs e)
{
    if (txtName.Text=="abc"&&txtPwd.Text=="123")
        Response.Write("<script>alert('登录成功!')</script>");
    else
        Response.Write("<script>alert('登录名或密码错误！ ')</script>");
}

protected void lbtnReigster_Click(object sender,EventArgs e)
{
        Response.Redirect("~/Register.aspx");
}
```

(5) 浏览页面并观察结果，如图 4-11 所示。

图 4-11　实例 4.5 运行效果图

2. DropDownList 控件

DropDownList 控件是允许用户从下拉列表中选择一项的控件。在网站上注册个人信息时，往往需要让用户选择出生日期或所在的省市信息，当从省份的下拉列表框中选择好省份后，对应的城市信息就会在市的下拉框中列出，不需要用户手动输入，用户只需通过单击鼠标就能方便地选择，同时还能够避免用户输入错误的选项。DropDownList 控件的常用属性和事件如表 4-5 所示。

表 4-5　DropDownList 控件的常用属性和事件

属　性	说　　明
Items	获取或者设置 ListItem 选项的值
electedIndex	获取或设置所选择的项的 Index值(索引值)
SelectedItem	获取或设置所选择的 Listitem 项

续表

属　性	说　　明
AutoPostback	选择一个列表项时 DropDownList 控件状态是否发回到服务器的值 (True/ False)
AppendDataBound	设计时已经添加了选项，在做数据绑定时产生的选项是追加还是替换已有的选项，为 True，是追加；为 False，则是替换
DataMember	获取或设置数据源中的特定表格以绑定到该控件
DataSource	获取或设置填充列表控件的组成项的数据源
DataTextField	获取或设置提供列表项文本内容的数据源字段
DataTextFormat String	获取或设置用于控制如何显示绑定到列表控件的数据的格式字符串
DataValueField	获取或设置提供列表项文本内容的数据源的字段
事件	说　　明
SelectedIndex Changed	当用户从列表控件中选择了一个选项后触发

DropDownList 控件用创建下拉列表框，只能选择列表框中的某一项。该控件在工具箱中的图标为 DropDownList，拖放到工作区显示 未绑定 。

编程时，用 SelectedItem 属性获得所选项的内容，用 Items 属性访问列表框中的所有列表项。

【实例 4. 6】使用 DropDownList 控件生成一个下拉列表框。

(1) 在站点下新建一个页面，在页面中添加一个 DropDownList 控件。

(2) 为 DropDownList 控件添加三个数据项，添加时选择控件右侧的【>】按钮选择“编辑项”命令，在弹出的对话框中输入如图 4-12 所示的数据项。控件的 ID 属性值为“dlistClass”; Button 控件的 ID 属性值为“btnSubmit”; Label 控件的 ID 属性值为“lblResult”。

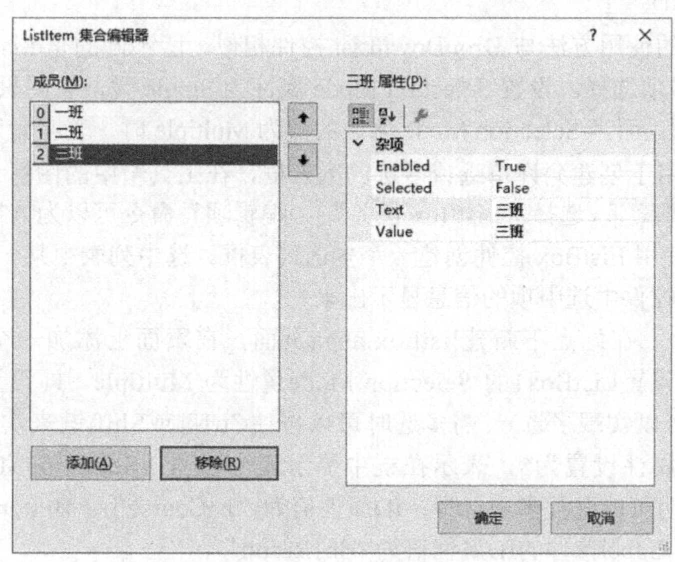

图 4-12　添加数据项

(3) 双击 Button 控件进入代码编辑模式，在 btnSubmit_Click 事件过程中输入如下所示的代码。

```
protected void btnSubmit_Click(object sender,EventArgs e)
{
    Lb1Result.Text=" 你所在的班级是 "+dlistClass.SelectedItem.Text;
}
```

代码中使用 DropDownList 控件 SelectedItem 对象的 Text 属性获取被选项的值。因在程序中使用了字符串连接，故要在引用中添加 using System.Text; 引用。

(4) 在浏览器中查看效果，如图 4-13 所示。

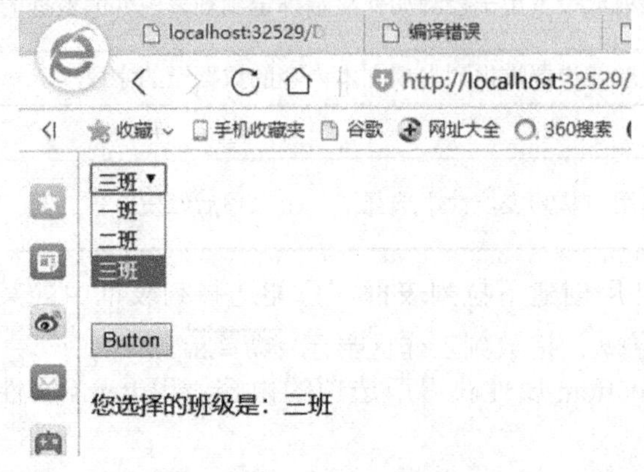

图 4-13　DropDownList 控件实例

4.4　知识点 3：ListBox 控件和 CheckBox 控件

1. ListBox 控件

ListBox 控件的使用方法与 DropDownList 控件相似，所不同的是 ListBox 控件可以指定用户是否允许多项选择。设置 Selection Mode 属性为 Single 时，表明只允许用户从列表框中选择一个选项，而当 Selection Mode 属性的值为 Multiple 时，表明允许用户实现多选。

ListBox 控件用于创建允许单选或多选的列表框，在工具箱中的图标为 ListBox ，拖放到工作区显示 未绑定 ，选择“ListBox 任务”|“编辑项”命令可以为该控件添加数据项。

【实例 4.7】使用 ListBox 控件创建一个多选列表框。选中列表中某一个选项后，单击按钮，将 ListBox 控件中选中项的信息显示出来。

(1) 页面设计。在站点下新建listbox.aspx页面，在页面上添加一个Label标签和一个 ListBox控件。设置ListBox1的 Selection Mode属性为 Multiple，即设置为可多选(既可以实现单选，也可以实现多选)，需多选时可以按住Ctrl键或Shift键来实现。创建一个多选列表框，Rows属性设置为5，表示在框中显示五个选项；SelectionMode 属性设置为“Multiple”，表明可以进行多项选择；ID属性值为“lstCourse”；Button控件的ID属性值为“btnSubmit”；Label控件的ID属性值为“lb1Result”。

(2) 双击 Button 控件进入代码编辑模式，在 btnSubmit_Click 事件过程中输入如下所示的代码：

```
protected void btnSubmit_Click(object sender,EventArgs e)
{
string msg= "";
for (int i=0; i<lstCourse.Items.Count-1;i++)
{
if (lstCourse.Items[i].Selected)
msg=msg+lstCourse.Items[i].Text+" ";
}
lblResult.Text="您选择的课程是"+msg+"。";
}
```

(3) 运行效果如图 4-14 所示。

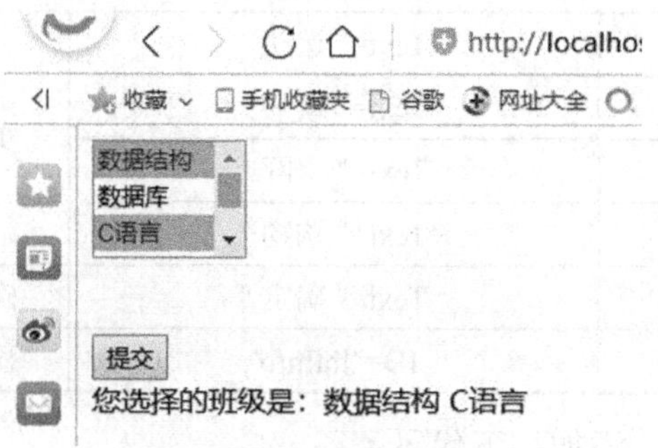

图 4-14　ListBox 控件实例

2. CheckBox 控件

CheckBox 控件的使用

CheckBox 复选框控件可以设置多个选项，并允许用户同时选中多个选项，常用于对用户的兴趣爱好调查、试题中的多选题等交互式页面中，其常用属性如表 4-6 所示。

表 4-6　CheckBox 控件的常用属性

属　性	说　明
Auto Post Back	当选定内容更改后，是否自动回发到服务器
Text	获取或设置 CheckBox 中所显示的内容
Checked	获取或设置 CheckBox 控件是否被选中
TextAlign	获取或设置 CheckBox 中所显示的文本的对齐方式

使用 CheckBox 控件可以生成一组复选框，在工具箱中的图标为 CheckBox。可通过 Text 属性值来设置控件上显示的文本，当选项被选中后，Checked 属性值变为 True。

【实例 4.8】利用 CheckBox 控件制作一个页面，实现用户爱好的选择。

(1) 页面设计。在站点目录下新建一个页面，在页面上添加四个 CheckBox 和一个按钮，修改 Text 属性如图 4-15 所示，添加一个标签，将其 Text 设置为空。所用控件相关属性设置如表 4-7 所示。

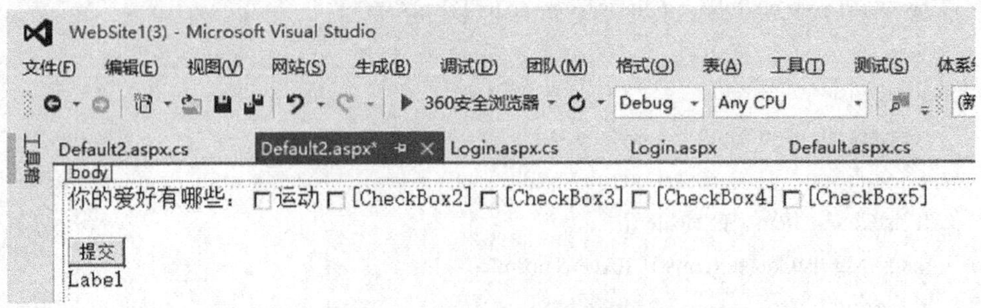

图 4-15　设置 TextBox 控件属性

表 4-7　实例 4.6 页面控件的相关属性设置

控件名称	相关属性设置	作　　用
CheckBox	Text=" 运动 "	实现兴趣爱好选项
CheckBox	Text=" 读书 "	
CheckBox	Text=" 上网 "	
CheckBox	Text=" 购物 "	
Button	Text=" 确定 "	确定选项选择结果
Label	ID="lblInfo"	显示所选择的选项

(2) 双击 Button 控件，添加如下代码：

```
protected void Button1_Click(object sender, EventArgs e)
{    string str=" 你的爱好有 :";
     if (CheckBox1.Checked)   str=str+CheckBox1.Text;
     if (CheckBox2.Checked)   str=str+" "+CheckBox2.Text;
     if (CheckBox3.Checked)   str=str+" "+CheckBox3.Text;
     if (CheckBox4.Checked)   str=str+" "+CheckBox4.Text;
     Label1.Text=str;
}
```

(3) 在浏览器中查看效果，当用户选择复选框当中的一些选项后单击确定按钮，被选中选项的内容将显示在页面中，效果如图 4-16 所示。

图 4-16　实例 4.8 运行效果

3. CheckBoxList 控件

CheckBoxlist 复选组控件与 CheckBox 控件的功能类似，能从多个备选的选项中实现选择多个选项的功能。CheckBoxList 控件的常用属性如表 4-8 所示。

表 4-8　CheckBoxList 控件的常用属性

属性	说　明
AutoPostBack	当选定内容更改后，自动回发到服务器
epeatColumns	获取或设置 CheckBox List 中显示的列数
RepeatDirection	获取或设置 CheckBoxList 中各个选项的排列顺序
Items	列表中项的集合
TextAlign	获取或设置与 Check BoxList 关联文本的对齐方式

CheckBoxlist 控件的选项的初始化方法与 DropDownList 控件的初始化方法相似。CheckBoxList 控件常用的事件是 SelectedIndex Changed，当选项的状态发生改变时触发。尝试使用 CheckBoxList 控件实现实例 4.8 的要求。

CheckBoxList 控件的使用

4.5　知识点 4：RadioButton 控件和 RadioButtonList 控件

1. RadioButton 控件

RadioButton 单选控件可以生成一组单选按钮，拖放多个 Radio Button 控件构成一组单选按钮。为确保用户选择时只能选中其中的一项，须将这些单选按钮的 GroupName 属性设置为相同的值。Text 属性用来设置按钮上显示的文本信息。如果将组中某个控件的 Checked 属性设置为 True，则此项为默认选中项。也可以通过 Checked 属性判断单选按钮是否被选中，若值为 True，表明按钮被选中；若值为 False，表明按钮没有被选中。单选控件的常用属性如表 4-9 所示。

RadioButton 控件的使用

表 4-9　RadioButton 控件的常用属性

属　性	说　明
Text	设置 CheckBox 旁边显示的文字
Checked	判断 CheckBox 是否被选中
AutoPostBack	自动回传到服务器
TextAlign	文本标签相对于控件的对齐方式

单选控件通过 Checked 属性值来判断某个选项是否被选中，多个单选控件之间可能存在着某些联系，这些联系通过 GroupName 进行约束和联系。单选控件中最常用的事件是 Checkedchanged，当控件的选中状态改变时，则触发该事件。

【实例 4.9】利用 RadioButton 控件实现性别的选择功能。

(1) 页面设计。在站点下新建一个页面，在页面上添加两个 RadioButton 控件，对控件进行相关属性设置，如表 4-10 所示。

表 4-10　实例 4.9 中控件的相关属性设置

控件名称	相关属性设置
RadioButton	ID="rbtMale" Text=" 男 " GroupName="sex"
RadioButton	ID="rbtFemale" Text=" 女 " GroupName="sex"

(2) 保存页面，浏览并运行页面。观察结果，性别“男”与“女”只能作单选操作，运行效果如图 4-17 所示。

图 4-17　实例 4.9 运行效果

2. RadioButtonList 控件

由于每一个 RadioButton 控件都是独立的控件，要判断一个组内是否有被选中的项，必须判断所有控件的 Checked 属性值，这样在程序判断上比较复杂。针对这种情况，ASP.NET 提供了 RadioButtonList 控件，该控件具有和 RadioButton 控件同样的功能，并且可以方便地管理各个数据项。RadioButtonlist 控件与 Check Boxlist 控件有很多相似之处，从功能上讲，CheckBoxlist 是复选而 Radiolist 是单选。可以使用 Items 属性集合结合索引值来获取每一个选项，利用 Selected 属性来判断选项是否被选中。RadioButtonlist 控件的常用属性如表 4-11 所示。

RadioButtonList 控件的使用

表 4-11　RadioButtonlist 控件的常用属性

属　性	说　　明
AutoPostBack	当选择了选项后，自动回发到服务器
RepeatDirection	获取或设置在 Radio Button List 控件中子选项的排列方向
Repeatcolumns	获取或设置要在 RadioButtonList 控件中显示的列数
RepeatLayout	获取或设置单选按钮的布局
Items	列表中项的集合
TextAlign	获取或设置与控件相关联文本的对齐方式

【实例 4. 10】利用 RadioButtonList 控件实现专业的选择，如图 4-18 所示。

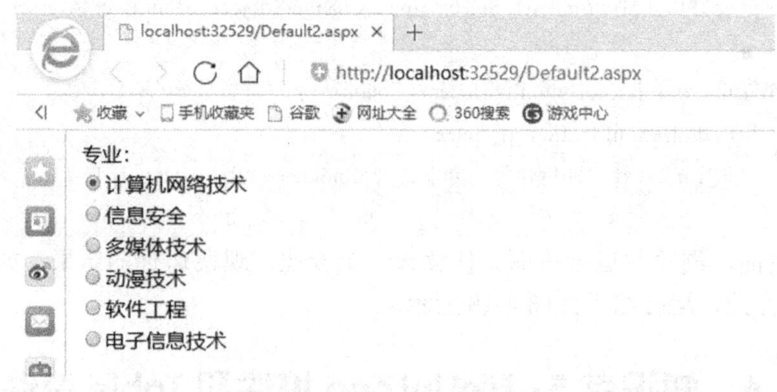

图 4-18　实例 4.10 运行效果

(1) 页面设计。在站点下新建 lbl.aspx 页面，在页面上添加一个 RadioButtonList 控件和一个标签 Labe 控件，相关控件的属性设置如表 4-12 所示。

表 4-12　实例 4.10 相关控件的属性设置表

控件名称	相关属性设置	作用
RadioButtonList	ListItem 项的值分别为“计算机网络技术”“信息安全”“多媒体技术”“动漫技术”“软项件工程”“电子信息技术”	实现专业的选项
Label	ID=lb1Info Text=""	显示所选择的选项

(2) 按照表中所示分别修改相关控件属性值，如图 4-19 所示。

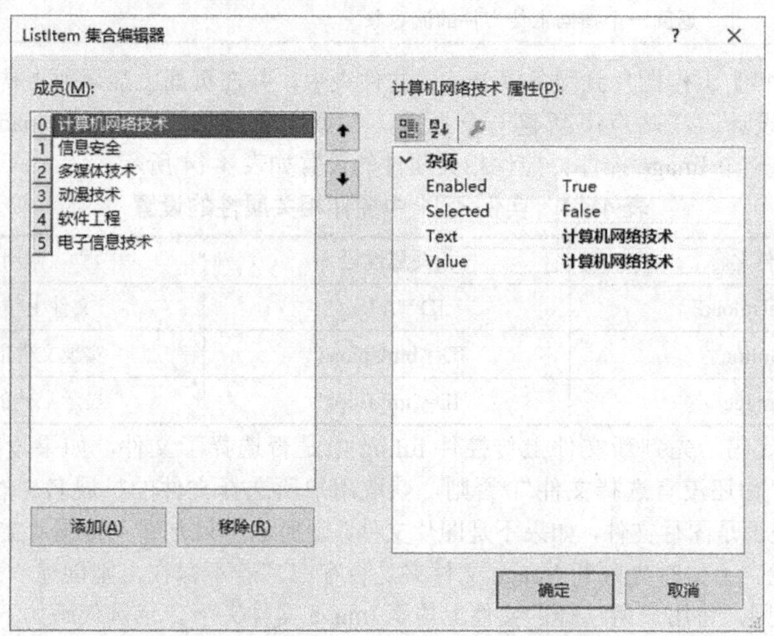

图 4-19　修改实例 4.10 中 RadioButtonList 控件属性

(3) 编写代码。双击 RadioButtonlist 控件，在打开的 lbl.aspx.cs 文件中的 RadioButtonListl_SelectedIndexChanged() 方法中编写代码，示例代码如下：

```
protected void RadioButtonList1_SelectedIndexChanged(object sender,EventArgs e)
{
    for (int i=0; i<RadioButtonList1.Items.Count;i++)
      if(RadioButtonList.Items[i].Selected)
        lb1Info.Text=" 你所选择的专业是 :"+RadioButtonlist1.Items[i].Text;
}
```

(4) 保存页面，浏览并运行页面。任意选一个专业，观察运行的结果。如选择“计算机网络技术”专业，运行结果如图 4-18 所示。

4.6 知识点 5：FileUpLoad 控件和 Table 控件

1. FileUpLoad 控件

FileUpload 控件用于上传文件，上传文件时打开的对话框可以提供用户浏览和选择用于上传的文件。FileUpload 控件的常用属性如表 4-13 所示。

表 4-13 FileUpload 控件的常用属性

属　性	说　明
Posted File	返回上传的文件
FileName	返回要上传文件的名称，不包含路径信息
HasFile	是否有文件要上传，若用户选择了文件，值为 True；否则，值为 Fale
File Content	返回一个指向上传文件的流对象

【实例 4. 11】上传图片到服务器 Image 文件夹中，并在页面上显示所上传的图片。

(1) 页面设计。在站点下新建一个页面，在页面上添加一个 FileUpload 控件、一个 Button 控件和一个 Image 控件。控件相关属性的设置如表 4-14 所示。

表 4-14 实例 4.11 中控件相关属性的设置

控件名称	相关属性设置	作用
FileUpload	ID="fuImg"	文件上传控件
Button	ID="btnUpload"	实现文件的上传
Image	ID="imgBook"	显示上传的图片

(2) 编写代码。先判断文件上传控件 fuImg 中是否选择了文件，如果没有选择文件，则提示用户“你还没有选择文件”；否则，获取用户所选择文件的扩展名。然后判断用户选择的文件是否是图片文件，如果不是图片文件，则提示“只允许上传图片文件！”；否则，实现上传功能。上传时先判断 Image 文件夹是否存在，若不存在，则创建一个名为 Image 的文件夹；否则，将用户所选择的文件上传至 Image 文件夹下。示例代码如下：

```
protected void btnUpload_Click(object sender, EventArgs e)
{
    if (fuImg HasFile)
    {
```

```
            string strName=fuImg.PostedFile.FileName;
            string extName=System.IO.Path.GetExtension(strName);
            if (extName.EndsWith("jpg")||extName.EndsWith("gif")||
            extName.EndsWith("bmp")||extName.EndsWith("png"))
            string savePath=Server.MapPath("~/image");
            if(!System.IO.Directory.Exists(savePath))// 判断 Image 文件夹是否存在
            {// 如果不存在，则创建一个名为 image 的文件夹
             System.IO.Directory.CreateDirectory(savePath);
            }
            savePath+="\\"+fuImg.FileName;
            fuImg.SaveAs(savePath);
            imgBook.ImageUrl="~/image/"+ fuImg.FileName;
        } else
        { ClientScript.RegisterStartupScript(this.GetType(),"error","alert(' 只允许上传图片文件 !')",true);
        }
        }
        else
        {
            ClientScript.RegisterStartupScript( this.GetType(),"error","alert('你还没有选择文件 !')",true);
        }
    }
```

(3) 保存页面，浏览并运行。运行时可以按以下步骤分别执行。

① 不选择任何文件，直接单击【上传】按钮，观察运行结果。

② 选择一个非图片文件后，单击【上传】按钮，观察运行结果。

③ 选择一个图片文件后，单击【上传】按钮，观察运行结果，可以观察到在页面上显示所选择的图片。右击站点，在弹出的快捷菜单中选择“刷新文件夹”命令，可以观察到站点下Image文件夹(若没有会新建)下面多了一个图片文件，运行效果如图4-20所示。

图 4-20　实例 4.11 的运行效果图

2. Table 控件

HTML 提供了 Table 控件，但是这种 Table 控件生成的表格多用于显示静态数据，表格在使用之前就已经定义好了行数和列数，不能根据所要显示的数据动态地调整表格的行数和列数。

服务器端 Table 控件也可以创建表格，它可以通过编程的方式实现根据数据内容动态生成表格，或动态调整表格的行数和列数。

动态表格的生成除了需要使用 Table 控件外，还需要使用 TableRow 控件和 TableCell 控件。Table 控件代表整个表格，TableRow 控件代表表格中的行，TableCell 控件代表每一行中的单元格。

拖放工具箱中的 Table 图标到工作区，显示，可以发现，工作区中的 Table 控件没有任何表格的特征，需要通过编程方式生成表格。

【实例 4. 12】动态生成一个一行两列的表格，如图 4-21 所示。

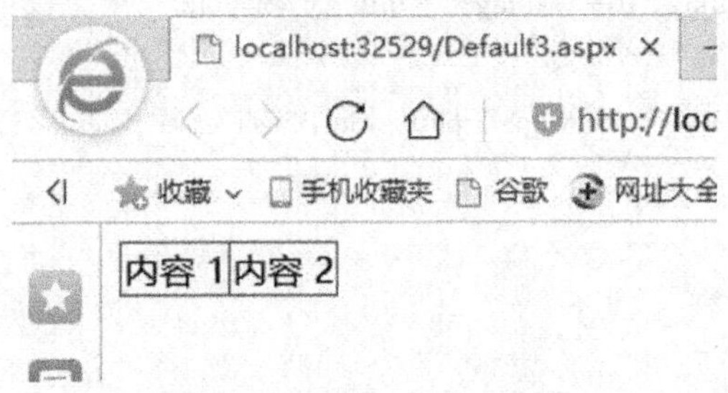

图 4-21　Table 控件实例

(1) 页面设计。在站点下新建一个页面，在页面上添加一个 Table 控件，设置其 GridLines 属性为“Both”。

(2) 在代码编辑视图中输入如下代码：

```
protected void Page_Load(object sender, EventArgs e)
{
    //创建两个单元格
    TableCell c1=new TableCell(); TableCell c2=new TableCell();
    //为单元格设置显示内容
    c1.Text = " 内容 1";
    c2.Text= " 内容 2";
    //创建表格的一行
    TableRow r=new TableRow();
    //将单元格插入行中
    r.Cells.Add(c1);
    r.Cells.Add(c2);
    //将一行插入表格中
    Table1.Rows.Add(r);
}
```

(3) 在程序中先创建了两个单元格，为单元格的 Text 属性赋值，然后创建一行，将单元格放入行中，最后将行放入整个表格中。

【实例 4. 13】根据输入的行数和列数动态生成表格，结果如图 4-22 所示。

(1) 页面设计。在站点下新建一个页面，在页面上添加一个Table控件，两个Textbox控件，一个Button控件。设置其GridLines属性为“Both”。将两个文本框控件的ID属性分别设置为“txtRow”和“txtCell”，Text属性都设置成0。Table控件的ID属性值为“tableInfo”，GridLines 属性值为“Both”。Button控件的ID属性值为“btnSubmit”。

(2) 双击按钮控件后，在代码编辑视图中输入如下代码：

```
protected void btnSubmit_Click(object sender, EventArgse)
    {// 获得表格的行数赋给变量 rows int
    rows=int.Parse(txtRow.Text);
    // 获得表格的列数赋给变量 cells
    int cells=int.Parse(txtCell.Text); int count=0;
    for (int i=0; i<rows;i++)
    {
      // 创建表格的一行
      TableRow r=new TableRow(); for (int j=0; j<cells;j++)
      {
      // 创建一个单元格
      TableCell c=new TableCell();
      count++;
      // 将 count 的值转换为字符串在单元格中显示出来
      c.Text=count.ToString();
      // 将单元格插入对应的行中
      r.Cells.Add(c);
      }
    // 将行插入表格中
    tableInfo.Rows.Add(r);
    }
}
```

(3) 运行效果如图 4-22 所示。

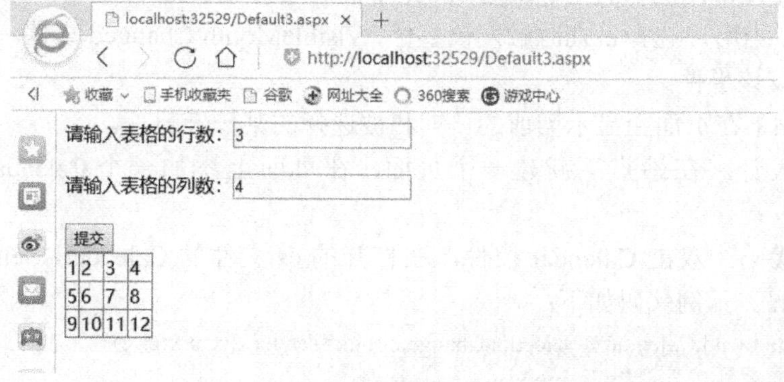

图 4-22　Table 控件动态生成表格实例

注意

Table 表控件和 HTML 标记 Table 表格的区别在于：Table 表控件能够动态地为表格创建行或列，实现一些特定的需求。Web 服务器控件中，行是 Table row 对象，列是 Tablecell 对象。声明这两个对象并初始化，可以为表控件增加行或列，实现动态创建表的程序。HTML 标记 Table 表格是静态的表格，可以显示静态的数据或进行简单的布局。

4.7 知识点 6：Calendar 控件和 AdRotator 控件

1. Calendar 控件

ASP.NET 中提供了功能强大的 Calendar 日历控件，该控件能够实现日历的选取、日历的翻页，以及日历的外观设置。Calendar 控件通常使用在博客、论坛等系统中。常用的 Calendar 控件属性见表 4-15。

表 4-15 Calendar 控件的常用属性

属　性	说　明
DayHeader Stype	月历中显示一周中每一天的名称和部分的样式
Daystyle	所显示的月份中各天的样式
NextPrevStyle	标题栏左右两端的月导航所在部分的样式
OtherMonth DayStyle	上一个月和下一个月的样式
SelectedDay Style	选定日期的样式
Selector Style	位于月历控件左侧，包含用于选择一周或整个月的连接的列样式
Show Day Header	显示或隐藏一周中的每一天的部分
Show gridLines	显示或隐藏一个月中的每一天之间的网格线
Show NextPrev Month	显示或隐藏到下一个月或上一个月的导航控件
Show Title	显示或隐藏标题部分
Title Style	位于月历顶部，包含月份名称和月导航连接的标题栏样式
Today Day Style	当前日期的样式
WeekendDayStyle	周末日期的样式

Calendar 控件常用的事件有：DayRender 事件，当日期被显示时触发该事件；Selection Changed 事件，当用户选择日期时触发该事件；VisibleMonth Changed 事件，当所显示的月份被更改时触发该事件。

【实例 4. 14】在页面上显示当前的日期和被选择的某一天日期。

(1) 页面设计。在站点下新建一个页面，在页面上添加一个 Calendar 控件和一个 Literal 控件。

(2) 编写代码。双击 Calendar 控件，在打开的 cs 文件的 Calendarl_Selection Changed 方法中添加代码。示例代码如下：

```
protected void Calendar1_SelectionChanged(object sender,EventArgs e)
{
```

```
        string str="";
        str+="今天是:"+Calendar1.TodaysDate.Date.ToShortDateString();
        str+="<br/>当前选择的日期是: "+Calendar1.SelectedDate.Date.ToShortDateString();
        str+="<br/>当前选择的年份是: "+Calendar1.SelectedDate.Year.ToString()+ "年";
        str+="<br/>当前选择的月份是: "+Calendar1.SelectedDate.Date.Month.ToString()+ "月";
        str+="<br/>当前选择的天数是: "+Calendar1.SelectedDate.Date.Day.ToString()+ "日";
        Literal1.Text=str;
    }
```

(3) 保存页面，浏览并运行。运行时任选一个日期，将在页面上显示当前的日期和所选择这一天的日期。在选择日期时可以翻页，运行效果如图 4-23 所示。

图 4-23　实例 4.14 的运行效果

2. AdRotator 控件

ASP.NET为开发人员提供了AdRotator广告控件，AdRotator控件为页面在加载时提供一个或一组广告，运行时随机显示其中的一个广告。AdRotator控件可以从固定的数据源(如XML或数据源控件)中自动读取出广告信息。当页面每刷新一次时，广告显示的内容即被刷新。AdRotator控件的常用属性如表4-16所示。

表 4-16　Ad Rotator 控件的常用属性

属　性	说　明
ImageUrl	指定一个图片文件的路径，广告控件显示的图片
NavigateUrl	页面跳转到 NavigateUrl 所指向的页面
AlternateText	当图片没显示时所显示的文本信息

续表

属　性	说　　明
KeyWord	用来指定广告的类别
Impression	指示轮换时间中广告相对于文件中的其他广告的权重

【实例 4. 15】用 AdRotator 控件实现广告轮显。

(1) 页面设计。在站点下新建一个页面，在页面上添加一个 AdRotator 控件。

(2) 新建一个名为 Adfile.xml 的文件，并编写代码。示例代码如下：

```
<?xml version="1.0" encoding="utf-8"?>
<Advertisements>
<Ad>
<ImageUrl>~/image/dangdang1.gif</ImageUrl>
<Navigateurl>http://www.dangdang.com</NavigateUrl>
<Alternate> 当当网 </Altemate>
<Impressions>80</Impressions>
<Keyword>l</Keyword>
</Ad>
<Ad>
<ImageUrl>~/image/taobao.gif</ImageUrl>
<NavigateUrl>http://www.taobao.com</Navigateurl>
<Alternate> 淘宝网 </Alternate>
<Impressions>100</Impressions>
<Keyword>l</Keyword>
</Ad>
<Ad>
<ImageUrl>~/image/qq.gif</ImageUrl>
<NaVigateUrl>http://www.qq.com</NavigateUrl>
<Alternate>QQ 官方网 </Alternate>
<Impressions>80</Impressions>
<Keyword>1/</Keyword>
</Ad>
</Advertisements>
```

此 Adfile.xml 文件分别设置了三个广告的相关数据，这三个广告分别是当当网、淘宝网和 QQ 官方网，当用户单击广告控件中的 LOGO 图片时，会导航到相关网站的首页。

(3) 设置 AdRotator 控件的 Advertisemen File 属性为 Adfile.xml，使 AdRotator 控件在进行轮显时从 Adfile.xml 中获取数据。

(4) 保存页面，浏览页面并观察结果。浏览页面并不断刷新页面，可以观察到三个广告图片在不断地轮回显示，单击任意一个图片，可以跳转到相应的网站，如图 4-24 所示。

图 4-24　实例 4.15 的运行效果图

4.8　知识点 7：验证控件

1. 服务器验证和客户端验证

注册页面布局

一般的网站中有一些页面需要用户输入信息，比如登录、注册、搜索等，如果用户输入的格式不符合要求，就要给出相应的提示。如百度知道栏目的用户注册页面，当漏填、错填时，都给出了比较详细的提示，如图 4-25 所示。

图 4-25　输入信息验证

输入错误时能给出对应提示的功能在 ASP.NET 中是使用验证控件来完成的。

在开发 Web 网站的时候，常常需要设计一些让用户输入某些信息的表单，如要求用户输入用户名、姓名、身份证号码和联系地址等信息。这些数据信息的正确性和有效性至关重要。但是，由于用户的教育背景等各不相同，程序设计者并不能预知用户输入的数据是否正确。在程序设计中应该针对用户可能输错的各种情况进行相应的处理，即输入验证。对用户输入的数据进行验证的方法分为两种：一种是直接使用客户端脚本进行验证，另一种是使用服务器端的代码进行验证。

1) 客户端验证

在提交 Web 窗体中的数据到服务器端前就发现客户端的错误，从而避免服务器端验证所必需的请求与响应往返过程。ASP.NET 中的验证控件创建了针对特定浏览器的代码，如果浏览器支持 JavaScript 脚本，可以进行客户端验证，否则验证失效。

2) 服务器端验证

当 Web 页被发送到服务器时，服务器端重复执行客户端验证，可以防止用户绕过客户端脚本。

2. 验证控件的作用

当创建一个输入控件(例如TextBox控件)时，希望用户输入正确类型的数据，为了验证用户输入是否满足要求，必须对输入的值、范围或格式进行检查。验证控件是为了检查用户输入是否有效，并显示相应提示信息的控件。所有的验证控件都是从基类BaseValidator中继承而来的。BaseValidator为所有的验证控件提供了一些公用的属性，如表4-17所示。

表 4-17 验证控件的公用属性

属 性	说 明
ControlToValidate	需要验证的输入控件的 ID
EnableClientScript	是否允许进行客户端验证
Enabled	是否进行服务器端的验证
ErrorMessage	报错信息
IsValid	确定输入控件的值是否通过验证

3. RequiredFieldValidator 控件

RequiredFieldValidator 控件的作用是强制用户在输入控件中输入值，这个验证控件对于任何输入字符都是有效的，只有空白或空格才视为无效。

RequiredFieldValidator 控件的使用

【实例 4.16】验证用户名不能为空。

(1) 页面设计。在站点下新建一个页面，在页面上添加一个 TextBox 控件、一个 RequiredFieldValidator 控件和一个 Button 控件，如图 4-26 所示。

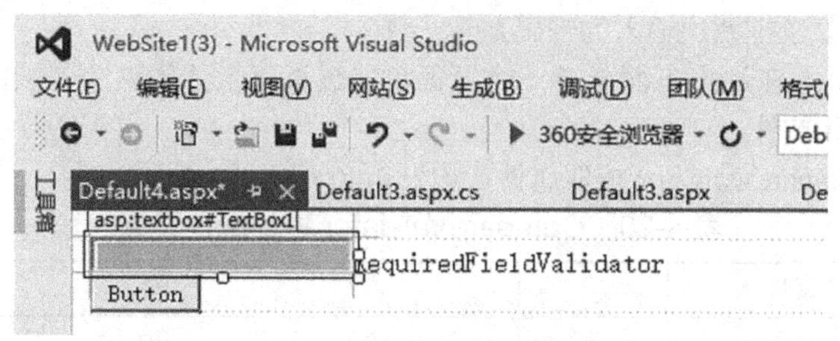

图 4-26　页面中插入相应控件

(2) 修改 RequiredFieldValidator 控件的属性，如表 4-18 所示。

表 4-18　RequiredFieldValidator 控件的属性

属性	值
ControlToValidate	TextBox1
ErrorMessage	此处不能为空

(3) 保存页面，浏览页面并观察结果。当用户不在文本框中输入任何内容时，点击按钮，将会在文本框后面 RequiredFieldValidator 控件位置处出现“此处不能为空”的提示信息；当用户输入一些内容时，将不会出现错误提示。运行效果如图 4-27 所示。

图 4-27　实例 4.16 运行效果

4. CompareValidator 控件

CompareValidator 控件，也叫做比较验证控件，其作用是测试用户输入的内容是否符合指定的值，或是否符合另一个输入控件的值。其常见属性如表 4-19 所示。

表 4-19　CompareValidator 控件常见属性

属　性	说　明
ControlToCompare	要比较的另一个控件 Id
Operator	要进行的比较操作
Type	比较的数据类型：货币、日期、Double、整型、字符串
VauleToCompare	要进行比较的数值

CompareValidator
控件的使用

CompareValidator
控件的应用

【实例 4.17】验证两次输入的密码是否一致。

(1) 页面设计。在站点下面新建一个页面，在该页面上添加两个 TextBox 控件和一个 CompareValidator 控件。

(2) 修改 CompareValidator 控件属性，如表 4-20 所示。

表 4-20 CompareValidator 控件属性设置

属性	值
ControlToValidate	TextBox2
Operator	Equal
Type	String
ControlToCompare	TextBox1
ErrorMessage	两次输入的密码必须一致

(3) 保存页面，浏览页面并观察结果。当用户在两个文本框中输入的内容不一致时，将会在插入CompareValidator控件的位置上出现错误提示信息"两次输入的密码必须一致"；当用户在两个文本框中输入的内容相同时，则不出现错误提示信息。运行效果如图 4-28 所示。

图 4-28 实例 4.17 运行效果图

5. RangeValidator 控件

RangeValidator 控件的使用

RangeValidator控件，也叫做范围验证控件。其主要作用是测试输入的值是否介于最小值和最大值之间(包含最大值和最小值)。其常见属性如表 4-21所示。

表 4-21 RangeValidator 控件常见属性

属 性	说 明
MinimumValue	指定的最小值
MaximumValue	指定的最大值
Type	指定要比较的数据类型：默认为 String 类型

【实例 4.18】验证输入的成绩值是否在 0 到 100 之间。

(1) 页面设计。在站点下新建一个页面，在页面上添加一个 TextBox 控件和一个 RangeValidator 控件。

(2) 修改 RangeValidator 控件属性，如表 4-22 所示。

表 4-22　RangeValidator 控件属性设置

属性	值
MinimumValue	0
MaximumValue	100
Type	Integer
ErrorMessage	成绩在 0 ～ 100 之间

(3) 保存页面，浏览页面并观察结果。当用户在文本框中输入的数据不在 0 到 100 之间时，将会在插入 RangeValidator 控件的位置上出现错误提示信息“成绩在 0 ～ 100 之间”；当用户在文本框中输入的数据在 0 到 100 之间时，则不会出现错误提示信息。运行效果如图 4-29 所示。

图 4-29　实例 4.18 运行效果图

6. 其他验证控件

RegularExpressionValidator 控件，也叫做数据格式验证控件，其作用是用来测试输入值与所定义的正则表达式是否匹配。例如，用其来验证用户在文本框中输入的内容是否为标准的邮箱格式。

RegularExpressionValidator 控件的使用

用 ValidationSummary 控件汇总验证信息

ValidationSummary 控件，其作用不是用来进行数据验证的，而是收集本页的所有验证错误信息，进行汇总显示。其常见属性如表 4-23 所示。

表 4-23　ValidationSummary 控件常见属性

属　性	说　明
DisplayMode	要显示的格式：项目列表形式、段落形式、列表形式
ShowSummary	是否显示汇总信息
ShowMessageBox	弹出信息框形式报错

4.9 综合案例 1——用户登录页面设计

用户登录页面的设计

网站中有些内容需要一定的权限才可以查看。此时需要设计用户登录窗口，本节仅对页面进行设计，不进行程序设计。

在解决方案资源管理器中，右键选择“添加”|“添加新项 ...”，在出现的对话框中选择“Web 窗体”，名称定义为 Login.aspx，选中右下角的选择母版。单击【添加】按钮后，出现“选择母版对话框”，选择 MasterPage.master 即可。

在网页中设计一个 DIV，其属性设置为：width:1200px；height:300px；background-color: #0066FF。为了能合理安排登录的内容，在该 DIV 中设计一个表格，表格三行两列，居中显示。添加合适的控件，控件的属性设置如表 4-24 所示。

表 4-24 控件属性设置表

控 件	属性及属性值
Table	align="center" border="1" top="80px" position="relative"
TextBox1	Height="25px"Width="100px"
TextBox2	Height="25px"TextMode="Password" Width="100px"
Button1	Height="28px" Text="登录" Width="60px"
Button2	Height="28px" Text="取消" Width="60px"
Button3	Height="28px" Text="注册" Width="60px"

设计完成的该网页的源代码如下：

登录页面的设计

```
<%@ Page Title="" Language="C#" MasterPageFile="~/MasterPage.master"
AutoEventWireup= "true" CodeFile="Login.aspx.cs" Inherits="Login" %>

<asp:Content ID="Content1" ContentPlaceHolderID="head" Runat="Server">
    <style type="text/css">
        .auto-style1 {
            height: 20px;
        }
        .auto-style2 {
            width: 200px;
            height: 20px;
        }
        .auto-style3 {
            width: 200px;
```

```
            height: 20px;
            color: #FFFFFF;
        }
        .auto-style4 {
            height: 20px;
            color: #FFFFFF;
            text-align: right;
        }
        .auto-style5 {
            height: 40px;
            text-align: center;
        }
    </style>
</asp:Content>
<asp:Content ID="Content2" ContentPlaceHolderID="ContentPlaceHolder1" Runat="Server">
    <div style="width:1200px;height:300px;background-color: #0066FF">
    <table align="center" border="1" style="top: 80px; position: relative;">
        <tr style="width:400px;">
            <td class="auto-style3" style="height: 40px; text-align: right;"> 用户名：</td>
            <td class="auto-style2">
                    <asp:TextBox ID="TextBox1" runat="server" Height="25px" Width="100px"></
asp:TextBox>
            </td>
        </tr>
        <tr>
            <td class="auto-style4" style="height: 40px"> 密码：</td>
            <td class="auto-style1">
                    <asp:TextBox ID="TextBox2" runat="server" Height="25px" TextMode="Password"
Width="100px"></asp:TextBox>
            </td>
        </tr>
        <tr>
            <td class="auto-style5" colspan="2">
                    <asp:Button ID="Button1" runat="server" Height="28px" Text=" 登录 " Width="60px"
OnClick="Button1_Click" />
                    <asp:Button ID="Button2" runat="server" Height="28px" Text=" 取消 " Width="60px"
OnClick="Button2_Click" />
```

```
                    <asp:Button ID="Button3" runat="server" Height="28px" Text=" 注册 " Width="60px"
OnClick="Button3_Click" />
                </td>
            </tr>
        </table>
    </div>
    </asp:Content>
```

其设计视图如图 4-30 所示。

图 4-30　登录页设计视图

4.10　综合案例 2——用户注册页面设计及注册信息验证

用户要想登录到系统中，必须有注册这一环节，按照上节的方法新建注册页面。

1. 注册页面的设计

注册页面相比登录页面较为复杂，我们设计的注册页面的效果如图 4-31 所示。

通过分析可以得知我们需要多个文本控件及按钮，需要使用的控件及其属性设置如表 4-25 所示。

创建窗体并添加验证

综合训练

用户注册页面的设计

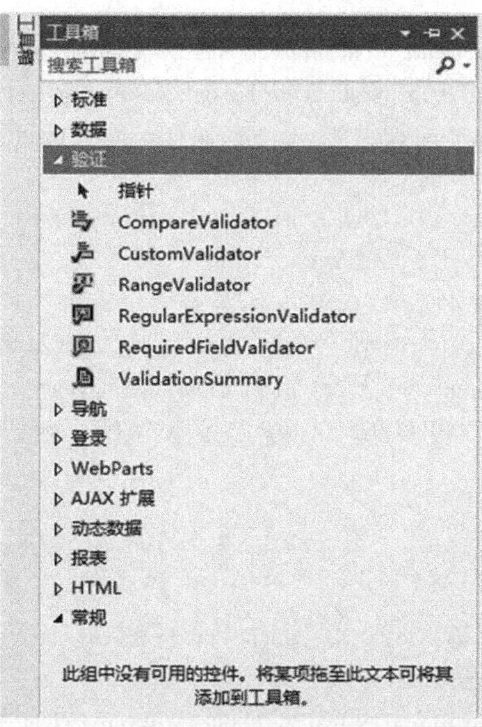

图 4-31　注册页面效果图

表 4-25　注册页面控件机器属性设置

控件	属性及属性值
TextBox1	Height="20px" Width="240px"
TextBox2	Height="20px" TextMode="Password" Width="240px"
TextBox3	Height="20px" TextMode="Password" Width="240px"
RadioButton1	GroupName="Sex" Text=" 男 "
RadioButton2	GroupName="Sex" Text=" 女 "
TextBox4	Height="20px" Width="240px"
TextBox5	Height="20px" Width="240px"
TextBox6	Height="50px" TextMode="MultiLine" Width="240px"
Label1	ID=" "
Button1	Height="28px" Text=" 注册 " Width="60px"
Button2	Height="28px" Text=" 取消 " Width="60px"

该页面主要代码如下：

```
<%@ Page Title="" Language="C#" MasterPageFile="~/MasterPage.master" AutoEventWireup=
"true" CodeFile="Reg.aspx.cs" Inherits="Reg" %>

<asp:Content ID="Content1" ContentPlaceHolderID="head" Runat="Server">
```

```
</asp:Content>
<asp:Content ID="Content2" ContentPlaceHolderID="ContentPlaceHolder1" Runat="Server">
  <div style="width:1200px;height:600px;background-color: #0066FF">
  <table align="center" border="1" style="top: 80px; position: relative;">
    <tr style="width:400px;">
      <td class="auto-style6" style="height: 40px; "colspan="2"> 新用户注册 </td>
    </tr>
    <tr style="width:400px;">
     <td class="auto-style3" style="height: 30px; text-align: right; width: 120px;"> 用户名 : </td>
      <td class="auto-style2" style="width: 280px; height: 30px">
            <asp:TextBox ID="TextBox1" runat="server" Height="20px" Width="240px"></
asp:TextBox>
      </td>
    </tr>
    <tr>
      <td class="auto-style4" style="height: 30px"> 密码 : </td>
      <td class="auto-style1">
            <asp:TextBox ID="TextBox2" runat="server" Height="20px" TextMode="Password"
Width="240px"></asp:TextBox>
      </td>
    </tr>
    <tr>
      <td class="auto-style4" style="height: 30px"> 确认密码 : </td>
      <td class="auto-style1">
            <asp:TextBox ID="TextBox3" runat="server" Height="20px" TextMode="Password"
Width="240px"></asp:TextBox>
      </td>
    </tr>
    <tr>
      <td class="auto-style4" style="height: 30px"> 性别 : </td>
      <td class="auto-style1">
        <asp:RadioButton ID="RadioButton1" runat="server" GroupName="Sex" Text=" 男 " />
        <asp:RadioButton ID="RadioButton2" runat="server" GroupName="Sex" Text=" 女 " />
      </td>
    </tr>
    <tr>
      <td class="auto-style4" style="height: 30px"> 年龄 : </td>
      <td class="auto-style1">
            <asp:TextBox ID="TextBox4" runat="server" Height="20px" Width="240px"></
```

```
asp:TextBox>
              </td>
           </tr>
           <tr>
              <td class="auto-style4" style="height: 30px"> 邮箱：</td>
              <td class="auto-style1">
                 <asp:TextBox ID="TextBox5" runat="server" Height="20px" Width="240px">
</asp:TextBox>
              </td>
           </tr>
           <tr>
              <td class="auto-style4" style="height: 30px"> 地址：</td>
              <td class="auto-style1">
                   <asp:TextBox ID="TextBox6" runat="server" Height="50px" TextMode="MultiLine"
Width="240px"></asp:TextBox>
                 <asp:Label ID="Label1" runat="server"></asp:Label>
              </td>
           </tr>
           <tr>
              <td class="auto-style5" colspan="2">
                   <asp:Button ID="Button1" runat="server" Height="28px" Text=" 注册 " Width="60px"
OnClick="Button1_Click" />
                   <asp:Button ID="Button2" runat="server" Height="28px" Text=" 取消 " Width="60px"
OnClick="Button2_Click" />
              </td>
           </tr>
         </table>
      </div>
      </asp:Content>
```

2. 信息验证设计

为了提高工作效率，防止用户在输入过程中输入无效的信息，可以使用验证控件来进行提前验证。VS 2013 的工具箱中提供了六种验证控件，常用的有四种，如图 4-32 所示。

用户注册信息的验证

1) CompareValidator 验证控件

该控件用于比较两个文本框填写的内容，一般用于确认密码之类的操作。把这个控件拖到自己想放到的地方，单击右键，选择属性，然后会出现属性框，当前网页改控件的属性值设置如图 4-33 所示。

图 4-32　验证控件

图 4-33　比较验证控件属性值设置

一般而言，比较验证控件需要设置的关键属性如下：

ID：给这个控件命名。

ControlToCompare：需要比较的第一个文本的 ID。

ControlToValidate：需要比较的第二个文本的 ID。

Operator：比较大小等操作。

Display：Dynamic。

ErrorMessage：设置错误时控件显示的内容。

2) RangeValidator 验证控件

该控件用于控制所选类型的数据范围，需要设置的控件属性如下：

ID：给这个控件命名。

ControlToValidate：要检测的控件的 ID。

Display：Dynamic。

Type：设置检查的数据类型。

MaximumValue：范围内的最大值。

MinimumValue：范围内的最小值。

ErrorMessage：设置错误时控件显示的内容。

3) RequiredFieldValidator 验证控件

该控件用于检测数据是否为空，需要设置的控件属性如下：

ID：给这个控件命名。

ControlToValidate：需要检测的控件的 ID。

Display：Dynamic。

ErrorMessage：设置错误时控件显示的内容。

4) RequiredFieldValidator 验证控件

该控件用于检测输入数据的格式，这个一般自定义，直接用控件自带的设置如下：

创建注册窗体并添加验证

ID：给这个控件命名。

ControlToValidate：需要检测的控件的 ID。

Display：Dynamic。

ValdationExpression：选择输入的文本格式。

ErrorMessage：设置错误时控件显示的内容。

如果需要验证用户输入的电子邮件地址是否正确，则在属性窗口中选择 Valdation Expression 属性右侧的“...”，出现如图 4-34 所示的对话框，在对话框中选择 Internet 电子邮件地址即可。

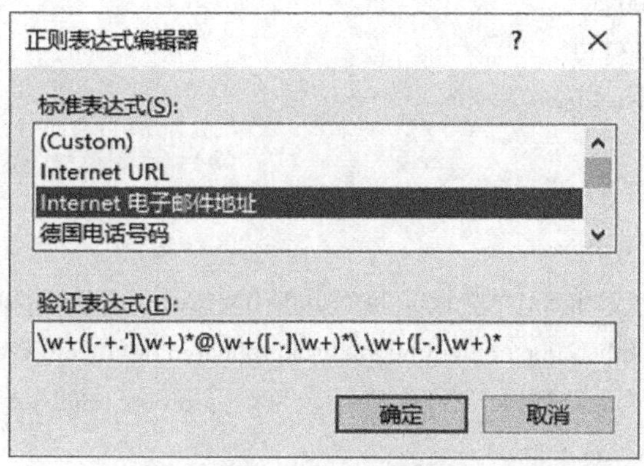

图 4-34　数据格式验证控件属性设置

注册页面添加完验证控件的源代码如下：

```
<%@ Page Title="" Language="C#" MasterPageFile="~/MasterPage.master" AutoEventWireup=
"true" CodeFile="Reg.aspx.cs" Inherits="Reg" %>

<asp:Content ID="Content1" ContentPlaceHolderID="head" Runat="Server">
  <style type="text/css">
    .auto-style1 {
      height: 20px;
    }
    .auto-style2 {
      width: 200px;
      height: 20px;
    }
```

```
            .auto-style3 {
                height: 20px;
                color: #FFFFFF;
            }
            .auto-style4 {
                height: 20px;
                color: #FFFFFF;
                text-align: right;
            }
            .auto-style5 {
                height: 40px;
                text-align: center;
            }
            .auto-style6 {
                height: 20px;
                color: #FFFFFF;
                text-align: center;
            }
        </style>
    </asp:Content>
    <asp:Content ID="Content2" ContentPlaceHolderID="ContentPlaceHolder1" Runat="Server">
        <div style="width:1200px;height:600px;background-color: #0066FF">
        <table align="center" border="1" style="top: 80px; position: relative;">
            <tr style="width:400px;">
                <td class="auto-style6" style="height: 40px; "colspan="2"> 新用户注册 </td>
            </tr>
            <tr style="width:400px;">
              <td class="auto-style3" style="height: 30px; text-align: right; width: 120px;"> 用户名：</td>
                <td class="auto-style2" style="width: 280px; height: 30px">
                    <asp:TextBox ID="TextBox1" runat="server" Height="20px" Width="240px">
</asp:TextBox>

                        <asp:RequiredFieldValidator ID="RequiredFieldValidator1" runat="server"
ControlToValidate= "TextBox1" ErrorMessage="用户名不能为空" ForeColor="Red"></asp: Required
FieldValidator>

                </td>
            </tr>
            <tr>
```

```
            <td class="auto-style4" style="height: 30px"> 密码：</td>
            <td class="auto-style1">
                <asp:TextBox ID="TextBox2" runat="server" Height="20px" TextMode="Password" Width="240px"></asp:TextBox>
            </td>
        </tr>
        <tr>
            <td class="auto-style4" style="height: 30px"> 确认密码：</td>
            <td class="auto-style1">
                <asp:TextBox ID="TextBox3" runat="server" Height="20px" TextMode="Password" Width="240px"></asp:TextBox>
                <asp:CompareValidator ID="CompareValidator1" runat="server" ControlToCompare="TextBox3" ControlToValidate="TextBox2" ErrorMessage=" 俩次密码输入不一致 " ForeColor="Red"></asp:CompareValidator>
            </td>
        </tr>
        <tr>
            <td class="auto-style4" style="height: 30px"> 性别：</td>
            <td class="auto-style1">
              <asp:RadioButton ID="RadioButton1" runat="server" GroupName="Sex" Text=" 男 " />
              <asp:RadioButton ID="RadioButton2" runat="server" GroupName="Sex" Text=" 女 " />
            </td>
        </tr>
        <tr>
            <td class="auto-style4" style="height: 30px"> 年龄：</td>
            <td class="auto-style1">
                <asp:TextBox ID="TextBox4" runat="server" Height="20px" Width="240px"></asp:TextBox>
            </td>
        </tr>
        <tr>
            <td class="auto-style4" style="height: 30px"> 邮箱：</td>
            <td class="auto-style1">
              <asp:TextBox ID="TextBox5" runat="server" Height="20px" Width="240px"></asp:TextBox>
              <asp:RegularExpressionValidator ID="RegularExpressionValidator1" runat="server" ControlToValidate="TextBox5" ErrorMessage=" 请输入合法的邮箱地址 " ForeColor= "Red" ValidationExpression="\w+([-+.']\w+)*@\w+([-.]\w+)*\.\w+([-.]\w+)*"></asp:RegularExpressionValidator>
            </td>
```

```
        </tr>
        <tr>
            <td class="auto-style4" style="height: 30px"> 地址：</td>
            <td class="auto-style1">
                <asp:TextBox ID="TextBox6" runat="server" Height="50px" TextMode="MultiLine"
Width="240px"></asp:TextBox>
                <asp:Label ID="Label1" runat="server"></asp:Label>
            </td>
        </tr>
        <tr>
            <td class="auto-style5" colspan="2">
                <asp:Button ID="Button1" runat="server" Height="28px" Text=" 注册 " Width="60px"
OnClick="Button1_Click" />
                <asp:Button ID="Button2" runat="server" Height="28px" Text=" 取消 " Width="60px"
OnClick="Button2_Click" />
            </td>
        </tr>
    </table>
</div>
</asp:Content>
```

单 元 测 试

1. 填空题

(1) 对年龄进行输入验证，要使用 ________ 验证控件。

(2) RequiredFieldValidator 控件的 ________ 属性用来记录当验证失败时，在 ValidationSummary 控件中显示的文本。

(3) RegularExpressionValidator 控件的 ________ 属性用来规定验证输入控件的正则表达式。

(4) 正则表达式“1(3|5)\d{9}”匹配 ________。

2. 判断题

(1) RequiredFieldValidator 控件只能进行非空的验证。 (　　)

(2) CompareValidator 比较验证控件只能比较两个值是否相同。 (　　)

(3) 正则表达式“\d”和“[0-9]”是等价的，都代表一个整数。 (　　)

3. 选择题

(1) 以下 (　　) 属性不是验证控件所共有的。

A. ControlToValidate　　B. ErrorMessage

C. Display　　D. ValueToCompare

(2) 在网页中输入出生年月和入团年月，若要验证入团年月的输入必须比出生年月要大，可以用(　　)验证控件。

A. RequiredFieldValidator　　B. CompareValidator

C. RegularExpressionValidator　　D. ValidationSummary

(3) 可以使用(　　)控件对所有的验证错误进行汇总。

A. RequiredFieldValidator　　B. CompareValidator

C. RegularExpressionValidator　　D. ValidationSummary

4. 简答题

(1) ASP.NET2.0 中的验证控件有哪几个？各有什么作用？

(2) 写出能验证中国电话号码最合适的正则表达式。

5. 操作题

(1) 到 ASP.NET 帮助或网上学习 ASP.NET 验证控件的其他知识。

(2) 到网络上学习更多的正则表达式知识。

(3) 独立实现并完善“用户注册”网页。

任务 5 内置对象应用

教学目标

通过本章节的学习，使学生在掌握基本 ASP.NET 程序设计方法的基础上，了解 ASP.NET 配置程序的意义和特点，掌握 ASP.NET 配置文件的基本格式及常用的配置文件的设置方法，对应用程序的功能进行优化。

知识目标

- 掌握 Response 对象的使用方法。
- 掌握 Request 对象的使用方法。
- 掌握 Server 对象的使用方法。
- 掌握 Session 对象的使用方法。
- 掌握 Cookie 对象的使用方法。
- 掌握 Application 对象的使用方法。

技能目标

- 能利用内置对象实现状态的管理。
- 能利用内置对象实现页面的跳转功能。

5.0 任务描述及工作单

之前的任务完成了网站规划的包头职业技术学院拟建网站，通过本章节的学习，将实现简单的网页浏览计数功能。要实现网页浏览计数功能，需要使用 ASP.NET 提供的内置对象。

5.1 内置对象简介

ASP.NET 提供了很多内置对象，可以完成许多复杂的功能。例如，实现在页面之间传递变量、跳转以及向页面输出数据，获取页面数据以及记录信息等。

ASP.NET 页面工作是基于 HTTP 协议，使用的是解释性语句。工作的执行过程是客户端向服务器发送请求，服务器接收到请求后解析执行，再将执行结果返回客户端的完整过程。HTTP 请求是无状态的，因为在处理请求的过程没有记录请求及处理状态和数据，每次要访问同一页面也需要重新请求。因此当用户登录后，为实现记录该用户信息，ASP.NET 提供了内置对象来实现状态的管理。

内置对象是一个封装的实体，其中包括数据和程序代码。一般不需要了解对象内部是如何运作的，知道对象的主要功能即可。每个对象都有其方法、属性和集合，用来完成特定的功能。方法决定对象做什么，属性用于返回或设置对象的状态，集合可以存储多个状态信息。掌握 ASP.NET 提供的常用内置对象的使用方法，对于初学者是基础要求。

在内置对象中，常用的有 Response 对象、Request 对象、Server 对象、Session 对象、Cookie 对象、Application 对象。

5.2　知识点 1: Response 对象

HttpResponse 提供对当前页面的输出流的访问。Response 对象是 HttpResponse 类的一个实例，用于控制服务器发送给浏览器的信息，包括直接发送信息给浏览器、重定向浏览器到另一个 URL 或设置 Cookie 的值。Response 对象是将文本写入到输出页面，也可以将用户从请求页面重定向到另一页面。可以将 Response 对象和 Request 对象看做是一对：Request 对象主要用于获取客户端的相关数据，而 Response 对象主要用于控制输出给客户端的信息。

网站在线统计器

HttpResponse 类的作用主要有：将文本写入输出页面，读取 / 写入 Cookie，将用户从请求页面重新定向到另页面，为某种操作设置或获得输出内容的类型，检查客户端是否仍然与服务器相连。

Response 对象的常见的属性和方法见表 5-1。

表 5-1　Response 对象常见的属性和方法

属 性	说　明
Buffer	在当前页面中的所有服务器脚本处理完毕之前，是否将 aspx 页面的输出存入缓存中
Cache	获得网页的缓存策略(过期时间、保密性等)
ContentType	获得或指定响应的HTTP内容类型(如text/xml或image/gif)，默认的MIME类型是 text/html。客户端浏览器从输出流中指定的MIME类型获得内容的类型
Cookie	用于获得 HttpResponse 对象的 Cookie 集合
Expires	指定浏览器中缓存的页面过期时间(以分钟为单位)
Output	HTTP 响应流的文本输出
OutputStream	HTTP 内容主体的二进制输出，并作为响应的一部分
方 法	说　明
Write	向当前 HTTP 响应流写入文本，使其成为返回页面的一部分
End	将当前所有缓冲的输出发送到客户端，停止该页面的执行
Redirect	将用户从请求页面重新定向或转到另一页面

1. Response 对象的使用方案

1) Write() 方法

【实例 5.1】输出一个九九乘法表，要求将 HTML 与 C# 代码混写，运行的效果如图 5-1 所示。

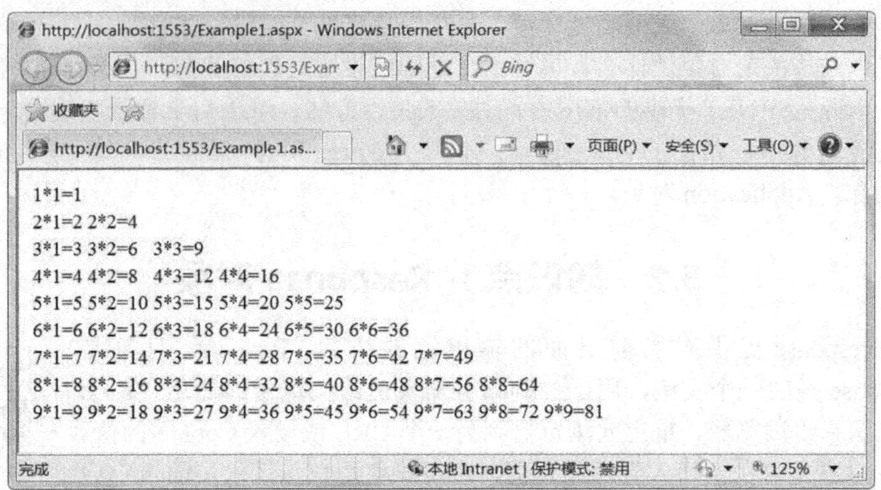

图 5-1　实例 5.1 运行效果

在站点下新建 Example1.aspx 页面，“源”视图中编写代码，示例代码如下：

```
<table>
    <% int i,j;
     for(i=1;i<=9;i++)
     {   %>
        <tr>
        <%
         for(j=1;j<=i;j++)
        {   %>
                <td>
            <%Response .Write (i+"*"+j+"="+i*j);
        }%>
        </td>
        <%}%>
      </tr>
</table>
```

2) Redirect() 方法

作用：实现页面跳转，跳转会花费大量的服务器时间，建议限制地使用。

如单击登录页面上的“注册”按钮要实现跳转到注册页面，则代码如下：

```
Response. Redirect("Register.aspx");
```

2. Response 对象的缓冲机制

Response 对象的缓冲机制将数据先保存在服务器缓存区域，这样访问时不用每次都执行文件，只需从缓存区取得数据即可，能加快页面处理的速度并缩短服务器响应时间。Response.Buffer 和 Response.BufferOutPut 用于设置是否要缓存输出到客户端的数据，.NET 提供 Buffer 属性是为了与 ASP 兼容，而通常在 .NET 中所使用的是 BufferOutPut 属性。

Response.BufferOutPut=True 表示完成对整个页面和处理之后才向客户端输出。

在使用缓冲机制时还提供有两个方法：Clear() 方法清除缓冲区中所有的 HTML 输出，Flush() 方法将当前缓冲区里的内容强制输出到客户端。使用 Clear()、Flush() 的前提条件是：BufferOutPut 或 Buffer 的属性设置为 True。

【实例 5. 2】利用缓存和清除方法实现九九乘法表，循环到第 7 行时清除缓存。

在站点下新建 Example2.aspx 文件，在实例 5.1 的代码中添加一行：

```
if (i == 7) Response.Clear();
```

示例代码如下：

```
<table>
  <% int i,j;
    for(i=1;i<=9;i++)
    {%>
      <tr>
      <%
      for(j=1;j<=i;j++)
      {%>
         <td>
           <%Response .Write (i+"*"+j+"="+i*j);
              if (i == 7) Response.Clear();
     }%>
     </td>
    <%}%>
    </tr>
</table>
```

页面的输出默认是缓存的，当循环进行到 i=7 时，前 7 行的内容全部在缓存中，这时 if 条件成立，执行 Response.Clear() 语句，将缓存中的内容全部清空，程序继续执行，将后面语句执行的结果输出，最终效果如图 5-2 所示。最终只能看到后几行的输出结果，前面在清空时将 <table> 标记、<tr> 标记等已全部清空，结果在页面的输出不按表格形式。

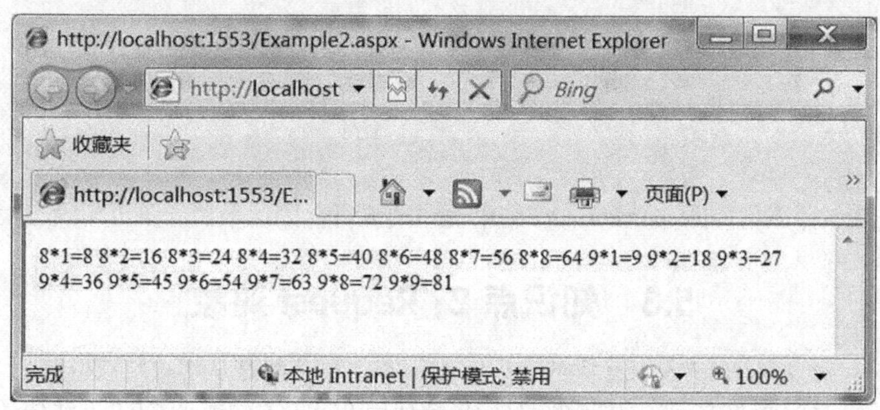

图 5-2　实例 5.2 运行结果

【实例 5.3】利用缓冲和 Flush() 实现九九乘法表。

在站点下新建 Example3.aspx 文件，将实例 5.2 的 Clear() 换成 Flush()，示例代码如下：

```
<table>
        <% int i,j;
        for(i=1;i<=9;i++)
        {   %>
            <tr>
            <%
            for(j=1;j<=i;j++)
            {   %>
                <td>
                <%Response .Write (i+"*"+j+"="+i*j);
                if (i == 7) Response.Flush();
            }%>
          </td>
        <%}%>
        </tr>
</table>
```

该段代码先将前 7 行输出，再继续执行，最终的效果如图 5-1 所示。

【实例 5.4】将所有缓存输出到客户端，并使用 End() 方法停止当前页的执行。

在站点下新建 Example4.aspx 页面，在 Page_Load0 中添加代码如下：

```
protected void Page_Load(object sender, EventArgs e)
{
    Response. Write("aaaa<br/>");
    Response. Write("bbbb<br/>");
    Response. Write("cccc<br/>");
    Response. End();
    Response.Write("dddd<br/>");
}
```

输出结果如下：

```
aaaa
bbbb
cccc
```

输出前 3 行语句，Response.End() 结束程序的执行，因此最后一条语句没有被执行。

5.3　知识点 2：Request 对象

Request 对象是 HttpRequest 类的一个实例，其主要功能是从客户端获取数据。使用该对象可以访问任何 HTTP 请求传递的信息，包括使用 POST 方法或者 GET 方法传递的参数、

Cookie 和用户验证等。Request 对象将客户端请求的信息提供给服务器。客户端请求的信息包括下列内容：

- 识别用户和浏览器的 HTTP 变量。
- 在客户端浏览器上为网站存储的 Cookie。
- 作为查询字符串或网页 <FORM> 部分的 HTML 控件值。

Request 对象的常用方法和属性如表 5-2 所示。

表 5-2　Request 对象的常用方法和属性

属 性	说　明
Browser	获得有关请求浏览器功能的信息
Form	获得网页中定义的窗体变量的集合
QueryString	获得以键值对表示的 HTTP 查询字符串变量的集合
Params	获取 QueryString、Form、ServerVariables 和 Cookies 项的组合集合
ServerVariables	获取 Web 服务器变量集合
Url	获取有关当前请求的 URL 的信息
方 法	**说　明**
MapPath	将请求 URL 中提供到的虚拟路径映射到服务器上的实际物理路径

1. 使用 Request 获取客户端信息

【实例 5.5】用 Request 获取客户端信息。

页面设计。在站点下新建 Example5.aspx 页面，在页面添加一个标签，修改属性 ID="lblRequest"、Text=""。

编写代码如下：

```
protected void Page_Load(object sender, EventArgs e)
{lblRequest.Text = lblRequest.Text + "HttpRequest.Browser=" + HttpContext.Current.Request.
Browser+ ",<br/>";
lblRequest.Text = lblRequest.Text + "HttpRequest.Url=" + HttpContext.Current.Request.Url +
",<br/>";
lblRequest.Text = lblRequest.Text + "HttpRequest.UserHostAddress=" + HttpContext.Current.
Request.UserHostAddress + " <br/>";
lblRequest.Text = lblRequest.Text + "HttpRequest.UserHostName=" + HttpContext.Current.
Request.UserHostName + ",<br/>";
}
```

保存并浏览页面，观察结果，如图 5-3 所示。

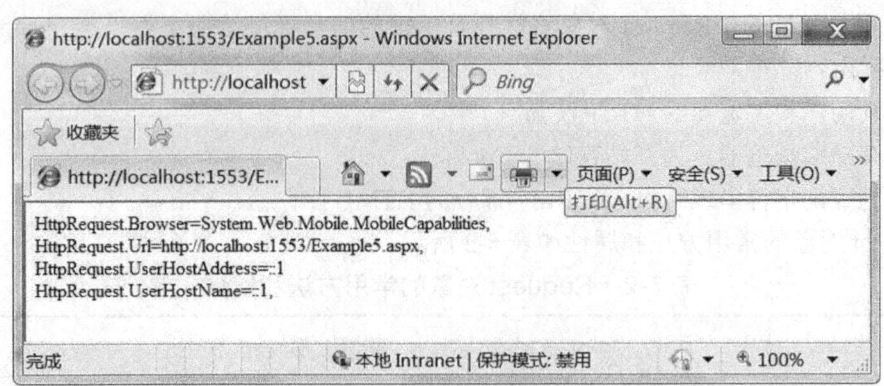

图 5-3 实例 5.5 运行效果

2. 使用 Request 获取表单信息

表单的提交方式有两种：POST 方式和 GET 方式。当表单数据以 Form 集合的形式即 POST 方式提交，获取值的方法是 Request.Form[" 表单元素 "]；当表单数据以 GET 方式提交，获取值使用方法是 Request.QueryString["url 变量名 "]。

【实例 5. 6】页面的传递 POST 方式的使用。

(1) 页面设计。在站点下新建 Example6.apx 页面，将页面设计为简单的登录页面，如图 5-4 所示。为了验证信息，密码框设为普通文本框。

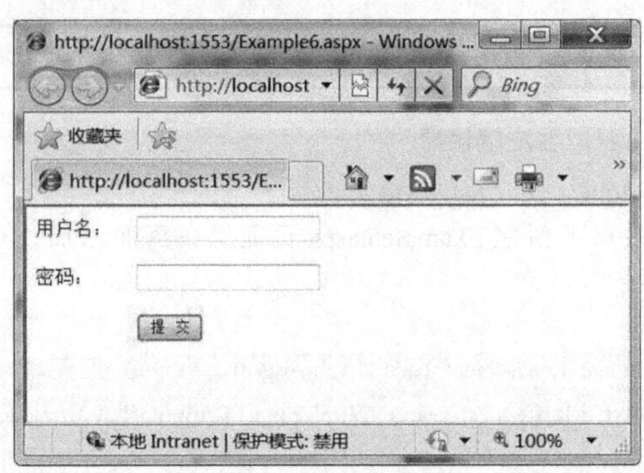

图 5-4 Example6.aspx 页面

(2) 编写代码。分别取出用户输入的用户名和密码，并在页面上显示。代码如下：

```
protected void Button1_Click(object sender, EventArgs e)
{
    Response.Write(" 用户名: "+Request.Form[TextBox1.Text]);
    Response.Write(" 密码: "+Request .Form[TextBox2.Text]);
}
```

(3) 保存页面，浏览并运行页面，可以观察到在文本框中输入的内容显示在页面上。

(4) 查看“源代码”，method 属性为 POST，在浏览器中查看源文件，代码如下。此时，页面默认的提交方式是 POST 方式。

```
<body>
    <form id="form1" runat="server" method ="post" action="PostDemo.aspx" id="form1">
    <div>
    <input type="hidden" name="_VIEWSTATE" id="_VIEWSTATE" value="/wEPDuUL /">
```

【实例 5. 7】页面的 GET 提交方式的应用。

(1) 在【实例 5.6】的“源”中 <form> 标签中加 method="get"。

(2) 修改按钮的事件代码，如下所示：

```
protected void Button1_Click(object sender, EventArgs e)
{
Response.Write("<br/> 用户名 :"+ Request.QueryString[" TextBox1"]);
Response.Write("<br/> arng: "+Request.QueryString["TextBox2"]);
}
```

(3) 运行后注意观察地址栏。

【实例 5. 8】将 page1 页面中用户输入的信息传递到 page2(由地址栏传递参数)，并在 page2 中显示所传递的参数的值。

(1) 在站点下新建 pagel.aspx 页面，在页面中加入一个文本框和一个按钮，将按钮的 Text 属性修改为“通过地址栏传值”。

(2) 给按钮添加如下事件代码：

```
protected void Button1_Click(object sender, EventArgs e)
{
    Response.Redirect("page2.aspx?id=" + TextBox1.Text);
}
```

(3) page2 中输出所传递的参数，示例代码如下：

```
protected void Page_Load(object sender, EventArgs e)
{
    if (!IsPostBack)
    {
        string id = Request.QueryString["id"].ToString();
        Response.Write(" 页面 pagel 到 page2 传递的参数是 :" + id);
    }
}
```

(4) 保存页面，浏览并执行，观察运行的结果。

5.4　知识点 3：Server 对象

Server 对象是 HttpServerUtility 类的一个实例，它提供了服务器信息的封装，定义了一个与 Web 服务器相关的类，实现对服务器的方法和属性的访问。Server 对象常见的属性和方法见表 5-3。

表 5-3　Server 对象常见的属性和方法

属　性	说　明
MachineName	获取服务器的计算机名称
ScriptTimeout	获取或设置请求超时值(单位：秒)
方　法	**说　明**
Execute	在当前请求的上下文中执行指定资源的处理程序，然后将控制返回该处理程序
Transfer	终止当前页的执行，并为当前请求开始执行新页
HtmlDecode	对 HTML 字符串进行解码
HtmlEncode	对 HTML 字符串进行编码
UrlDecode	对字符串解码，该字符串为了进行 HTP 传输而进行编码，并在 URL 中发送给服务器
UrlEncode	编码字符串，以便通过 URL 从 Web 服务器到客户端进行可靠的 HTTP 传输
MapPath	返回与 web 服务器上指定的虚拟路径相对应的物理路径

1. Server 对象的 HtmlEncode() 方法

由于 Web 浏览器要解析网页文件中 HTML 标记，如要在页面上输出带 HTML 标记的内容 " <B> 文本 </B>"，结果浏览器解析时将“文本”用粗体显示，如果想要得到 "<B> 文本 </B>"，必须经过替换，< 替换成 <，> 替成 >，即写成 Response.Write("<:B> 文本 <B> ")。显然，该写法非常烦琐。若使用 Server 对象的 HtmlEncode 方法，语句如下：

Response.Write(Server.HtmlEncode("<B> 文本 </B>"))

【实例 5.9】Server 对象的 HtmlEncode() 使用，示例代码如下：

```
protected void Page_Load(object sender, EventArgs e)
{
    Response.Write("<center> <b>asp.net 的 Server 对象 </b></center>");
    Response.Write( Server.HtmlEncode("<center><b>asp.net 的 Server 对象 </b></center>"));
}
```

运行结果如图 5-5 所示。

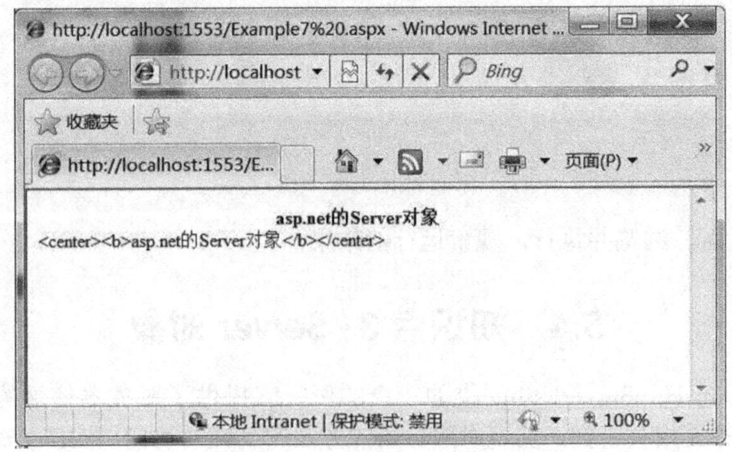

图 5-5　实例 5.9 运行效果

2. Server 对象的 URL 编码与解码

当服务器向用户发送有关 URL 信息时，有一些符号，如“/”“ &”，可能会被截断或误解，需要对 URL 进行编码，如以下代码所示：

```
protected void Page_Load(object sender, EventArgs e)
{
    string str="www.sina.com/more.aspx?page=1";
    Response. Write(Server UrlEncode(str);
}
```

编码后的文本为：

```
www.sina.com%2fimore.aspx%3fpage%3d1
```

对编码后的 URL 进行解码，代码如下所示：

```
protected void Page_Load(object sender, EventArgs e)
{
    string str="www.sina.com/more.aspx?page=i";
    Response.Write(Server.UrlEncode(str));
    Response.Write(Server.UrlDecode(ServerUrlEncode(str)));
}
```

3. Server 对象的 Execute() 方法

Execute() 方法和 Transfer() 方法均能停止当前页面的执行，并转去执行用户在方法内指定的 URL，同时用户的会话状态和任何当前的事务处理状态都将传递给新页面。Server. Execute() 在 URL 参数指定的页面处理完后，控制权返回给先前的页面或调用该方法的页面，并且从该方法调用后的语句继续执行，如以下代码所示：

```
protected void Page_Load(object sender, EventArgs e)
{
    Server.Execute("ResponseDemo1. aspx");
    Response.Write(" 执行本页 ");
}
```

此代码执行了 ResponseDemo1.aspx 页面后，再返回执行 Response.Write() 语句。

4. Server 对象的 Transfer() 方法

在 URL 参数指定的页面处理完后，控件权不会返回给先前的页面，也不会返回给调用该方法的页面，直到在新页面完成结束，如以下代码所示：

```
protected void Page_Load(object sender, EventArgs e)
{
    ServerTransfer ("ResponseDemo1.aspx");
    Response.Write(" 执行本页 ");
}
```

最后一条语句并没有被执行，这是由于该代码在已终止执行后不再返回到本页面执行。

5. Server 对象的 MapPath() 方法

浏览器向服务器请求网页时，使用的路径是虚拟路径。如果要上传一个文件到服务器，则需要使用绝对路径。在使用ADO.NET访问数据库时，需要数据库文件的实际路径(物理路径)，这些都可以借助于Server对象的MapPath方法，从虚拟路径得到Web资源(如aspx页面)的物理路径。该方法的语法为：MapPath(string path)，其中path表示Web服务器上的指定虚拟路径。

5.5 知识点 4：Session 对象

Session 对象表示会话状态，用来保存与当前会话相关的信息，它是 HttpSessionState 类的实例。当请求应用程序的网页时，Server 对象会检查请求是否包含 SessionID。如果 SessionID 包含在请求中，Server 对象会检查用户是否处于活动状态，并被允许继续访问该应用程序。若 Server 对象不能识别 HTTP 标头的 SessionID，则 Server 对象会为用户创建一个新 Session 对象。

Session 对象用于存储用户的信息，该信息将在用户会话期间保留。当用户在同一应用程序中，从一个页面浏览到另一个页面时，存储在 Session 对象中的变量不会被丢弃。在用户放弃会话或会话超时的时候，信息会被清除。

Session 对象的特点如下：

➢ Session 对象包含特定的用户信息，该信息不能共享或由应用程序的其他用户访问。

➢ 当会话过期或终止时，服务器就会自动清除 Session 对象。

➢ Session 中的数据保存在服务器端，当客户端需要时创建一个 Session 对象，不需要时销毁掉 (remove)，使其不占用服务器内存。

➢ Session 中可以保存任意类型的数据。

➢ Session 默认的生命周期是 20 分钟，用户也可以重新设置。

➢ Session 变量对于每个会话都是独立的，每个会话都有一个 SessionId，它是唯一的由 24 个字符组成的变量。

1. Session 对象的使用方法

Session 变量仅提供给会话中特定的用户，不能被应用程序的其他用户访问或修改。

Session 变量可用于存储在整个用户会话过程中都可以访问的值。例如，在用户登录成功时，用 Session 变量记住，示例代码如下：

```
Session["user"]=" 张三 ";
Response.WriteLine(Session["user"]); // 输出这个 Session 变量
```

2. Session 对象的 Abandon() 方法

Abandon() 可以删除所有的 Session 变量，它还会结束当前会话，触发 Session_End 事件，代码如下：

```
Session.Abandon();
```

3. Session 对象的超时

当 Session 超时，相当于执行了 Abandon()。设置 Session 超时为 1 分钟，代码如下所示：

```
Session.Timeout=1; // 时间 1 分钟
```

超时时间不能设置超过 1 分钟，也可以在 Web.config 中设置，代码如下：

```
<system. web>
<SessionState timeout="1">// 时间 1 分钟
```

5.6　知识点 5：Cookie 对象

使用 Cookie 对象能够将用户信息保存在客户端。Session 对象和 Application 对象将信息保存在服务器端。Web 应用程序可以通过获取客户端的 Cookie 的值来判断用户的身份，并进行认证。Cookie 分为会话 Cookie 和持久性 Cookie 两类。会话 Cookie 只在当前会话中有效，会话结束就消失；持久性 Cookie 可以在客户端中永久保存。

Cookie 对象的缺点如下：

➢ 大小限制：Cookie 大小不超过 4 KB。

➢ Cookie 只能保存字符串类型的数据。

➢ 不确定性：若客户端配置禁用 Cookie 配置，则 Web 应用中使用的 Cookie 将被限制，客户端将无法保存 Cookie。

➢ 安全风险：现在有很多的软件能够伪装 Cookie，这意味着保存在本地的 Cookie 并不安全，会导致 Web 应用在认证用户权限时出现错误。

1. 创建 Cookie 对象

创建一个 Cookie 对象，示例代码如下：

```
HttpCookie myCookie=new HttpCookie("uName"," 张三 ");
Response.Cookies.Add(myCookie);
```

以上代码创建了一个名称为 myCookie 的 Cookie 对象，值为“张三”，并将 myCookie 添加到 Response 对象的 Cookie 集合中，将它存入客户端。

2. 获取 Cookie 对象

通过访问 Request 对象的 Cookie 集合可读取现有的 Cookie，示例代码如下。其中 Value 属性将 Cookie 的值以字符串的形式返回。

```
Response.Write(Request.Cookies["uName"].Value);
```

在用户注册时，往往会有一个“记住我”复选框，要实现在本机记住成功登录的用户需使用 Cookie。当用户再次登录时，可以直接获取客户端的 Cookie 的值进行登录。

5.7　知识点 6：Application 对象

Application 对象是 HttpApplication 类的实例，Application 对象和 Session 对象都可以存储任意类型的数据，并且都存储在服务器上。所不同的是 Application 对象中的数据可以由应用程序中的所有用户设置或者获取，并且其存放的数据没有时间期限，除非服务器重启或手动删除数据。HttpApplicationState 类提供了添加和移除 Application 状态的方法，其常用方法见表 5-4。

表 5-4　HttpApplicationState 类的常用方法

方　法	说　明
Add	向 Application 状态添加新对象。如 :Application.Add("Title","article"); 或 pplication["Title"]="Article"
Clear	从 Application 状态中移除所有对象
Remove	从 Application 集合中按名称移除项，如 : Application.Remove(" Title")
Lock	锁定 Application 变量
UnLock	解锁用户会话对应用程序变量的锁定

如果一个应用程序的访问量非常大，则可能会出现多个用户同时修改同一个 Application 对象的值，这种情况可能会导致数据混乱。因此，要确保应用程序级的变量不会同时被多个用户修改，可以使用 Application 对象提供的 Lock() 和 UnLock() 方法对 Application 对象进行加锁和解锁。

加锁与解锁的操作代码一般如下：

```
Application.Lock();  //更改应用程序变量值的代码
Application.UnLock();
```

5.8　拓展知识——网站计数器设计

在用 ASP.NET 创建 Web 应用程序时，可以包含多种由 ASP.NET 支持和管理的文件类型。除此以外还能利用系统创建一些具有特殊用途（如用于存储源代码）的文件或文件夹，ASP.NET 应用程序可以对这些文件进行识别并进行特殊处理。

App_Code 文件夹包含应用程序一部分进行编译的实用工具类和业务对象的源代码文件。App_Code 文件夹位于 Web 应用程序的根目录下，该文件夹中存储的是应用程序的一部分动态编译的类文件，例如 .cs、.vb 和 .jsl 文件的源代码文件就可以存放在 App_Code 文件夹中，它们将作为应用程序的一部分进行编译。App_Code 文件夹中的类文件可以包含任何可识别的 ASP.NET 组件——自定义控件、辅助类、build 提供程序、业务类、自定义提供程序、HTTP 处理程序等。

在应用程序中将自动引用 App_Code 文件夹中的代码，在动态编译的应用程序中，当对应用程序发出首次请求时，ASP.NET 即编译 App_Code 文件夹中的代码。在开发时，对 App_Code 文件夹的更改会导致整个应用程序重新编译。根据 App_Code 文件夹及其在 ASP.NET 应用程序中的定义，一些自定义类和其他源代码文件都可以在该文件夹中进行创建，并在 Web 应用程序中使用它们，而不必单独对它们进行编译。

App_Code 文件夹除了可以包含一些类文件外，还可以包含并且能自动地处理代表数据架构的 XSD 文件，可以在该文件夹中放置任意文件类型以便创建强类型对象，这些文件要求使用相同的语言进行编写，如果采用不同的语言编写类文件，则应该为相应的类文件创建特定语言子目录，这些设置可以在 Web.config 文件中完成。如果开发的移动 Web 应用程序要将一些特定的代码在多个页面之间进行共享，可以将代码保存在 App_Code 文件夹中。

App_Data 文件夹包含由系统提供的专用的数据库和一些专用的数据表文件。

在 Web 应用程序的根目录下还有另外一个共享文件夹 App_Data，它是 ASP.NET 提供程序存储自身数据的默认位置，主要用来存放由系统提供的专用的数据库和一些专用的数据表，这些数据存储通常以文件的形式存在，如 SQL Server 数据库、Access 数据库、文本文件等，这些数据文件用来维护角色信息和成员资格，一些能够执行应用程序的用户账户可以读取、写入和创建该文件。

1. 网站在线计数器设计

Web应用程序的主体设计完成后，还要对应用程序的功能进行完善，要设置应用程序的运行环境、要提高应用程序的安全可靠性、对应用程序中的一些事件进行控制等。这些功能可以在主程序以外的一些配置文件中完成，通过这些配置文件对应用程序进行控制。Web 应用程序就采用了一些配置文件对程序的功能进行简单的设置处理。应用Application对象和全局应用程序类(即Global.asax文件)设计一个网站访问计数器，用于统计访问网站的在线人数。

使用 Application 对象实现一个模拟的网站访问计数器。

当在应用程序的真实目录 C:\myweb\Default.aspx 下运行该程序时，显示的效果如图 5-6 所示。当对真实目录 C:\myweb 设置一个虚拟目录 virtueroot 时，在虚拟目录下运行该程序时，显示的效果如图 5-6 所示。

图 5-6　Web 程序示例

2. 编写代码

在设计视图中双击中间空白区域，即可进入代码页 Default.aspx.cs，在 Protected void Page_Load(object sender, EventArgs e) 下面的一对花括号 { } 之间填入如下代码：

```
this.lblPageCount.Text = Application["PageCount"].ToString();
```

代码页 Default.aspx.cs 如图 5-7 所示。

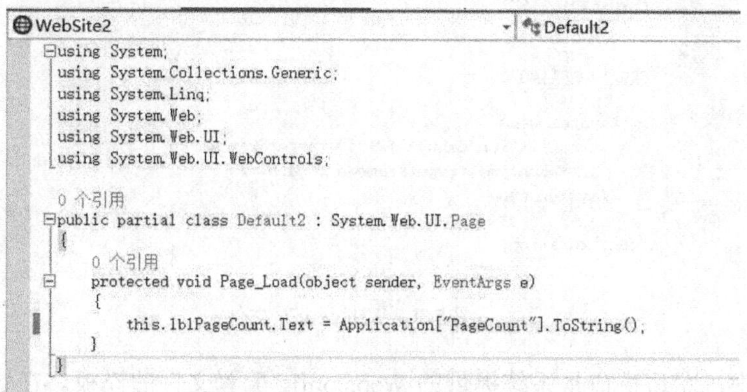

图 5-7　代码页“Default.aspx.cs”

3. 添加 Web.config 配置文件

在打开的应用程序窗口中，选择“文件”|“新建”|“文件”命令，弹出“添加新项”对话框，如图 5-8 所示。

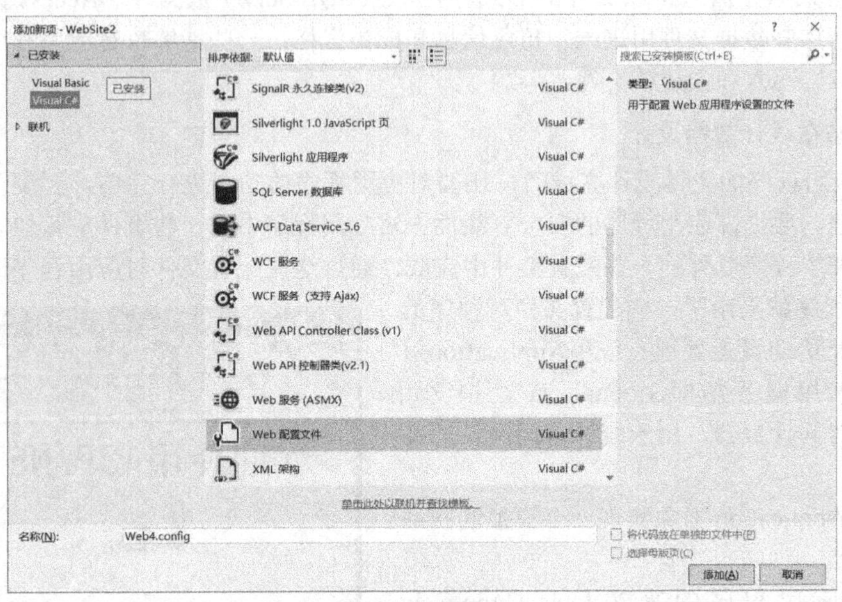

图 5-8　添加新项文件

如图 5-8 所示，在“模板”列表框中选择“Web 配置文件”选项，再单击【添加】按钮，可以看到在应用程序的解决方案资源管理器中新增了一个 Web.config 文件，如图 5-9 所示。

```
Web2.config*    Default2.aspx.cs    Default2.aspx
<?xml version="1.0" encoding="utf-8"?>
<configuration>
  <compilation defaultLanguage="c#" debug="true" />
  <appSettings>

  </appSettings>
  <globalization fileEncoding="gb2312"
    requestEncoding="gb2312"
    responseEncoding="gb2312"/>
</configuration>


<configuration>

    <system.web>
      <compilation debug="false" targetFramework="4.5" />
      <httpRuntime targetFramework="4.5" />
    </system.web>

</configuration>
```

图 5-9　Web.config 文件

在图 5-9 中，左边窗口是系统提供的 Web.config 配置文件的模板。在这里，根据应用程序的配置要求在 <configuration> 和 </configuration> 标记之间输入如下代码：

```
<compilation defaultLanguage="c#" debug="true"/>
<globalization fileEncoding="gb2312"requestEncoding="gb2312"
responseEncoding="gb2312"/>
```

添加代码后如图 5-10 所示。

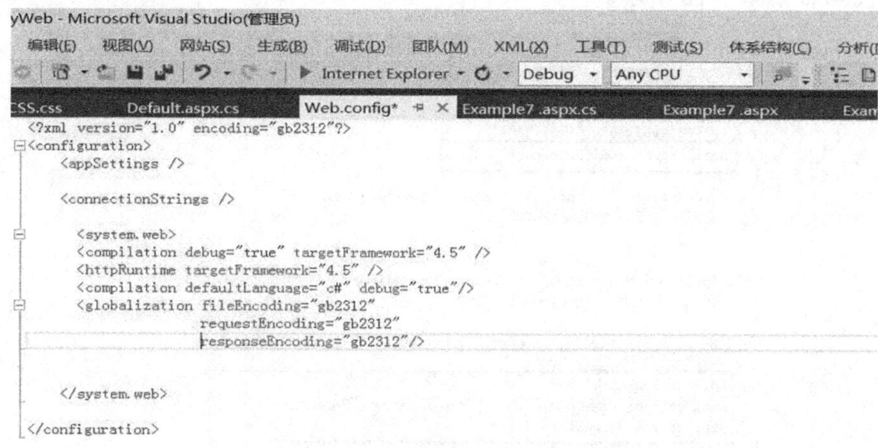

图 5-10 Default.aspx 文件相关的 Web.config 文件

4. 添加 Global.asax 文件

在图 5-8 中，在“模板”列表框中选择“全局应用程序类”选项，再单击【添加】按钮，可以看到在应用程序的解决方案资源管理器中新增了一个 Global.asax 文件，如图 5-11 所示。

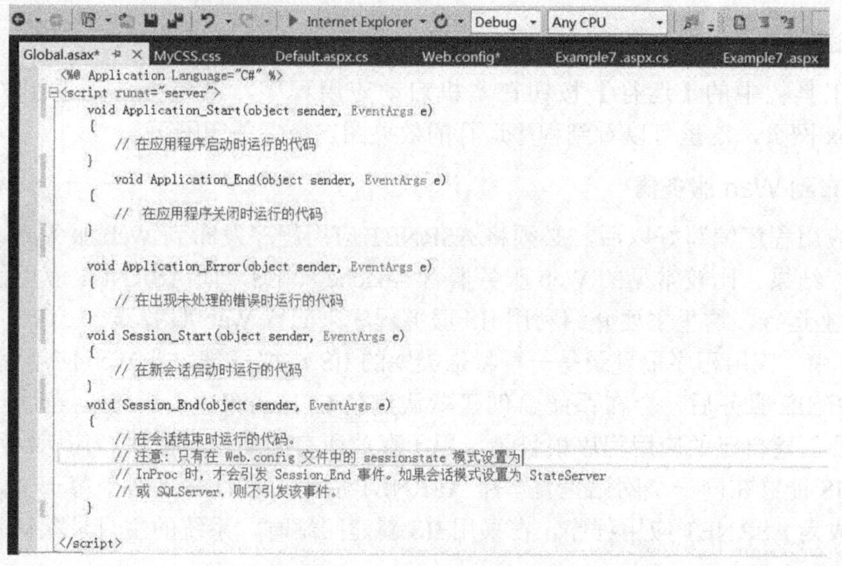

图 5-11 Global.asax 文件

在图 5-11 中左边窗口是系统提供的 Global.asax 全局应用程序类文件模板，这里根据应用程序的功能在 Application_Start() 事件的 {} 中输入如下代码：

```
Application.Add("PageCount",0);
```

在 Session_Start() 事件的 {} 中输入如下代码：

```
Application.Lock();
Application["PageCount"]=(int)Application["PageCount"]+1;
Application.UnLock();
```

添加代码后如图 5-12 所示。

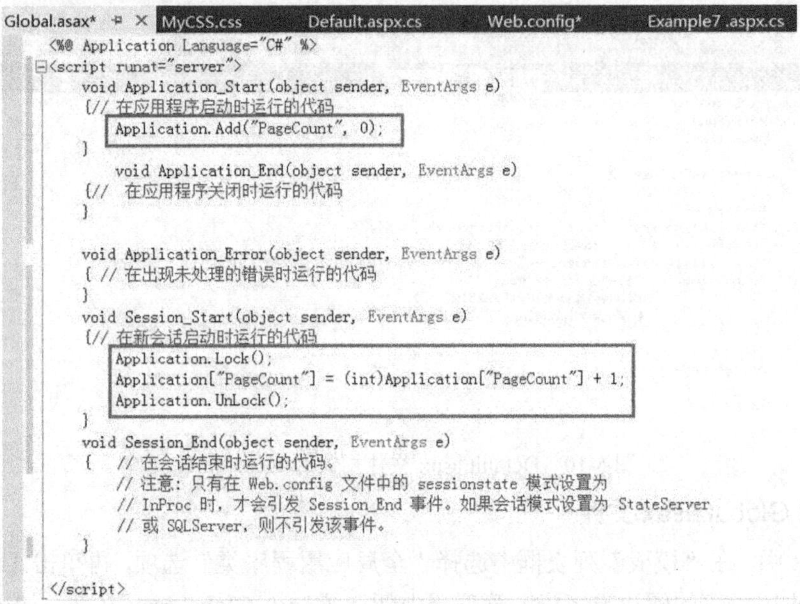

```
Global.asax*  MyCSS.css  Default.aspx.cs  Web.config*  Example7 .aspx.cs
<%@ Application Language="C#" %>
<script runat="server">
    void Application_Start(object sender, EventArgs e)
    {// 在应用程序启动时运行的代码
        Application.Add("PageCount", 0);
    }
        void Application_End(object sender, EventArgs e)
    {//  在应用程序关闭时运行的代码
    }

    void Application_Error(object sender, EventArgs e)
    { // 在出现未处理的错误时运行的代码
    }
    void Session_Start(object sender, EventArgs e)
    {// 在新会话启动时运行的代码
        Application.Lock();
        Application["PageCount"] = (int)Application["PageCount"] + 1;
        Application.UnLock();
    }
    void Session_End(object sender, EventArgs e)
    {   // 在会话结束时运行的代码。
        // 注意: 只有在 Web.config 文件中的 sessionstate 模式设置为
        // InProc 时，才会引发 Session_End 事件。如果会话模式设置为 StateServer
        // 或 SQLServer，则不引发该事件。
    }
</script>
```

图 5-12　Default.aspx 文件相关的 Global.asax 文件

1. 测试程序

单击工具栏中的【运行】按钮在本机启动应用程序，系统会自动调用浏览器显示 Default.aspx 网页，这里可以看到程序运行的效果图，最后关闭网页。

2. 发布到 Web 服务器

Web 应用程序编写好以后，必须将 ASP.NET 应用程序发布到 Web 服务器，才能浏览程序的执行结果。比较常见的 Web 服务器有 Apache 和 IIS，而 ASP.NET 应用程序只能在 IIS 服务器上运行，这里主要介绍利用 IIS 服务程序来配置 Web 服务器。

在 IIS 中，应用程序根目录是一种特殊类型的 IIS 虚拟目录，是 Web 应用程序的边界，系统配置好 IIS 服务后，会在系统盘创建默认目录 C:\Inetpub\wwwroot，当然开发者也可以根据需要创建自己的应用程序根目录，用于存放所有的文件、模块、句柄、网页和各种代码等。IIS 能够在同一个网站设置多个 ASP.NET 应用程序，并且对于每一个虚拟目录都可以设置成为 ASP.NET 应用程序，在采用 IIS 新建网站时，系统的主目录默认就是一个。

3. ASP.NET 应用程序

实现网站访问计数器要用到前面章节曾介绍的 Application 对象、Session 对象和本章学习的 Server 对象。要真正实现网站访问计数器，必须先将统计的次数数据保存到文件中，然后再从文件中读取。这样，服务器停止之后重新启动，原先访问统计的次数将保留下来，从而实现真正的网站访问计数器。读写文件就要用到 Server 对象来实现，要实现浏览一次网页计数器就增加 1，这就要写一个 Page_Load 事件，计数器增加之后，就要将新的次数写入文件中，这就要写一个 Page_Unload 事件。

4. 任务总结与学习评估

每当执行本网页一次，计数器的值就自动加 1，同时在该程序中通过配置 Web.config 文件对页面显示的文本格式进行控制，通过 Global.asax 文件来设置站点计数功能，以此达到抛砖引玉的目的。

利用相关对象实现网站访问量统计计数器；对于每一个 Web 应用程序而言，在它的目录中都包含一个 Web.config 文件，该文件可以存储 Web 应用程序的配置参数，是 XML 格式的纯文本文件，主要配置包含会话状态的行为或安全措施的设置位置等。

Web.config 文件可以出现在 ASP .NET 应用程序服务器的任何目录中，当采用 ASP.NET 创建一个应用程序后，系统会在根目录下创建一个默认的 Web.config 配置文件，所有的子目录都继承它的配置设置，当然也可以在该子目录下新建一个 Web.config 文件。除继承父目录的配置信息外，还可以在子目录中定义新的配置信息，也可以对父目录中的配置进行修改或重写。用户可以根据需要配置自己的应用程序，使得应用程序的配置显得有层次，同时也易于在不同的应用领域进行转换，有助于增加 Web 应用程序的灵活性。

5.9　综合案例——利用内置对象组织页面结构

前面的内容设计了主页 (Default.aspx)、文章列表页 (List.aspx)、文章显示页 (Show.aspx)、登录页 (Login.aspx)、注册页 (Reg.aspx)。但是，这些页面之间没有相互链接，我们需要使用一定的技术让各个页面之间链接在一起。

利用内置对象组织页面结构

1. 由登录页面跳转到注册页面

在登录页面的设计视图下双击“注册”按钮，打开 Login.aspx.cs 文件，进行程序代码书写，如图 5-13 所示。

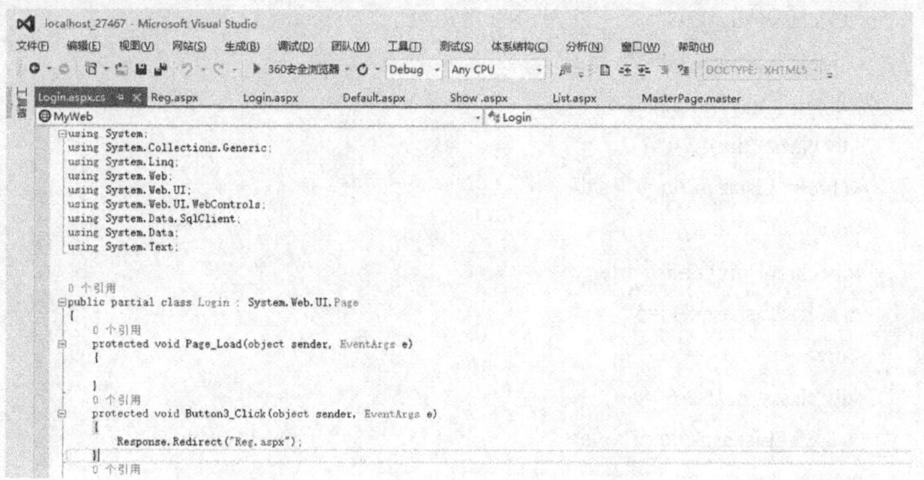

图 5-13　Login.aspx.cs 代码编写视图

在 Button3_Click() 中书写的"Response.Redirect("Reg.aspx");"表示当单击注册按钮的时候跳转到注册页面 (Reg.aspx)。

2. 文章列表页的链接设计

在首页中有首页、学院概况、机构设置、校园新闻等多个区域需要显示多条信息，可以使用文章列表页来进行设置。为了区分文章列表页属于哪个栏目，需要在列表页中增加一个 Label，根据点击的栏目不同，显示不同的内容。位置如图 5-14 所示。

图 5-14　列表页 Label 标签控件位置

设计菜单链接。打开母版文件，为 DIV1-2 内部添加链接信息如下：

```
<div class="div1-2">
  <div class="div1-2-1">
  <a href="Default.aspx"></a>
  </div>
  <div class="div1-2-2">
  <a href="List.aspx?id=2"></a>
  </div>
  <div class="div1-2-3">
  <a href="List.aspx?id=3"></a>
  </div>
  <div class="div1-2-4">
  <a href="List.aspx?id=4"></a>
  </div>
  <div class="div1-2-5">
  <a href="List.aspx?id=5"></a>
  </div>
  <div class="div1-2-6">
  <a href="List.aspx?id=6"></a>
  </div>
  <div class="div1-2-7">
```

```
<a href="List.aspx?id=7"></a>
</div>
<div class="div1-2-8">
<a href="List.aspx?id=8"></a>
</div>
<div class="div1-2-9">
<a href="List.aspx?id=9"></a>
</div>
<div class="div1-2-10">
<a href="List.aspx?id=10"></a>
</div>
</div>
```

同时需要修改样式表，为样式表添加超链接功能，涉及到的样式表修改如下：

```
.div1-2-1 {background-image: url('images/Main_02.jpg'); width: 120px; height: 40px;}
.div1-2-1 a{ display:block; width:120px; height:40px; cursor:auto; }
.div1-2-2 {background-image: url('images/Main_03.jpg'); width: 120px; height: 40px; position: relative; top: -40px; left: 120px;}
.div1-2-2 a{ display:block; width:120px; height:40px; cursor:auto; }
.div1-2-3{background-image: url('images/Main_04.jpg'); position: relative; width: 120px; height: 40px; top: -80px; left: 240px;}
.div1-2-3 a{ display:block; width:120px; height:40px; cursor:auto; }
.div1-2-4{background-image: url('images/Main_05.jpg'); position: relative; width: 120px; height: 40px; top: -120px; left: 360px;}
.div1-2-4 a{ display:block; width:120px; height:40px; cursor:auto; }
.div1-2-5{background-image: url('images/Main_06.jpg'); position: relative; width: 120px; height: 40px; top: -160px; left: 480px;}
.div1-2-5 a{ display:block; width:120px; height:40px; cursor:auto; }
.div1-2-6{background-image: url('images/Main_07.jpg'); position: relative; width: 120px; height: 40px; top: -200px; left: 600px;}
.div1-2-6 a{ display:block; width:120px; height:40px; cursor:auto; }
.div1-2-7{background-image: url('images/Main_08.jpg'); position: relative; width: 120px; height: 40px; top: -240px; left: 720px;}
.div1-2-7 a{ display:block; width:120px; height:40px; cursor:auto; }
.div1-2-8{background-image: url('images/Main_09.jpg'); position: relative; width: 120px; height: 40px; top: -280px; left: 840px;}
.div1-2-8 a{ display:block; width:120px; height:40px; cursor:auto; }
.div1-2-9{background-image: url('images/Main_10.jpg'); position: relative; width: 120px; height: 40px; top: -320px; left: 960px;}
.div1-2-9 a{ display:block; width:120px; height:40px; cursor:auto; }
```

```
.div1-2-10{background-image: url('images/Main_11.jpg'); position: relative; width: 120px; height: 40px; top: -360px; left: 1080px;}
.div1-2-10 a{ display:block; width:120px; height:40px; cursor:auto; }
```

这样 LOGO 区域中的菜单就实现了和文章列表页的链接。

由于在菜单的超链接中多次使用了 List.asp?id=X，其中 id=X(X=2，3，...，10) 不同的 X 取值可以区分不同的菜单，就需要进一步编写代码，打开 List.aspx.cs 文件输入如下代码：

```
using System;
using System.Collections.Generic;
using System.Linq;
using System.Web;
using System.Web.UI;
using System.Web.UI.WebControls;

public partial class List : System.Web.UI.Page
{
  protected void Page_Load(object sender, EventArgs e)
  {
    switch (Request.QueryString["id"])
    {
      case "2":
        Label1.Text = " 学院概况 ";
        break;
      case "3":
        Label1.Text = " 机构设置 ";
        break;
      case "4":
        Label1.Text = " 信息公开 ";
        break;
      case "5":
        Label1.Text = " 规章制度 ";
        break;
      case "6":
        Label1.Text = " 合作交流 ";
        break;
      case "7":
        Label1.Text = " 专题网站 ";
        break;
      case "8":
        Label1.Text = " 校友之窗 ";
```

```
                break;
            case "9":
                Label1.Text = " 联系我们 ";
                break;
            case "10":
                Label1.Text = " English";
                break;
            case "11":
                Label1.Text = " 校园新闻 ";
                break;
            case "12":
                Label1.Text = " 通知公告 ";
                break;
            default:
                break;
            }
        }
    }
```

其中 X=11、12 为首页中校园新闻和通知公告的链接，首页的修改同前。

单 元 测 试

1. 选择题

(1) 以下 ( ) 不是 Globalasax.asax 文件中的事件。

A. Application_OnEnd　　B. Application_OnStart

C. Session_OnEnd　　D. Server_OnStar

(2) Application 对象的默认有效期为 ( )。

A. 10 分钟　　B. 15 分钟

C. 20 分钟　　D. 应用程序从到结束

(3) QueryString 获取方法、From 获取方法获取的数据类型分别是 ( )。

A. 数字、字符串　　B. 字符串、数字

C. 字符串、字符串　　D. 应用程序必须根据具体值而确定

(4) Session 对象的默认有效期为 ( )。

A. 10　　B. 15　　C. 20　　D. 30

(5) 若要将虚拟路径转化为真实的物理路径，以下语句正确的是 ( )。

A. Response.MapPath(虚拟路径)　　B. Request.MapPath(虚拟路径)

C. Server.URLEncode(虚拟路径)　　D. Server.MapPath(虚拟路径)

(6) 在执行 A 页面时，若要调用 B 页面，且当 B 页面执行完后，继续执行 A 页面，则通过 Server 的 ( ) 方法来实现。

A. Transfer　　B. Redirect

C. Execute　　D. href

(7) Globalasax 文件中 Session start 事件何时激发 (　　)。

A. 在每个请求开始时激发　　B. 尝试使用对身份验证时触发

C. 启动会话时激发　　D. 在引用程序在启动时激发

(8) 以下 (　　) 文件是全局配置文件。

A. Global.asax　　B. Web.confing

C. Styles.css　　D. Assemblyinfo.vb

(9) 需要写入与 HIML 标记相同的文本时，应利用以下 (　　) 方法进行编码。

A. Response Server(HtmlEncode("<B>"))

B. Response. Write("Server. Html Encode ("<B>"))

C. Response. Write(Server. Html Encode ("<B>")

D. Server. Server(Write HtmlEncode("<B>"))

(10) 获取 Web 站点中某个文件的物理存储路径，使用 Server 对象的 (　　) 属性。

A. Execute　　B. MapPath

C. Transfer　　D. HtmlEncode

(11) Response 对象的 (　　) 方法可以使 Web 服务器停止处理脚本。

A. Clear　　B. End

C. BufrerOutput　　D. Flush

(12) 在应用程序的各个页面中传递值，可以使用内置对象 (　　)。

A. Request　　B. Application

C. Session　　D. 以上都可以

(13) 下列不属于 Response 对象的方法的是 (　　)。

A. Write　　B. End

C. abandon　　D. Redirect

(14) 能够在页面中关闭缓存的程序代码是 (　　)。

A. <%@Transaction=TRUE%>　　B. Response Buffer=True

C. Response.Bufrer=false　　D. Request Querystring

(15) Response 对象的属性 (　　) 可以用于表明页输出是否被缓冲。

A. TotalBytes　　B. ContentType

C. status　　D. Buffer

2. 简答题

(1) Application 和 Session 对象的事件分别发生在什么时候？它们在使用时需要实例化吗？为什么？

(2) Session 对象和 Application 对象各自的作用和最主要的区别是什么？

(3) 为什么 Session 有时候会消失？

(4) 列举ASP.NET页面之间传递值的几种方式(至少4种)。

任务 6　ADO.NET 技术应用

教学目标

通过本任务的学习，学生能够完成网站会员登录、注册的功能。当新用户注册成功后，输入自己的用户名和密码就能成功登录，在网站中完成其他操作。

知识目标

- 掌握 ADO.NET 基本原理。
- 掌握 ADO.NET 运行机制。
- 掌握 Server 对象的使用方法。
- 掌握数据库连接的基本方法。
- 掌握数据库操作的基本方法。

技能目标

- 能利用 ADO.NET 技术连接数据库。
- 能利用 ADO.NET 技术操作数据库。

6.0　任务描述及工作单

我们在之前的案例中，创建了包头职业技术学院拟建网站的基本页面，现在将通过本任务的学习，实现会员注册、登录等功能。要实现以上功能，需要使用 ASP.NET 提供的 ADO.NET 对象。

ADO.NET 是 ASP.NET 应用程序的数据访问接口，其主要功能包括与数据库建立连接、向数据库发送 SQL 语句和处理数据库执行 SQL 语句后返回的结果。ADO.NET 包含多个对象，使用这些对象应先引用命名空间。“System.Data”命名空间提供了 ADO.NET 的基本类。

(1)“System.Data.Sqlcilent”命名空间中的类用于访问 SQL Server 7.0 或更高版本的 SQL Server 数据库。

(2)“System.Data.OleDB”命名空间中的类用于访问 Access、SQL Server 6.5 或更低版本、DB2、Oracle 或其他支持 OLE DB 驱动程序的数据库。

(3)“System.Data.ODBC”命名空间中的类用于访问 ODBC 数据源。

(4)“System.Data.OracleClient”命名空间中的类用于访问 Oracle 数据库。

完成一个会员登录、注册的功能，让新用户能注册成为会员。会员注册时只需要按照页面上的提示输入自己的信息，同时用户名没有被别人占用就可以注册成为本系统的用户。当用户注册成功后，输入自己的用户名和密码就能成功登录，在网站中完成其他操作。

6.1 ADO.NET 简介

ADO.NET 是微软公司存取数据技术的最新版本，使开发人员可以同任何一种数据库进行交互。ADO.NET 是一组类库，提供了统一的编程模式和公用的类，如图 6-1 所示。ADO.NET 通过数据提供程序，给开发人员提供了统一的编程方法来操作不同的数据库。

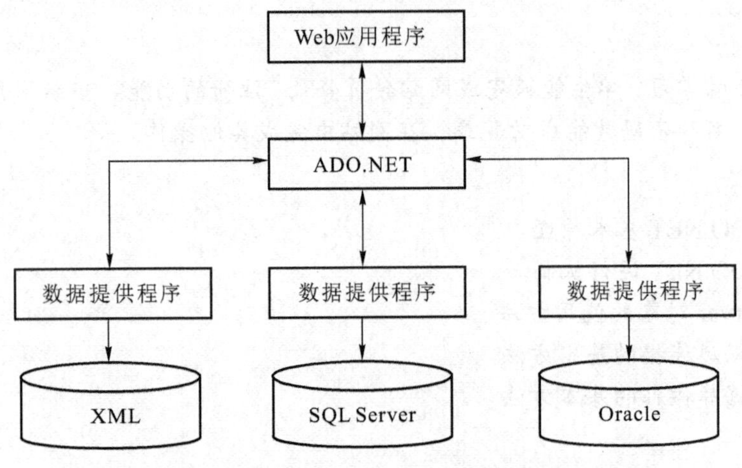

图 6-1 ADO.NET 工作原理图

ADO.NET 数据提供程序包含了四个核心对象。

1. Connection 对象

访问数据库时，由 Connection 对象负责建立与数据源的连接。

2. Command 对象

建立连接后，Command 对象下达 SQL 命令，用于返回数据、修改数据、运行存储过程以及发送或检索参数信息等。

3. DataReader 对象

Command 下达命令后，DataReader 对象只允许以只读、顺向的方式查看其中所存储的数据。

4. DataAdapter 对象

DataAdapter 对象使用 Command 对象在数据库中执行 SQL 命令，负责在数据库与 DateSet 之间传递数据；内存中的 DataSet 对象用来保存所查询到的数据记录。另外，Fill 命令用来填充数据集 DataSet，Update 命令用来更新数据源，提供连接 DataSet 对象和数据源的桥梁。

DataAdapter 使用 Command 对象在数据源中执行 SQL 命令，将数据加载到 DataSet 中，使用户对 DataSet 中数据的更改与数据源保持一致。这种操作数据库的方式称为断开式数据操作，在操作数据时，可以不与数据库一直保持连接。使用其他方式操作数据时，则一定要求与数据库保持连接。ADO.NET 工作机制如图 6-2 所示。

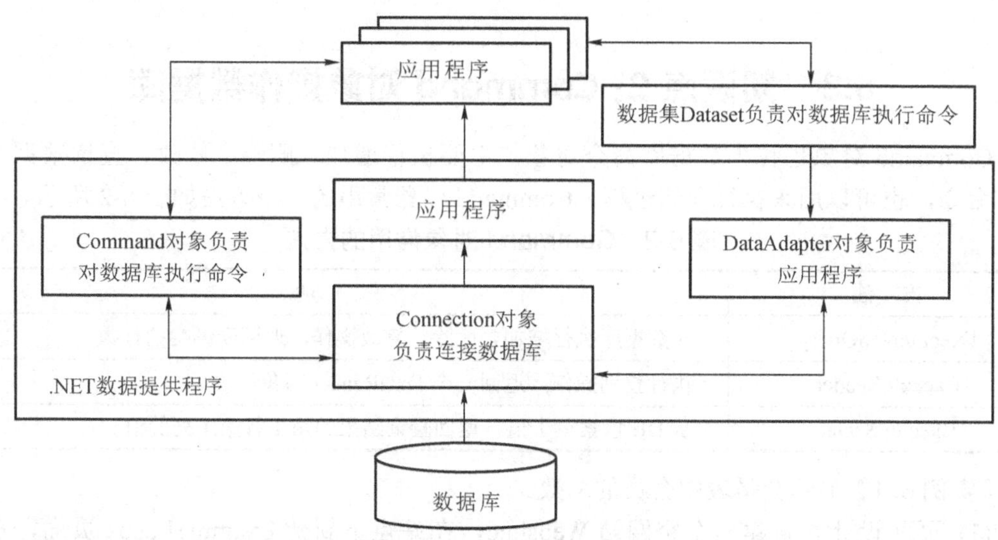

图 6-2　ADO.NET 工作机制图

6.2　知识点 1：Connection 对象连接数据库

Connection 对象负责建立与数据库的连接。建立数据库连接时，需要提供链接信息，如数据库所在地位置、数据库名称、用户账号、密码等相关信息，Connection 对象使用一个链接字符串来描述连接数据源所需要的连接信息，包括所访问数据源的类型、所在位置、名称等信息。通过 SQLConnection 对象建立与 SQL Server 数据库的连接，通过 OleDBConnection 对象建立支持 OLEDB 的数据源连接。

操作 SQL Server 数据库的基本步骤如下：

(1) 创建 SQLConnection 对象。

(2) 打开连接(多次打开问题：Connection State枚举)。

(3) 操作数据库。

(4) 关闭连接。

(5) 释放资源。

Connection 对象常用的属性与方法见表 6-1。

表 6-1　Connection 对象常用的属性与方法

属　性	说　明
ConnectionString	打开 SQL Server 数据库的字符串
State	表示 Connection 的状态，取值为 Close 和 Open
方　法	说　明
Open	打开数据库
Close	关闭数据库

6.3 知识点 2：Command 对象操作数据库

Command 对象也称为数据库命令对象，主要执行增加、删除、修改、查询数据库等操作命令，也可以用来执行存储过程。Command 对象常用的三个方法如表 6-2 所示。

表 6-2 Command 对象常用的方法

方 法	说 明
ExecuteNonQuery	对数据库执行增加、删除、修改操作，返回受影响的行数
ExecuteReader	执行查询操作，返回一个 DataReader 对象
ExecuteScalar	从 DB 检索单个值，返回查询结果的第 1 行第 1 列的值

【实例 6. 1】显示会员表中会员的总数。

(1) 页面设计。新建一个空网站 Website6，在站点下新建 Example1.aspx 页面，在页面中添加一个按钮。修改按钮的属性 Text 为“统计会员人数 :”，Id 为 btnCountNum。

(2) 编写代码。双击 (1) 中创建的按钮，在打开的 Example1.aspx.cs 文件的 btnCountNum_Cick() 方法中添加代码，示例代码如下：

```
using System. Data SqlClient;
protected void btnCountNum_Click(object sender, EventArgs e)
{//SQL Server 身份登录数据库服务器。
    string constr="server=.;database=ShopBookDB; user Id=sa; password=sa";
    // 身份验证
    //string constr="server-(local); database=ShopBookDB;
    trusted_connection=true"
    SqlConnection con=new SqlConnection(constr);
    // 创建 Command 对象
    SqlCommand cmd=new SqlCommand( "select count() from users");
    cmdOpen();
    int count=int Parse(cmd. ExecuteScalar ToString());
    con.Close;
    Response.Write(" 当前会员人数是: "+count);
}
```

从以上代码可以看出操作数据库的一般步骤，其中 SQL Server 数据提供程序包含在 System.Data.SqlClient 名称空间中。在操作数据库时，必须在所编写代码的最前面编写完整的“using System.Data.SqlClient”语句。第一行是 SQL Server 身份验证，在连接字符串中共给出了四个属性值：服务器是当前服务器，数据库名为 ShopBookDB，账号为 sa，密码为 sa，以该身份登录数据库服务器 (这个依据具体的数据库服务器而定)，也可以用 Windows 身份登录。如被注释的第二条语句，用 cmd.ExecuteScalar() 执行 Command 命令时返回的是 object，因此要进行类型的转换才能输出。

(3) 保存页面，浏览页面并运行，其运行效果如图 6-3 所示。

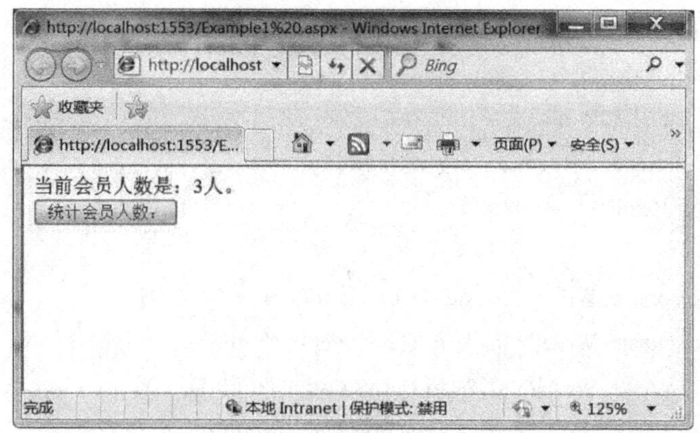

图 6-3　实例 6.1 运行效果

6.4　知识点 3：DataReader 对象读取数据库

DataReader 对象是一个读取行的只读流方式。DataReader 对象不能直接实例化，必须借助 SqlCommand 实例的 ExecuteReader() 方法创建其实例。DataReader 对象在读取数据时，需要与数据库保持连接，当使用 DataReader 对象读取完数据之后用 Close() 关闭数据库，并关闭与之相关的 Connection 对象。

【实例 6.2】使用在 HTML 中调用后台代码的方法，读取 StuInfo 表中的数据，在页面中以表格的形式显示出来。

(1) 页面设计。在站点下新建 Example2.aspx，由后台代码从数据库中读出，这里使用 getData() 调用后台代码，示例代码如下：

```
<form id="Form1" runat="server">
  <div>
    <table  border"1";cellpadding="0";cellspacing="0">
      <tr><td> 编号 </td><td> 姓名 </td><td> 邮箱 </td><td> 地址
      </td></tr>
      <% getData(); %>
    </table>
  </div>
</form>
```

(2) 编写代码。打开 Example2.aspx.cs 文件，在后台添加代码，示例代码如下：

```
using System.Data.Sqlclient;
protected void getDataO
{
    string constr="server=., database=ShopBookDB; user Id=sa; password=sa";
    SqlConnection con=new SqlConnection( constr);
    string sql="select no, user_name, Email, address from users";
    SqlCommand cmd=new SqlCommand (sql, con);
```

```
        con.Open();
        SqlDataReader dr= cmd.ExecuteReader()
        //关闭 dr 对象时自动关闭 con 对象
        //SqlDataReader dr=cmd.ExecuteReader( Command Behavior.CloseConnection);
        while(dr.Read())
        {
            Response. Write("<tr><td>"+ dr. GetInt32(0)+ "</td>");
            Response. Write("<td>"+ dr GetString(1)+"</td>");
            Response. Write("<td>"+dr[2].ToString()+"</td>");
            Response. Write("<td>"+ dr[address].ToString()+"</td></tr>")
        }
        dr.Close();
        con. Close();
    }
```

(3) 代码解析。以上代码通过 DataReader 对象从数据库中读取数据并进行显示。DataReader 对象不是通过 new 关键字创建的，而是通过 cmd.ExecuteReader() 创建的。DataReader 在读取数据时，相当于有一个游标指向数据的上一条，用 dr.Read() 判断是否有数据，若有就读取数据。因为这里满足条件的数据可能是一条或多条记录，所以用循环语句。读取 Datareader 的数据有三种方法：

第一种方法通过索引取出对应的列，同时进行数据的转换，如 dr.GetInt32(0)，取整型数据用 GetInt32()，取字符串用 GetString()，依此类推。

第二种方法通过 dr 集合来定位，并将取出的数据进行转换，如 dr[2].ToString()。

第三种方法通过字段名来获取对应的列，如 dr["address"].ToString()。

这三种方法都可以从获取的 DataReader 流中得到相应的列。前台要调用后台代码，可以使用 %% 的方法，后台实现页面的输出，可以将 HTML 标签写在 Response.Write() 方法中。

6.5 知识点 4：DataAdapter 和 DataSet 对象

DataAdapter 数据适配器对象利用 Command 对象操作从数据源中检索出的数据送往 DataSet，或者将数据集中经过编辑后的数据送回数据源。

DataSet 数据集对象是不依赖于数据库的独立数据集，用来处理从数据源获得的数据，相当于内存中的数据库。DataSet 可以包括多个 DataTable 对象和 DataView 对象。其中，DataSet 对象提供了一个离线的数据源，这样能减轻数据库和网络的负担，编程时即可将 DataSet 对象作为程序的数据源。

6.6 拓展知识——Page 类的继承

在ASP.NET中，每个Web窗体(ASP.NET页面)都是从Page类继承而来，一个ASP.NET页面实际上是Page类的一个对象，它所包含的属性、方法和事件用来控制页面的显示，而且还是各种服务器控件的承载容器。

Page 类与扩展名为 .aspx 的文件相关联，这些文件在运行时编译为 Page 对象，并缓存在服务器内存中。

1. 页面代码模式

(1) code-behind 模式：通过使用“@ page”指定的 Inherits 和 Codebehind 属性将代码隐藏文件链接到 .aspx 文件。这种先定义再关联的模式，就是 code-behind 模式。

(2) Page_Init 事件：在页面服务器控件被初始化时发生。初始化是控件生存期的第一个阶段，该事件主要用来执行所有的创建和设置实例所需的初始化步骤。

(3) Page_Load 事件：在服务器控件加载到 Page 对象中时发生，每次加载页面时，无论是初次浏览还是通过单击按钮或因为其他事件再次调用页面，都会触发此事件。

(4) Page_UnLoad 事件：在服务器控件从内存中卸载时发生。该事件程序的主要工作是执行所有最后的清理操作，如关闭文件、关闭数据库链接等，以便断开与服务器的“紧密”联系。

(5) IsPostBack 属性：获取一个值，该值指示该页是否因响应客户端 (postback) 而加载，或是被首次访问而加载。如果是为了响应客户端而加载该页，则为 true，否则为 false。

(6) IsValid 属性：获取一个指示该页面验证是否成功的值。如果该页验证成功，则为 true，否则为 false。需要强调的是，应在相关服务器控件的 Click 事件处理程序中，将该控件的 Causes Validation 属性设为 true，或在调用 Page.Validate 方法后访问 IsValid 属性。

2. 数据验证控件

(1) RequiredFieldValidator 控件：常用来验证控件的输入内容是否为空。当用户提交网页中的数据到服务器时，系统自动检查被验证控件的输入内容是否为空。如果为空，则 RequiredFieldValidator 控件在网页中显示提示信息。

(2) CompareValidator 控件：将一个控件中的值与另一个控件中的值进行比较，或者与该控件的 ValueToCompare 属性值进行比较。

(3) RangeValidator 控件：用户在 Web 窗体页上输入数据时，检查输入的值是否在指定的上下限范围之内的一种验证。

(4) RegularExpression Validator 控件：用来验证另一个控件的值是否与指定表达式的值匹配。正则表达式 (Regular Expressions) 是由普通文本字符和特殊字符组成的字符串，用来定义文字处理时需要匹配的文本内容模式。

(5) ValidationSummary 控件：专门用来显示页面验证控件的验证错误信息。

一般网站后台运行模块都包含登录、用户密码发送和用户个人页面，用户登录页面如图 6-4 所示。

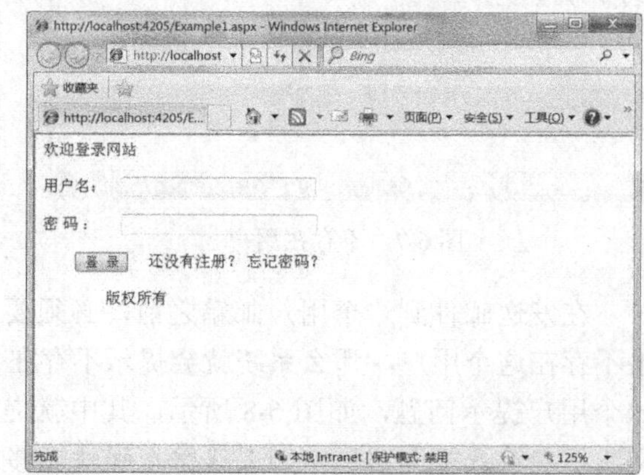

图 6-4　登录页面

当用户进行登录操作后，计数器就会开始计数，如果用户登录失败，用户还有三次机会能够再次进行登录。如果用户多次登录都没有成功，这就说明用户可能忘记了密码或者用户是一个非法用户，对于这样的用户必须禁止再次登录，如图 6-5 所示。

如果用户登录成功，则可以在相同的页面进行不同的用户信息的呈现，如果用户是 VIP 用户或者某个特殊的用户，就可以使用编程的方法为用户进行相应的页面编程。图 6-6 所示为用户登录成功后的页面，登录成功后的用户头像已经被程序编制成 mail.png，否则是默认的头像显示。

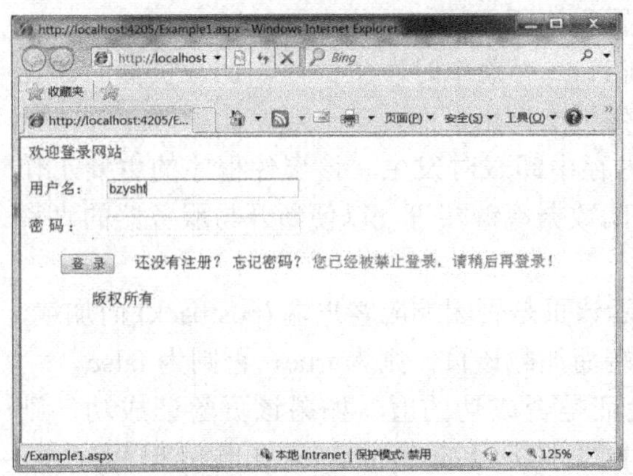

图 6-5　禁止再次登录

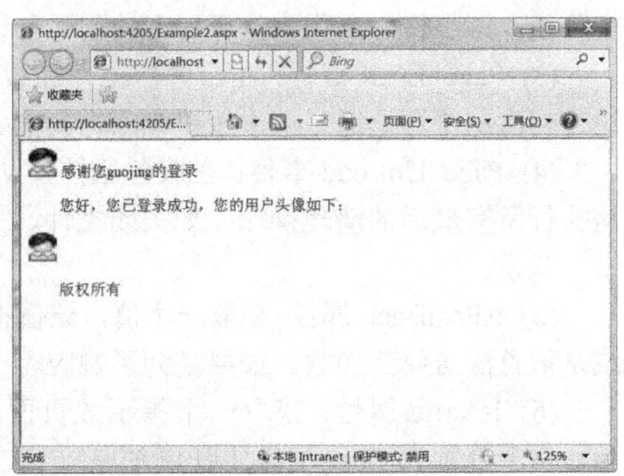

图 6-6　用户登录成功

如果用户多次登录都出现错误被禁止登录，用户可以单击【忘记密码】按钮来让系统发送密码到用户邮箱中。在向用户邮箱中发送邮件前，必须要判断用户是否为合法用户，否则任何人都能够发送邮件到相应的邮箱中。

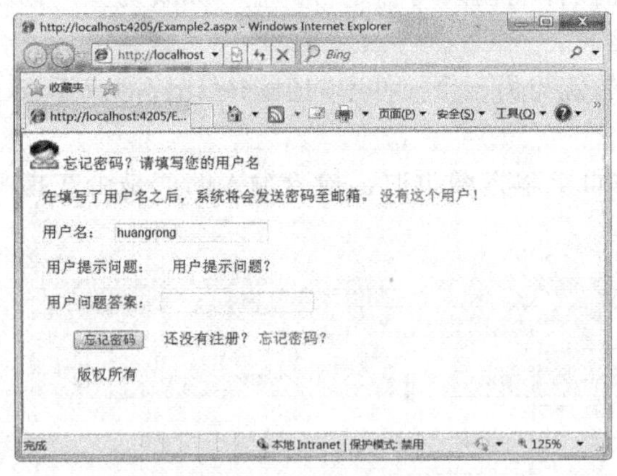

图 6-7　不存在用户

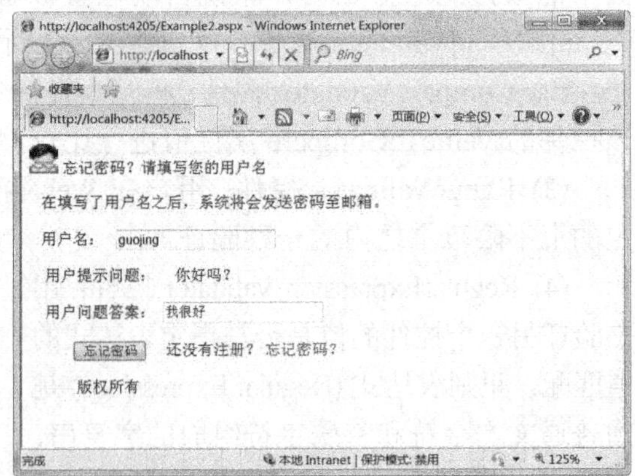

图 6-8　存在一个用户

在发送邮件到一个用户邮箱之前，必须要检测是否包含这个用户。如图 6-7 所示，如果不存在这个用户，那么系统就会提示不存在该用户；如果存在这个用户，则系统会提示一个用户提示问题，如图 6-8 所示，其中就提示了问题“你好吗”。用户必须在问题答案文本框中输入答案信息，如果答案正确就能够发送邮件到相应的邮箱，如果答案不正确就会提示用户答案不正确，需要再次填写答案并确认，如图 6-9 所示。

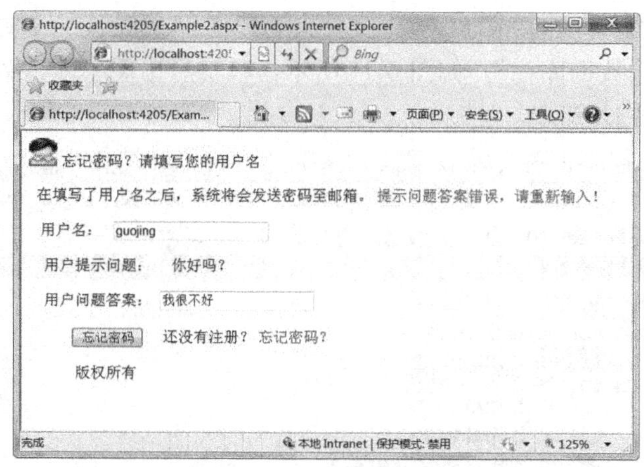

图 6-9　提示用户答案错误

如果用户答案错误，当用户单击【忘记密码】按钮时，就需要提示用户回答的答案错误，如果用户答案正确，就可以发送相应的邮件到用户的用户信箱中，用户可以通过查看用户信箱获取自己的密码。登录成功的用户，系统会跳转到 Logined.aspx，用户可以在该页面进行相应的操作，开发人员可以在该页面进行不同用户权限的获取和判断，甚至是为某个或某些用户进行编程，这样就能够方便地利用 ASP.NET 提供的内置对象对用户进行编程操作。

用户登录的实现

6.7　综合案例 1——数据库的建立和用户注册功能的实现

为了存储用户信息，需要建立一个数据库及若干数据表来存储数据信息，然后利用 ASP.NET 数据库操作技术对用户的信息进行操作。

数据库建立及注册用户的实现

1. 建立数据库

(1) 打开 SQL 并以混合模式进行登录，如图 6-10 所示。其中服务器名称“.”表示当前主机，也可以输入 IP 地址。

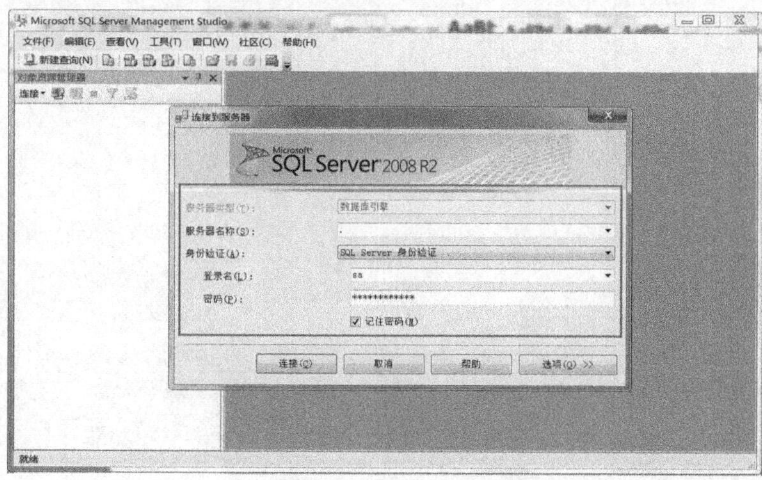

图 6-10　混合模式登录 SQL

(2) 为了存放数据库文件，在 MyWeb 文件夹下建立一个 DataBase 文件夹。选择数据库，单击右键选择“新建数据库 ...”，如图 6-11 所示。单击后出现“新建数据库”对话框，将数据库的名称命名为 UserDB。

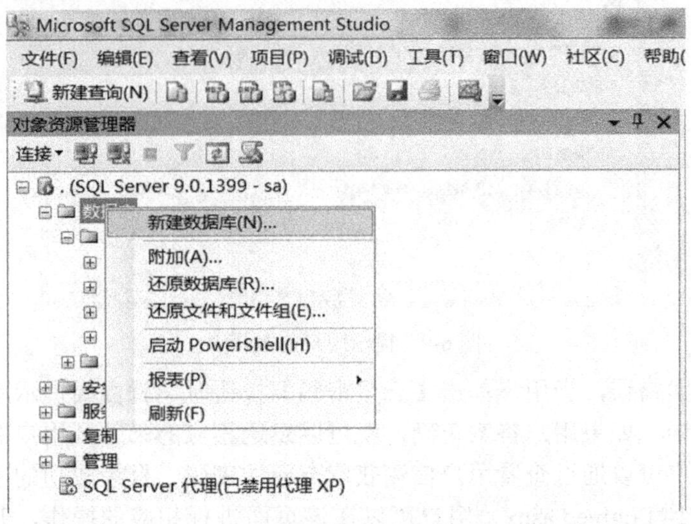

图 6-11 选择“新建数据库”命令

(3) UserDB、UserDB_log 文件的存放路径为前面创建的 DataBase 文件夹，如图 6-12 所示。

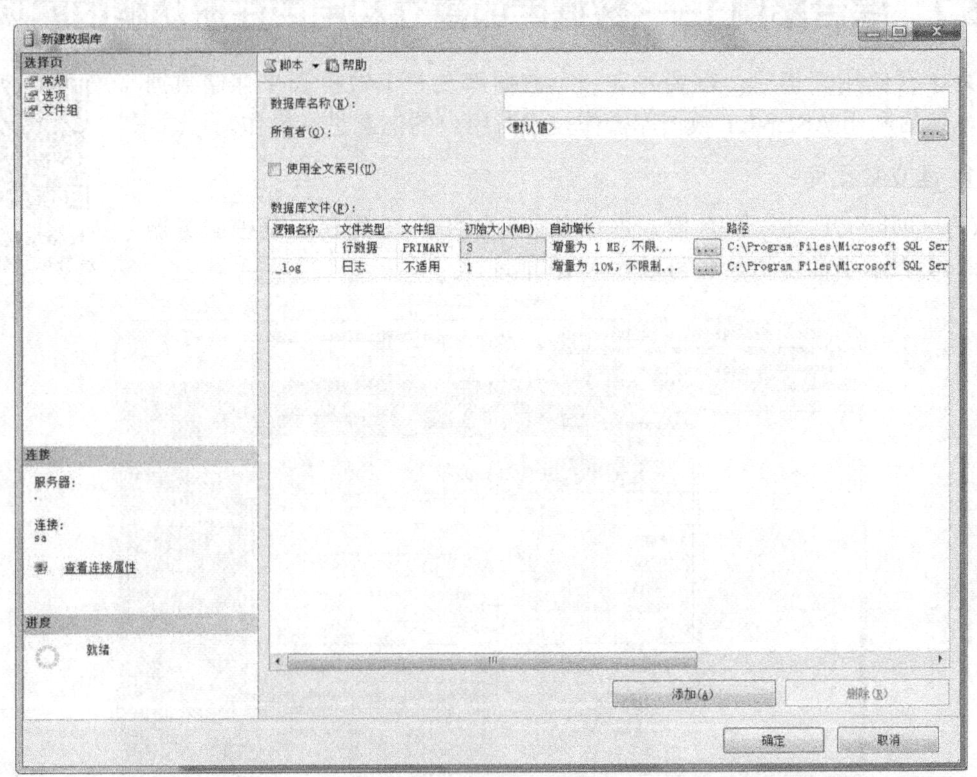

图 6-12 “新建数据库”对话框

(4) 单击【确定】按钮，在图 6-11 所示的数据库下侧会出现新建的 UserDB 数据库，至此数据库创建完成，当前数据库为空数据库，没有任何数据表。

展开 UserDB 数据库，选中“表”，单击右键，选择“新建表 ...”，如图 6-13 所示。

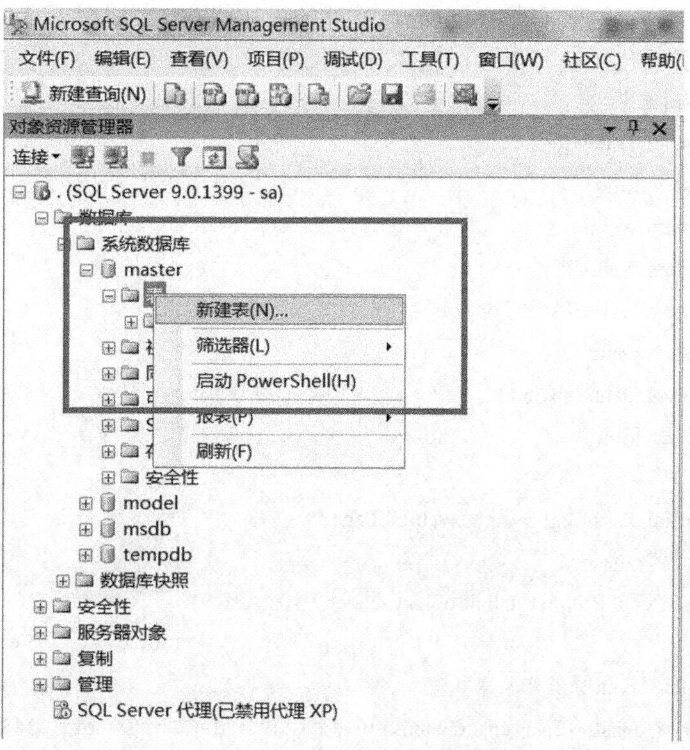

图 6-13　选择“新建表”命令

(5) 在新建表窗口中，创建 UserInfo 表，并保存，如图 6-14 所示。

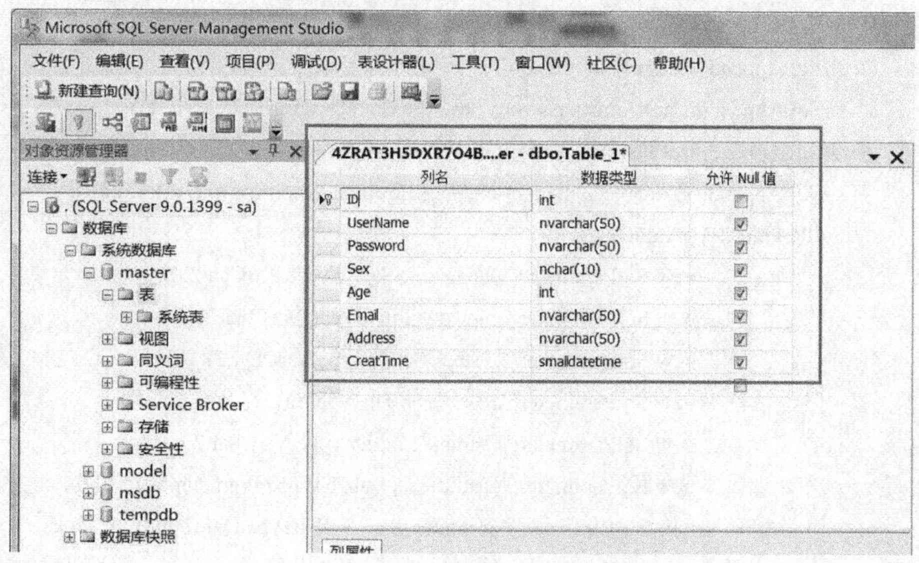

图 6-14　创建 UserInfo 表

(6) 各字段的名称、类型如图 6-14 所示，同时要注意把 ID 设为主键，ID 标识规范为“是”，标识增量、标识种子均为 1。至此存储用户信息的表即创建完成。

2. 注册功能的实现

用户注册功能的实现

在 VS2013 中选择注册页面 (Reg.aspx) 文件的设计状态，双击【注册】按钮，进入注册页面代码编写界面。输入如下代码：

```
using System;
using System.Collections.Generic;
using System.Linq;
using System.Web;
using System.Web.UI;
using System.Web.UI.WebControls;
using System.Data;
using System.Data.SqlClient;
using System.Text;

public partial class Reg: System.Web.UI.Page
{
   protected void Button1_Click(object sender, EventArgs e)
   {
      //SQL Server 身份登录服务器
      // string constr = "server=.;database=UserDB; user Id=sa; password=123456";
      //Windows 身份登录服务器
      string constr = "server=.;database=UserDB; trusted_connection=true";
      SqlConnection con = new SqlConnection(constr);
      StringBuilder strSql = new StringBuilder();
      strSql.Append("insert into userinfo(");
      strSql.Append("UserName,password,Sex,Age,Email,Address,CreatTime)");
      strSql.Append(" values (");
      strSql.Append("@uname,@pwd,@sex,@age,@email,@address,@createDate)");
      SqlParameter[] parameters = {
                     new SqlParameter("@uname", SqlDbType.VarChar,20),
                     new SqlParameter("@pwd", SqlDbType.VarChar,20),
                     new SqlParameter("@sex", SqlDbType.VarChar,2),
                     new SqlParameter("@age", SqlDbType.Int),
                     new SqlParameter("@email", SqlDbType.VarChar,20),
                     new SqlParameter("@address", SqlDbType.NVarChar,50),
                     new SqlParameter("@createDate", SqlDbType.DateTime)
                        };
```

```
        parameters[0].Value = TextBox1.Text.Trim();
        parameters[1].Value = TextBox2.Text.Trim();
        parameters[2].Value = RadioButton1.Checked ? " 男 " : " 女 ";
        parameters[3].Value = Convert.ToInt32(TextBox4.Text.Trim());
        parameters[4].Value = TextBox5.Text.Trim();
        parameters[5].Value = TextBox6.Text.Trim();
        parameters[6].Value = System.DateTime.Now.ToShortDateString();
        SqlCommand cmd = new SqlCommand(strSql.ToString(), con);
        cmd.Parameters.AddRange(parameters);
        con.Open();
        int n = cmd.ExecuteNonQuery();
        con.Close();
        if (n > 0)
        {
            Label1.Text = " 注册成功 ";
        }
        else
        {
            Label1.Text = " 注册失败 ";
        }
    }
```

因要使用 ASP.NET 的数据库操作技术，在引用中要使用数据库引用，代码如下：

```
using System.Data;
using System.Data.SqlClient;
```

要使用字符串的连接等字符串运算技术，在引用中要使用 Text 引用，代码如下：

```
using System.Text;
```

在数据库连接部分，可以根据实际情况采用以下两种登录身份进行登录。

(1) 使用 SQL Server 身份登录服务器，代码如下：

```
string constr = "server=.;database=UserDB; user Id=sa; password=123456";
```

其中：Server=. 表示当前服务器，也可以输入 IP 地址；database=UserDB 表示连接数据库的名称；Id=sa 表示当前连接的用户名；password=123456 表示当前用户的密码。

(2) 使用 Windows 身份登录服务器，代码如下：

```
string constr = "server=.;database=UserDB; trusted_connection=true";
```

6.8　综合案例 2——用户登录的实现

用户注册就是在数据库中添加数据，用户注册成功后，在登录过程中就需要进行数据库查询。如果查询到数据库就可以登录，查询不成功则无法进行登录。

在 MyWeb 项目中添加“Admin”文件夹，并在该文件夹下建立 Index.aspx 文件，当登录成功后，直接打开 Index.aspx 文件进行相关的操作。该页面的代码如下：

```
<%@ Page Language="C#" AutoEventWireup="true" CodeFile="index.aspx.cs" Inherits="Admin_
index" %>

<!DOCTYPE html>

<html xmlns="http://www.w3.org/1999/xhtml">
<head runat="server">
<meta http-equiv="Content-Type" content="text/html; charset=utf-8"/>
    <title></title>
</head>
<body>
    <form id="form1" runat="server">
    <div>
    登录成功
    </div>
    </form>
</body>
</html>
```

在 VS2013 中选择登录页面 (Login.aspx) 文件的设计状态，双击【登录】按钮，进入登录页面代码编写界面。在【登录】按钮的 Click 事件中输入如下代码：

```
protected void Button1_Click(object sender, EventArgs e)
{
    //SQL Server 身份登录服务器
    // string constr = "server=.;database=UserDB; user Id=sa; password=123456";

    //Windows 身份登录服务器
    string constr = "server=.;database=UserDB; trusted_connection=true";

    SqlConnection con = new SqlConnection(constr);

string sql = "select count(*) from Userinfo where Username=@name and password=@pwd";
    SqlCommand cmd = new SqlCommand(sql, con);
    SqlParameter[] paras ={
                        new SqlParameter("@name",SqlDbType.VarChar,20),
                        new SqlParameter("@pwd",SqlDbType.VarChar,20)
                };
    paras[0].Value = TextBox1.Text.Trim();
    paras[1].Value = TextBox2.Text.Trim();
```

```
        cmd.Parameters.AddRange(paras);
        con.Open();
        int n = int.Parse(cmd.ExecuteScalar().ToString());
        con.Close();
        if (n > 0)
        {
          Response.Redirect("~/Admin/index.aspx");
        }
        else
        {
            ClientScript.RegisterStartupScript(this.GetType(), "error", "alert('用户输入的信息有误，
请重新输入')", true);
        }

    }
```

如果登录成功则转入 Admin/index.aspx。至此登录功能设计完成。

用户登录功能的实现

综合训练

单元测试

1. 选择题

(1) .Net 框架中被用来访问数据库数据的组件集合称为(　　)。

A. COM+　　B. ADO

C. ADO. NET　　D. DataService. NET

(2) 连接字符串各键值中，(　　)键值用于指定连接的数据库。

A. DataSource　　B. Server

C. Database　　D. Workstations ID

(3) 下面选项中，(　　)是用于与数据源建立连接的对象。

A. Command　　B. DataReader

C. DataAdapter　　D. Connection

(4) 在 ADO.NET 中，执行数据库的某个操作，则至少需要创建(　　)并设置它们的属性，调用合适的方法。

A. 一个 Connection 对象和一个 Command 对象

B. 一个 Command 对象和一个 DataSet 对象

C. 一个 Command 对象和一个 DataAdapter 对象

D. 一个 Connection 对象和一个 DataSet 对象

(5) 用来把 DataSet 的修改保存回数据库的 DataAdapter 方法是（　　）。

A. GetChange　　　　B. AcceptChange

C. Update　　　　D. Save

(6) 在使用 ADO.NET 编写连接到 SQL Server 数据库的应用程序时，从提高性能的角度考虑，应创建（　　）类的对象，并调用其 Open 方法连接到数据库。

A. Connection　　　　B. OdbcConnection

C. SqlConnection　　　　D. OleDbConnection

(7) 调用 SQLCommand 对象的（　　）方法可以执行 Insert 语句、Update 语句和 Delete 语句。

A. ExecuteReader　　　　B. ExecuteNonQuery

C. ExecuteScalar　　　　D. ExecuteXMLReader

(8) 用 GridView 设置分页后，默认显示（　　）记录。

A. 10 条　　B. 20 条　　C. 5 条　　D. 15 条

(9) Datelist 控件的换行模板是（　　）。

A. SeparatorTemplate　　　　B. AlteratingItemTemplate

C. ItemTemplate　　　　D. TemplateField

(10) 以下关于 DataSet 对象的说法中错误的是（　　）。

A. 使用 DataSet 对象可以直接显示或者访问数据库中的数据

B. Data Set 从数据源获得数据后，便立即与数据源断开

C. DataSet 通过 DataAdapter 对象从数据库获取数据

D. DataSet 保存更新的数据时，与数据源建立临时连接，完成更新后再次断开

2. 简答题

(1) 简述 ADO.NET 中的 Connection 对象、Command 对象、DataAdapter 对象和 DataSet 对象的用法和联系是什么。

(2) 简述 DataReader 对象有哪些特点和用法。

(3) 说一说 DataReader 与 Dataset 有什么区别和联系。

任务 7　数据库操作的实现

教学目标

通过本章的学习，掌握数据源控件的使用方法和数据绑定的方法，熟练使用各种数据绑定控件。

知识目标

- 数据绑定技术及控件简介。
- GridView 控件的使用。
- 代码技术操作 GridView 控件。
- DetailsView 控件的使用。
- DataList 控件的使用。
- ListView 控件的使用。

技能目标

- 能够利用数据源控件配置数据源。
- 能够进行数据绑定，对数据库进行操作。
- 能够使用 GridView 控件。
- 能够使用 DetailsView 控件。
- 能够使用 DataList 控件管理数据。
- 能够使用 ListView 控件管理数据。

7.0　任务描述及工作单

ASP.NET 提供了一些 Web 窗体的数据源控件，开发人员能够利用这些控件灵活地配置与数据库的连接，而不需要手动编写数据库连接。ASP.NET 不仅提供了数据源控件，还提供了显示数据的控件，简化了数据显示的开发过程，开发人员只需简单修改模板即可实现数据显示和分页。

本章通过网站中数据的添加、数据的显示等，介绍如何利用数据绑定控件及数据源控件完成数据的绑定、修改、添加、删除等常用的数据操作功能。

7.1　数据绑定技术及控件简介

1. 数据控件

在网站或应用程序中，要显示数据信息，需用到 ASP.NET 提供的数据源控件和能够显示数据的控件。利用这些控件，开发人员只需简单地修改模板就能够实现数据显示的编辑，这使开发人员对数据的显示和编辑工作更为便捷。数据控件包括数据源控件和数据绑定控件。

2. 数据源控件简介

数据源控件的主要作用是实现从不同数据源获取数据，其中包括连接到数据源、使用 SQL 语句获取和操作数据等。ASP.NET 中的数据源控件提供了具有强大数据操作的功能，开发人员几乎可以不编写代码或少写代码就能完成检索和编辑数据的操作，甚至还有数据的排序、分页等操作。

所有的数据源控件都是从 System.Web.UI.DataSourceControls 类派生而来的，根据基类的不同，数据源控件分为普通数据源控件和层次化数据源控件两类。普通数据源控件包括 ObjectDataSource 控件、SqlDataSource 控件和 AccessDataSource 控件，用于检索包含给予集合的数据的数据源。层次化数据源控件包括：SitMapDataSource 控件和 XmlDataSource 控件，用于检索包含层次化数据的数据源。数据源控件在页面或应用程序中不呈现任何界面。

数据源控件主要有：

(1) AccessDataSource 控件，主要用于处理 Microsoft Access 数据库。

(2) SqlDataSource 控件，是 ASP.NET 中应用最广泛的数据源控件。它能够访问目前主流的关系数据库，主要用于处理 Microsoft SQL Server、OLEDB、ODBC 或 Oracle 数据库的访问。

SqlDataSource 控件结合数据绑定控件，为数据源控件 SqlDataSource 设置数据库连接字符串、SQL 语句和存储过程等，在不写代码或少写代码的情况下从数据源获取数据显示在页面上。当运行应用程序时，SqlDataSource 控件根据设置的参数自动连接数据源，执行 SQL 语句或存储过程，然后返回选定数据，并关闭数据库。

(3) ObjectDataSource 控件，主要用于对业务对象或其他类的处理，并创建依赖于中间层对象来管理数据的 Web 应用程序。

(4) SitMapDataSource 控件，主要与 ASP.NET 站点导航结合使用。

(5) XmlDataSource 控件，主要用于处理 XML 文件。

(6) LinqDataSource 控件，通过标记在 ASP.NET 网页中使用语言集成查询 (LINQ)，从数据对象中检索和修改数据。该控件支持自动生成选择、更新、插入和删除命令，还支持排序、筛选和分页。

3. SqlDataSource 控件的使用

1) SqlDataSource 控件的常用属性

SqlDataSource 控件是数据源控件中最常用的控件，它可以连接各类数据库，其常用属性如表 7-1 所示。

表 7-1　SqlDataSource 控件常用属性

属　性	说　　明
Id	控件的标志
ConnectionString	连接数据源的字符串
ProviderName	SqlDataSource 控件连接数据源时所使用的提供程序名称
SelectCommand	查询的 SQL 语句或者存储过程名称

续表

属　性	说　　明
SelectCommandType	SelectCommand属性的值的类型，包含Text(文本型)或者StoreProcedure (存储过程)
UpdateCommand	更新的 SQL 语句或者存储过程名称
UpdateCommandType	UpdateCommand属性的值的类型，包含Text(文本型)或者StoreProcedure (存储过程)
DeleteCommand	删除的 SQL 语句或者存储过程名称
DeleteCommandType	DeleteCommand属性的值的类型，包含Text(文本型)或者StoreProcedure (存储过程)
InsertCommand	插入的 SQL 语句或者存储过程名称
InsertCommandType	InsertCommand属性的值的类型，包含Text(文本型)或者StoreProcedure (存储过程)
DataSourceMode	获取数据后数据返回的模式，包含 DataSet 和 DataReader 两个属性值，默认为 DataSet

2) SqlDataSource 的操作步骤

(1) 添加控件。从工具箱中拖动SqlDataSource控件到设计窗口，单击其右侧的【<】按钮，选择“配置数据源”，如图 7-1 所示。

图 7-1　添加 SqlDataSource 控件

SqlDataSource
数据源控件的配置

(2) 单击“配置数据源 ...”后出现“配置数据源”对话框，如图 7-2 所示。

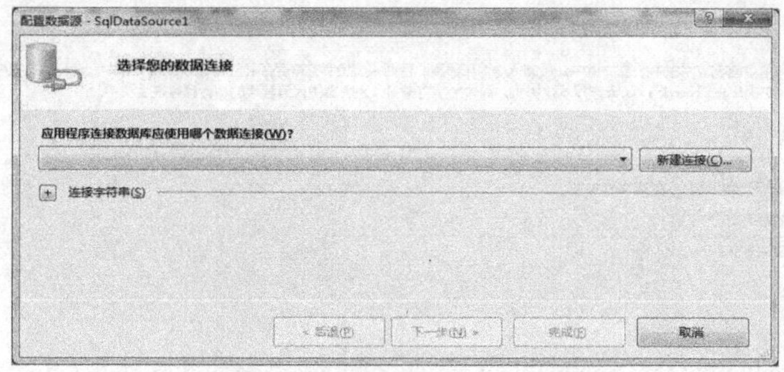

图 7-2　“配置数据源”对话框

(3) 配置服务器选项。选择“新建连接”，进入“添加连接”对话框，在该对话框中进行数据库的连接配置，如图 7-3 所示。

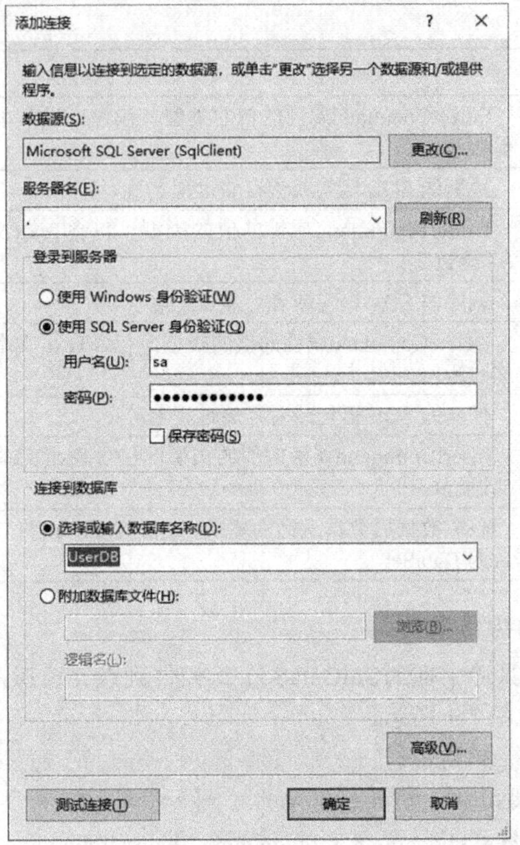

图 7-3 “添加连接”对话框

(4) 存储连接。单击【确定】按钮后回到“配置数据源”对话框，单击【下一步】按钮，将连接存储为“UserDBConnectionString”，如图 7-4 所示。

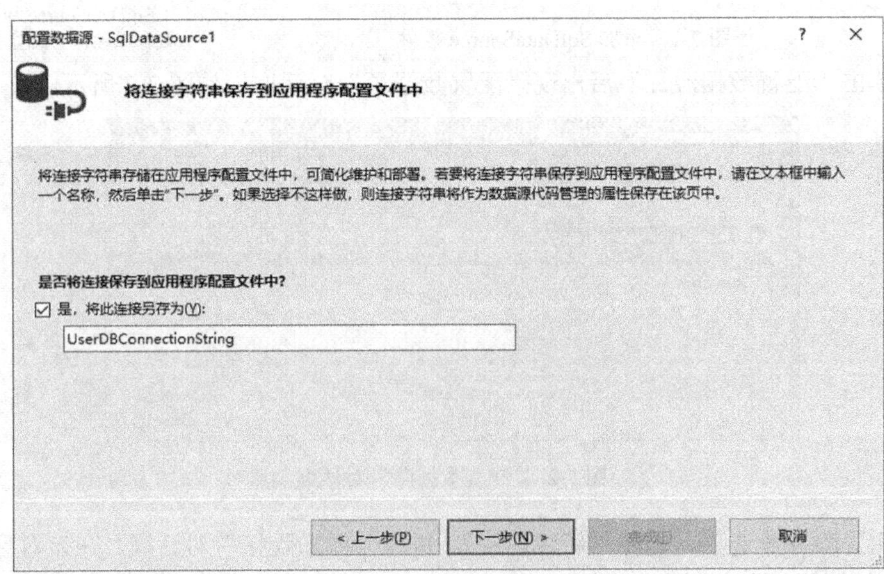

图 7-4 存储连接

(5) 配置 Select 语句。在配置 Select 语句时，要选择从数据库检索数据的方法，然后选择表名、设定字段。右侧还有一句“只返回唯一行”，其含义是当检索到多条符合条件的记录时只返回第一行。【WHERE...】按钮用于设定 Select 的条件语句，指明符合什么条件的记录将被显示，【ORDER BY...】按钮用于设定排序子句;【高级 ...】按钮用于设定是否生成 Insert、Upadate、Delete 语句，如图 7-5 所示。

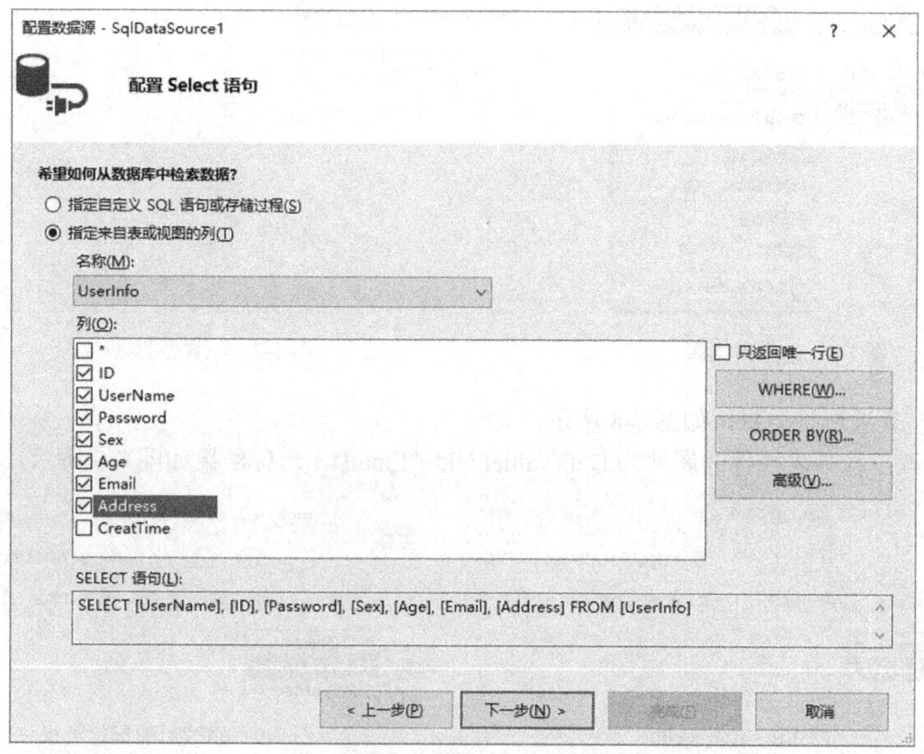

图 7-5　配置 Select 语句

(6) 测试查询。单击【下一步】按钮，打开“配置数据源 - 测试查询”对话框。单击【测试查询】按钮，所选择的数据在中间测试中列出，说明前面的配置是成功的。单击【完成】按钮，完成数据源的配置。

在“解决方案资源管理器”中选择 web.config 文件，并双击打开该文件，可以看到该文件中多了 connectionStrings 节点，示例代码如下：

```
<connectionStrings>
    <add name="UserDBConnectionString" connectionString="Data Source=.;Initial Catalog=
UserDB;User ID=sa;Password=123456" providerName="System.Data.SqlClient"/>
</connectionStrings>
```

以上代码将数据源的配置信息全部记载在 connectionString 节点中，并给该连接命名为 UserDBConnectionString，以后若要用到该数据库，可不用再重复书写连接字符串，而通过连接名称 name 来引用。

(7) 配置到应用的服务器控件上。在添加的 DropDownList 控件点击选择数据源，选中上面创建好的数据，选择数据源之后单击【确定】按钮，配置成功运行网页即可，如图

7-6 和图 7-7 所示。

图 7-6　选择数据源

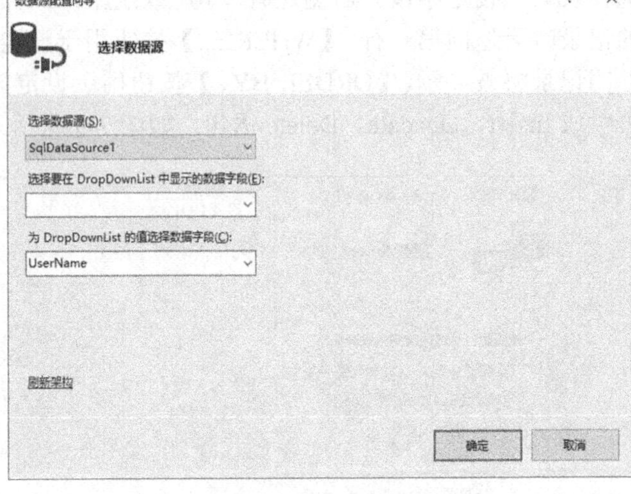

图 7-7　配置数据源

(8) 查看运行结果，如图 7-8 所示。

修改下拉列表控件的属性为 DataValueField="Email"，运行结果如图 7-9 所示。

图 7-8　运行结果　　　　图 7-9　修改后的运行结果

4. 数据绑定

数据绑定是指从数据源获取数据或向数据源写入数据。简单的数据绑定可以是对变量或属性的绑定，比较复杂的是对 ASP.NET 数据绑定控件的操作。

ASP.NET 引入了声明性数据绑定语法，不仅可以绑定到数据源，还可以绑定到属性、集合、表达式以及方法的返回值。在 .NET Framework 中，许多类可以作为应用程序或控件的数据源，如面向数据库的 DataSet、DataTable、DataReader、DataView 等，以及数组、列表、哈希表、队列、堆栈、字典等集合类。

在 ASP.NET 应用程序开发中，“数据绑定”可以将程序中的执行数据与页面中的属性、集合、表达式以及方法返回结果“绑定”在一起。其中数据绑定表达式可以包含在服务器端控件中或页面的任何位置。但是，所有数据绑定表达式都必须包含在 <%#...%> 中。另外，执行绑定操作要么执行 Page 对象的 DataBind() 方法，要么执行数据绑定控件对应类的实例对象的 DataBind 方法。

数据源控件

与数据源的绑定有单向绑定和双向绑定。单向绑定使用Eval()，如<%#Eval("属性名")%>；双向绑定用Bind()，如<%#Bind("属性名")%>。若要绑定到集合，则使用DataSource属性，如<asp:ListBox DataSource＝"<%#集合

%>" runat＝"server"/>；绑定到表达式如<%#(int)Eval("属性名")-(int)Eval("属性名")%>；绑定方法如<%#方法(参数1，...)%>。

5. 数据绑定控件

数据绑定控件可以绑定到数据源控件，利用数据源控件提供的数据实现包括排序、分页、更新、删除和插入等对数据的操作功能，这些功能也可通过编写代码实现。数据绑定控件通过 DataSourceID 属性连接到数据源控件。

常用的数据绑定控件有：

(1) GridView 控件：以表格的形式显示数据，它是所有数据绑定控件中封装功能最多、最完善的一个控件，在不编写任务代码的情况下可以实现对数据进行检索、更新、删除、排序和分页等功能。也可运用代码完成数据绑定。

(2) DataList 控件：使用不同的布局来显示数据记录，如将数据记录排成列或行。该控件提供了实现基本数据操作功能的常用命令，也提供了丰富的模板供用户使用。

(3) DatailsView 控件：以表格形式显示数据，一次只能显示一条记录，并提供翻阅多条记录以及插入、更新和删除记录的功能。该控件通常和其他控件配合使用，如用 GridView 控件显示基本信息，用 DatailsView 控件显示相关的详细信息。

(4) FromView 控件：与 DatailsView 控件类似，它一次只呈现数据源中的一条记录，并提供翻阅多条记录以及插入、更新和删除记录的功能。该控件使用自定义布局，在布局时会更灵活些。

(5) Repeater 控件：以只读的方式显示多条记录，使用自定义布局。

(6) ListView 控件：类似于 ListView 控件，它本身不提供分页功能，借助 DataPage 控件实现分页。

7.2　知识点 1：GridView 控件

GridView 控件以表格形式按照设定的 SQL 语句有目的地显示数据源数据，并能在运行页面内实现用户对数据库内容的修改、删除、分页显示和排序等功能。

1. GridView 控件的主要功能

(1) 显示数据：通过将数据源控件绑定到 GridView 控件的方式，可以将从数据源控件获得的数据以表格形式显示在 Web 页面中。

(2) 自定义外观和样式：GridView 控件具有很多外观和样式属性。

(3) 数据分页及导航：GridView 控件能自动对数据进行分页显示，同时自动为分页创建导航按钮。

(4) 数据排序：通过单击 GridView 控件表头的列名能够实现排序的功能。

(5) 数据行选择：可以自定义对 GridView 控件中所选择的数据行操作。

(6) 数据编辑：GridView 控件支持对数据行的编辑。

(7) 数据格式化：GridView 控件可以在表格级、数据行级、数据列级和单元格级对数据进行格式化。表格中还可以显示复选框、按钮、超链接和图片等。

2. GridView 控件的数据绑定方式

GridView 控件的数据绑定方式可以有三种形式：

(1) 先配置数据源控件，然后通过“选择数据源”选项来调用数据源控件。

(2) 直接选择“选择数据源”，VS 会使用向导来进行配置数据源。

(3) 通过编程的方式绑定数据库。

3. GridView 控件的属性

GridView 控件支持大量属性，这些属性有行为、可视化设置、样式、状态和模板等几大类，如表 7-2 所示。

表 7-2 GridView 控件的属性

行为属性	说 明
AllowPaging	指示该控件是否支持分页
AllowSorting	指示该控件是否支持排序
AutoGenerateColumns	指示是否自动地为数据源中的每个字段创建列。默认为 true
AutoGenerateDeleteButton	指示该控件是否包含一个按钮列以允许用户删除映射到被单击行的记录
AutoGenerateEditButton	指示该控件是否包含一个按钮列以允许用户编辑映射到被单击行的记录
AutoGenerateSelectButton	指示该控件是否包含一个按钮列以允许用户选择映射到被单击行的记录
DataMember	指示一个多成员数据源中的特定表绑定到该网格。该属性与 DataSource 结合使用。如果 DataSource 是有一个 DataSet 对象，则该属性包含要绑定的特定表的名称
DataSource	获得或设置包含用来填充该控件的值的数据源对象
DataSourceID	指示所绑定的数据源控件
EnableSortingAndPagingCallbacks	指示是否使用脚本回调函数完成排序和分页。默认情况下禁用
RowHeaderColumn	用作列标题的列名。该属性旨在改善可访问性
SortDirection	获得列的当前排序方向
SortExpression	获得当前排序表达式
UseAccessibleHeader	规定是否为列标题生成 <th> 标签 (而不是 <td> 标签)

4. GridView 控件的常用方法

GridView 控件的常用方法如表 7-3 所示。

表 7-3 GridView 控件的常用方法

方法	说 明
ApplyStyleSheetSkin	将页样式表中的样式属性应用到控件
DataBind	将数据源绑定到 GridView 控件
DeleteRow	从数据源中删除位于指定索引位置的记录

续表

方法	说　明
FindControl	在当前的命名容器中搜索指定的服务器控件
Focus	为控件设置输入焦点
GetType	获取当前实例的 Type
HasControls	确定服务器控件是否包含任何子控件
IsBindableType	确定指定的数据类型是否能绑定到 GridView 控件中的列
Sort	根据指定的排序表达式和方向对 GridView 控件件进行排序
UpdateRow	使用行的字段值更新位于指定行索引位置的记录

5. GridView 控件的事件

GridView 控件没有不同于 DataBind 的方法。如前所述，在很多情况下不需要调用 GridView 控件中的方法。当用户把 GridView 绑定到一个数据源控件时，数据绑定过程即隐式地启动。

在 ASP.NET 中，很多控件以及 Page 类本身，有很多对 doing/done 类型的事件。控件生命期内的关键操作通过一对事件进行封装：一个事件在该操作发生之前激发，一个事件在该操作完成后立即激发。GridView 类也不例外。表 7-4 列出了 GridView 控件激发的常用事件。

表 7-4　GridView 控件的常用事件

事件	说　明
PageIndexChanging, PageIndexChanged	这两个事件都是在其中一个分页器按钮被单击时发生。它们分别在网格控件处理分页操作之前和之后激发
RowCancelingEdit	在一个处于编辑模式的行的 Cancel 按钮被单击，但是在该行退出编辑模式之前发生
RowCommand	单击一个按钮时发生
RowCreated	创建一行时发生
RowDataBound	一个数据行绑定到数据时发生
RowDeleting, RowDeleted	这两个事件都是在一行的 Delete 按钮被单击时发生。它们分别在该网格控件删除该行之前和之后激发
RowEditing	当一行的 Edit 按钮被单击时，在该控件进入编辑模式之前发生
RowUpdating, RowUpdated	这两个事件都是在一行的 Update 按钮被单击时发生。它们分别在该网格控件更新该行之前和之后激发
SelectedIndexChanging, SelectedIndexChanged	这两个事件都是在一行的 Select 按钮被单击时发生。它们分别在该网格控件处理选择操作之前和之后激发
Sorting, Sorted	这两个事件都是在对一个列进行排序的超链接被单击时发生。它们分别在网格控件处理排序操作之前和之后激发

6. GridView 控件使用

(1) 在工具栏的数据标签中，拖动或双击 GridView 控件添加该控件。

(2) 单击 GridView 控件右上角的箭头图标，列出“GridView”面板，在其中选择“数据源”，GridView 会根据数据源中的字段自动生成列，而且在“GridView”面板中会多出几个选项，分别是“启用分页”“启用编辑”“启用删除”等，可根据需要进行选择，如图 7-10 所示。

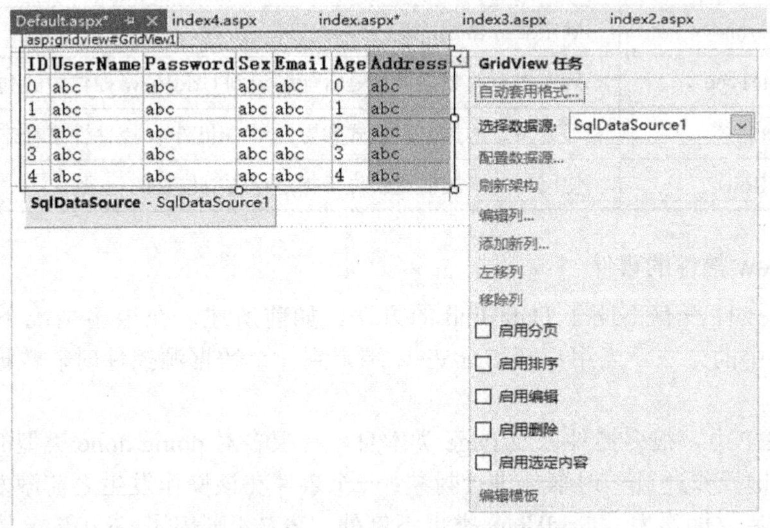

图 7-10　GridView 选择数据源

(3) 为 GridView 各字段指定列标题，选择“启用编辑”选项打开如图 7-11 所示的“字段”对话框。

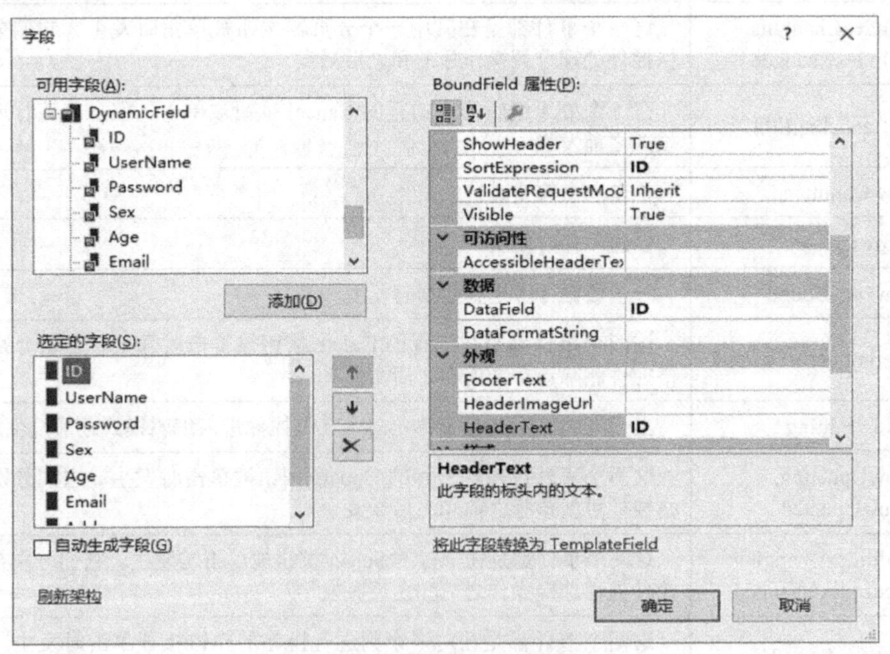

图 7-11　“字段”对话框

(4) 在“字段”对话框中将各字段的 HeaderText 属性设置为对应的汉字，调整列的显示顺序，效果如图 7-12 所示。

(5) 运行查看效果，如图 7-13 所示。

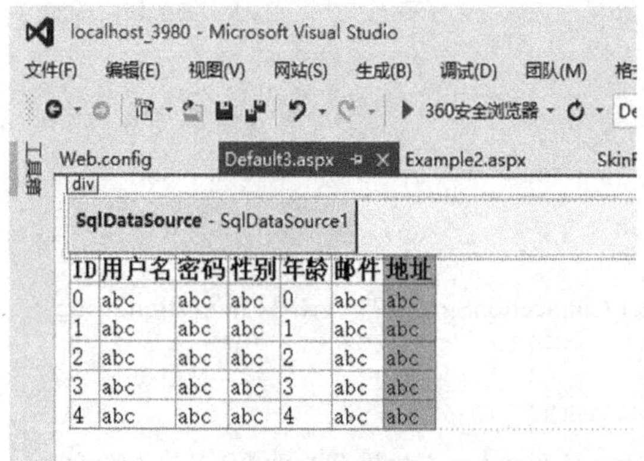

图 7-12　添加完成的 GridView 列

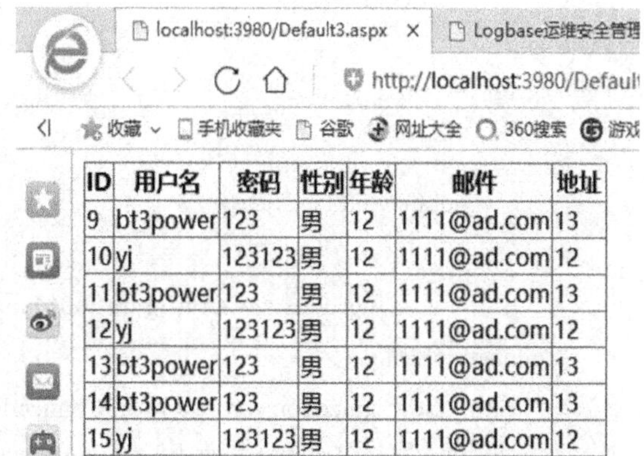

图 7-13　运行效果

7.3　知识点 2：代码技术操作 GridView 控件

通过代码操作 GridView 控件，实现数据的显示、删除、更新和分页的功能。

1. 页面设计

在站点下新建 Example1.aspx 页面，在页面添加一个 GridView。

2. 编写代码，实现数据的显示功能

信息的显示

在 Example1.aspx.cs 文件中添加一个 GetData() 方法获取数据，它是一个自定义方法，必须在其他方法中调用才能被执行。当页面加载时显示数据，GetData() 在 Page_Load() 中调用，示例代码如下：

```
using System;
using System.Collections.Generic;
using System.Linq;
using System.Web;
using System.Web.UI;
using System.Web.UI.WebControls;
using System.Data;
using System.Data.SqlClient;
using System.Configuration;

public partial class Admin_index2 : System.Web.UI.Page
{
  protected void Page_Load(object sender, EventArgs e)
```

```
        {
            if (!IsPostBack)
            {
                GetData();
            }

        }
        public void GetData()
        {
            string constr = ConfigurationManager.ConnectionStrings["UserDBConnectionString"].
ConnectionString;
            SqlConnection con = new SqlConnection(constr);
            string sql = "SELECT ID, UserName, Password, Sex, Age, Email, Address FROM UserInfo";
            SqlCommand cmd = new SqlCommand(sql, con);
            SqlDataAdapter da = new SqlDataAdapter(cmd);
            DataSet ds = new DataSet();
            da.Fill(ds, "UserInfo");
            GridView1.DataSource = ds.Tables[0].DefaultView;
            GridView1.DataBind();
        }
```

在前面已将数据源的配置连接写入 Web.config 文件中，使用同一数据库时不必重新写连接字符串，只需要从 Web.config 文件中读取即可。从 Web.config 文件中读取连接字符串要用到字符串管理器 ConfigurationManager 对象，通过其 ConnectionStrings 属性获取，因此在前面要引入名称空间 SystemConfiguration。此外，在获取数据库中的数据时用到了离线数据源 DataSet，因此要引用 System.Data 命令空间。通过 DataAdapter 将数据取出并填充到 DataSet，然后将填充到 DataSet 中的数据表作为 GridView1 的数据源，并将其绑定。保存页面并浏览，可以观察到 UserInfo 表中的数据全部被读取并在页面中显示。

以上的字段是系统默认设置的，当然也可以根据实际的需求进行特定的设置，具体操作如下：

(1) 将 AutoGenerateColumns 属性设置为 False，不需要自动添加所有的列。

(2) 选择任务框中的“编辑列”(或属性中的Columns)命令，打开“字段”对话框。

(3) 添加要显示的字段：添加 BoundField，设置 DataField 为数据表的字段名，HeaderText 为列标头显示名称，如图 7-14 所示。编辑结束后保存页面并浏览，观察结果。

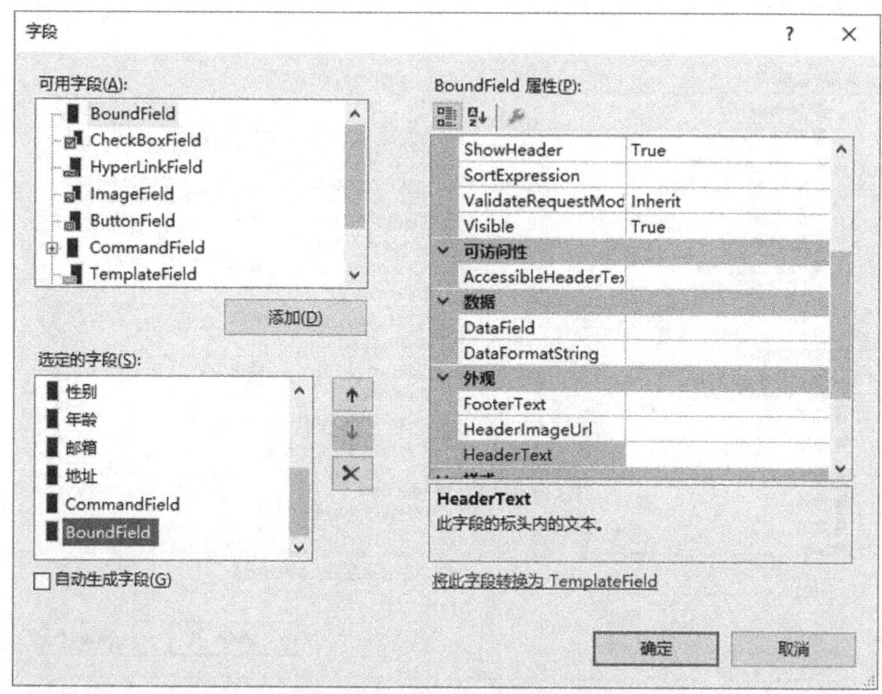

图 7-14　自定列的设置

3. 分页显示

(1) 设置相关属性。手动实现分页需将 AllowPaing 设置为 True，并设置 PageSize 页面大小，如 PageSize 设置为 8。

(2) 给分页事件添加代码。单击“属性”窗口中的【事件】按钮，在弹出的事件列表中选择 PageIndexChanging 事件，双击 PageIndexChanging 事件右侧空白区域，系统会自动在 Example2.aspx.cs 文件中添加事件方法 GridViewl_PageIndexChanging()，在该方法中添加分页的代码，示例代码如下：

```
protected void GridView1_PageIndexChanging(object sender, GridViewPage EventArgs e)
{
  GridView1.PageIndex = e.NewPageIndex;
  GetData();
}
```

(3) 保存页面并浏览，观察结果。

4. 数据的编辑

(1) 添加命令按钮。打开 GridViewl 的任务框，选择“编辑列”命令，在打开的“字段”对话框中选择“可用字段”列表中 CommandField。在展开的命令中分别选择“编辑、更新、取消”、“选择”和“删除”选项，单击【添加】按钮，将这些命令选项分别添加到“选定的字段”列表框中，如图 7-15 所示。单击【确定】按钮，关闭“字段”对话框，返回到页面可以观察到页面增加了“编辑”“选择”和“删除”三个 LinkButton。

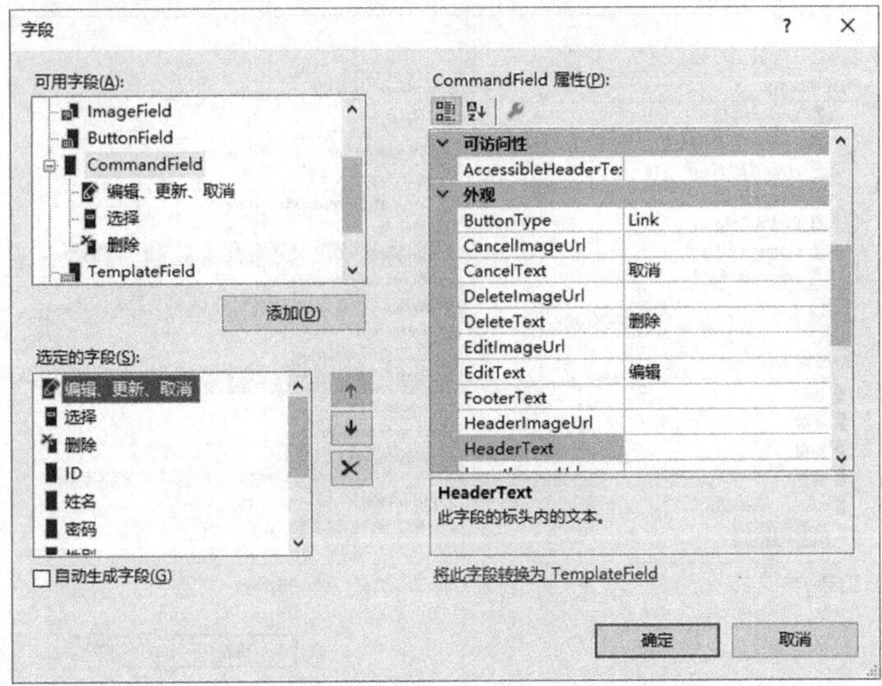

图 7-15 “字段”对话框中添加命令

(2) 实现选择功能。设置 SelectedRowStyle 属性，如设置 BackColor 属性为 FFFF99，如图 7-16 所示。

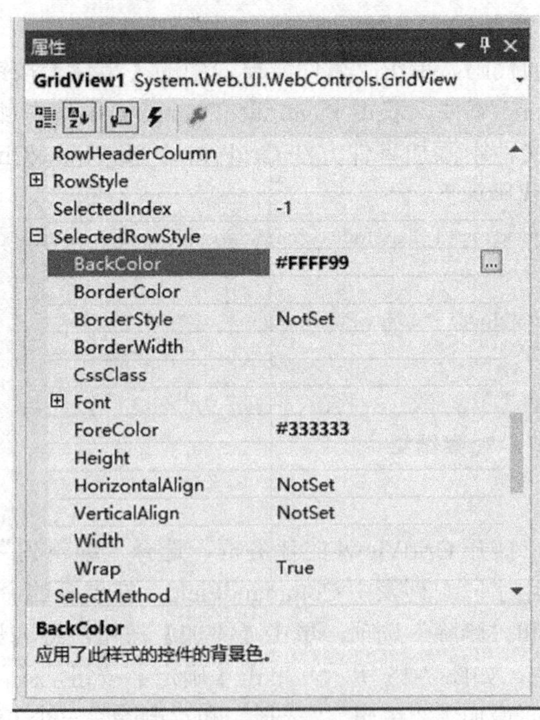

图 7-16 设置 SelectedRowStyle 属性

当然用户也可以自行设置其他的属性。保存并浏览页面，此时所选择行的背景呈现浅黄色。也可以添加事件，若要添加事件，则添加SelectedIndexChanging事件(添加事件的方法同分页显示事件方法的添加)。示例代码如下：

```
protected void GridView1_SelectedIndexChanging(object sender, GridView SelectEventArgs e)
{
   GridView1.SelectedIndex = e.NewSelectedIndex;
}
```

(3) 实现编辑功能。实现编辑功能要先进入编辑状态，再实现编辑中的“更新”和“取消”操作。进入编辑状态的事件是 RowEditing，示例代码如下：

```
protected void GridView1_RowEditing(object sender, GridViewEditEventArgs e)
{
   GridView1.EditIndex = e.NewEditIndex;
   GetData();
}
```

(4) 保存并浏览页面。此时被选中行的数据全部处于编辑状态，同时命令变为“更新”和“取消”。“取消”就是不对数据库作修改，对应的事件为 RowCancelingEdit，示例代码如下：

```
protected void GridView1_RowCancelingEdit(object sender, GridViewCancelEditEventArgs e)
{
   GridView1.EditIndex = -1;
   GetData();
}
```

“更新”操作要修改数据库中的数据，因此要设置 GridView1 的 DataKeyNames 属性为 ID，即设置为表的主键，“更新”的事件是 RowUpdating，示例代码如下：

```
protected void GridView1_RowUpdating(object sender, GridViewUpdateEventArgs e)
{
    //取出修改行的主键值
    string UserId = GridView1.DataKeys[e.RowIndex][0].ToString();
    //取出修改后各字段的值
    string UserName = ((TextBox)(GridView1.Rows[e.RowIndex].Cells[4].Controls[0])).Text.
ToString();
    string UserPassword = ((TextBox)(GridView1.Rows[e.RowIndex].Cells[5].Controls[0])).Text.
ToString();
    string UserSex = ((TextBox)(GridView1.Rows[e.RowIndex].Cells[6].Controls[0])).Text.ToString();
    string UserAge = ((TextBox)(GridView1.Rows[e.RowIndex].Cells[7].Controls[0])).Text;
    string UserEmail = ((TextBox)(GridView1.Rows[e.RowIndex].Cells[8].Controls[0])).Text;
    string UserAddress = ((TextBox)(GridView1.Rows[e.RowIndex].Cells[9].Controls[0])).Text.ToString();

    //将用户更新的数据修改数据库
     string constr = ConfigurationManager.ConnectionStrings["UserDBConnectionString"].
```

```
ConnectionString;
            SqlConnection con = new SqlConnection(constr);

            string sql = "update UserInfo set UserName=@UserName,Password=@UserPassword,Sex=@
UserSex,Age=@UserAge,Email=@UserEmail, Address =@Useraddress where ID =@UserId ";
            con.Open();
            SqlCommand cmd = new SqlCommand(sql, con);
            cmd.Parameters.AddWithValue("@UserName", UserName);
            cmd.Parameters.AddWithValue("@UserPassword", UserPassword);
            cmd.Parameters.AddWithValue("@UserSex", UserSex);
            cmd.Parameters.AddWithValue("@UserAge", UserAge);
            cmd.Parameters.AddWithValue("@UserEmail", UserEmail);
            cmd.Parameters.AddWithValue("@Useraddress", UserAddress);
            cmd.Parameters.AddWithValue("@UserId", UserId);
            cmd.ExecuteNonQuery();
            con.Close();
            GridView1.EditIndex = -1;
            GetData();
        }
```

实现删除功能。删除某行的数据主要是通过该行的主键来进行删除，删除的事件是RowDeleting，示例代码如下：

```
        protected void GridView1_RowDeleting(object sender, GridViewDeleteEventArgs e)
        {
            //取出修改行的主键值
            string customerId = GridView1.DataKeys[e.RowIndex][0].ToString();
            string constr = ConfigurationManager.ConnectionStrings["UserDBConnectionString"].
ConnectionString;
            SqlConnection con = new SqlConnection(constr);

            string sql = "delete from UserInfo where ID=@customerId";
            con.Open();
            SqlCommand cmd = new SqlCommand(sql, con);
            cmd.Parameters.AddWithValue("@customerId", customerId);
            cmd.ExecuteNonQuery();
            con.Close();
            GridView1.EditIndex = -1;
            GetData();
        }
```

7.4　知识点 3：DetailsView 控件

DetailsView控件主要用来显示和处理来自数据源的单条数据记录，以表格的形式显示。DetailsView 控件只包含两个数据列：数据列名和对应列的相关详细数据。该控件适用于数据列较多且需要逐行显示数据的情况。

DetailsView 控件和 GridView 控件一样支持数据源控件绑定，具有数据显示、分页、编辑、删除、通过主题和样式自定义外观等功能。该控件支持新建功能，可以添加新的数据，不支持排序功能。GridView 控件适合显示多行数据。在某些时候用户希望一次只看到某一行中所包含数据字段的详细数据，即在页面上一次只显示一条记录。

1. DetailView 控件的属性

DetailView 控件有一个 DefaultMode 属性，可以控制默认的显示模式。该属性有三个可选值：

(1) DetailsViewMode.Edit：编辑模式，用户可以更新记录的值。

(2) DetailsViewMode.Insert：插入模式，用户可以向数据源中添加新记录。

(3) DetailsViewMode.ReadOnly：只读模式，此为默认的显示模式。

2. DetailView 控件的事件

DetailView 控件提供了与切换模式相关的两个事件：

(1) ModeChanging 事件：在模式切换前触发。

(2) ModeChanged 事件：在模式切换后触发。

3. DetailView 控件的方法

DetailView 控件提供了 ChangeMode 方法，用来改变 DetailView 的显示模式。将 DetailView 控件的模式改为编辑模式的代码如下：

```
DetailsView1.ChangeMode(DetailsViewMode.Edit);
```

可以在 DetailView 控件外放置控制 DetailView 显示模式的按钮，当单击不同的模式按钮时，可调用 ChangeMode 方法进行模式切换。

4. DetailView 控件的使用

利用 GridView 控件显示数据，用 DetailsView 显示其对应的详细信息。

1) 页面设计

在站点下新建 Example2.aspx 页面，在页面中添加一个 GridView 控件、一个 Details View 控件和两个 SqlDataSource 控件。

2) 配置 SqlDataSourcel 的数据源

配置 SqlDataSourcel 的数据源为 UserInof 表中的数据，配置方法同上。

3) 配置 GridViewl 控件的数据源

配置为 SqlDataSourcel，套用格式，并启用分页和选择。

4) 配置 SqlDataSource2 的数据源

配置为 UserInfo 表中的数据，只是在“配置 Select 语句”中单击“WHERE”按钮，在打开的“添加 WHERE 子句”对话框中设置 WHERE 条件为 GridView1 所选中的行，具体配置如图 7-14 所示。“列”为 ID,“运算符”为“=”,“源”为“ Control”,“控件 ID”为“GridView1”,完成设置后单击【添加】按钮。其他各步骤与 SqlDataSource 的配置方法相同。

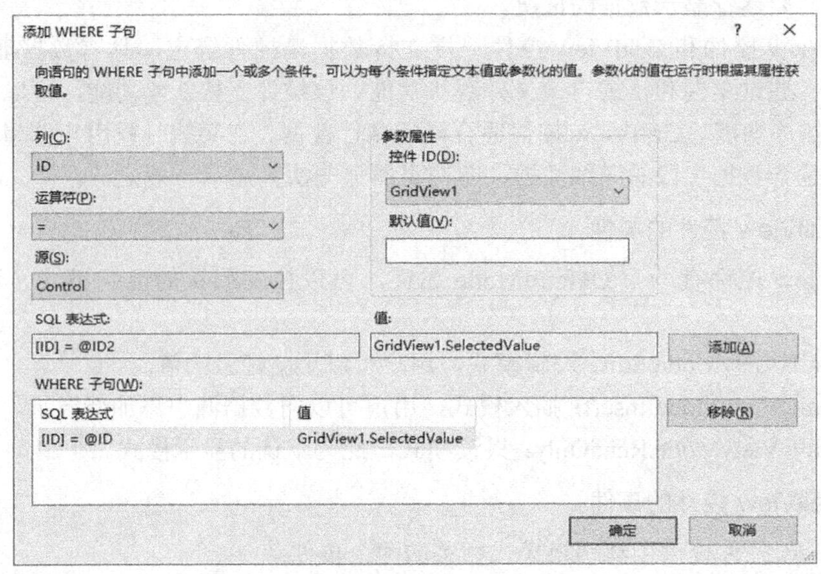

图 7-17　配置 Select 语句的 WHERE 子句

5) 配置 DetailsView1 控件的数据源

配置为 SqlDataSource2，套用格式。

6) 保存页面

浏览页面并运行。在 GridView1 中任意选择一行，可以观察到 DetailsView1 中显示该行的详细信息，如图 7-18 所示。

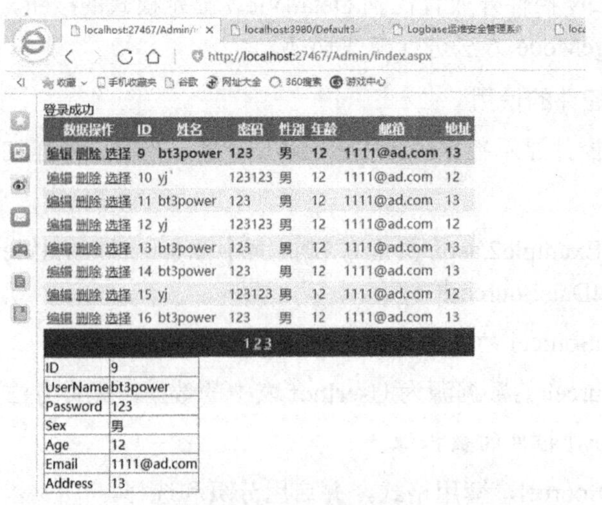

图 7-18　运行效果截图

7.5　知识点 4：DataList 控件

DataList控件也是以模板为基础的数据绑定控件，与Repeater控件有许多相似之处。DataList控件可以定义Repeater控件所具有的五个模板，还增加了SelectedItemTemplate模板(定义选定项的内容和布局)和EditItemTemplate模板(定义当前编辑项的内容和布局)。

与 Repeater 控件相比较，DataList 控件最大的优势在于它有内置的样式和属性，可以使用模板编辑器和属性生成器来设计模板和设置属性，并支持分页和排序。由于增加了两个模板，功能便更加强大。

1. HTML 标记

DataList 控件的 HTML 标记如下：

```
<asp:DataList id="DataList1" runat="server">
        <%-- 各种模板标记 --%>
</asp:DataList>
```

2. 常用属性

DataList 控件的常用属性如表 7-5 所示。

表 7-5　DataList 的常用属性

属　性	说　明
DataSource	绑定到控件的数据源，可以是数组、数据集、数据视图等。DataList 控件将其 ItemTemplate 模板和 AlternatingItemTemplate 模板绑定到 DataSource 属性声明和引用的数据模型上
DataMember	若 DataSource 属性指定的是一个数据集，则 DataMember 属性指定到该数据集的一个数据表
DataKeyField	用于填充 DataKey 集合的数据源中的字段，一般应指定到数据表的主键字段
RepeatColumns	用于布局中的列数，默认值为0(一列)
RepeatDirection	用于布局中的方向，默认为Vertical(垂直布局)，也可以选择Horizontal(水平布局)
RepeatLayout	控件的布局形式，当为 Table 时将以表格形式显示数据，为 Flow 时将不以表格形式显示数据
SelectedIndex	当前选定项的索引号，未选中任何项时为－1

3. DataList 控件常用事件

DataList是容器控件，在DataList内可以加入其他子控件。子控件本身可以引发事件(例如Button控件的Click事件)，事件会反升至容器控件(也就是DataList控件)，这样的事件就称为反升事件。这时事件处理程序不再写在子控件的事件中，而是要写在DataList控件的反升事件中。

1) CommandName 属性设置

按钮子控件与反升事件的名称对应取决于按钮的 CommandName 属性，对应规则如下：

(1) 按钮的 CommandName 属性设置为 delete，将引发 DataList 控件的 DeleteCommand

事件。

(2) 按钮的 CommandName 属性设置为 update，将引发 DataList 控件的 UpdateCommand 事件。

(3) 按钮的CommandName属性设置为edit，将引发DataList控件的 EditCommand 事件。

(4) 按钮的 CommandName 属性设置为 cancel，将引发 DataList 控件的 CancelCommand 事件。

若按钮的 CommandName 属性设置不为上述各项，将引发 DataList 控件的 ItemCommand 事件。

特别要注意的是，按钮的 CommandName 属性设置为 select，除了引发 DataList 控件的 ItemCommand 事件外，还会引发 SelectedIndexChange 事件。

2) DataList 控件事件

(1) ItemCommand 事件：在控件生成事件时发生。向 DataList 控件加入按钮类控件的 CommandName 属性可以设置成除上述规定外的任何名字，当这些按钮被单击时，都将引发 ItemCommand 事件，在这个事件处理程序中通过判别按钮控件的 CommandName 属性，就知道单击的是哪个按钮。

(2) SelectedIndexChange 事件：当控件内的选择项发生改变后激发。

(3) ItemCreated 事件：在控件内创建项时激发。若要对控件内的子控件做某些初始设置，可以利用这个事件。子控件的初始设置不能够放在 Page_Load 中做，在那里访问不到这些子控件，因为它们被包含到了容器控件中。

(4) DataList当然可以像其他控件一样在属性窗口中进行属性设置，或在程序代码(Code_Behind代码或HTML标记)中设置，但对于 DataList控件有很多属性用来控制其布局和外观，通过设置这些属性可以更生动地展示数据DataList控件，使用属性生成器来设置这些属性是一种便捷的方法。

4. DataList 控件的属性生成器

DataList 控件如图 7-19 所示。选择“属性生成器”，出现如图 7-20 所示的对话框，可以看到，属性的设置分常规、格式和边框三页。图 7-20 中为常规页。

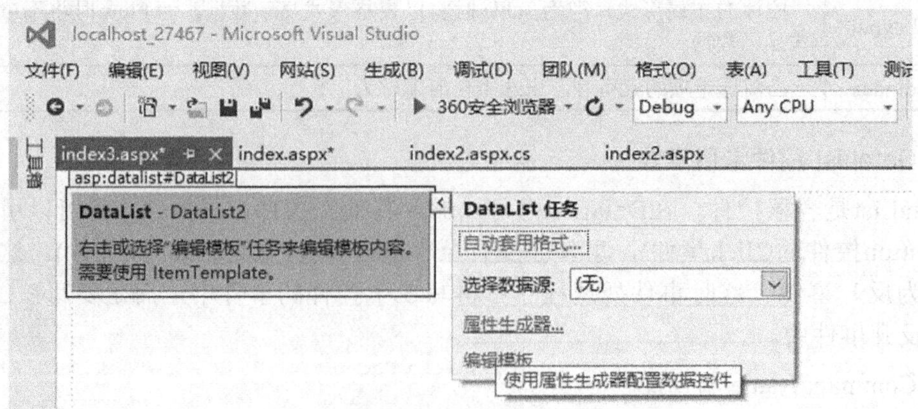

图 7-19 DataList 控件

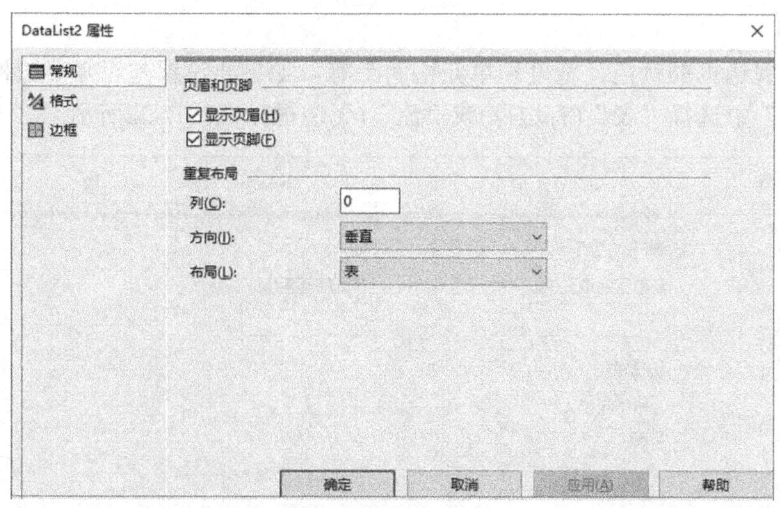

图 7-20　DataList 控件的属性生成器 - 常规页

1) 常规页

常规页用来设置数据项、页眉和页脚以及重复布局。下面从上至下说明各设置项的含义：

(1) 数据组中的数据源、数据成员和数据键字段三项分别对应 DataSource、DataMember 和 DataKeyField 三个数据属性。

(2) 页眉、页脚中的显示页眉和显示页脚分别对应 ShowHeader 和 ShowFooter 属性。

(3) 重复布局组的列、方向和布局分别对应 RepeatColumns、RepeatDirection 和 Repeat Layout 属性。

2) 格式页

格式页用来设置外观，如图 7-21 所示。格式页右侧的各个选项的含义十分清楚，注意要将外观设置与对象对应起来，图中当前设置的是普通项的外观。

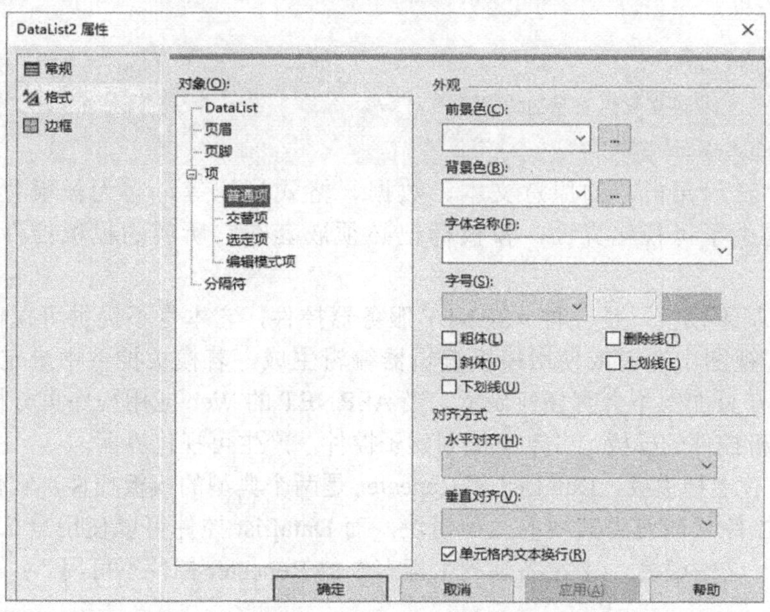

图 7-21　DataList 控件的属性生成器 - 格式页

3) 边框页

边框页设置边框的颜色、宽度和单元格间距等。如果要设置是否需要边框，应在常规页中的“布局”中选择“表”(有边框)或“流”(无边框)，如图7-22所示。

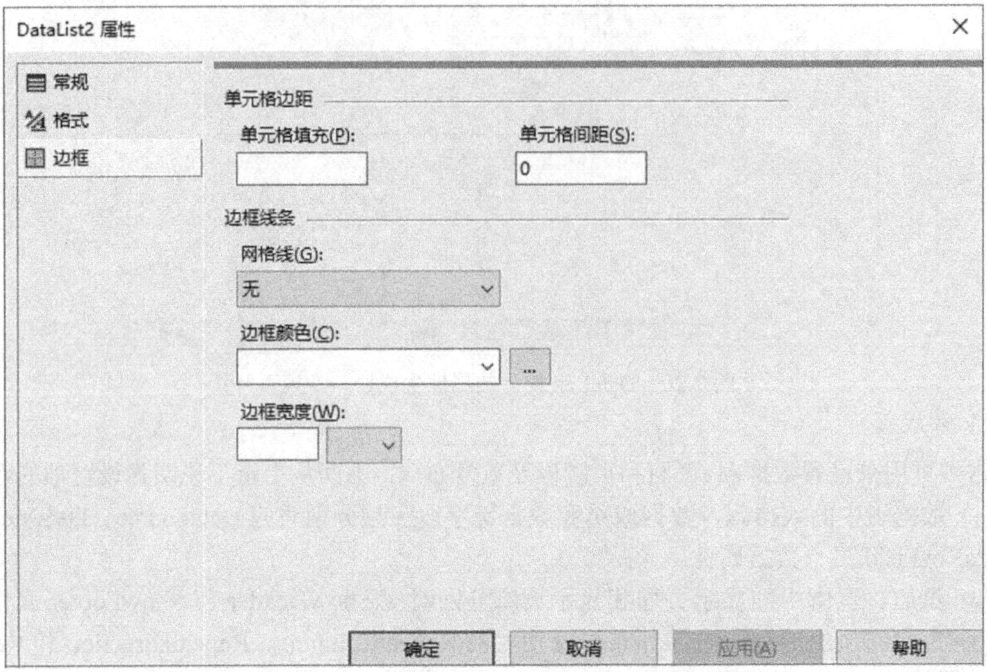

图 7-22　DataList 控件的属性生成器－边框页

5. DataList 控件的模板

模板 (Template) 就是样板或标准规格，在 ASP.NET 中模板是一个声明性页段落，其 HTML 标记为：

```
<TemplateName>
        <%-- 该模板内显示的内容与布局 --%>
</TemplateName>
```

模板包含表示元素，如原意文本、数据、格式标记等，它为模板化的 ASP.NET 服务器控件提供了可视化界面。模板标记必须嵌套在它所属的模板控件的 HTML 标记之内。

模板控件基于模板，是一种 ASP.NET 服务器控件，它本身不提供可视化界面，由程序员在 HTML 视图中标记或使用模板编辑器编辑生成。若模板控件中未定义任何模板，则程序运行后在页面上不会有任何显示。当 ASP.NET 的 Web 应用程序页分析器发现模板控件时，它分析控件的模板，并动态地创建子控件，产生可视化界面。

ASP.NET 有七种模板，DataList 和 Repeater 是两个典型的模板控件，它们基于模板技术。Repeater 控件只能使用其中的五种模块，而 DataList 控件可以使用全部的七种模板。表 7-6 中列出了这些模板。(注：备注列中标有 * 的 Repeater 控件不可用。)

表 7-6　常用的数据绑定模板

模板	含义	功　能	备注
FooterTemplate	页脚模板	用于设置数据显示区域下部信息	
HeaderTemplate	页眉模板	用于设置数据显示区域上部信息	
ItemTemplate	项目模板	用于显示数据库数据信息	
AlternatingItemTemplate	交替项模板	类似于 ItemTemplate，但在 DataList 控件中隔行(交替行)显示	
SeparatorTemplate	分割模板	描述每个记录之间的分隔符	
SelectedItemTemplate	选择模板	当用户做了选择操作，显示选择模版	*
EditItemTemplate	编辑模板	定义编辑页面显示风格	*

6. 数据绑定的基本语法

ASP.NET 模板中使用的数据既可以自动绑定到数据源，也可以手动绑定到数据源。数据绑定完整的语法为：

```
DataBinder.Eval(Container.DataItem, FieldName)
```

上述写法为 ASP.NET 之前版本定义的完整语法，是标准的数据绑定语法，现在 ASP.NET 中可以简化地写为：

```
Eval(FieldName)
```

7. DataList 控件布局设置步骤

DataList 控件布局设置步骤如下：

(1) 在页面添加DataList控件，并绑定前面创建的数据源控件，与GridView控件基本相同。

(2) 单击 DataList 控件右上角，打开“DataList 任务”面板，选择“自动套用格式”选项，如图 7-23 所示。

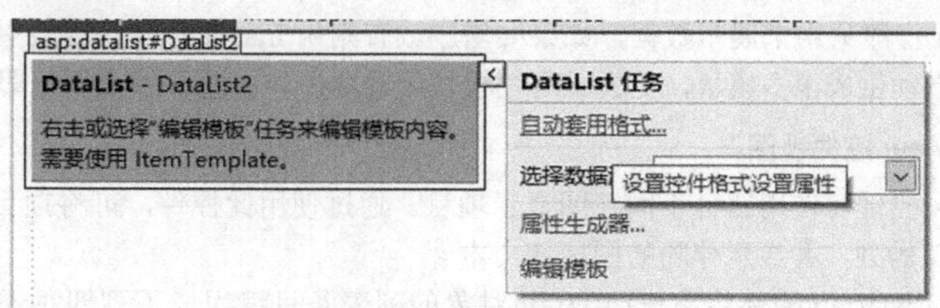

图 7-23　DataList 面板

(3) 可以在 DataList 控件“自动套用格式”对话框中选择一种格式进行应用，如图 7-24 所示。然后，设定排列方式，如设定为 3 列是垂直布局，需要做如下设置：将 DataList 控件的 RepeatColumns 属性设置为需要的列数，这里为 3；将 RepeatDirection 属性设置为 Vertical 或 Horizontal，如图 7-25 所示。

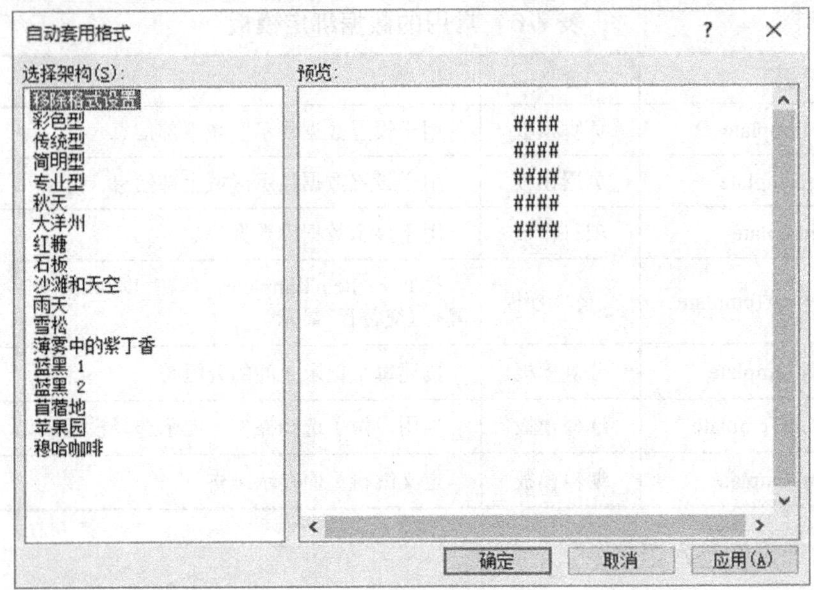

图 7-24　DataList 控件“自动套用格式”对话框

RepeatColumns	3
RepeatDirection	**Horizontal**

图 7-25　DataList 属性设置

7.6　知识点 5：ListView 控件

Repeater 控件和 Datalist 控件相似，可以绑定数据源，并对数据源中的数据进行显示。Repeater 控件在设计视图没有提供模板，所有的布局均由用户通过“源”代码来实现。Repeater 控件只支持显示功能，其提供的模板有 HeadTemplate、FootTemplate、ItemTemplate、AlternatingItemTemplate 和 SeparatorTemplate 等。

Repeater 一般只用来展示数据，如果要增删改查则用 ListView 更方便。使用向导来使 ListView 会自动生成很多模板，免去手写模板代码的麻烦，再进行手工调整即可。

1. ListView 控件视图

ListView 控件可使用四种不同视图显示项目。通过使用此控件，可将项目组成带有或不带有列标头的列，并显示伴随的图标和文本。

可使用 ListView控件将称作ListItem对象的列表条目组织成下列四种不同的视图之一：大(标准)图标、小图标、列表和报表。View 属性决定在列表中控件使用何种视图显示项目。还可用LabelWrap属性控制列表中与项目关联的标签是否可换行显示。另外，还可管理列表中项目的排序方法和选定项目的外观。

2. ListView 控件对象

ListView控件包括ListItem和ColumnHeader对象。ListItem对象定义ListView控件中项目的各种特性，例如：项目的简要描述；由ImageList控件提供的与项目一起出现的图标；

附加的文本片段(称作子项目)与显示在报表视图中的ListItem对象关联。

3. ListView 常用属性

除了数据绑定控件共有的属性外，ListView 还有一些其他属性，具体如下。

1) InsertItemPosition 属性

该属性用于设置插入项的位置，主要有 None、FirstItem、LastItem 三个选项，分别代表插入记录的位置在默认位置插入、在首行插入、最后一行插入。

2) Activation

使用这个属性，可以控制用户在列表视图中激活选项的方式。其可能的值如下：

(1) Standard：这个设置是用户为自己的机器选择的值。

(2) OneClick：单击一个选项，激活它。

(3) TwoClick：双击一个选项，激活它。

(4) AllowColumnReorder：如果把这个属性设置为 True，就允许用户改变列表视图中列的顺序。若要这么做，就应确保即使改变了列的属性顺序，这样填充列表视图的例程也能正确插入选项。

3) Alignment

这个属性可以控制列表视图中的选项对齐的方式。它有四个可能的值：

(1) Default：如果用户拖放一个选项，它将仍位于拖动前的位置。

(2) Left：选项与 ListView 控件的左边界对齐。

(3) Top：选项与 ListView 控件的顶边界对齐。

(4) SnapToGrid：ListView 控件包含一个不可见的网格，选项都放在该网格中。

4) CheckedItems 与 SelectedItems

利用这两个属性可以分别访问索引和选项的集合，该集合包含列表中被选中的选项。

5) CheckBoxes

如果把这个属性设置为 True，列表视图中的每个选项都会在其左边显示一个复选框。只有在 View 属性是 Details 或 List 时，这个属性才有意义。

6) Columns

列表视图可以包含列。通过这个属性可以访问列集合，通过该集合，可以增加或删除列。

7) FocusedItem

这个属性包含列表视图中有焦点的选项。如果没有选择任何选项，该属性就为 null。

8) FullRowSelect

这个属性为 True 时，单击一个选项，该选项所在的整行文本都会突出显示。如果该属性为 False，则只有选项本身会突出显示。

9) GridLines

把这个属性设置为 True，则列表视图会在行和列之间绘制网格线。只有 View 属性为 Details 时，这个属性才有意义。

10) HoverSelection

这个属性设置为 True 时，用户可以把鼠标指针放在列表视图的一个选项上，以选择它。

11) HeaderStyle

这个属性可以控制列标题的显示方式，有三种样式：

(1) Clickable：列标题显示为一个按钮。

(2) NonClickable：列标题不响应鼠标单击。

(3) None：不显示列标题。

12) Items

这个属性是列表视图中的选项集合。

13) LabelEdit

这个属性设置为 True 时，用户可以在 Details 视图下编辑第一列的内容。

4. ListView 控件常用的方法

1) BeginUpdate()/EndUpdate()

调用这个方法，将告诉列表视图停止更新，直到调用 EndUpdate() 为止。当一次插入多个选项时使用这个方法很有用，因为它会禁止视图闪烁，大大提高速度。

2) Clear()

该方法可彻底清除列表视图，删除所有的选项和列。

3) GetItemAt()

该方法可返回列表视图中位于 x、y 的选项。

7.7 拓展知识——Form View 和 Repeater 控件

1. FormView 控件

FormView 控件与 DetailsView 控件很相似，例如：都可以只显示器数据源中的单个记录；具有分页的能力；都支持数据显示、编辑等功能。但二者也有不同之处。DetailsView 控件能自动创建 HTML 表格结构，并且显示数据源中的数据字段和数据值。FormView 控件不指定用于显示数据的预定义布局，可以通过自定义模板属性来定义在编辑模式下的外观样式和数据绑定。利用 FormView 控件操作数据源数据时，需要为其定制不同的模板，如为支持插入记录的 FormView 控件定义插入项模板等。

(1) FormView 控件的常用模板如表 7-7 所示。

表 7-7　FormView 控件的常用模板

模板名称	说　明
EditItemTemplate	定义数据行在 FormView 控件处于编辑模式时的内容，通常包含用户用来编辑现有记录的输入控件和命令按钮
EmptyDataTemplate	定义在 FromView 控件绑定到不包含任何记录的数据源时所显示的空数据行的内容，通常包含用来警告用户数据源不包含任何记录
FooterTemplate	定义脚注行的内容，此模板通常包含任何要在脚注行中显示的附加内容
HeaderTemplate	定义标题行的内容，此模板通常包含任何要在标题行中显示的附加内容
ItemTemplate	定义数据行在 FormView 控件处于只读模式时的内容，通常包含用来显示现有记录值的内容
InsertItemTemplate	定义数据行在 FormView 控件处于插入模式时的内容，通常包含用户用来添加新记录的输入控件和命令按钮
PagerTemplate	定义在启用分页功能时所显示的页导航行的内容，通常包含用户可以用来导航至另一个记录的控件

(2) FormView 控件按钮的 CommandName 属性。FormView 控件不提供自动生成命令按钮以执行更新、删除或插入操作的方法，必须手动将这些按钮添加在不同的模板中。FormView 控件通过识别按钮的 CommandName 属性，来执行不同的操作，如表 7-8 所示。

表 7-8　FormView 控件按钮的 CommandName 属性

按钮	CommandName 值	说　明
取消	Cancel	在更新或插入操作中，用于取消操作并放弃用户输入
删除	Delete	删除当前记录，引发 ItemDeleting 和 ItemDeleted 事件
编辑	Edit	进入编辑模式
插入	Insert	插入用户输入的数据，引发 ItemInserting 和 ItemInserted 事件
新建	New	进入插入模式
页	Page	表示页导航行中执行分页的按钮，若要指定分页操作，必须将该按钮的 CommandArgument 属性设置为“Next”“Prev”“First”“Last”或要导航至的目标页的索引。分页按钮引发 PageIndexChanging 和 PageIndexChanged 事件
更新	Update	更新当前记录，引发 ItemUpdating 和 ItemUpdated 事件

2. Repeater 控件

Repeater控件是一个容器控件，其使用户可以从页的可用数据中创建自定义列表。Repeater控件没有内置的呈现功能，即用户必须通过创建模板设置Repeater控件的布局。当网页运行时，Repeater控件会遍历数据源中的记录，并为每条记录呈现一个项。由于Repeater控件没有默认的外观，因此可以使用该控件创建多种列表，其中包括表格布局、逗号分隔的列表(例如a、b、c、d等)和XML格式的列表。

1) Repeater 控件的模板

Repeater 控件提供五种模板用于自定义列表的外观。分别是 ItemTemplate、HeaderTemplate、FooterTemplate、AlternatingItemTemplate 和 SeparatorTemplate。其各自的含义这里不再说明，可查看表 7-5。

2) Repeater 控件的使用

每个 Repeater 控件必须至少定义一个 ItemTemplate，其他的模板可以选用，示例代码如下：

```
<asp:Repeater ID= "Repeater1" runat="server" DataSourceID="SqlDataSource">
  <ItemTemplate>
    <%#Eval("Name")%>
  </ItemTemplate>
</asp:Repeater>
```

Repeater 控件可以绑定数据库，和 DataList 控件相似，但是有区别。

3) Repeater 控件与 DataList 控件比较

DataList 控件显示时会把每一条记录放在一个表格单元内，而 Repeater 控件就会严格按照用户的定义显示数据；DataList 控件支持更新和删除记录，而 Repeatre 控件则只支持查询记录；DataList 控件可以在 1 行显示若干条记录，而 Repeate 控件 1 行只能显示 1 条记录。总的来说，Repeater 控件显示更自由，但是功能最简单。

7.8 综合案例 1——用户信息查看修改删除操作

在数据库的管理过程中，基本的数据管理操作有增加、删除、修改、浏览、查询等。前面对用户进行注册的工作即在数据库中对用户信息进行增加操作，登录工作实际就是对数据库进行查询。本节将进行其他的数据操作。

用户信息查看修改删除操作

在 Admin 文件夹中创建并打开 index.aspx 文件，进入设计视图，在工具箱中选择数据展示控件“GridView”，如图 7-26 所示，然后将该控件放置到 Index.aspx 页面中。

同时添加数据库管理控件 SqlDataSource。添加完成后的 index.aspx 页面如图 7-27 所示。

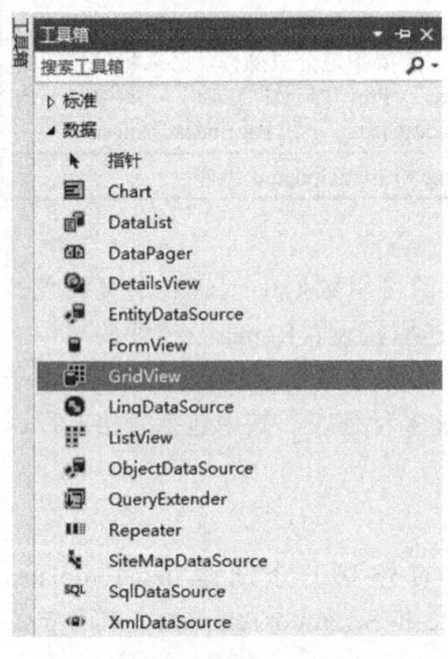

图 7-26 GridView 控件

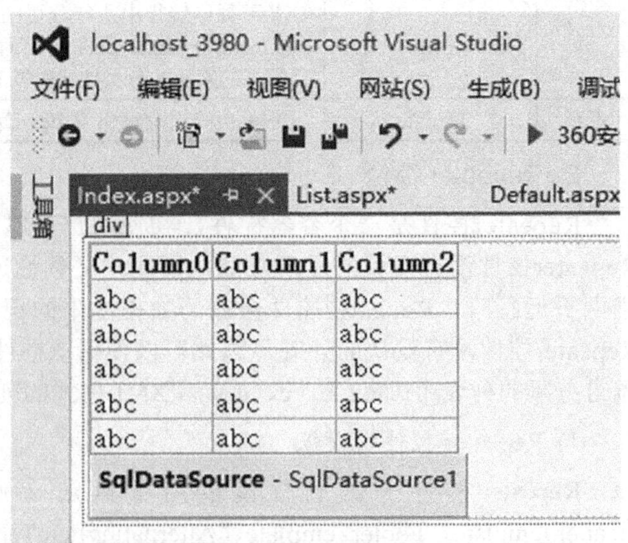

图 7-27 添加数据库及数据展示控件

1. 设置数据库连接

(1) 选中 SqlDataSource 控件，单击左上角出现的【>】按钮，出现 SqlDataSource 任务，选中“配置数据源 ...”，如图 7-28 所示。

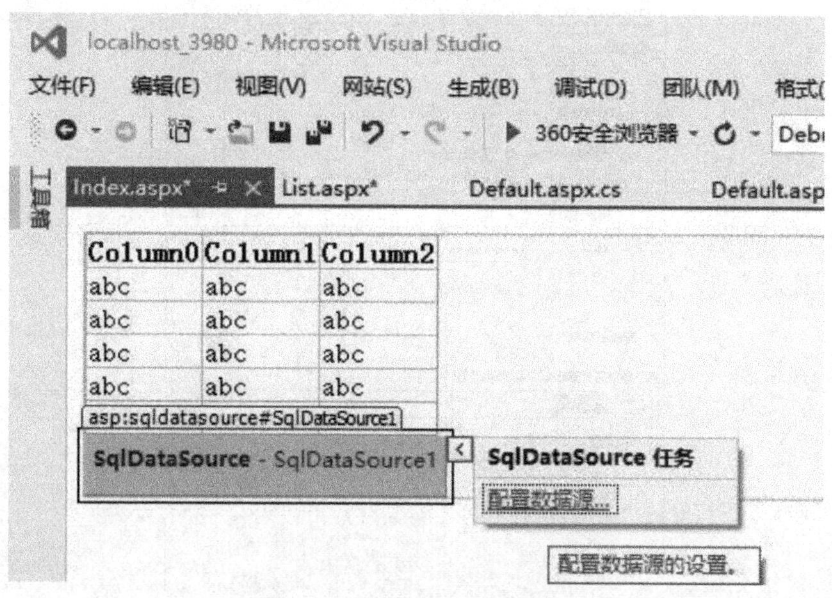

图 7-28　SqlDataSource 任务

(2) 单击“配置数据源 ...”后出现“配置数据源”对话框，如图 7-29 所示。

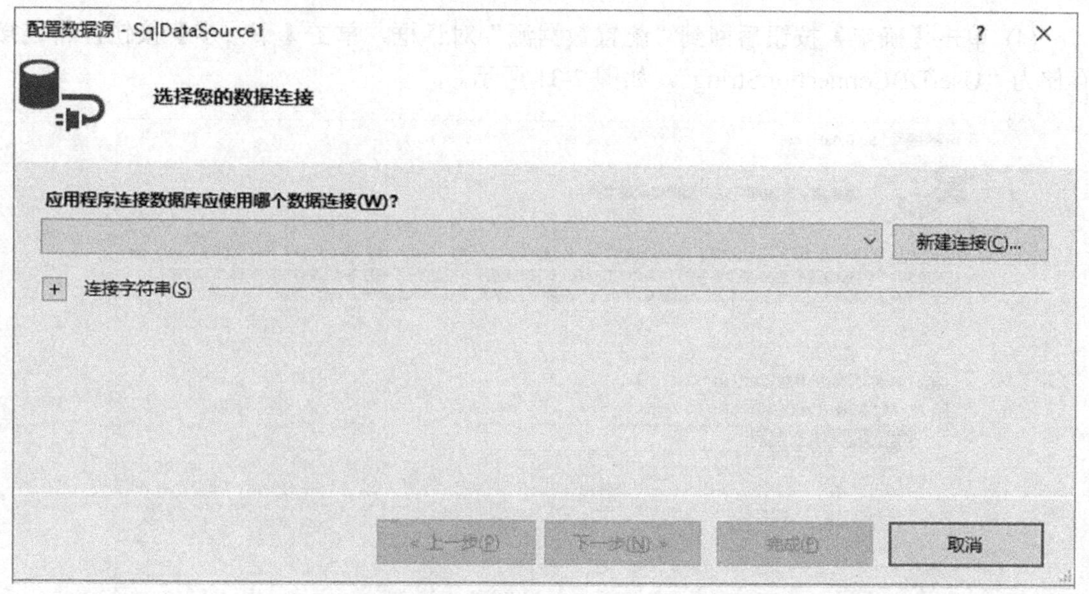

图 7-29　“配置数据源”对话框

(3) 选择“新建连接”进入“添加连接”对话框，在该对话框中进行数据库的连接配置，如图 7-30 所示。

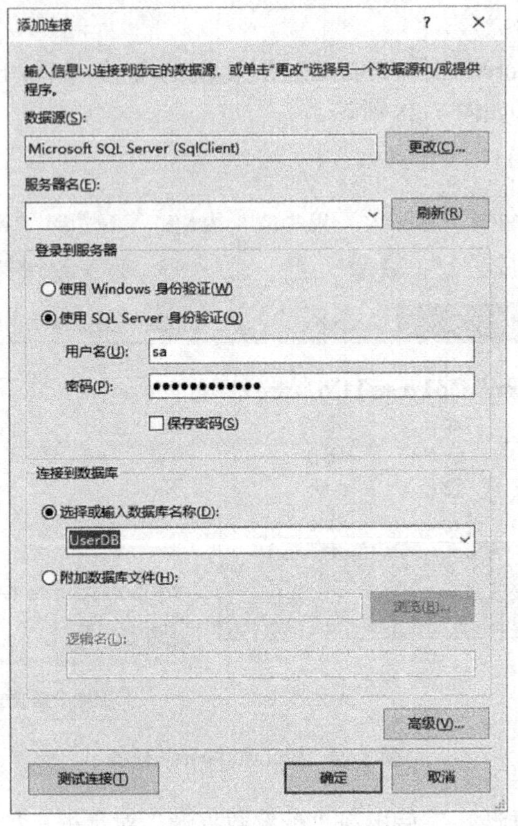

图 7-30 “添加连接”对话框

(4) 单击【确定】按钮后回到“配置数据源”对话框，单击【下一步】按钮，将连接存储为“UserDBConnectionString”，如图 7-31 所示。

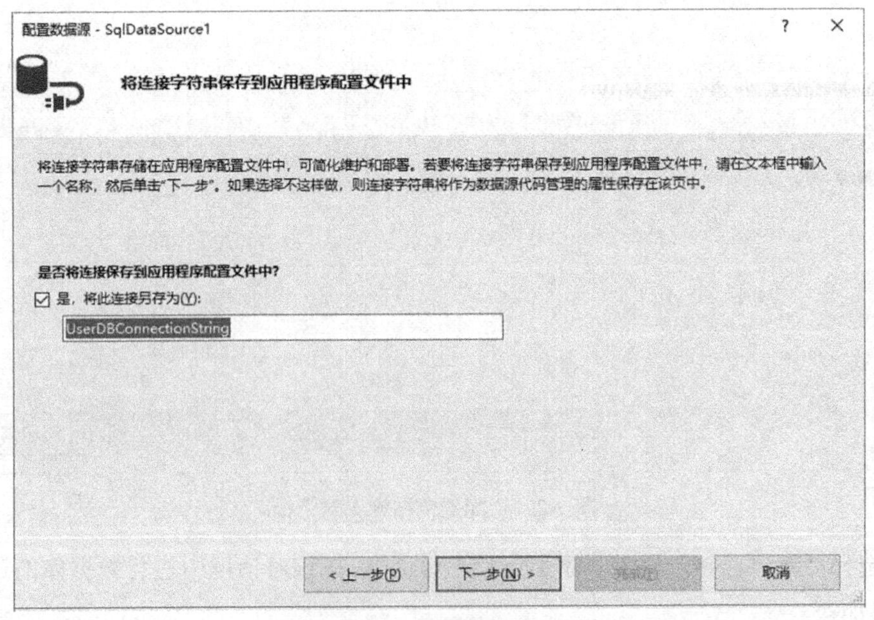

图 7-31　存储连接

(5) 单击【下一步】按钮，进入配置 Select 语句界面，如图 7-32 所示。

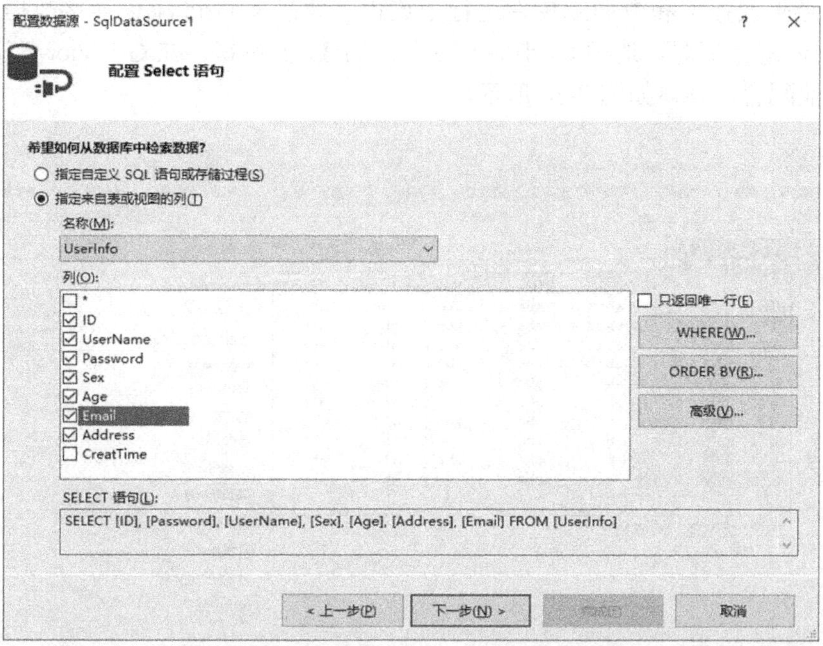

配置数据源 - SqlDataSource1
配置 Select 语句
希望如何从数据库中检索数据?
○ 指定自定义 SQL 语句或存储过程(S)
◉ 指定来自表或视图的列(T)
名称(M):
UserInfo
列(O):
☐ *
☑ ID
☑ UserName
☑ Password
☑ Sex
☑ Age
☑ Email
☑ Address
☐ CreatTime
☐ 只返回唯一行(E)
WHERE(W)...
ORDER BY(R)...
高级(V)...
SELECT 语句(L):
SELECT [ID], [Password], [UserName], [Sex], [Age], [Address], [Email] FROM [UserInfo]
< 上一步(P)　下一步(N) >　完成(F)　取消

图 7-32　配置 Select 语句

(6) 选中“指定来自表或视图的列”，并在其下的“名称”中选择用户信息表 UserInfo，“列”中选择前面的几个，最后的 CreatTime 可以不选。

(7) 为了能实现数据库的自动更新等操作，单击【高级 ...】按钮进行配置，如图 7-33 所示。

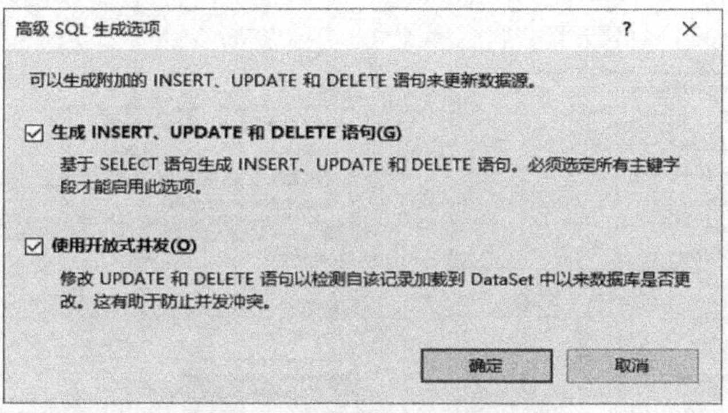

图 7-33　高级 SQL 生成选项

在“高级 SQL 生成选项”对话框中选择如图 7-33 所示的两个选项，这样就可以自动实现添加、更新、删除操作，不需要进行程序的编制。完成后单击【确定】按钮，返回页面，单击【下一步】按钮，选择【完成】按钮，即可完成数据源的配置。

注意

要想选中图 7-33 中的两个选项，数据库必须有主键，当前的主键为 ID，就是前面有一个小钥匙的那个标志。

2. GridView 连接 SqlDataSource

前面已经将数据库和数据库控件进行了连接，要想使 GridView 连接数据库控件，需要对 GirdView 进行配置，选中 GridView 右上角的【>】按钮，在 GridView 任务选中数据源并进行其他配置，具体如图 7-34 所示。

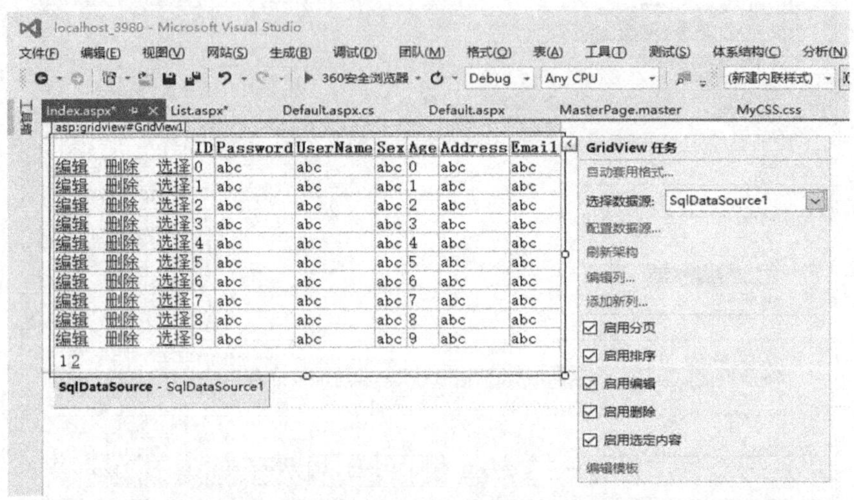

图 7-34　配置 GridView

运行当前的页面就可以实现数据浏览、添加、删除等操作，图 7-34 中第一行显示的数据库的字段名称不利于理解。选择“编辑列”命令，在编辑列对话框中将 ID 的显示修改为“序号”，如图 7-35 所示。其他列也可以使用类似的操作。

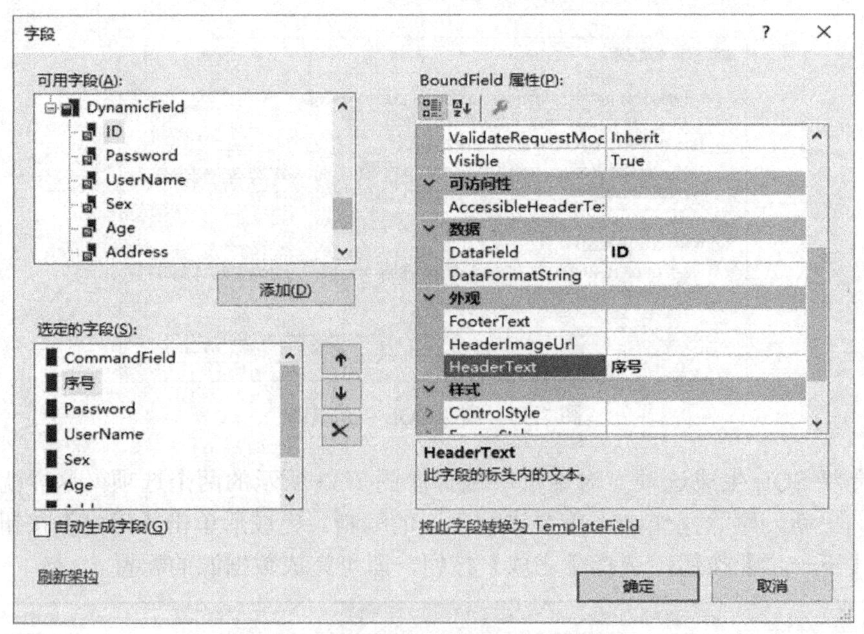

图 7-35　编辑列

以上就完成了本次任务，在浏览器中的效果如图 7-36 所示。

	序号	密码	用户名	性别	年龄	地址	邮箱
编辑 删除 选择	9	123	bt3power	男	12	13	1111@ad.com
编辑 删除 选择	10	123123	yj	男	12	12	1111@ad.com
编辑 删除 选择	11	123	bt3power	男	12	13	1111@ad.com
编辑 删除 选择	12	123123	yj	男	12	12	1111@ad.com
编辑 删除 选择	13	123	bt3power	男	12	13	1111@ad.com
编辑 删除 选择	14	123	bt3power	男	12	13	1111@ad.com
编辑 删除 选择	15	123123	yj	男	12	12	1111@ad.com
编辑 删除 选择	16	123	bt3power	男	12	13	1111@ad.com
编辑 删除 选择	17	123123	yj	男	12	12	1111@ad.com
编辑 删除 选择	18	123	bt3power	男	12	13	1111@ad.com
1 2							

图 7-36　用户首页浏览效果

7.9　综合案例 2——利用代码进行用户浏览删除修改

通过控件的方法实现添加、删除、编辑等操作比较简单，但是个性化不足。如果需要进行个性化的设计，可以利用代码编写技术来实现。

利用代码进行
用户浏览删除修改

1. 界面设计

在 Admin 文件夹下新建 Index2.aspx 文件。在该文件中添加 GridView 控件，在控件中进行编辑列工作，编辑完成的界面如图 7-37 所示。

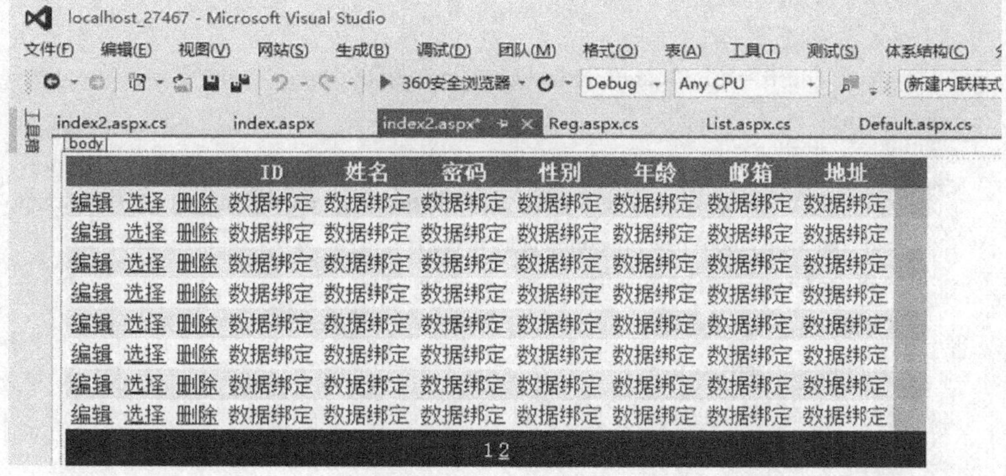

			ID	姓名	密码	性别	年龄	邮箱	地址
编辑	选择	删除	数据绑定	数据绑定	数据绑定	数据绑定	数据绑定	数据绑定	数据绑定
编辑	选择	删除	数据绑定	数据绑定	数据绑定	数据绑定	数据绑定	数据绑定	数据绑定
编辑	选择	删除	数据绑定	数据绑定	数据绑定	数据绑定	数据绑定	数据绑定	数据绑定
编辑	选择	删除	数据绑定	数据绑定	数据绑定	数据绑定	数据绑定	数据绑定	数据绑定
编辑	选择	删除	数据绑定	数据绑定	数据绑定	数据绑定	数据绑定	数据绑定	数据绑定
编辑	选择	删除	数据绑定	数据绑定	数据绑定	数据绑定	数据绑定	数据绑定	数据绑定
编辑	选择	删除	数据绑定	数据绑定	数据绑定	数据绑定	数据绑定	数据绑定	数据绑定
编辑	选择	删除	数据绑定	数据绑定	数据绑定	数据绑定	数据绑定	数据绑定	数据绑定
1 2									

图 7-37　GridView 控件设置

其中 ID、姓名、密码、性别、年龄、邮箱、地址为 BoundField 类型，同时设置 DataField 属性为数据库字段，HeadText 属性为在网页中显示的内容。编辑、选择、删除为 CommandField 类型，分别添加“编辑、更新、取消”“选择”“删除”。

2. 代码设计

在 index2.asp.cs 中添加如下代码即可完成相关的程序设计。

```
using System;
using System.Collections.Generic;
using System.Linq;
using System.Web;
using System.Web.UI;
using System.Web.UI.WebControls;
using System.Data;
using System.Data.SqlClient;
using System.Configuration;

public partial class Admin_index2 : System.Web.UI.Page
{
  protected void Page_Load(object sender, EventArgs e)
  {
    if (!IsPostBack)
    {
      GetData();
    }


  }
  public void GetData()
  {
    string constr = ConfigurationManager.ConnectionStrings["UserDBConnectionString"].
ConnectionString;
    SqlConnection con = new SqlConnection(constr);
    string sql = "SELECT ID, UserName, Password, Sex, Age, Email, Address FROM UserInfo";
    SqlCommand cmd = new SqlCommand(sql, con);
    SqlDataAdapter da = new SqlDataAdapter(cmd);
    DataSet ds = new DataSet();
    da.Fill(ds, "UserInfo");
    GridView1.DataSource = ds.Tables[0].DefaultView;
    GridView1.DataBind();
  }

  protected void GridView1_SelectedIndexChanging(object sender, GridViewSelectEventArgs e)
  {
```

```
        GridView1.SelectedIndex = e.NewSelectedIndex;
    }
    protected void GridView1_PageIndexChanging(object sender, GridView PageEventArgs e)
    {
        GridView1.PageIndex = e.NewPageIndex;
        GetData();
    }
    protected void GridView1_RowEditing(object sender, GridViewEditEventArgs e)
    {
        GridView1.EditIndex = e.NewEditIndex;
        GetData();
    }
    protected void GridView1_RowCancelingEdit(object sender, GridView CancelEditEventArgs e)
    {
        GridView1.EditIndex = -1;
        GetData();
    }
    protected void GridView1_RowUpdating(object sender, GridViewUpdateEventArgs e)
    {
        //取出修改行的主键值
        string UserId = GridView1.DataKeys[e.RowIndex][0].ToString();
        //取出修改后各字段的值
        string UserName = ((TextBox)(GridView1.Rows[e.RowIndex].Cells[4].Controls[0])).Text.ToString();
        string UserPassword = ((TextBox)(GridView1.Rows[e.RowIndex].Cells[5].Controls[0])).Text.ToString();
        string UserSex = ((TextBox)(GridView1.Rows[e.RowIndex].Cells[6].Controls[0])).Text.ToString();
        string UserAge = ((TextBox)(GridView1.Rows[e.RowIndex].Cells[7].Controls[0])).Text;
        string UserEmail = ((TextBox)(GridView1.Rows[e.RowIndex].Cells[8].Controls[0])).Text;
        string UserAddress = ((TextBox)(GridView1.Rows[e.RowIndex].Cells[9].Controls[0])).Text.ToString();

        //将用户更新的数据在数据库中进行修改
        string constr = ConfigurationManager.ConnectionStrings["UserDBConnectionString"].
ConnectionString;
        SqlConnection con = new SqlConnection(constr);

        string sql = "update UserInfo set UserName=@UserName,Password=@UserPassword,Sex=@
UserSex,Age=@UserAge,Email=@UserEmail, Address =@Useraddress where ID =@UserId ";
        con.Open();
        SqlCommand cmd = new SqlCommand(sql, con);
        cmd.Parameters.AddWithValue("@UserName", UserName);
```

```
            cmd.Parameters.AddWithValue("@UserPassword", UserPassword);
            cmd.Parameters.AddWithValue("@UserSex", UserSex);
            cmd.Parameters.AddWithValue("@UserAge", UserAge);
            cmd.Parameters.AddWithValue("@UserEmail", UserEmail);
            cmd.Parameters.AddWithValue("@Useraddress", UserAddress);
            cmd.Parameters.AddWithValue("@UserId", UserId);
            cmd.ExecuteNonQuery();
            con.Close();
            GridView1.EditIndex = -1;
            GetData();
        }
        protected void GridView1_RowDeleting(object sender, GridViewDeleteEventArgs e)
        {
            //取出修改行的主键值
            string customerId = GridView1.DataKeys[e.RowIndex][0].ToString();
              string constr = ConfigurationManager.ConnectionStrings["UserDBConnectionString"].
ConnectionString;
            SqlConnection con = new SqlConnection(constr);

            string sql = "delete from UserInfo where ID=@customerId";
            con.Open();
            SqlCommand cmd = new SqlCommand(sql, con);
            cmd.Parameters.AddWithValue("@customerId", customerId);
            cmd.ExecuteNonQuery();
            con.Close();
            GridView1.EditIndex = -1;
            GetData();
        }
    }
```

因要使用 Web.config 配置文件中的数据库相关连接信息，所以要引用 using System.Configuration。

因要反复使用数据库连接、显示操作，所以将数据库连接显示操作定义为一个过程 GetData()。GridView 事件比较多，要在合适的事件中进行数据库操作，现列举如下：

(1) PageIndexChanging，PageIndexChanged：这两个 GridView 控件的事件被单击时发生。它们分别在网格控件处理分页操作之前和之后激发。

(2) RowCancelingEdit：在一个处于编辑模式的行的 Cancel 按钮被单击，但是在该行退出编辑模式之前发生。

(3) RowCommand：在单击一个按钮时发生。

(4) RowCreated：在创建一行时发生。

(5) RowDataBound：在一个数据行绑定到数据时发生。

(6) RowDeleting，RowDeleted：这两个事件都是在一行的【Delete】按钮被单击时发生。它们分别在该网格控件删除该行之前和之后激发。

(7) RowEditing：当一行的【Edit】按钮被单击，但是在该控件进入编辑模式之前发生。

(8) RowUpdating，RowUpdated：这两个事件都是在一行的【Update】按钮被单击时发生。它们分别在该网格控件更新该行之前和之后激发。

(9) SelectedIndexChanging，SelectedIndexChanged：这两个事件都是在一行的【Select】按钮被单击时发生。它们分别在该网格控件处理选择操作之前和之后激发。

(10) Sorting，Sorted：这两个事件都是在对一个列进行排序的超链接被单击时发生。它们分别在网格控件处理排序操作之前和之后激发。

7.10　综合案例 3——利用 DataList、ListView 控件管理数据

上节中展示的数据库操作技术较为简单，可以利用其他的控件对数据库进行更细的管理工作。本节利用 DataList、ListView 控件来进行数据库的管理工作。

利用 DataList、ListView 控件管理数据上

利用 DataList、ListView 控件管理数据下

1. 数据详细展示控件 DetialsView

如果一条数据信息比较多，一行很难将数据的所有项目都展示出来，这个时候就需要利用 DetialsView 来进行设计。在 index.aspx 中增加一个 SqlDataSource 控件和 DetialsView 控件，如图 7-38 所示。

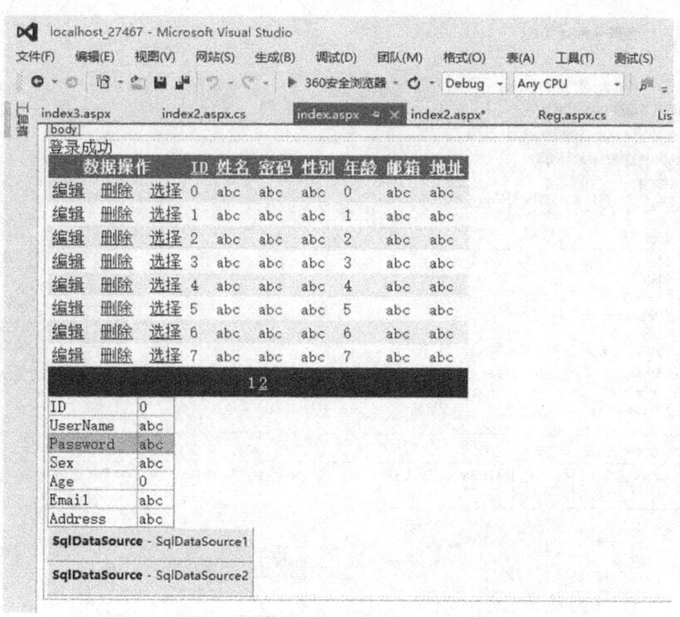

图 7-38　添加 SqlDataSource 控件和 DetialsView 控件

1) 设置 SqlDataSource2 的属性

在配置数据源的过程中，因在前面已经配置了一个数据连接“UserDBConnectionString”，所以就不需要新建数据连接，直接选择配置好的数据连接即可，如图 7-39 所示。

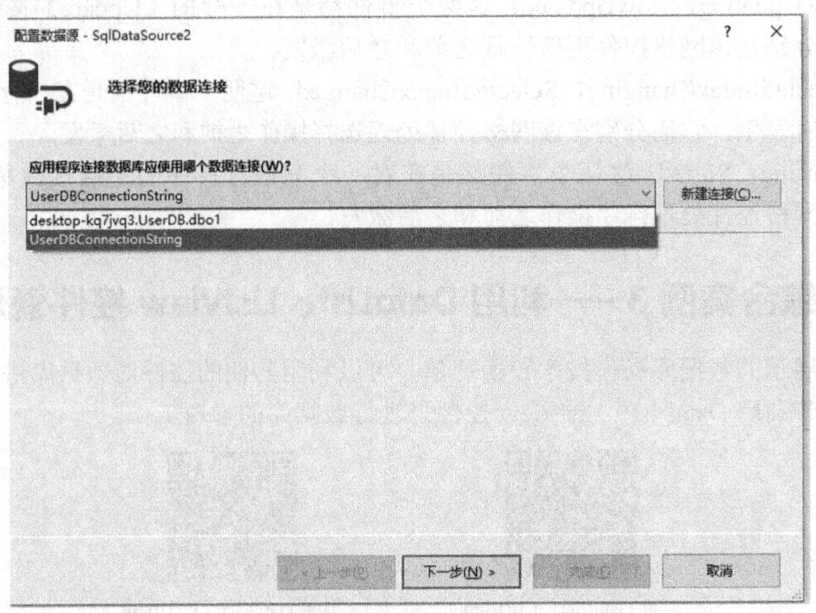

图 7-39　选择数据连接

选择好数据连接后单击【下一步】按钮，进入 Select 语句配置界面，如图 7-40 所示。在当前的界面下单击【WHERE ...】按钮进行条件配置，配置界面如图 7-41 所示。

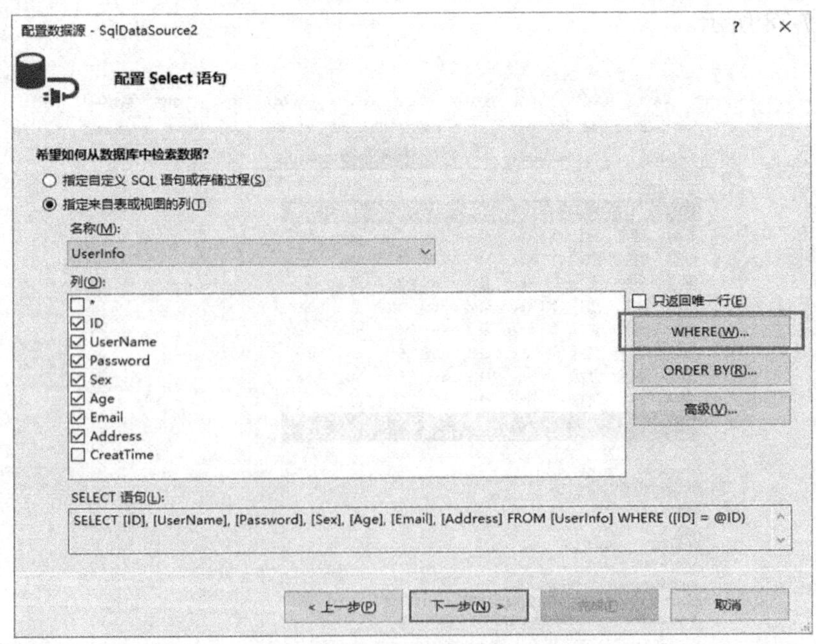

图 7-40　Select 语句配置界面

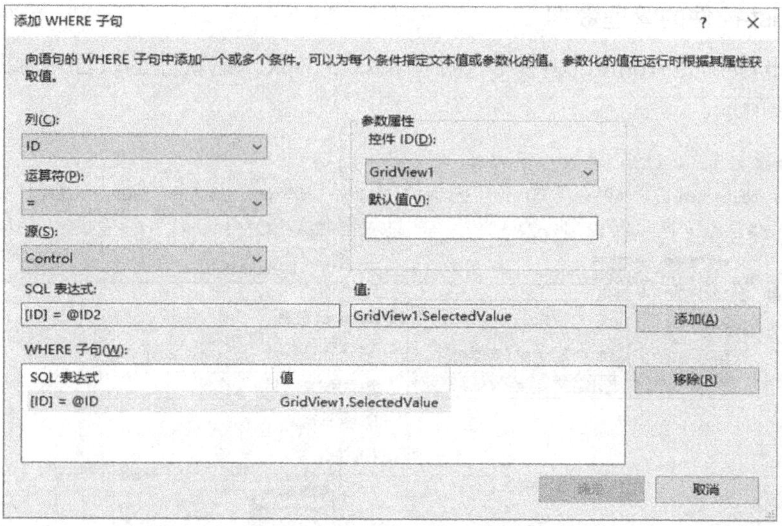

图 7-41　配置 WHERE 语句

通过上述配置，当 GridView1 的数据选择发生变化后就会给 SqlDataSource 传递信息，从而选择出合适的数据。

2) 设置 DetialsView1 的属性

将 DetialsView1 的数据源选择为 SqlDataSource2 就可以进行连接了。可以按照前面编辑列的方法对 DetialsView1 进行编辑。

浏览 index.aspx 效果如图 7-42 所示。当在上面的表中选中一条记录时，下侧就会将本条记录的详细信息进行显示。

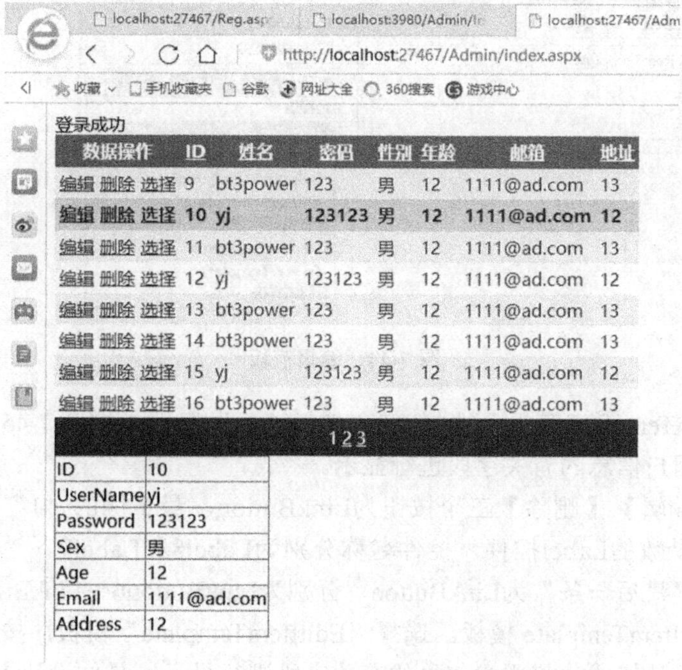

图 7-42　index.aspx 浏览效果图

2. DataList 控件的管理数据

在 MyWeb 项目的 Admin 文件夹中创建 index3.aspx。在新建的页面中添加 DataList 控件，如图 7-43 所示。

图 7-43 添加 DataList 控件

1) 编辑模板

单击 DataList1 控件右上角的【>】按钮，单击“编辑模板”，进入编辑模板窗体，进行模板编辑，如图 7-44 所示。

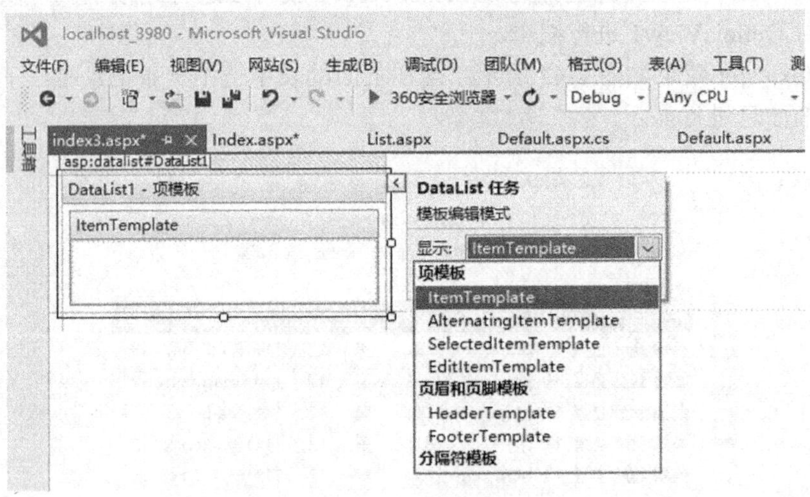

图 7-44 编辑模板

(1) 编辑 ItemTemplate 模板。选择“ItemTemplate”模板，按图 7-45 进行编辑，以表格设计格式，将用户信息的有关字段进行显示。

【选择】【编辑】【删除】三个按钮为LinkButton。最下侧的“1”“Label”为显示当前记录和总记录数的Label控件，控件名称分别为Label8和Label9。“第一条”“上一条”“下一条”“最后一条”为LinkButton，分别为LinkButton6～LinkButton9。

(2) 编辑 EditItemTemplate 模板。选择“EditItemTemplate”模板，按如图 7-46 所示进行编辑，以表格设计格式，将用户信息的有关字段进行显示。具体设计不再说明。

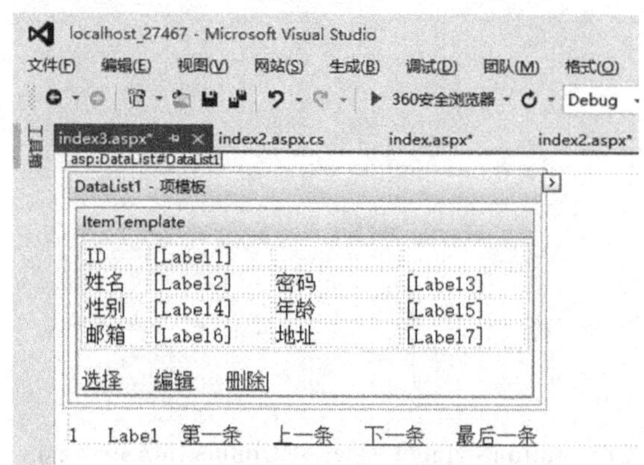

图 7-45　设计 ItemTemplate 模板

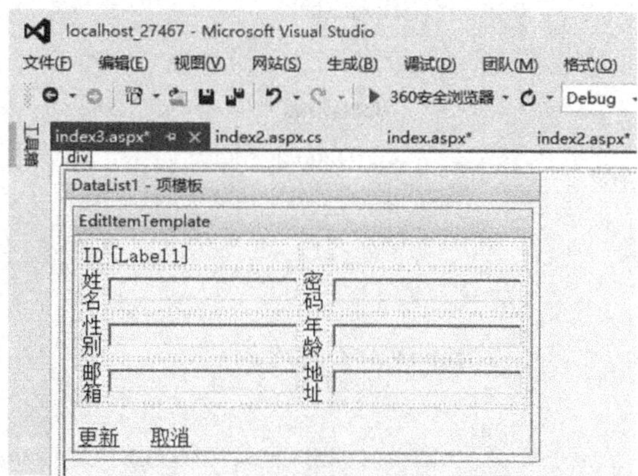

图 7-46　设计 ItemTemplate 模板

(3) 设计分隔符模板。选择分隔符模板，在分隔符模板中添加 hr，如图 7-47 所示。

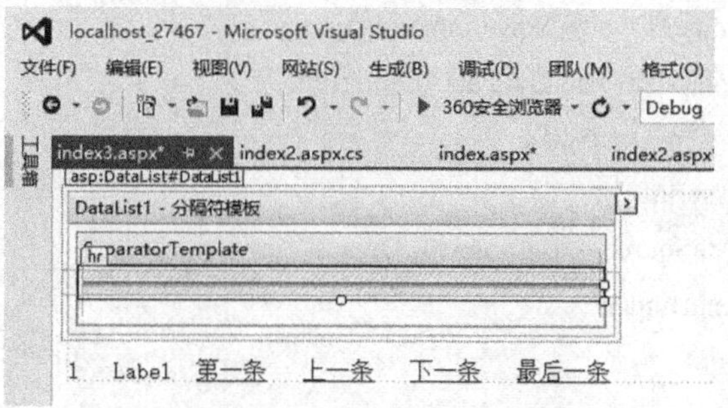

图 7-47　设计分隔符模板

2) 编写代码

将界面设计好后，添加如下代码即可完成相应的功能。

```
using System;
using System.Collections.Generic;
using System.Linq;
using System.Web;
using System.Web.UI;
using System.Web.UI.WebControls;
using System.Data;
using System.Data.SqlClient;
using System.Configuration;

public partial class Admin_index3 : System.Web.UI.Page
{
    protected void Page_Load(object sender, EventArgs e)
    {
```

```
            if (!IsPostBack)
            {
                //GetData();
                GetDataPaged();
            }
        }

        public void GetData()
        {
            string constr = ConfigurationManager.ConnectionStrings["UserDBConnectionString"].
ConnectionString;
            SqlConnection con = new SqlConnection(constr);
            string sql = "SELECT ID, UserName, Password, Sex, Age, Email, Address FROM UserInfo";
            SqlCommand cmd = new SqlCommand(sql, con);
            SqlDataAdapter da = new SqlDataAdapter(cmd);
            DataSet ds = new DataSet();
            da.Fill(ds, "Userinfo");
            DataList1.DataSource = ds.Tables[0].DefaultView;
            DataList1.DataBind();
        }

        public void GetDataPaged()
        {
            string constr = ConfigurationManager.ConnectionStrings["UserDBConnectionString"].ConnectionString;
            SqlConnection con = new SqlConnection(constr);
            string sql = "SELECT ID, UserName, Password, Sex, Age, Email, Address FROM UserInfo";
            SqlCommand cmd = new SqlCommand(sql, con);
            SqlDataAdapter da = new SqlDataAdapter(cmd);
            DataSet ds = new DataSet();
            da.Fill(ds, "Userinfo");
            //用 PagedDataSource 类分页
            PagedDataSource pds = new PagedDataSource();
            int currPage = Convert.ToInt32(Label8.Text);
            pds.DataSource = ds.Tables["Userinfo"].DefaultView;
            pds.AllowPaging = true;
            pds.PageSize = 2;
            pds.CurrentPageIndex = currPage - 1;
            int sumPages = pds.PageCount;//pds 作为数据源
            Label9.Text = Convert.ToString(sumPages);
```

```
        LinkButton6.Enabled = true;
        LinkButton7.Enabled = true;
        LinkButton8.Enabled = true;
        LinkButton9.Enabled = true;

        if (pds.CurrentPageIndex == 0)
        {
            LinkButton6.Enabled = false;
            LinkButton7.Enabled = false;
        }
        if (currPage == sumPages)
        {
            LinkButton8.Enabled = false;
            LinkButton9.Enabled = false;
        }
        Label9.Text = Convert.ToString(sumPages);
        DataList1.DataSource = pds;
        DataList1.DataKeyField = "ID";
        DataList1.DataBind();
    }
    protected void DataList1_EditCommand(object source, DataListCommandEventArgs e)
    {
        // 进入编辑状态
        DataList1.EditItemIndex = e.Item.ItemIndex;
        GetData();
    }
    protected void DataList1_CancelCommand(object source, DataList CommandEventArgs e)
    {
        // 取消编辑
        DataList1.EditItemIndex = -1;
        GetData();
    }
    protected void DataList1_UpdateCommand(object source, DataListCommand EventArgs e)
    {
        // 更新
        string UserId = DataList1.DataKeys[e.Item.ItemIndex].ToString();
        string UserName = ((TextBox)e.Item.FindControl("TextBox1")).Text;
        string UserPassword = ((TextBox)e.Item.FindControl("TextBox2")).Text;
        string UserSex = ((TextBox)e.Item.FindControl("TextBox3")).Text;
```

```
            string UserAge = ((TextBox)e.Item.FindControl("TextBox4")).Text;
            string UserEmail = ((TextBox)e.Item.FindControl("TextBox5")).Text;
            string UserAddress = ((TextBox)e.Item.FindControl("TextBox6")).Text;

            string constr = ConfigurationManager.ConnectionStrings["UserDBConnectionString"].
ConnectionString;
            SqlConnection con = new SqlConnection(constr);
            string sql = "update UserInfo set UserName=@UserName,Password=@UserPassword, Sex=@
UserSex, Age=@UserAge, Email=@UserEmail, Address =@Useraddress where ID =@UserId ";
            con.Open();
            SqlCommand cmd = new SqlCommand(sql, con);
            cmd.Parameters.AddWithValue("@UserName", UserName);
            cmd.Parameters.AddWithValue("@UserPassword", UserPassword);
            cmd.Parameters.AddWithValue("@UserSex", UserSex);
            cmd.Parameters.AddWithValue("@UserAge", UserAge);
            cmd.Parameters.AddWithValue("@UserEmail", UserEmail);
            cmd.Parameters.AddWithValue("@UserAddress", UserAddress);
            cmd.Parameters.AddWithValue("@UserId", UserId);
            cmd.ExecuteNonQuery();
            con.Close();
            DataList1.EditItemIndex = -1;
            GetData();
        }
        protected void DataList1_DeleteCommand(object source, DataListCommand EventArgs e)
        {
            //删除
            string UserId = DataList1.DataKeys[e.Item.ItemIndex].ToString();
              string constr = ConfigurationManager.ConnectionStrings["UserDBConnectionString"].
ConnectionString;
            SqlConnection con = new SqlConnection(constr);

            string sql = "delete from UserInfo  where ID=@UserId";
            con.Open();bsql, con);
            cmd.Parameters.AddWithValue("@UserId", UserId);
            cmd.ExecuteNonQuery();
            con.Close();
            DataList1.EditItemIndex = -1;
            GetData();
        }
```

```
    protected void LinkButton6_Click(object sender, EventArgs e)
    {
        // 第一条
        Label8.Text = "1";
        GetDataPaged();
    }
    protected void LinkButton7_Click(object sender, EventArgs e)
    {
        // 上一条
        Label8.Text = Convert.ToString(Convert.ToInt32(Label8.Text) - 1);
        GetDataPaged();
    }
    protected void LinkButton8_Click(object sender, EventArgs e)
    {
        // 下一条
        Label8.Text = Convert.ToString(Convert.ToInt32(Label8.Text) + 1);
        GetDataPaged();
    }
    protected void LinkButton9_Click(object sender, EventArgs e)
    {
        // 最后一条
        Label8.Text = Label9.Text;
        GetDataPaged();
    }
}
```

3. ListView 控件的管理数据

在 Admin 文件夹中添加 index4.aspx。在页面中添加 ListView 控件和 SqlDataSource 控件，如图 7-48 所示。

图 7-48　添加 ListView 控件

为 SqlDataSource 控件进行属性设置，设计方法同前所述。

将 ListView 的数据源属性设置为 SqlDataSource1，接下来进行 ListView 配置。配置模式如图 7-49 所示。

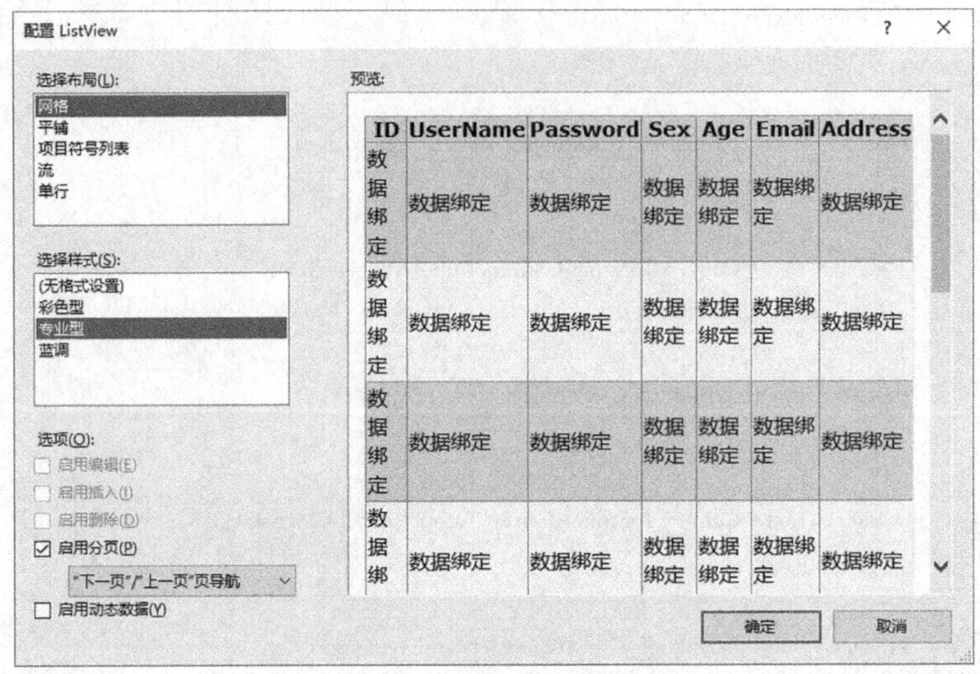

图 7-49　配置 ListView

浏览该网页，效果如图 7-50 所示。

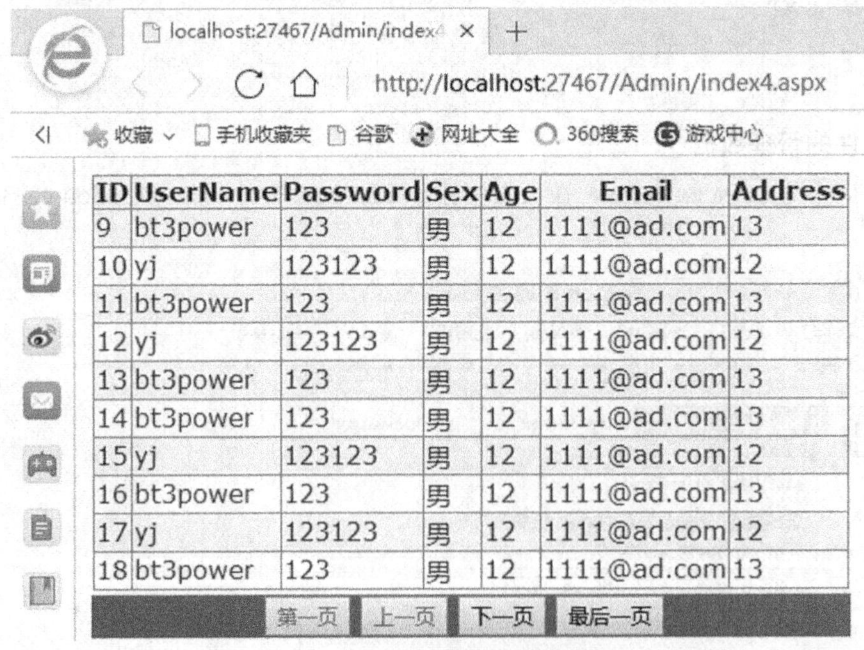

ID	UserName	Password	Sex	Age	Email	Address
9	bt3power	123	男	12	1111@ad.com	13
10	yj	123123	男	12	1111@ad.com	12
11	bt3power	123	男	12	1111@ad.com	13
12	yj	123123	男	12	1111@ad.com	12
13	bt3power	123	男	12	1111@ad.com	13
14	bt3power	123	男	12	1111@ad.com	13
15	yj	123123	男	12	1111@ad.com	12
16	bt3power	123	男	12	1111@ad.com	13
17	yj	123123	男	12	1111@ad.com	12
18	bt3power	123	男	12	1111@ad.com	13

综合训练

图 7-50　index4.asp 浏览效果图

单 元 测 试

1. 填空题

(1) 数据绑定控件通过属性 ________ 与数据源控件实现绑定。

(2) 数据绑定控件通过属性 ________ 与 LINQ 查询返回的结果实现绑定。

(3) GridView 控件的属性 ________ 确定是否分页。

(4) 模板列中实现数据绑定时，________ 方法用于单向绑定，________ 方法用于双向绑定。

(5) GridView 控件分页后每页默认的记录是 ________ 条。

(6) SQLDataSource 控件会自动打开数据库连接，执行 SQL 语句或 ________。

2. 选择题

(1) 在绑定了数据源的 Repeater 对象中，系统会自动提供 (　　) 对象，可以使用该对象的 Eval 方法从指定的列中检索数据。

A. Container　　B. DataBinder
C. DataReader　　D. DataTable

(2) 在 DataList 控件中，任何一个按钮被单击时，都会触发 (　　) 事件。

A. EditCommand　　B. ItemCommand
C. CancelCommand　　D. SelectCommand

(3) 在使用 GridView 对象进行筛选和排序等操作之前，必须指定一个 (　　) 对象作为 GridView 对象的数据来源。

A. DataTable　　B. DataGrid
C. DataRows　　D. DataSet

(4) GridView 控件使用 (　　) 列来指定要显示数据源中那些列、自定义每列的标头和脚注以及控件的排序等。

A. 绑定列　　B. 按钮列
C. 超级链接列　　D. 模板列

(5) 下列控件中 (　　) 控件是容器控件。

A. Repeater　　B. DetailsView
C. GridView　　D. Datalist

3. 简答题

(1) 什么是 SQL 注入？编程时如何避免？

(2) 如何在 Web.config 文件中保存连接字符串？如何在程序中访问该字符串？

(3) 简述 Bind 和 Eval 函数的区别。

任务 8 LINQ 数据库技术应用

教学目标

通过本章的学习，掌握 LINQ 技术基础，能够使用 LINQ 技术操作数据库，并进行综合应用。

知识目标

➢ 了解 LINQ 技术。
➢ 了解 LINQ To SQL。
➢ 掌握掌握 LINQ 连接数据库。
➢ 掌握 LINQ 技术查询数据。
➢ 掌握 LINQ 技术增加数据。
➢ 掌握 LINQ 技术修改数据。
➢ 掌握 LINQ 技术删除数据。
➢ 掌握 LINQ 技术显示数据。

技能目标

➢ 能够使用 LINQ 技术连接数据库。
➢ 能够使用 LINQ 技术查询数据。
➢ 能够使用 LINQ 技术插入数据。
➢ 能够使用 LINQ 技术删除数据。
➢ 能够使用 LINQ 技术显示数据。

8.0 任务描述及工作单

使用 LINQ 技术连接数据库后，通过使用 LINQ 技术操作数据库中的数据，实现留言板功能。

8.1 LINQ 技术简介

1. LINQ 简述

LINQ 是 Language Integrated Query 的缩写，中文名字是语言集成查询。它是一系列的编程接口，提供给程序员一个统一的编程概念和语法。程序员不需要关心将要访问的是关系数据库、XML 数据或是远程的对象，因为它们都采用了同样的访问方式。所以借助于 LINQ 技术，可以使用一种

LINQ 数组查询

统一的方式查询各种不同类型的数据。

LINQ 在对象领域和数据领域之间架起了一座桥梁。LINQ 通过使用特定的语法，可以对数据库、对象以及 XML 等多种类型的数据进行查询操作。LINQ 查询即可以在新项目中使用，也可以在现有项目中与非 LINQ 查询一起使用。唯一的要求是项目应面向 .NET 3.5 或 .NET 4.0 的版本。

LINQ 是一系列技术，包括 LINQ、DLINQ、XLINQ 等。其中 LINQ 到对象是对内存进行操作，LINQ 到 SQL 是对数据库的操作，LINQ 到 XML 是对 XML 数据进行操作，所以当使用 LINQ 操作不同的对象时，可能使用不同的命名空间。如图 8-1 所示的是 LINQ 技术的体系结构。

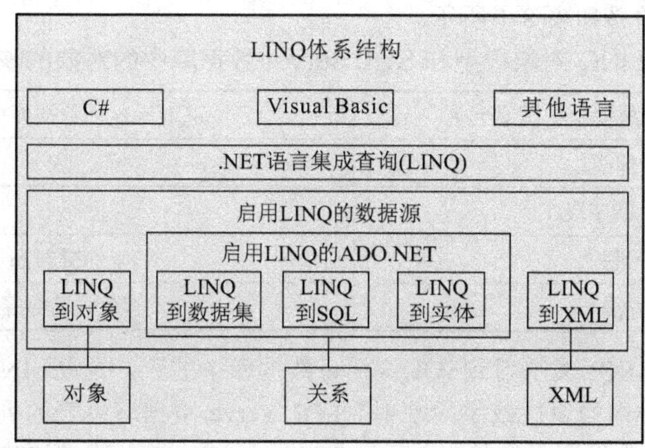

图 8-1　LINQ 技术的体系结构

2. LINQ 分类

从 LINQ 技术的体系结构可以看出，LINQ 主要包含以下三部分：

(1) LINQ to Objects 主要负责对内存中对象的查询。

(2) LINQ to XML 主要负责 XML 的查询。

(3) LINQ to ADO.NET 主要负责数据库的查询，它包括 LINQ to SQL、LINQ to DataSet、LINQ to Entities 三种类型。

3. LINQ to SQL 概述

LINQ to SQL 是 LINQ 中最重要的一个组件，是 LINQ 操作数据库中最重要的技术。它是 ADO.NET 和 LINQ 结合的产物，为 .NET Framework 3.5 以上所支持，可以为关系数据库提供一个对象模型，并在该对象模型基础上实现对数据的查询、添加、修改、删除等功能。LINQ to SQL 提供了用于将关系数据作为对象管理运行时的基础结构，在操作过程中，LINQ to SQL 会将对象模型中的语言集成查询转换为 SQL，然后将它们发送到数据库进行执行。当数据库返回结果时，LINQ to SQL 会将它们转换，可以使用编程语言处理的对象。

LINQ to SQL 的使用主要可以分为以下两大步骤：

1) 创建对象模型

要实现 LINQ to SQL，首先必须根据现有关系数据库的原数据创建对象模型。对象模型就是按照开发人员所用的编程语言来表示的数据库。有了这个表示数据库的对象模型，才能创建查询语句操作数据库。

2) 使用对象模型

在创建了对象模型后，就可以在该模型中进行请求和操作数据库了。

4. 创建对象模型

对象模型是关系数据库在编程语言中表示的数据模型，对其进行的操作就是对关系数据库的操作。LINQ to SQL 最重要的一个功能就是为 SQL Server 数据库创建一个对象模型(由基于 .NET 框架的类组成)，并将该对象模型映射到 SQL Server 数据库中相应的对象(如表、列、外键关系、存储过程、函数等)。LINQ 对象模型和 SQL Server 数据库中的对象的映射关系如表 8-1 所示。

表 8-1 LINQ 对象模型和 SQL Server 数据库中的对象的映射关系

LINQ to SQL 对象模型的基本元素	SQL Server 数据库中的对象
实体类	表
属性(或字段)	列
关联	外键关系
方法	存储过程或函数

其中，LINQ to SQL类映射到SQL Server数据库中的表，这些LINQ to SQL类被称为“实体类”。实体类中的属性或字段映射到SQL Server数据库中表的列。实体类之间的关联映射到SQL Server数据库中的外键关系。LINQ to SQL 类中的方法映射为SQL Server 数据库中的存储过程或函数。

创建对象模型方法有三种：

(1) 使用对象关系设计器，使用 Visual Studio 的开发人员通常使用对象关系设计器 (O/R 设计器)，它提供了用于实现许多 LINQ to SQL 功能的用户界面，最适合用于小型或中型数据库。

(2) 使用 SQLMetal 代码生成工具，这个工具适合大型数据库的开发，因此对于普通用户来说，这种方法就不常用了。

(3) 直接编写创建对象的代码。这种方法在有对象关系设计器的情况下不建议使用。

O/R 设计器提供了一个可视化设计界面，用于创建基于数据库中对象的 LINQ 到 SQL 的实体类和关联。换句话说，O/R 设计器用于在应用程序中创建映射到数据库中对象的对象模型。它生成了一个强类型 DataContext，用于在实体类与数据库之间发送和接收数据。强类型 DataContext 对应于类 DataContext，它表示 LINQ 到 SQL 框架的主入口点，充当 SQLServer 数据库与映射到数据库的 LINQ 到 SQL 实体类之间管道。如 LINQDB 数据库中的 UserInfo 表将和 LINQDB.dbml 文件中的 UserInfo 类进行映射，UserInfo 表的列和 UserInfo 表的属性进行映射，它们之间的映射关系如图 8-2 所示。

DataContext 类包含用于连接数据库以及操作数据库数据的连接字符串信息和方法。DataContext 类能够通过数据库连接或连接字符串来映射数据库中的所有实体的源，并跟踪和标识用户对数据库的更改。用户可以调用其 SubmitChanges() 方法将所有更改提交到数据库。DataContext 类提供的属性和方法如表 8-2 和表 8-3 所示。

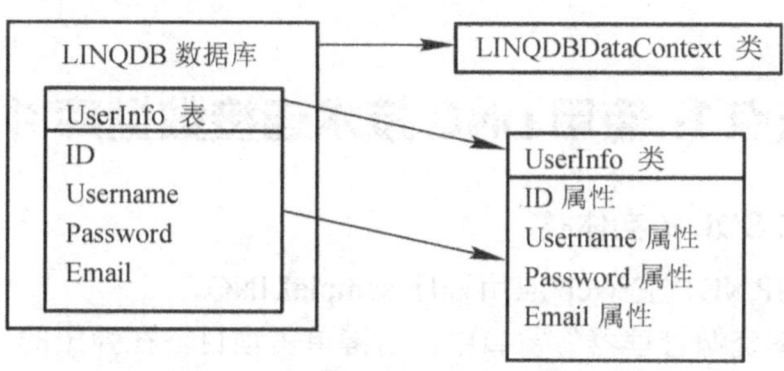

图 8-2　映射关系

表 8-2　DataContext 类属性

属　性	说　明
ChangeConflicts	返回调用 SubmitChanges 时导致并发冲突的集合
Commandtimeout	增大查询的超时期限，如果不增大则会在默认超时期限间出现超时
Connection	返回由框架使用的连接
DeferredLoadingEnabled	指定是否延迟加载一对多关系或一对一关系
LoadOptions	获取或设置与此 DataContext 关联的 DataLoadOptions
Log	指定要写入 SQL 查询或命令的目标
Mapping	返回映射所基于的 MetaModel
Object Tracking Tabled	指示框架跟踪此 DataContext 的原始值和对象标识
Transaction	为 .NET 框架设置要用于访问数据库的本地事务

表 8-3　DataContext 类方法

方　法	说　明
CreateDatabase	在服务器上创建数据库
CreatwMethodCallQuery(TResult)	基础结构。执行与指定的 CLR 方法相关联的表值数据库函数
Databaseexist	定是否可以打开关联数据库
DeleteDataBase	删除关联数据库
Executecommand	直接对数据库执行 SQL 命令
ExecuteDynamicDelete	在删除重写方法中调用，以向 LINQ 到 SQL 重新委托生成和执行删除操作的动态 SQL 的任务
ExecuteDynamicInsert	在插入重写方法中调用，以向 LINQ 到 SQL 重新委托生成和执行插入操作的动态 SQL 的任务
ExecuteDynamicUpdate	在更新重写方法中调用，以向 LINQ 到 SQL 重新委托生成和执行更新操作的动态 SQL 的任务
ExecuteMethodCall	基础结构，执行数据库存储过程或指定的 CLR 方法关联的标量函数
ExecuteQuery	已重载，直接对数据库执行 SQL 查询
GetChangeSet	提供对由 DataContext 跟踪的已修改对象的访问
GetCommand	提供有关由 LINQ 到 SQL 生成的 SQL 命令的信息
Gettable	已重载，回表对象的集合
Refresh	已重载，使用数据库中数据刷新对象状

8.2　知识点1：使用 LINQ 技术连接数据库并显示数据

1. 创建 LINQ 到 SQL 的实体类

(1) 创建一个 ASP.NET 空 Web 应用程序 sampleLINQ。

(2) 在“解决方案资源管理器”窗口中，右键单击项目，在弹出的菜单中选择“添加”|“新建项...”命令，在弹出的“添加新项”对话框中，选择已安装模板中的“数据”，然后再选中“LINQ to SQL类”模板，最后，单击【添加】按钮，在名称框输入LINQDB.dbml，这样会在项目下添加一个名为LINQDB.dbml的文件，这个文件是中间数据库标记语言文件，它将提供对象关系设计器的界面，如图8-3所示。

使用 LINQ to SQL 连接到 LINQDB 数据库

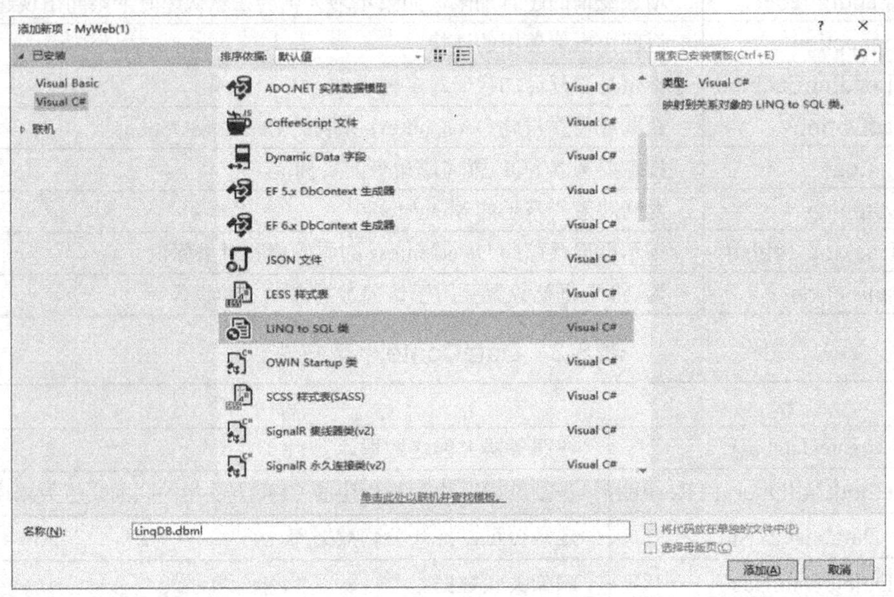

图 8-3　新建 LINQ to SQL 类

(3) 打开 LINQDB.dbml，就可以看到对象关系设计器的界面。在这个界面中，可以通过拖曳方式来定义与数据库相对应的实体和关系。

(4) 打开“服务器资源管理器”窗口，建立可以使用的数据库连接，从数据库 LINQDB 中，把表 UserInfo 拖曳到对象关系设计器的界面上，这时就会生成一个实体类。该类包含了与表 UserInfo 的字段对应的属性。

(5) 打开 LINQDB.disigner.cs，该文件包含 LINQ 到 SQL 实体类以及自动生成的强类型 LINQDB.dbmlDataContext 的定义。打开 web.config 文件，可以看到在 <connectionString> 节中自动生成了数据库连接字符串。

使用 LINQDataSource 控件显示数据

2. 使用 LINQDataSource 控件显示数据

(1) 添加页面文件“Default.aspx”，打开并切换到“设计”视图，从工具箱拖动一个 GridView 控件。

(2) 单击 GridView 控件右上方的小三角，打开“Gridview 任务”列表。在“选择数据源”下拉列表中选择“新建数据源”选项，弹出如图 8-4 所示“数据源配置向导”对话框。

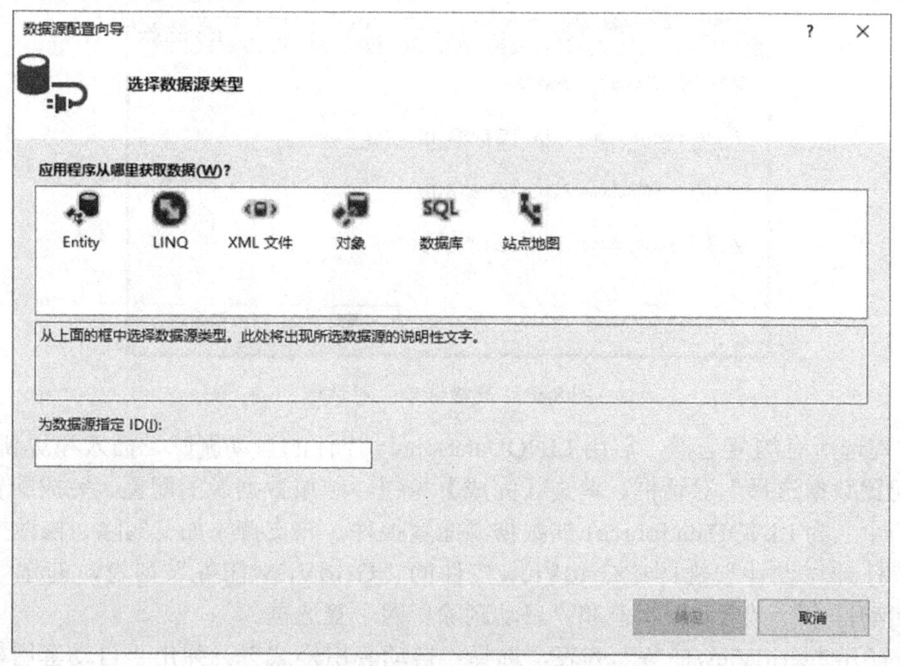

图 8-4　“数据源配置向导”对话框

(3) 在“请选择上下文对象”列表中选择“LINQ”数据源，将生成的 LINQDataSource 控件的 ID 属性命名为“LINQDataSource1”，单击【确定】按钮。弹出如图 8-5 所示的“配置数据源”对话框。

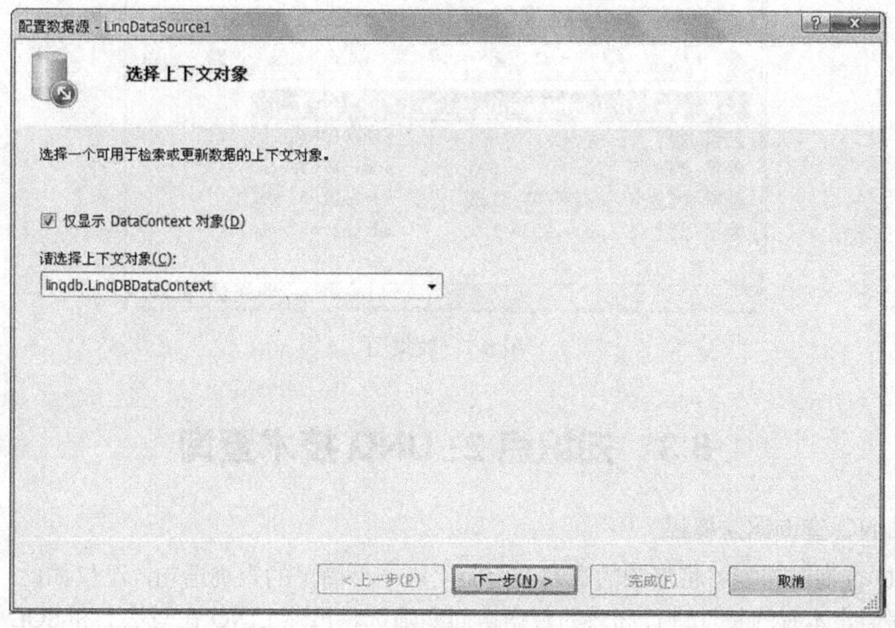

图 8-5　“配置数据源”对话框

(4) 单击【下一步】按钮，弹出“配置数据选择”对话框。单击【高级】按钮。弹出如图 8-6 所示的“高级选项”对话框。

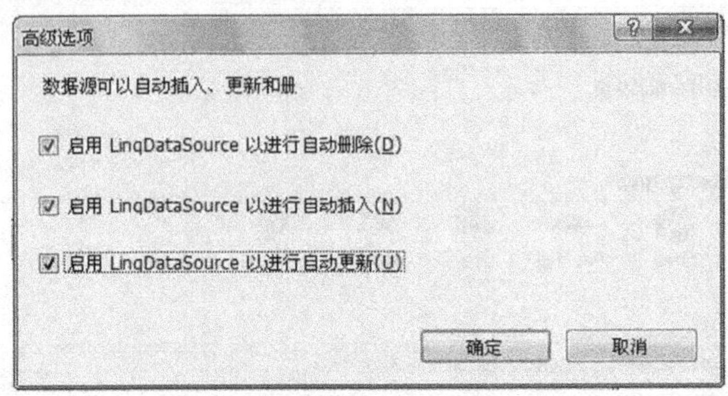

图 8-6 “高级选项”对话框

(5) 勾选所有的复选框，启用 LINQDataSource 控件的自动删除、插入和更新的功能。回到“配置数据选择”对话框，单击【完成】按钮，结束数据源的配置。完成配置后，自动生成一个名为 LINQDataSource1 的数据源配置控件，它支持添加、删除、修改操作。

(6) 打开“设计”视图中GridView控件的“GridView任务”列表，勾选“启动分页”“启动排序”“启动编辑”和“启动删除”四个复选框。

(7) 打开“GridView任务”列表，选择“自动套用格式”。弹出“自动套用格式”对话框，在左边的菜单选择“简明型”，单击【确定】按钮。

(8) 在浏览器中查看 Default.aspx 页面，效果如图 8-7 所示，可以进行对数据的编辑、更新和删除操作。

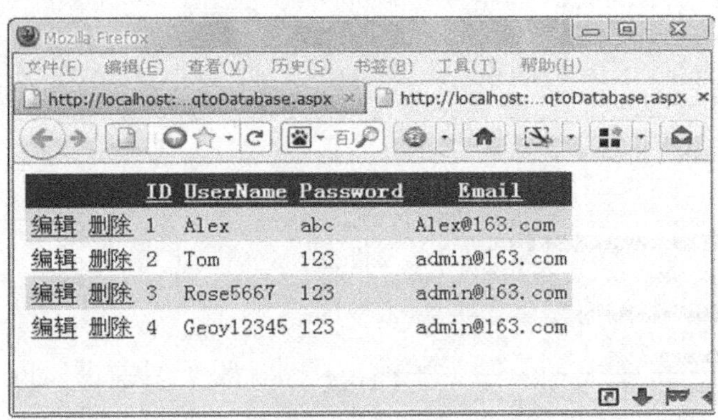

图 8-7 效果图

8.3 知识点 2：LINQ 技术查询

1. LINQ 查询语法概述

LINQ 查询语句能够将复杂的查询应用简化成一个简单的查询语句，不仅如此，LINQ 还支持编程语言本有的特性进行高效的数据访问和筛选。虽然 LINQ 在写法上和 SQL 语句十分相似，但是 LINQ 语句在其查询语法上和 SQL 语句还是有出入的，SQL 查询语句如下所示：

使用 LINQ 查询语句进行查询 (1)

使用 LINQ 查询语句进行查询 (2)

```
select * from student,class where student.c_id=class.c_id    //SQL 查询语句
var mylq = from l in lq.Student from cl in lq.Class where l.C_ID==cl.C_ID
select l;  //LINQ 查询语句
```

上述代码作为 LINQ 查询语句实现了同 SQL 查询语句一样的效果，但是 LINQ 查询语句在格式上与 SQL 语句不同，LINQ 的基本格式如下所示：

```
var < 变量 > = from < 项目 > in < 数据源 > where < 表达式 > orderby < 表达式 > select< 项目 >
```

LINQ 语句不仅能够支持对数据源的查询和筛选，同 SQL 语句一样，还支持 ORDER BY 等排序，以及投影等操作，示例查询语句如下所示：

```
var st = from s in inter where s==3 select s;    //LINQ 查询
var st = from s in inter where (s * s) % 2 == 0 orderby s descending select s;
                                                  //LINQ 条件查询
```

从结构上来看，LINQ 查询语句同 SQL 查询语句中比较大的区别就在于 SQL 查询语句中的 SELECT 关键字在语句的前面，而在 LINQ 查询语句中 SELECT 关键字在语句的后面。在其它地方没有太大的区别，对于熟悉 SQL 查询语句的人来说非常容易上手。

2. 基本的查询操作

LINQ From 子句示例

1) from 查询子句

from 子句是 LINQ 查询语句中最基本也是最关键的子句关键字，与 SQL 查询语句不同的是，from 关键字必须在 LINQ 查询语句的开始。后面跟随着项目名称和数据源，示例代码如下所示：

```
var LINQstr = from lq in str select lq;  //form 子句
```

from 语句指定项目名称和数据源，并且指定需要查询的内容，其中项目名称作为数据源的一部分而存在，用于表示和描述数据源中的每个元素，而数据源可以是数组、集合、数据库甚至是 XML。值得一提的是 from 子句的数据源的类型必须为 IEnumerable、IEnumerable<T> 类型或者是 IEnumerable、IEnumerable<T> 的派生类，否则 from 不能够支持 LINQ 查询语句。

在 .NET Framework 中泛型编程中，List(可通过索引的强类型列表) 也能够支持 LINQ 查询语句的 from 关键字。因为 List 实现了 IEnumerable、IEnumerable<T> 类型，在 LINQ 中可以对 List 类进行查询。示例代码如下所示：

```
protected void Page_Load(object sender, EventArgs e)
{
    List<string> MyList = new List<string>();// 创建一个列表项
    MyList.Add(" 北京 "); // 添加一项
```

```
        MyList.Add(" 天津 ");  // 添加一项
        MyList.Add(" 上海 ");  // 添加一项
        var LINQstr = from s in MyList select s;  //LINQ 查询
        foreach (var element in LINQstr)     // 遍括历集合
        {
            Response.Write(element.ToString()+"<br/>");  // 输出对象
        }
    }
```

程序代码运行结果如图 8-8 所示。

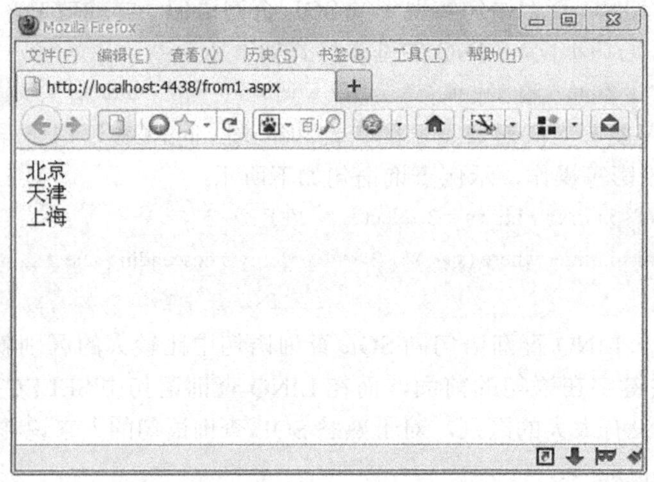

图 8-8　运行结果

2) select 选择子句

select 子句同 from 子句一样，是 LINQ 查询语句中必不可少的关键字，select 子句在 LINQ 查询语句中是必须的。示例代码如下所示：

LINQ Select 子句示例

```
var LINQstr = from lq in str select lq;
```

上述代码中包括三个变量，这三个变量分别为 LINQstr、lq、str。其中 str 是数据源，LINQstr 是数据源中满足查询条件的集合，而 lq 也是一个集合，这个集合来自数据源。在 LINQ 查询语句中必须包含 select 子句，若不包含 select 子句则系统会抛出异常（除特殊情况外）。select 语句指定了返回到集合变量中的元素是来自哪个数据源的，示例代码如下所示：

```
protected void Page_Load(object sender, EventArgs e)
{
    List<string> MyList = new List<string>();          // 创建 List
    MyList.Add("Jack");                                // 添加一项
    MyList.Add("White Doson");                         // 添加一项
    MyList.Add("Tred");                                // 添加一项
    List<string> MyList2 = new List<string>();         // 创建 List
```

```
        MyList2.Add("Jack's phone");                    // 添加一项
        MyList2.Add("White Doson's phone ");            // 添加一项
        MyList2.Add("Tom's phone ");                    // 添加一项
        var LINQstr = from l in MyList from m in MyList2  where m.Contains(l) select l;
//select l 变量
        foreach (var element in LINQstr)               // 遍历集合
        {
          Response.Write(element.ToString()+"<br/>"); // 输出集合内容
        }
      }
```

上述代码创建了两个数据源，其中一个数据源存放了联系人的姓名拼音，另一个则存放了联系人的电话信息。使用 from 子句嵌套可以查询出在数据源中“联系人”和“联系人电话”都存在并且匹配的数据。运行结果如图 8-9 所示。

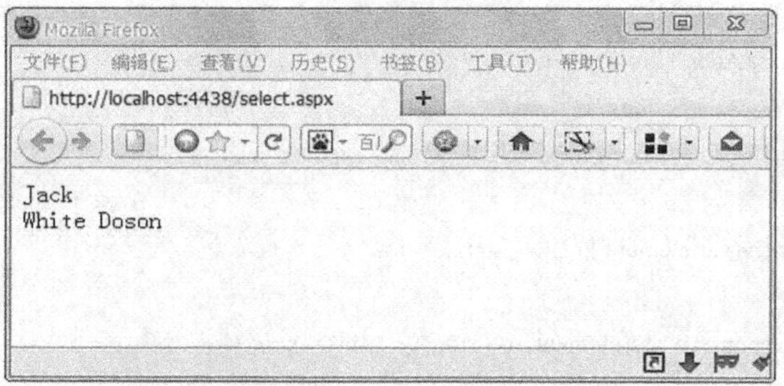

图 8-9　运行结果

如果将 select 子句后面的项目名称更改，则结果可能不同。更改 LINQ 查询子句代码如下所示：

```
        var LINQstr = from d in MyList from m in MyList2 where m.Contains(d) select m;
```

上述 LINQ 查询子句并没有 selectd 变量中的集合元素，而是选择了 m 集合元素，则返回的应该是 MyList2 数据源中的集合元素，运行结果如图 8-10 所示。对于不同的 select 对象返回的结果也不尽相同，当开发人员需要进行复合查询时，可以通过 select 语句返回不同的复合查询对象，这在多数据源和多数据对象查询中是非常有帮助的。

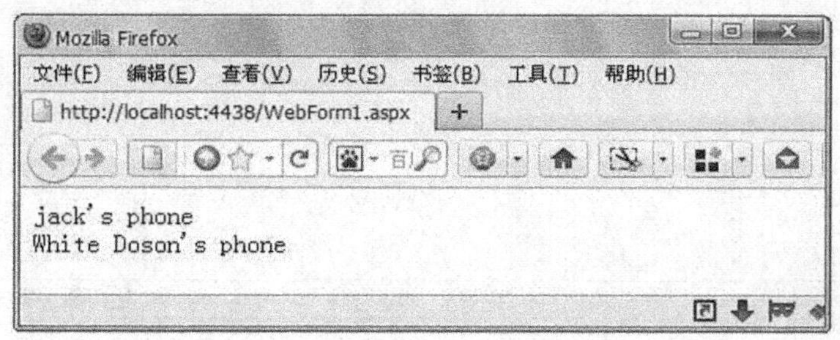

图 8-10　运行结果

3) where 条件子句

LINQ Where 子句示例

在 SQL 查询语句中可以使用 where 子句进行数据的筛选，在 LINQ 中同样可以使用 where 子句进行数据源中数据的筛选。where 子句指定了筛选的条件，这也就是说在 where 子句中的代码段必须返回布尔值才能够进行数据源的筛选。示例代码如下所示：

```
var LINQstr = from d in MyList where d.Length > 5 select d
```

LINQ 查询语句可以包含一个或多个 where 子句，而 where 子句可以包含一个或多个布尔值变量，为了查询数据源中字符的长度在 6 之上的单词，可以使用 where 子句进行查询。示例代码如下所示：

```
protected void Page_Load(object sender, EventArgs e)
{
    List<string> MyList = new List<string>();              //创建一个列表项
    MyList.Add("Hello Word!");                              //添加一项
    MyList.Add("Hi");                                       //添加一项
    MyList.Add("How Do You Do?");                           //添加一项
    MyList.Add("Thank");                                    //添加一项
    var LINQstr = from s in MyList where s.Length>6 select s;
                                                                //执行 where 查询
    foreach (var element in LINQstr)                        //遍历集合
    {
        Response.Write(element.ToString() + "<br/>");  //输出对象
    }
}
```

where 查询子句运行结果如图 8-11 所示。

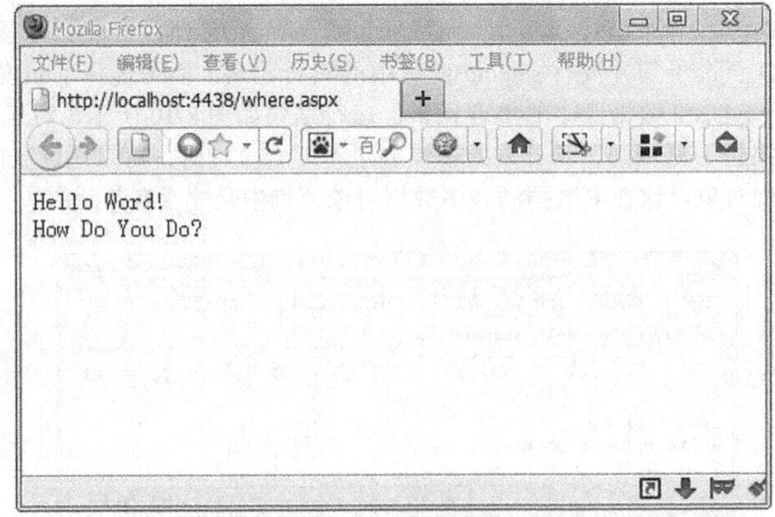

图 8-11　运行结果

4) group 分组子句

LINQ Group 子句示例

在 LINQ 查询语句中，group 子句对 from 语句执行查询的结果进行分组，并返回元素类型为 IGrouping<TKey,TElement> 的对象序列。group 子句支持将数据源中的数据进行分组。但进行分组前，数据源必须支持分组操作才可使用 group 语句进行分组处理。

以下代码设计了一个类，用于描述学生的姓名和班级，并且按照班级进行分组，这样数据源就能够支持分组操作。

```
public class Student                                    //定义一个学生类
{
    public int classNo;                                 //定义班级号属性
    public string stuName;                              //定义姓名属性
    public Student(int classNo, string stuName)         //定义方法
    {
      this.classNo = classNo;
      this.stuName = stuName;
    }
}

protected void Page_Load(object sender, EventArgs e)
{
      List<Student> StudentList = new List<Student>();          //定义 list 集合
      StudentList.Add(new Student(1,"Jack"));                  //添加一项
      StudentList.Add(new Student(1, "Tom"));                  //添加一项
      StudentList.Add(new Student(2, "Mary"));                 //添加一项
      StudentList.Add(new Student(2, "Alex"));                 //添加一项
      StudentList.Add(new Student(2, "Groy"));                 //添加一项
      var gl = from p in StudentList group p by p.classNo;     //LINQ 分组查询
      foreach (var element in gl)                              //遍历组
      {
          Response.Write("ClassNO:" + element.Key+"<br/>");    //输出数据
          foreach (Student s in element)                       //遍历组下每一个记录项
          {
            Response.Write(s.stuName+"   ");                   //输出数据
          }
          Response.Write("<br />");
      }
}
```

group 子句将数据源中的数据进行分组，在遍历数据元素时，由于 group 子句返回的是元素类型为 IGrouping<TKey,TElement> 的对象序列，所以必须在循环中嵌套一个对象

的循环才能够查询相应的数据元素。

在使用 group 子句时，LINQ 查询子句的末尾并没有 select 子句，因为 group 子句会返回一个对象序列，通过循环遍历才能够在对象序列中寻找到相应的对象的元素，因此如果使用 group 子句进行分组操作，可以不使用 select 子句。运行结果如图 8-12 所示。

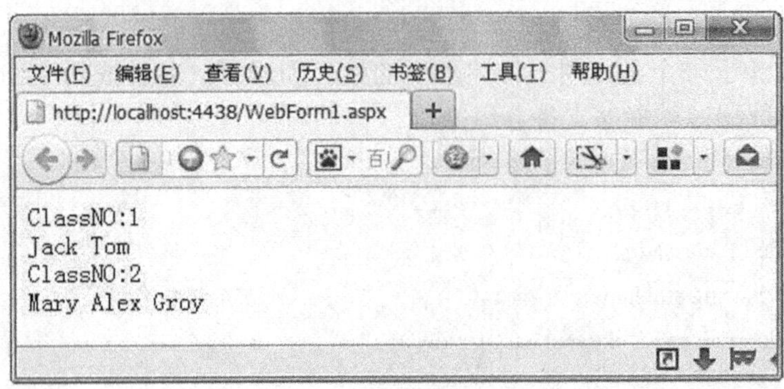

图 8-12　运行结果

5) orderby 排序子句

LINQ Orderby 子句示例

在 SQL 查询语句中，常常需要对现有的数据元素进行排序，如注册用户的时间以及新闻列表的排序，这样能够方便用户在应用程序使用过程中快速获取需要的信息。在 LINQ 查询语句中，同样支持排序操作以提取用户需要的信息。示例代码如下所示：

```
var gl = from p in Student orderby p.ClassNo select p;
```

orderby 子句同样能够实现倒序排列，倒序排列在应用程序开发过程中应用的非常广泛，例如新闻等。用户关心的都是当天的新闻而不是很久以前发布的某个新闻，如果管理员发布了一个新的新闻，显示在最上方的应该是最新的新闻。在 orderby 子句中可以使用 descending 关键字进行倒序排列，示例代码如下所示：

```
var gl = from p in Student orderby p.ClassNo descending  select p;
```

3. 使用 LINQ 技术查询数据库

学生信息的查询

(1) 添加一个 web 窗体，并加入一个 gridview 控件命名为 gvUserInfo。

(2) 在页面后台创建显示数据的方法 ShowData()，在方法中创建 LINQDBDataContext 类的实例 db 。

(3) 使用 LINQ 查询表达式查询 UserInfo 表中 ID 列的值小于 10，且 Usernam 列的值的长度大于 5 的数据。查询结果保存为 result 变量。

(4) 把 result 变量设置为 GridView 控件的数据源，并绑定该控件的数据，显示查询结果如图 8-13 所示。代码如下：

LINQ 查询数据库

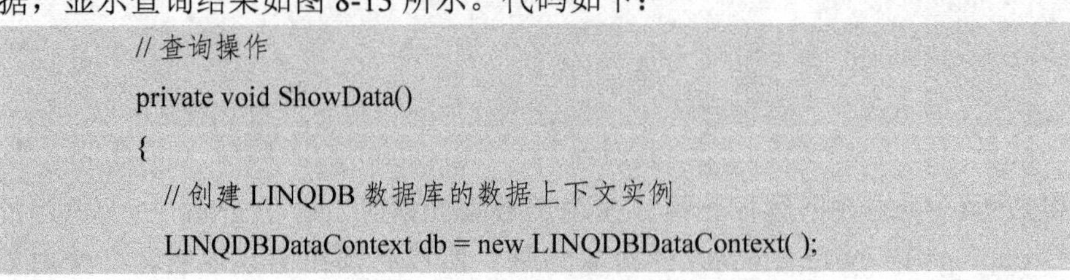

```
//查询操作
private void ShowData()
{
  //创建 LINQDB 数据库的数据上下文实例
  LINQDBDataContext db = new LINQDBDataContext( );
```

```
    //使用 LINQ 查询表达式查询数据
    var result = from user in db.UserInfo
            where user.ID < 10 && user.Username.Length > 5
            select user;
    //设置数据源，并绑定数据
    gvUserInfo.DataSource = result;
    gvUserInfo.DataBind();
}
```

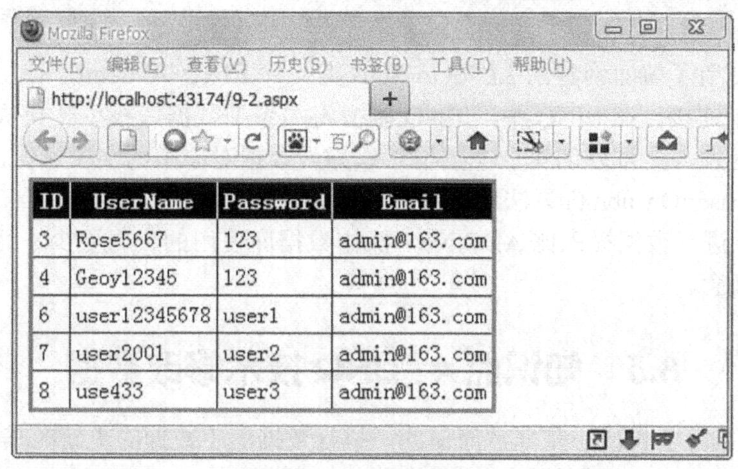

图 8-13　查询结果

建一个连接。在 LINQ 中，LINQ 模型将关系型数据库模型转换成一种面向对象的编程模型，开发人员可以创建一个数据对象并为数据对象中的字段赋值，再通过 LINQ to SQL 类执行 InsertOnsubmit() 方法进行数据插入就可以完成数据插入。

8.4　知识点 3：LINQ 技术增加数据

创建了 DataContext 类对象之后，就能够使用 DataContext 的方法进行数据插入、更新和删除操作。相比 ADO.NET，使用 DataContext 对象进行数据库操作更加方便和简单。

LINQ 添加数据库记录示例

学生信息的添加 -1

学生信息的添加 -2

使用 LINQ to SQL 类进行数据插入的操作步骤如下：

(1) 创建一个包含要提交的列数据的新对象。

(2) 将该对象添加到与数据库中的目标表关联的 LINQ to SQL Table 集合。

(3) 将更改提交到数据库。

以上三个步骤就能够实现数据的插入操作，对数据库的连接可以使用 LINQ to SQL 类文件或者自己创建连接字串。

【实例 8.1】使用 LINQ 往 UserInfo 插入一条记录。

```
Private void InsertData0
{
    LINQDBDataContext db=new LINQDBDataContextO;
    UserInfo user= new UserInfo{ID=1001,UserName="Rose",Password="abc",Email="Rose@
yahoo.com.cn"};
    db.UserInfo.InsertOnSubmit(user);
    db.SubmitChanges();
}
```

以上代码使用了前面创建的 LINQ to SQL 类文件 LINQDB.dbml，使用该类文件可以快速地创建一个连接。在 LINQ 中，LINQ 模型将关系型数据库模型转换成一种面向对象的编程模型，开发人员可以创建一个数据对象并为数据对象中的字段赋值，再通过 LINQ to SQL 类执行 InsertOnsubm() 方法进行数据插入。

使用 LINQ 进行数据插入比 ADO.NET 操作数据库使用的代码更少，而其思想更贴近于面向对象的概念。

8.5　知识点 4：LINQ 技术修改数据

LINQ 对数据库的修改也是非常简便的，执行数据库中数据的更新的基本步骤如下：

(1) 查询数据库中要更新的行。

(2) 对得到的 LINQ to SQL 对象中的成员值进行所需的更改。

(3) 将更改提交到数据库。

LINQ 修改数据库记录示例

学生信息的修改

LINQ Command 命令修改数据库字段值

上面三个步骤就能够实现数据的修改更新，代码如下：

```
// 修改操作
private void UpdateData()
{
  LINQDBDataContext db = new LINQDBDataContext();            // 创建数据上下文实例
  var updata = from d in db.UserInfo where d.ID == 1 select d;      // 查询数据
  foreach (var up in updata)
  {
    up.UserName = "Alex";
    up.Password = "abc";
```

```
        up.Email = "Alex@163.com";
    } //修改值
    db.SubmitChanges();} //更新数据
}
```

8.6　知识点 5：LINQ 技术删除数据

LINQ 删除数据库记录示例

使用 LINQ 能够快速的删除行，删除行的基本步骤如下：

(1) 查询数据库中要删除的行。

(2) 对得到的 LINQ to SQL 对象中的行使用 DeleteOnSubmit() 方法进行删除操作。

(3) 将更改提交到数据库。

只需要上面三个步骤就能够实现数据的删除，代码如下：

```
//删除操作
private void UpdateData()
{
    LINQDBDataContext db = new LINQDBDataContext(); //创建数据上下文实例
    var deldata = from d in db.UserInfo where d.ID ==5 select d; //查询数据
    foreach (var del in deldata)
      {
          db.UserInfo.DeleteOnSubmit(del);
      } //删除数据
      db.SubmitChanges(); //提交到数据库
}
```

学生信息的删除

8.7　拓展知识——LINQDataSource 控件的使用

在 ASP.NET 4.5 中，提供了一个全面支持 LINQ 的数据源控件。通过使用 LINQDataSource 控件，无需编写 Select、Update、Insert 或 Delete 语句即可执行对数据库的操作。在使用 LINQDataSource 控件操作数据库时，我们按下面的步骤来完成：

(1) 创建数据库和数据表。(注意：在创建数据表时一定要给该表设置主键。)

(2) 创建表示数据库实体的类，即创建一个 dbml 文件。

(3) 创建和配置 LINQDataSource 控件。

(4) 添加显示数据的控件。

(5) 配置 LINQDataSource，使用户能够更新、插入和删除数据。

和其他数据源控件一样，LINQDataSource 控件也是通过设置该控件的属性转换为可以在目标数据对象上操作的查询，也就是转换为有效地 LINQ 查询。把该控件拖放到 Visual Studio 的设计界面上，然后选择“配置数据源”就可以使用智能标记配置控件了，如图 8-14 所示。

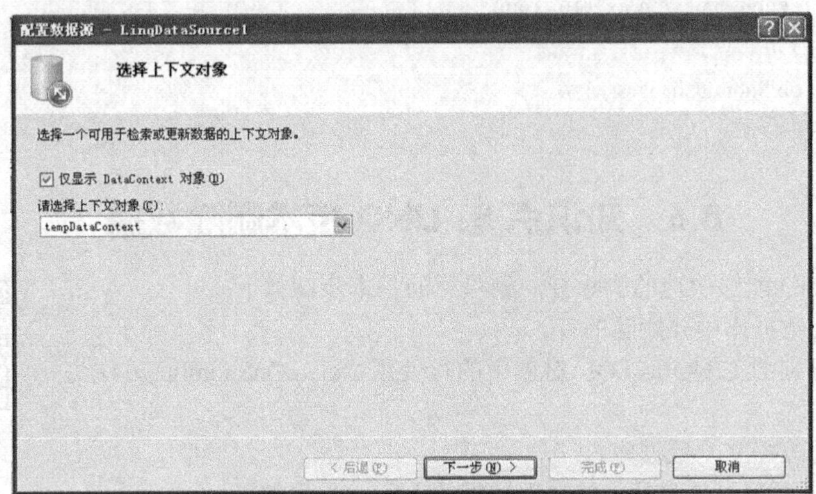

图 8-14 配置 LINQDataSource 初始页面

在这个页面中，我们可以选择要做数据源的上下文对象。在默认情况下，向导显示由 LINQ to SQL 创建的数据上下文类，也允许选择其他上下文对象。

选择上下文对象后，可以选择上下文对象中的指定表或属性，以返回要绑定的数据。如图 8-15 所示，“表”项的下拉列表包含了上下文对象中的所有数据表。选择相应的表后单击【完成】按钮，完成向导。程序清单列出了 LINQDataSource 配置向导生成的标记。

```
<asp:LINQDataSource ID="LINQDataSource1" runat="server"
ContextTypeName="tempDataContext" TableName="Mobile">
</asp:LINQDataSource>
```

在图 8-15 中，配置向导还可以通过设置“Select(S)”项来返回相应字段的结果集。

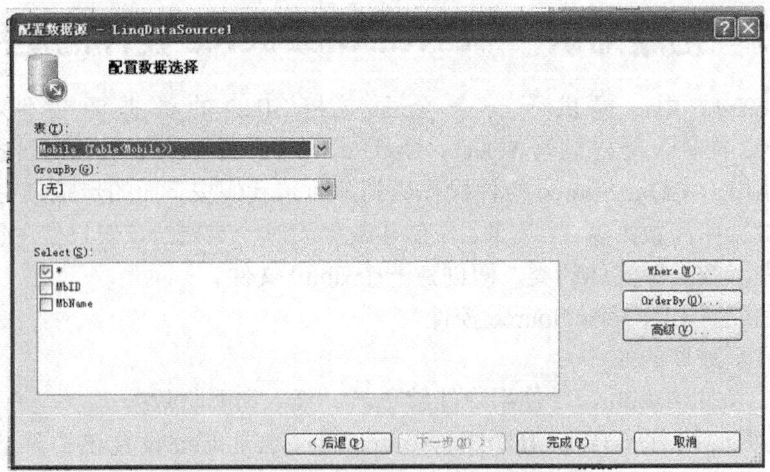

图 8-15 指定 LINQDataSource 数据来源表页面

接下来，LINQDataSource 就可以作为数据源绑定到数据控件 (如 GridView 或 DataList 等) 上了。

另外，设置完数据源后，我们还可以通过LINQDataSource控件的属性窗口(设置EnableInsert、EnableUpdate和EnableDelete属性值为false或true)或者如图8-16所示来设置该控件是否可以执行插入、更新和删除操作。这个设置将可以让我们无需编写任何删除、插入和更新的代码就可以实现对数据库的操作。

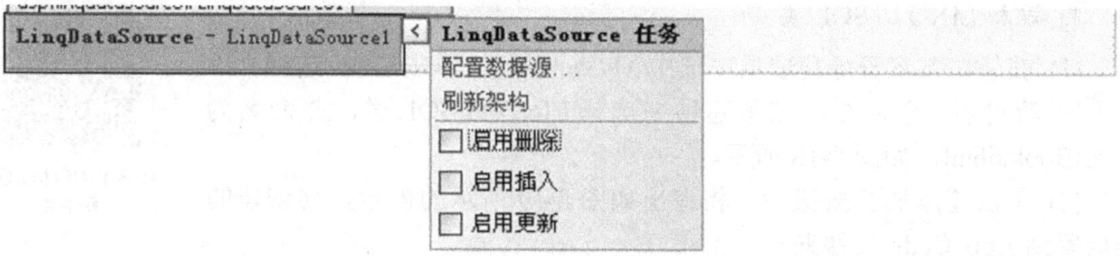

图 8-16　配置是否启用删除、插入和更新页面

8.8　综合案例——LINQ 技术实现留言簿的设计

1. 设计留言簿数据库

按照图 8-17 所示进行 GuestBook 数据表的设计。同时要注意把 ID 设为主键，同时 ID 标识规范为“是”，标识增量、标识种子均为 1。

创建 GuestBook 数据库

利用 LINQ 技术实现留言簿的设计

使用 LINQ 数据库技术完成一个简单的留言簿

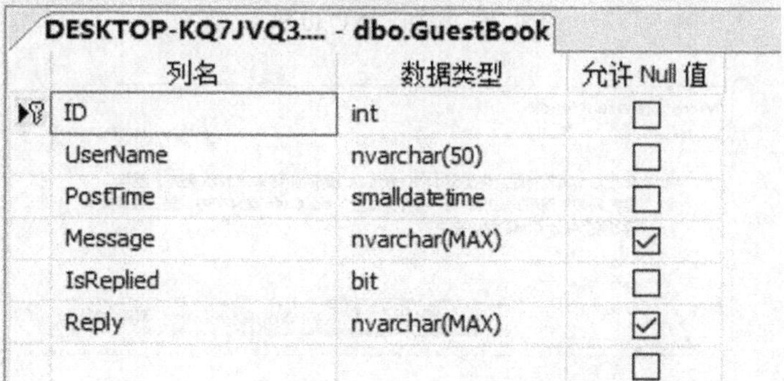

DESKTOP-KQ7JVQ3.... - dbo.GuestBook

列名	数据类型	允许 Null 值
ID	int	☐
UserName	nvarchar(50)	☐
PostTime	smalldatetime	☐
Message	nvarchar(MAX)	☑
IsReplied	bit	☐
Reply	nvarchar(MAX)	☑
		☐

图 8-17　设计留言簿数据表

2. 设计留言簿

在 MyWeb 项目中创建 GusetBook 文件夹，并在文件夹中创建 Default.aspx 和 Admin.aspx 两个窗体文件，其中 Default.asp 用于留言簿的前台信息显示，Admin.aspx 用于留言簿的后台信息管理。

1) 添加 LINQ to SQL 类

(1) 在解决方案资源管理器中选中 MyWeb 项目，单击右键，选择“添加”|“新建项 ...”命令，在新建项中选择 LINQ to SQL 类，并命名为 GuestBook.dbml，如图 8-18 所示。

创建 LINQ to SQL 实体类

(2) 单击【添加】按钮后，将弹出如图 8-19 所示的提示，将创建的类放置到 App_Code 文件夹。

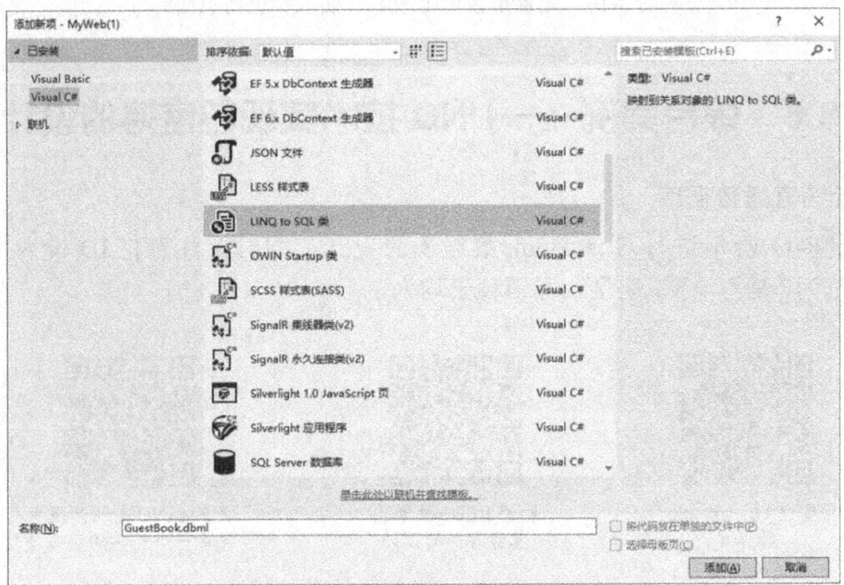

图 8-18 添加 LINQ to SQL 类

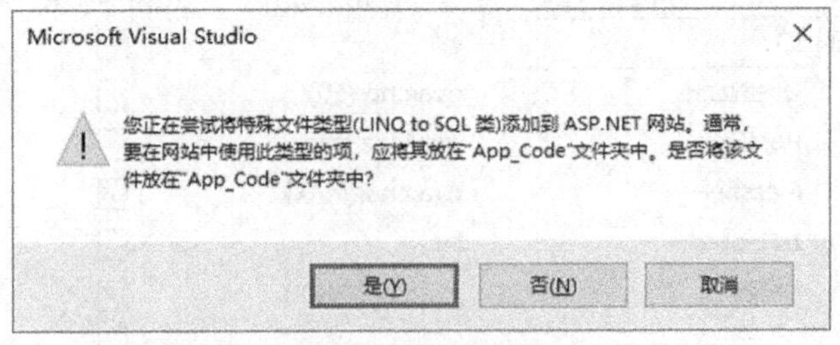

图 8-19 提示信息

(3) 单击【是】按钮后，将出现类的编辑窗体，如图 8-20 所示。

(4) 单击“服务器资源管理器”进入设计视图，在左侧的数据库连接中选择“User DBConnectionString”展开，选择表中的 GuestBook 拖动到设计窗体，如图 8-21 所示。

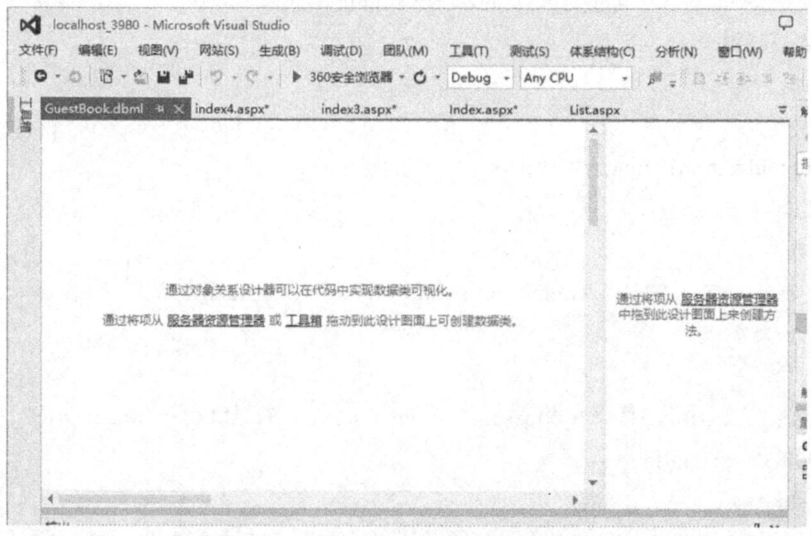

图 8-20　LINQ to SQL 类编辑窗体

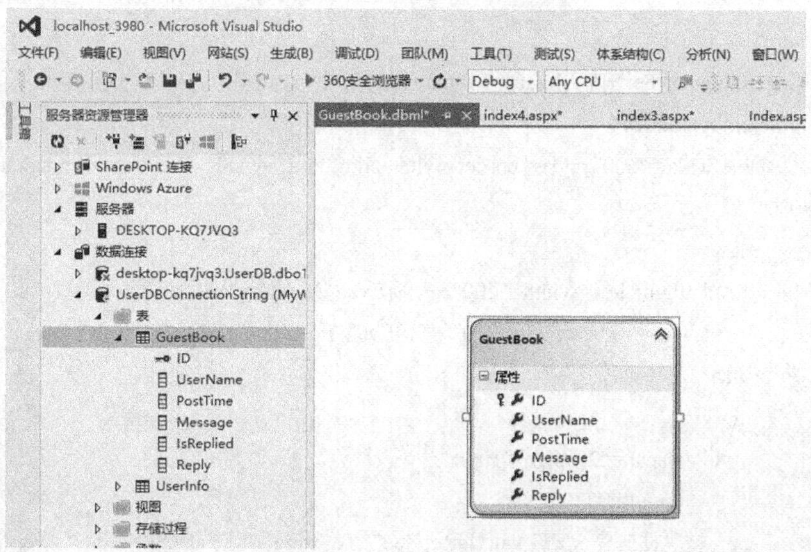

图 8-21　添加数据库连接

2) 设计 Default.aspx

Default.aspx 界面设计代码如下：

Default 前台页面设计

```
<%@ Page Language="C#" AutoEventWireup="true" CodeFile ="Default.
aspx.cs" Inherits="GusetBook_Default" %>

<!DOCTYPE html>

<html xmlns="http://www.w3.org/1999/xhtml">
<head runat="server">
```

```
<meta http-equiv="Content-Type" content="text/html; charset=utf-8"/>
  <title></title>
</head>
<body>
  <form id="form1" runat="server">
  <div>
    姓名
    <asp:TextBox ID="tb_UserName" runat="server"></asp:TextBox>
    <br />
    留言
    <asp:TextBox ID="tb_Message" runat="server" TextMode="MultiLine" Height="100"
Width="300"></asp:TextBox>
    <br />
    <asp:Button ID="btn_SendMessge" runat="server" Text=" 发表留言 " OnClick=" btn_SendMessge_
Click" />
    <br />
    <asp:Repeater ID="rpt_Message" runat="server">
      <ItemTemplate>
      <table width="600" style="border-style: solid; border-width: 1px; font-size: small; background-
color: #808080">
        <tr>
          <td align="left" width="400"> <%#Eval("Message") %></td>
          <td align="right" width="200"><%#Eval("PostTime") %>-<%#Eval("UserName") %></td>
        </tr>
        <tr>
          <td colspan="2" align="right">
            <hr width="300px"/>
            管理员回复 <%#Eval("IsReplied").ToString()=="False"?" 暂无 ":Eval ("Reply") %>
          </td>
        </tr>
      </table>
      </ItemTemplate>
    </asp:Repeater>
    <asp:Button ID="btn_to_admin" runat="server" Text=" 管理员回复 " OnClick=" btn_to_admin_
Click" />
  </div>
  </form>
</body>
</html>
```

其中使用了文本框进行信息的录入，以及 Repeater 控件进行信息显示。

设计好界面之后，进行代码设计，代码如下：

Default 前台代码设计

```
using System;
using System.Collections.Generic;
using System.LINQ;
using System.Web;
using System.Web.UI;
using System.Web.UI.WebControls;

public partial class GusetBook_Default: System.Web.UI.Page
{
    GuestBookDataContext ctx = new GuestBookDataContext();
    protected void Page_Load(object sender, EventArgs e)
    {
        if (!IsPostBack)
        {
            SendInit();
        }

    }
    private void SendInit()
    {
      rpt_Message.DataSource = from gb in ctx.GuestBook orderby gb.PostTime descending select gb;
      rpt_Message.DataBind();
    }
    protected void btn_SendMessge_Click(object sender, EventArgs e)
    {
        GuestBook gb = new GuestBook();
        gb.UserName = tb_UserName.Text;
        gb.Message = tb_Message.Text;
        gb.IsReplied = false;
        gb.PostTime = DateTime.Now;
        ctx.GuestBook.InsertOnSubmit(gb);
        ctx.SubmitChanges();
        tb_UserName.Text = "";
        tb_Message.Text = "";
        SendInit();
    }
    protected void btn_to_admin_Click(object sender, EventArgs e)
```

```
        {
          Response.Redirect("Admin.aspx");
        }
      }
```

浏览器浏览效果如图 8-22 所示。

图 8-22 留言簿浏览效果图

3) 设计 Admin.aspx

按照前面的方法进行 Admin.aspx 的设计，改页面的前台页面设计源代码如下：

Admin 后台页面设计

```
<%@ Page Language="C#" AutoEventWireup="true" CodeFile ="Admin.aspx.cs" Inherits="GusetBook_Admin" %>

<!DOCTYPE html>

<html xmlns="http://www.w3.org/1999/xhtml">
<head runat="server">
<meta http-equiv="Content-Type" content="text/html; charset=utf-8"/>
  <title></title>
</head>
<body>
  <form id="form1" runat="server">
  <div>
    <asp:Repeater ID="rpt_Message" runat="server" OnItemCommand="rpt_Message_ItemCommand">
    <ItemTemplate>
    <table  width="600px" style="border:solid 1px #666666; font-size:10pt; background-color:#f0f0f0">
      <tr>
```

```
                <td align="left" width="400" ><%#Eval("Message") %></td>
                <td align="right" width="200" ><%#Eval("posttime") %>-<% #Eval("username")
%></td>
            </tr>
            <tr>
                <td colspan="2" align="right"> <asp:Button ID="bt_delmessage" runat="server"
Text=" 删除留言 " CommandName="DeleteMessage" CommandArgument='<%#Eval("ID")%>' />
                管理员回复:
                <asp:TextBox ID="tb_reply" runat="server" TextMode="MultiLine" Width="300"
Height="50" Text='<%#Eval("Reply")%>'> </asp:TextBox>
                <asp:Button ID="bt_sendReply" runat="server" Text=" 发 表 回 复 "Command Name=
"SendReply" CommandArgument='<%#Eval("ID")%>'/>
                </td>
              </tr>
            </table>
            <br />
          </ItemTemplate>
          </asp:Repeater>
        <asp:Button ID="btn_to_default" runat="server" Text=" 前 台 留 言 " OnClick="btn_to_default_
Click" />
        </div>
        </form>
    </body>
    </html>
```

该页面的运行源代码如下：

Admin 后台代码设计

```
    using System;
    using System.Collections.Generic;
    using System.LINQ;
    using System.Web;
    using System.Web.UI;
    using System.Web.UI.WebControls;

    public partial class GusetBook_Admin : System.Web.UI.Page
    {
      GuestBookDataContext ctx = new GuestBookDataContext();
      protected void Page_Load(object sender, EventArgs e)
      {
        if (!IsPostBack)
        {
```

```
            SendInit();
        }

    }
    private void SendInit()
    {
        rpt_Message.DataSource = from gb in ctx.GuestBook orderby gb.PostTime descending select
gb;
        rpt_Message.DataBind();
    }

    protected void btn_to_default_Click(object sender, EventArgs e)
    {
        Response.Redirect("Default.aspx");
    }
    protected void rpt_Message_ItemCommand(object source, Repeater CommandEventArgs e)
    {
        if (e.CommandName == "DeleteMessage")
        {
            int id = Convert.ToInt32(e.CommandArgument.ToString());
            var del = from gbdel in ctx.GuestBook where gbdel.ID == id select gbdel;
            foreach (var d in del)
            {
                ctx.GuestBook.DeleteOnSubmit(d);
            }
            ctx.SubmitChanges();
            SendInit();
        }

        if (e.CommandName == "SendReply")
        {
            int id = Convert.ToInt32(e.CommandArgument.ToString());
            var reply = from gbreply in ctx.GuestBook where gbreply.ID == id select gbreply;

            foreach (var d in reply)
            {
                d.Reply = ((TextBox)e.Item.FindControl("tb_reply")).Text;
                d.IsReplied = true;
```

```
            }
            ctx.SubmitChanges();
            SendInit();
        }
    }
}
```

运行效果如图 8-23 所示。

图 8-23　留言簿后台浏览效果图

单 元 测 试

1. 选择题

(1) (　　) 命名空间包含于创建 LINQ TO SQL 的所有类。

A. System. Web UILINQ　　B. System.Xml.LINQ

C. System. Web　　D. System. Web. LINQ

(2) 关于 LNQ 的数据源，下列说法错误的是 (　　)。

A. 可以是任意 DataSet

B. 只要实现 IEnumerable 这个接口都可以充当 LNQ 的数据源

C. 只要实现 IEnumerable.<T> 这个接口都可以充当 LNQ 的数据源

D. 因为有 LINQ to Object，所以只要是 Object 都可以

(3) 下面有关 LINQ to SQL 的描述中错误的是 (　　)。

A. LINQ 查询返回的结果是一个集合

B. LINQ to SQL 可处理任何类型数据

C. 利用 LINQ to SQL 要调用 SQL Server 中定义的存储过程只需要调用映射后的方法

D. 使用 LINQ to SQL 集合函数的参数常用 Lambda 表达式

(4) 关于 LNQ 的连接查询，下列说法错误的是 (　　)。

A. 需要使用 join...on

B. 表示连接条件的语句可以使用

C. 表示连接条件的语句可以使用 equals

D. 分组查询需要使用 into

2. 操作题

使用 LINQ 技术连接 LINQDB 数据库，并在网页上显示该数据库 UserInfo 表的所有记录。

任务9 后台管理系统的使用

教学目标

通过本章的学习，使学生了解一个简单的动态网站从策划、准备、建设到最终发布的基本流程，掌握相关工具软件的基本使用方法。

知识目标

- 掌握数据库不同信息显示的方法。
- 掌握广告控件的使用方法。
- 掌握 Ajax 的简单使用方法。
- 掌握 HTML。

技能目标

- 了解网站后台的基本运行原理。
- 掌握网站后台的使用。

9.0 任务描述及工作单

通过前面的设计网站的前台基本设计完成，我们对数据库也有一定掌握。动态网页与静态网页的区别在于后台数据库的应用。本章的任务是设计一个网站后台管理系统，通过数据库的管理实现前台页面的显示，以此来动态管理网站的内容。

9.1 网站后台管理系统简介

网站后台管理系统主要用于对网站前台的信息管理，如文字、图片、影音和其他日常使用文件的发布、更新、删除等操作，同时也包括会员信息、订单信息、访客信息的统计和管理。简单来说网站后台管理系统就是对网站数据库和文件的快速操作和管理的系统，以使得前台内容能够得到及时更新和调整。

1. 功能

管理系统后台的功能有会员管理、财务管理、商城管理、新闻管理、消息管理、网站设置——图片及其他文件上传、内容采集、邮件群发、售后服务等，以及对上述所有信息的修改删除等操作。

2. 用途

鉴于网站后台管理系统功能的强大且操作方便，其几乎应用于所有的动态网站系统中。

根据不同的需求，网站后台管理系统有不同的分类方法。例如，根据应用层面的不同，它可以被划分为：

(1) 重视后台管理的网站后台管理系统。

(2) 重视风格设计的网站后台管理系统。

(3) 重视前台发布的网站后台管理系统。

鉴于网站后台管理系统的需求，我们选择使用的分类。其中重视前台发布的网站后台管理系统具有很好的灵活性。

网站后台管理系统开发者的出发点是为了让不熟悉网站的用户有一个直观的操作方法，让不同的用户在懂得少许 html(标准通用标记语言下的一个应用) 的基础上，就能够快速的构建一个风格个性化的且功能强大的专业企业网站。

3. 特点

对于企业网站而言，适合企业网站的网站后台管理系统应该具备的特点如下：

(1) 企业网站一般作为形象名片而存在，必须美观精致。

(2) 企业网站能够很一目了然地把企业产品、性质给表达出来。

(3) 企业网站应该有产品展示功能，需要交易的还需要有在线订单的电子商务功能。

在网站后台管理系统中，有些功能比较简单，有些功能比较复杂。在这些系统中并不是功能复杂的就很好，也不是功能比较简单的就很差。因为每一套网站后台管理系统都有它存在的价值，不同的行业有不同的需求，就有不同的市场。功能比较复杂的，在维护方面不方便，而且有些功能完全用不上；而功能比较简单的，在后期维护和升级方面就比较方便。无论什么样的网站后台管理系统，只要做到具备灵活性、维护性且方便操作就可以了，只有使客户满意的网站后台管理系统才是最优秀的系统。

9.2　知识点 1：利用 CMS 整合网站

因网站的后台管理系统设计比较复杂，本教材在素材中提供了一个设计好的文章管理系统 Demo。这一节将利用提供的素材将前面设计的网站进行整合。

利用现有 CMS 系统整合网站

1. 数据库建立

1) 附加素材中的数据库

(1) 在 SQL 中选择“数据库”，单击右键选择“附加 ...”，如图 9-1 所示。

(2) 单击【添加 ...】按钮，选择 Demo 中 DataBase 文件夹中的 BzyJsj.mdf 文件，单击确定，数据库 BzyJsjWeb 附加成功，这样今后就可以使用这个数据库了，如图 9-2 所示。

2) 新建数据库并导入表

由于每个网站都需要有各自独立的数据库，所以我们需要新建一个供本网站使用的数据库，同时将刚附加的数据库的数据表导入新建的数据库。

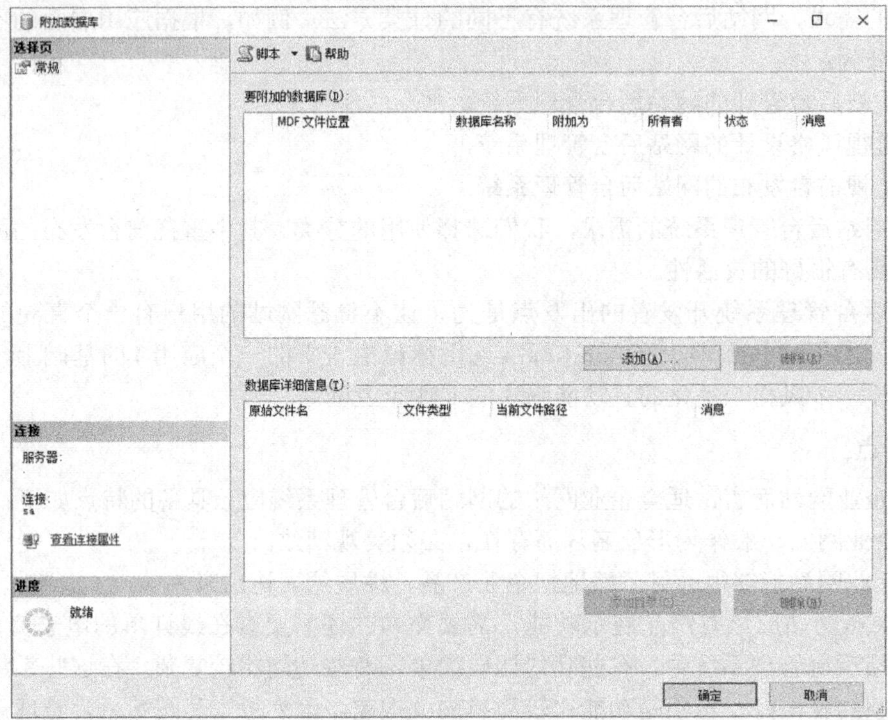

图 9-1 附加数据库

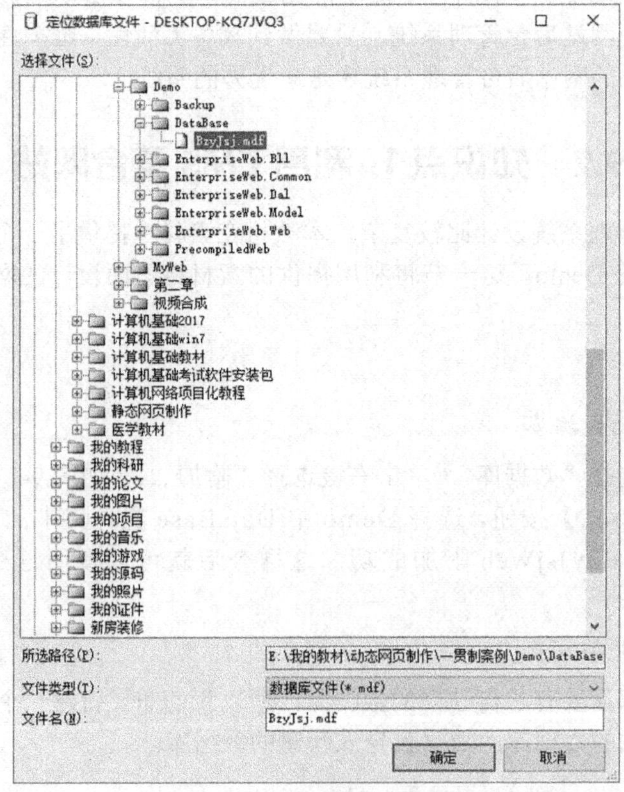

图 9-2 选择附加数据库文件

(1) 新建数据库。

首先将 Demo 文件夹复制一下，同时将复制好的文件夹修改为 MyWeb(注意不能和原 MyWeb 文件夹在同一个目录下)。期间由于数据库文件在使用无法拷贝，可以选择跳过两个数据库文件的拷贝。

在 SQL 中创建数据库 MyWebDB 数据库文件，并将该文件存储在 MyWeb 文件夹下的 DataBase 文件夹下。

(2) 备份原数据库。

为了使用BzyJsjWeb数据库中的数据表信息，将该数据库进行备份，右键单击BzyJsjWeb选择“任务”|“备份...”命令，如图9-3所示。在弹出的“备份”对话框中按如图9-4所示的形式进行备份。

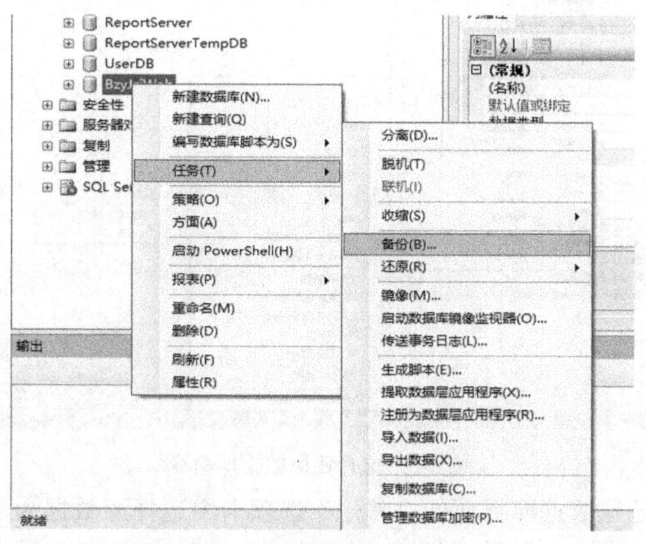

图 9-3　选择数据库备份命令

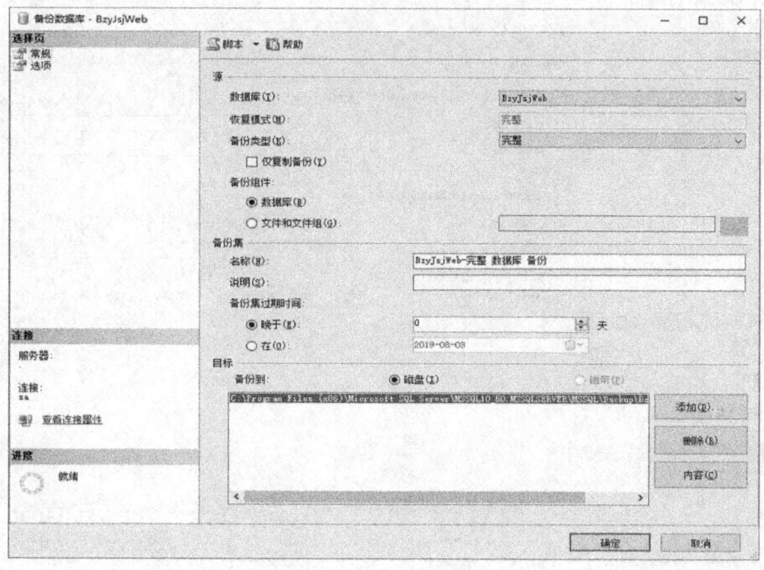

图 9-4　备份数据库

备份成功后将显示备份成功对话框，如图 9-5 所示。

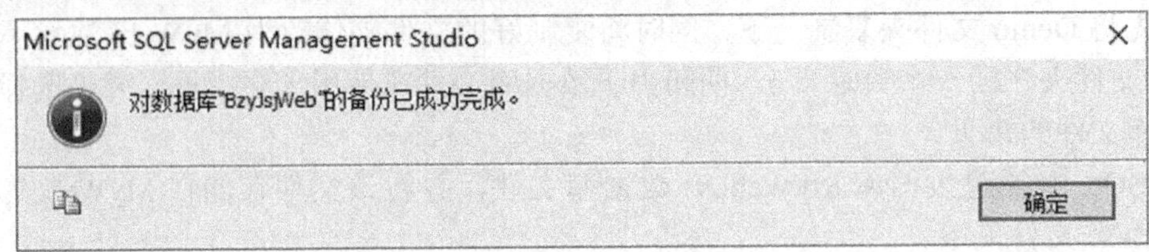

图 9-5　备份成功对话框

(3) 还原已备份数据库到新建数据库。

① 在 SQL 中选择新建好 MyWebDB，单击右键，选择“任务”|“还原”|“数据库”命令，如图 9-6 所示。

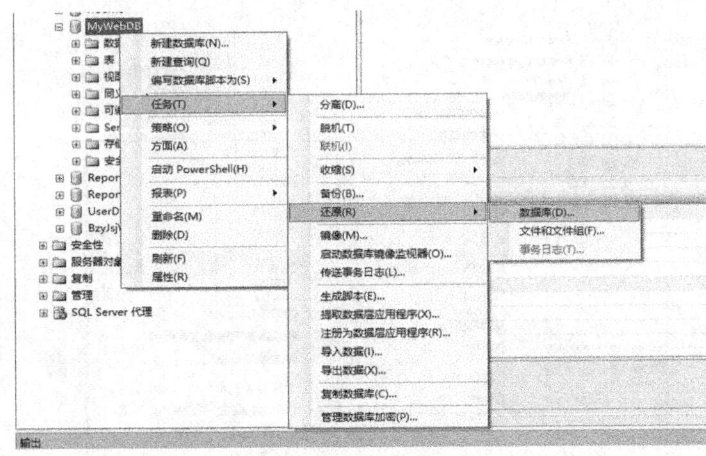

图 9-6　选择还原数据库命令

② 在弹出的还原数据库界面的“常规”选项卡中选择源数据为 BzyJsjWeb，也就是刚备份的数据库，如图 9-7 所示。

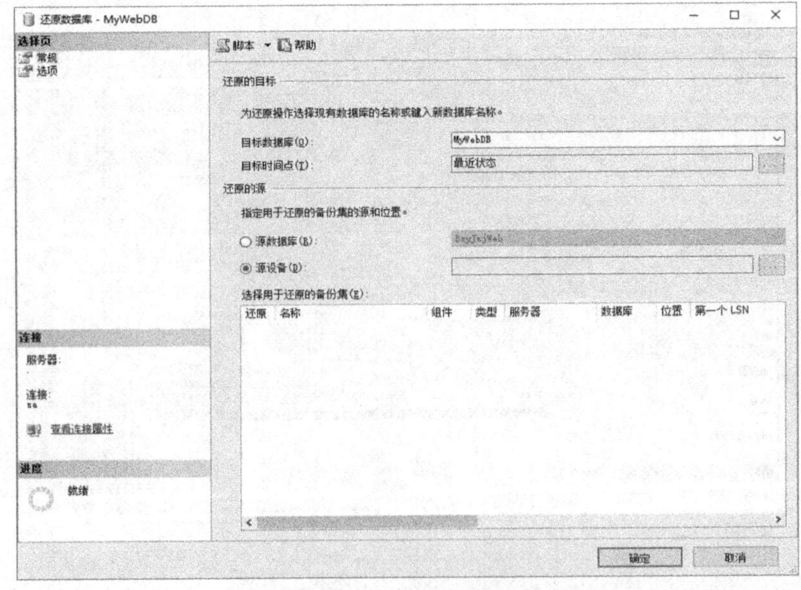

图 9-7　选择数据源

③ 在“选项”选项卡中，选中“覆盖现有数据库”，并将已还原的文件指定到创建的 MyWebDB 数据库的两个文件中，如图 9-8 所示。

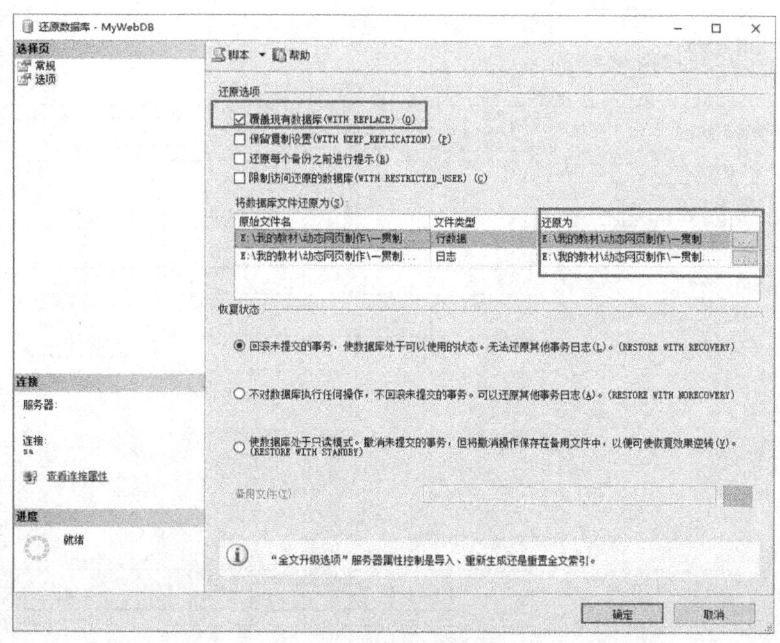

图 9-8　还原数据库设置

④ 单击【确定】按钮后，即可将原来的数据库中的所有表、视图、存储等信息还原到新建的数据库中。同时需要把以前创建的用户信息表和留言簿数据库导入到这个新建数据库中。

⑤ 选中 MyWebDb，单击右键，选择“任务”|“导入数据 ...”命令，如图 9-9 所示。

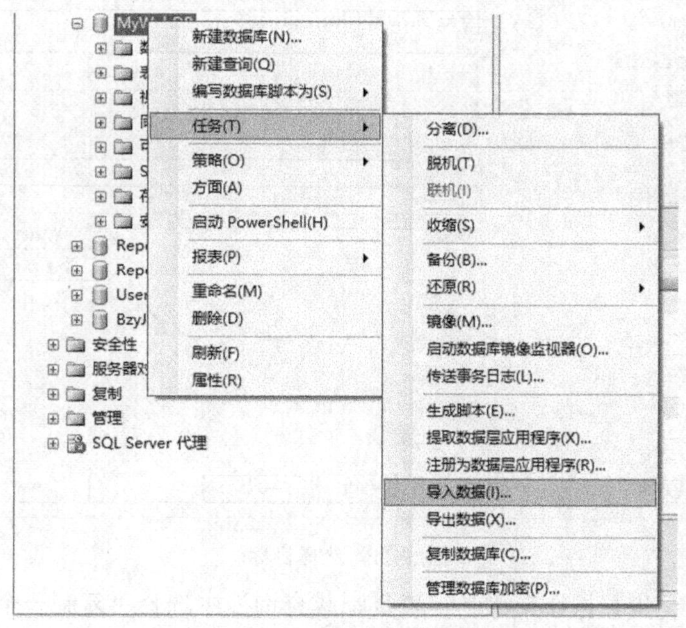

图 9-9　选择导入数据命令

⑥ 在出现的 SQL 导入导出向导视图中单击【下一步】按钮，在选择数据源对话框中选择 UserDB，如图 9-10 所示。

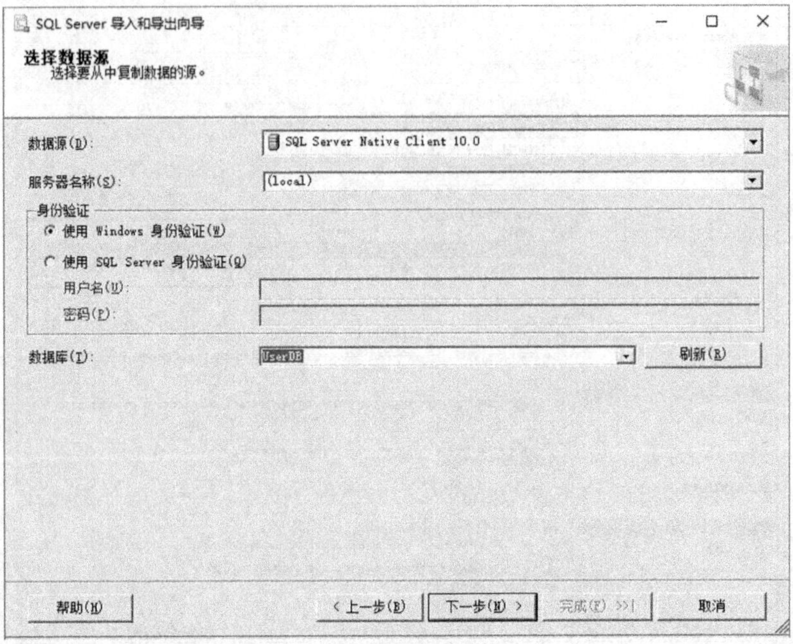

SQL Server 导入和导出向导
选择数据源
选择要从中复制数据的源。
数据源(D):
SQL Server Native Client 10.0
服务器名称(S):
(local)
身份验证
使用 Windows 身份验证(W)
使用 SQL Server 身份验证(Q)
用户名(U):
密码(P):
数据库(T):
UserDB
刷新(R)
帮助(H)
< 上一步(B)
下一步(N) >
完成(F) >>|
取消

图 9-10　选择数据源

⑦ 单击【下一步】按钮，在“选择目标”的“数据库”中选择 MyWebDB，如图 9-11 所示。

SQL Server 导入和导出向导
选择目标
指定要将数据复制到何处。
目标(D):
SQL Server Native Client 10.0
服务器名称(S):
身份验证
使用 Windows 身份验证(W)
使用 SQL Server 身份验证(Q)
用户名(U):
密码(P):
数据库(T):
MyWebDB
刷新(R)
新建(E)...
帮助(H)
< 上一步(B)
下一步(N) >
完成(F) >>|
取消

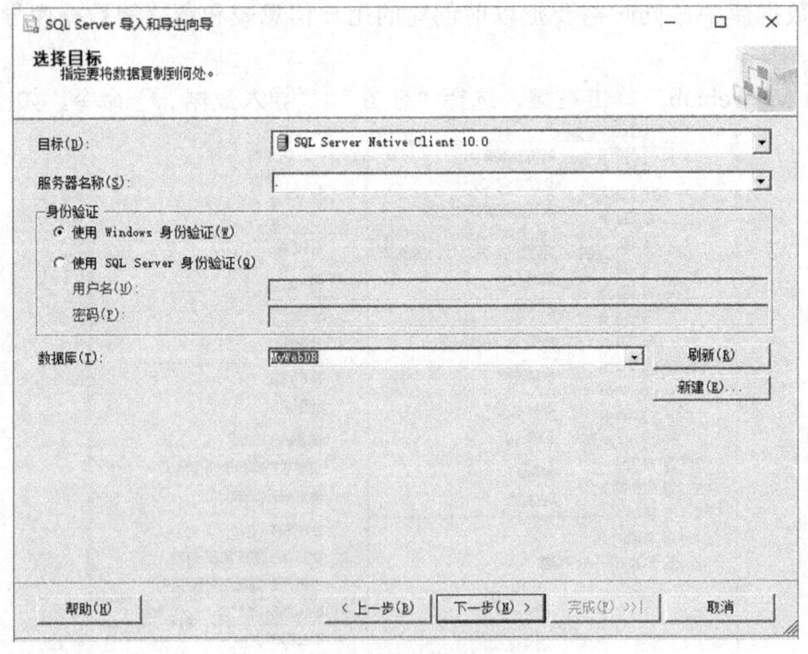

图 9-11　选择目标

⑧ 单击【下一步】按钮在“制定表复制或查询”中选择“复制一个或多个表或视图的数据”，如图 9-12 所示。

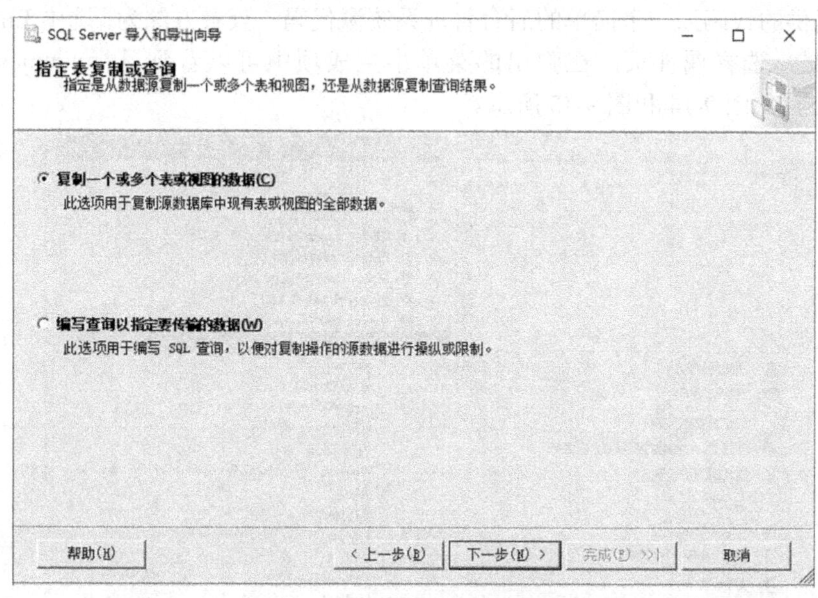

图 9-12 指定表复制或查询

⑨ 单击【下一步】按钮，选择要复制的表名称，如图 9-13 所示。继续单击【下一步】按钮，然后在新出现的界面中单击【完成】按钮，即可完成复制工作。导入数据仅用于少量数据表的导入，如果有大量的表、视图、存储等要导入到其他数据库，一般使用备份、恢复的方法进行，效率比较高。

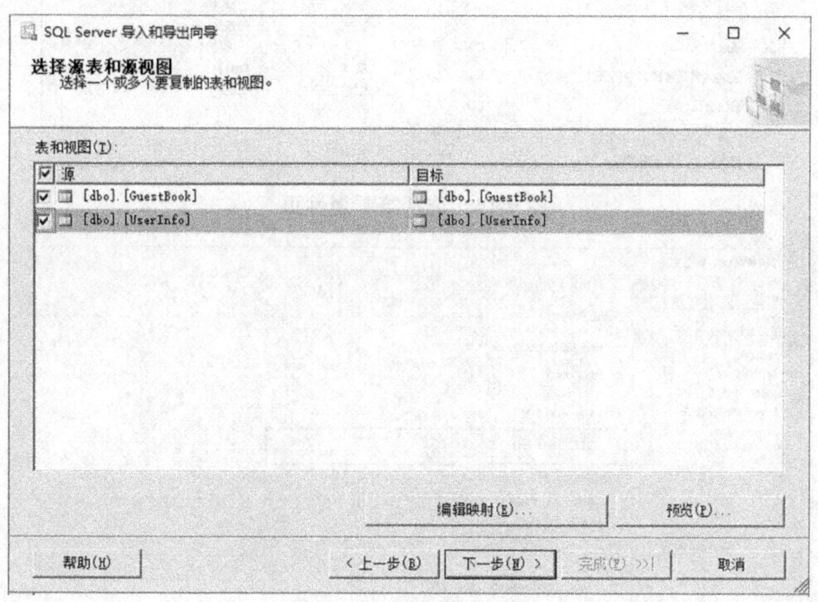

图 9-13 选择复制的表

2. 整合网站

将任务 8 中建立好的所有文件和文件夹拷贝到新建的 MyWeb\EnterpriseWeb.Web 文件夹下，有可能会进行文件夹的合并。

Demo 提供的代码为一个简单的后台管理系统源代码，查看方法为：选中 EnterpriseWeb.Web 单击右键，选择属性页，在弹出的菜单中生成项中可以看到目标 Framework 为 .Net Framework 3.5，如图 9-14 和图 9-15 所示。

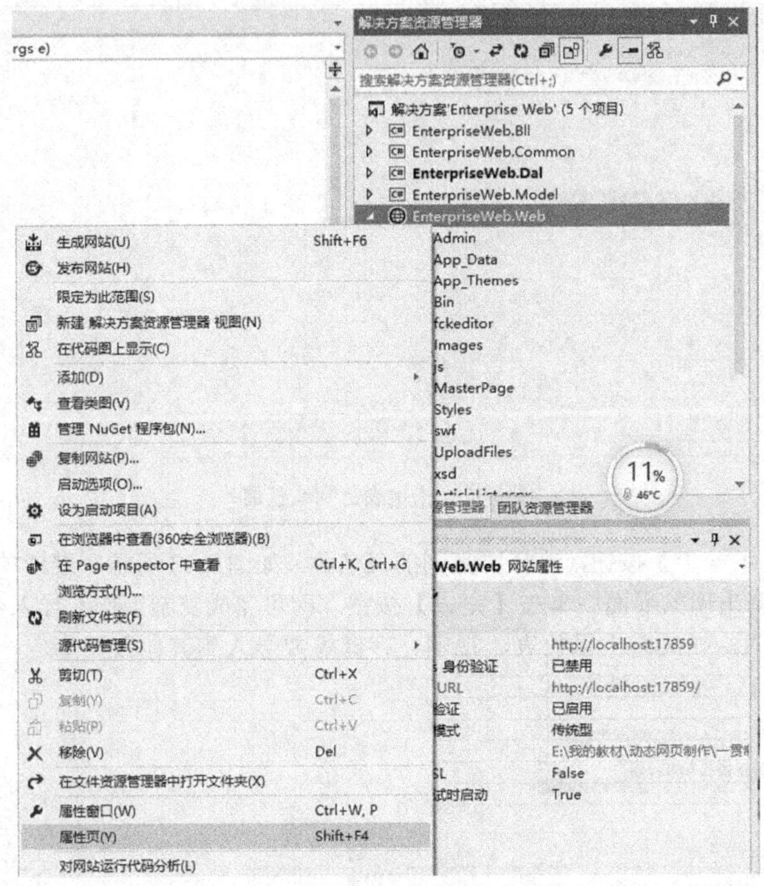

图 9-14　选择查看属性页

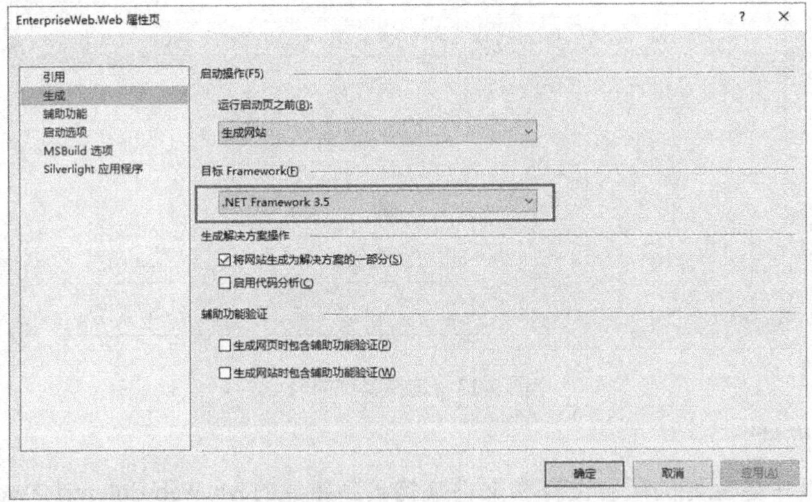

图 9-15　属性页生成选项卡

VS2013 创建的网站为 .Net 4.5。网站整合后需要将目标框架进行升级，升级方法为在整合后的网站中选中 EnterpriseWeb.Web 单击右键，在属性页中将目标框架修改为 .Net 4.5 即可。同时需要将托管管道模式修改为传统型，如图 9-16 所示。

图 9-16　托管管道模式

3. 修改数据库连接

在任务 8 设计的有关数据库连接的代码中，如果没有使用 Web.config 中的数据库连接方式，需要修改为使用 Web.config 数据库连接模式，代码如下：

```
string constr = ConfigurationManager.ConnectionStrings["UserDBConnectionString"].
ConnectionString;
```

这样以后如果数据库配置发生变化的话就可以通过修改 Web.config 配置文件实现全部的数据库连接修改。

9.3　知识点 2：网站管理后台的使用

本节介绍如何使用网站后台进行网站的栏目和内容管理。

1. 进入网站后台

(1) 在 EnterpriseWeb.Web 的 Admin 文件夹下选择 Login.aspx 文件，使用浏览器进行浏览即可打开后台登录界面，如图 9-17 所示。

利用后台管理网站栏目及文章内容

图 9-17 后台登录界面

(2) 输入账号 admin，密码 admin888，即可进入后台管理系统，如图 9-18 所示。

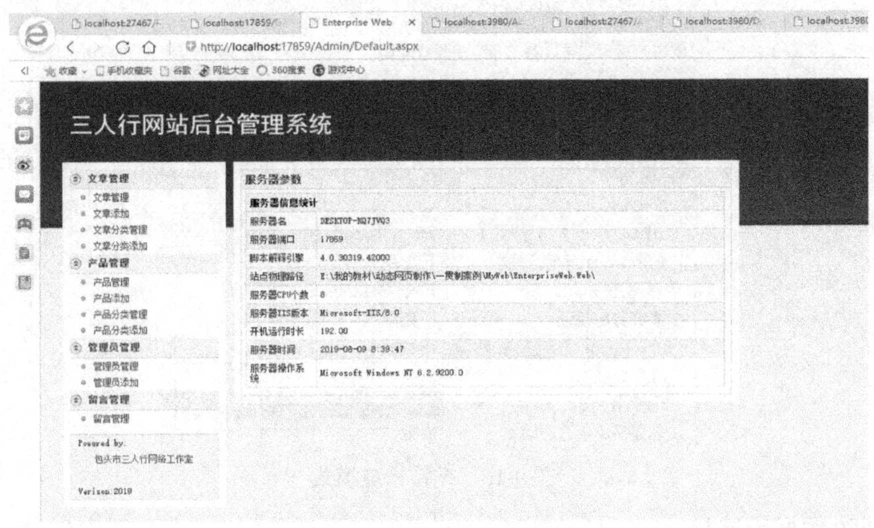

图 9-18 后台管理系统

在本书中，我们仅使用“文章管理”和“管理员管理”两个栏目。在“文章管理”中可以管理文章的栏目和内容。在“管理员管理”中可以添加管理员、修改密码等。

2. 管理网站栏目

我们设计的网站的栏目有菜单栏中的“学院概况”“机构设置”“信息公开”“规章制度”“合作交流”“专题网站”“校友之窗”和“联系我们”，还有首页中的“校园风景”“校园新闻”和“通知公告”。这些栏目可以通过“文章管理”下的“文件分类管理”和“文章分类添加”来进行设置。

> **注意**
>
> 在文章分类删除的过程中，如果某个分类下有文章，则文章分类无法删除，需要先将该分类下的文章删除掉，才可以删除这个文章分类。

最终设置好的文章分类如图 9-19 所示。

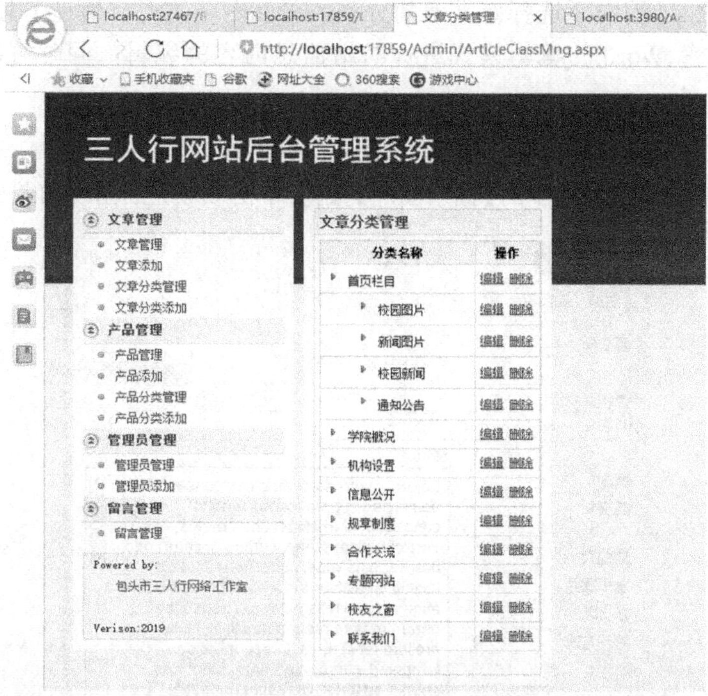

图 9-19　网站栏目设置

3. 管理网站内容

网站建设完成后，如果要发布新的信息或者修改信息，可以通过文章管理和文件添加来进行。

选择文章添加将出现文章添加窗体，如图 9-20 所示。

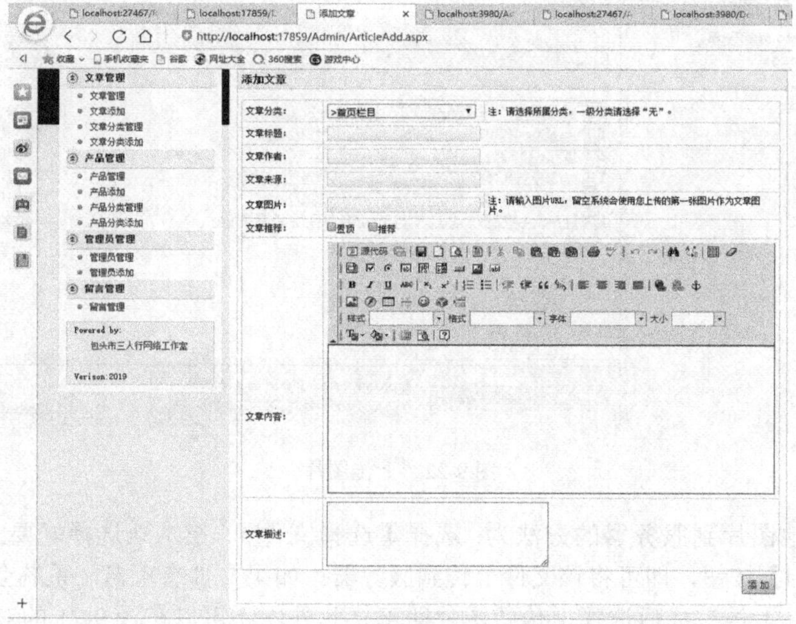

图 9-20　文章添加

在文章的添加过程中要选择好文章的分类(文章出现的栏目地址),输入文章标题等,正文部分可以参考 Word 的编辑模式进行网站信息内容的编辑，同时可以插入图片、附件等。

1) 插入图片

插入图片可以选择工具栏中的【插入图片】按钮,单击该按钮后出现如图 9-21 所示对话框。

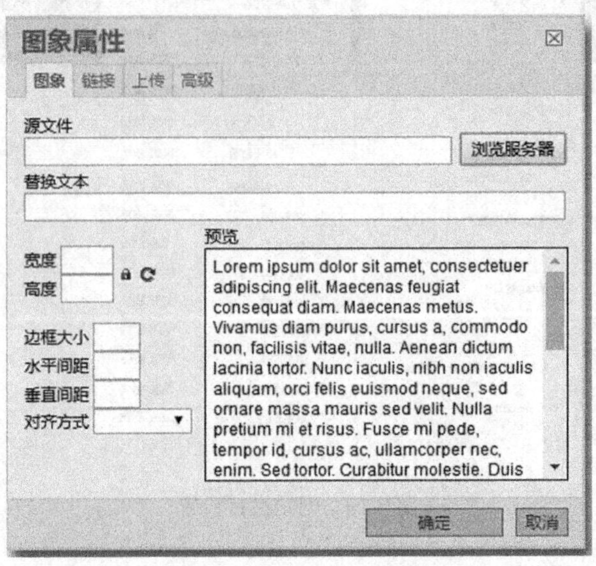

图 9-21　插入图片对话框

在对话框中单击【浏览服务器】按钮进入服务器，上传图片到服务器，并选择图片，如图 9-22 所示。

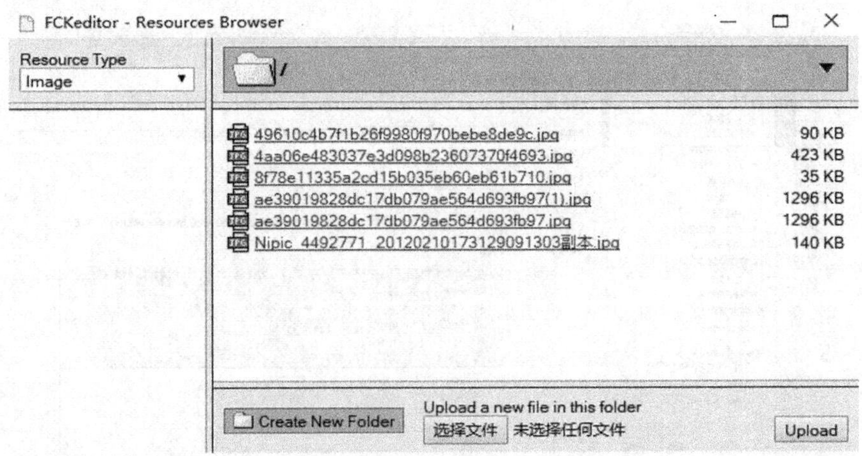

图 9-22　上传图片

上传本地图片到服务器的方法为：选择【选择文件】，在本地选择好要上传的文件，点击【Upload】按钮，即可将该文件上传到服务器。如果文件有重名，系统会自动为文件名重新命名。上传完成后选择上传的图片即可。此外，还可以在图 9-21 的对话框中对图片的大小、对齐方式等进行设置。

2) 插入附件

可以利用超链接的方式插入附件，具体的上传附件的方法同上传图片。

9.4　知识点 3：网站文章列表的显示

文章列表页 (List.aspx) 用于网站信息的列表显示，主要显示的是文章的标题和加入的时间等。它可以结合前面的数据库显示技术来进行显示。当文章信息较多的时候要注意分页，同时还需要注意文章列表页只有一页，要针对不同的栏目进行不同栏目下的信息显示。

栏目文章列表显示技术上

栏目文章列表显示技术下

1. 界面设计

在文章列表页中添加 DataList 控件用于显示文章信息。页面的代码如下：

```
<%@ Page Title="" Language="C#" MasterPageFile="~/MasterPage.master"
AutoEventWireup="true" CodeFile="List.aspx.cs" Inherits="List" %>

<asp:Content ID="Content1" ContentPlaceHolderID="head" Runat="Server">
  </asp:Content>
<asp:Content ID="Content2" ContentPlaceHolderID="ContentPlaceHolder1" Runat="Server">
<table>
<tr style="width:1200px;">
    <td style="width:820px; vertical-align:top;">
    <div style="background-image: url('images/ntitle.jpg'); width: 820px; height: 40px;">
      <div style="left:60px;top:5px;position:relative;">
      <asp:Label ID="Label1" runat="server" Font-Size="16px" ForeColor="White" Text=
"Label"></asp:Label>
      </div>
    </div>
    <div>

    <asp:DataList ID="DataList1" runat="server" DataKeyField="ID" >
        <ItemTemplate>
            <a href="Show.aspx?artid=<%# Eval("art_id") %>"><%# StringTruncat(Eval("art_
title").ToString(),24,"...") %></a>(<%# Eval( “art_date") %>)
        </ItemTemplate>
    </asp:DataList>
    <br />
      第 <asp:Label ID="Label8" runat="server" Text="1"></asp:Label>
      页 / 共 <asp:Label ID="Label9" runat="server" Text="Label"></asp:Label>
      页  <asp:LinkButton ID="LinkButton6" runat="server" OnClick=" Link Button6_Click">
第一页 </asp:LinkButton>
```

```
     
        <asp:LinkButton ID="LinkButton7" runat="server" OnClick="LinkButton7_Click"> 上一页
</asp:LinkButton>
     
        <asp:LinkButton ID="LinkButton8" runat="server" OnClick="LinkButton8_Click"> 下一页
</asp:LinkButton>
     
        <asp:LinkButton ID="LinkButton9" runat="server" OnClick="LinkButton9_Click"> 最后一
页 </asp:LinkButton>

            </div>
        </td>
        <td style="width:380px;">
            <h3> 栏目导航 </h3>
            <ul style="list-style-type:none;">
                <li><a href="List.aspx?id=11"> 校园新闻 </a></li>
                <li><a href="List.aspx?id=12"> 通知公告 </a></li>
            </ul>
            <h3> 人气排行 </h3>
        </td>
      </tr>
    </table>
    </asp:Content>
```

2. 代码设计

由于网站信息的标题长度长短不一，为了美观性，可以将长度截断，使用的自定义函数为 StringTruncat()。

同时为了保证不同的栏目显示不同的信息，要根据进入栏目的不同，选择不同的文章类别。这部分内容利用程序编辑技术实现，程序代码如下：

```
using System;
using System.Collections.Generic;
using System.Linq;
using System.Web;
using System.Web.UI;
using System.Web.UI.WebControls;
using System.Data;
using System.Data.SqlClient;
using System.Configuration;
```

```
public partial class List: System.Web.UI.Page
{
  string StrArtID="2";
  protected void Page_Load(object sender, EventArgs e)
  {

    switch (Request.QueryString["id"])
    {
      case "2":
        Label1.Text = " 学院概况 ";
        StrArtID = "11";
        break;
      case "3":
        Label1.Text = " 机构设置 ";
        StrArtID = "60";
        break;
      case "4":
        Label1.Text = " 信息公开 ";
        StrArtID = "66";
        break;
      case "5":
        Label1.Text = " 规章制度 ";
        StrArtID = "71";
        break;
      case "6":
        Label1.Text = " 合作交流 ";
        StrArtID = "72";
        break;
      case "7":
        Label1.Text = " 专题网站 ";
        StrArtID = "75";
        break;
      case "8":
        Label1.Text = " 校友之窗 ";
        StrArtID = "79";
        break;
      case "9":
        Label1.Text = " 联系我们 ";
        StrArtID = "83";
```

```
            break;
        case "10":
            Label1.Text = " English";
            break;
        case "11":
            Label1.Text = " 校园新闻 ";
            StrArtID = "6";
            break;
        case "12":
            Label1.Text = " 通知公告 ";
            StrArtID = "7";
            break;
        default:
            break;
    }
    GetDataPaged();
}

public void GetDataPaged()
{
    string constr = ConfigurationManager.ConnectionStrings["UserDBConnectionString"].
ConnectionString;
    string ac_id = StrArtID;
    SqlConnection con = new SqlConnection(constr);
    string sql = "SELECT [art_id], [art_title], [art_date] FROM [Article] WHERE ([ac_id] = @ac_
id) order by  [art_date] desc";
    SqlCommand cmd = new SqlCommand(sql, con);
    SqlDataAdapter da = new SqlDataAdapter(cmd);
    cmd.Parameters.AddWithValue("@ac_id", ac_id);
    DataSet ds = new DataSet();
    da.Fill(ds, "ArtInfo");
    // 用 PagedDataSource 类分页
    PagedDataSource pds = new PagedDataSource();
    int currPage = Convert.ToInt32(Label8.Text);
    pds.DataSource = ds.Tables["ArtInfo"].DefaultView;
    pds.AllowPaging = true;
    pds.PageSize = 10;
    pds.CurrentPageIndex = currPage - 1;
```

```
    int sumPages = pds.PageCount;//pds 作为数据源
    Label9.Text = Convert.ToString(sumPages);

    LinkButton6.Enabled = true;
    LinkButton7.Enabled = true;
    LinkButton8.Enabled = true;
    LinkButton9.Enabled = true;

    if (pds.CurrentPageIndex == 0)
    {
        LinkButton6.Enabled = false;
        LinkButton7.Enabled = false;
    }
    if (currPage == sumPages)
    {

        LinkButton8.Enabled = false;
        LinkButton9.Enabled = false;
    }
    Label9.Text = Convert.ToString(sumPages);
    DataList1.DataSource = pds;
    DataList1.DataKeyField = "art_id";
    DataList1.DataBind();
}

protected void LinkButton6_Click(object sender, EventArgs e)
{
    // 第一条
    Label8.Text = "1";
    GetDataPaged();

}
protected void LinkButton7_Click(object sender, EventArgs e)
{
    // 上一条
    Label8.Text = Convert.ToString(Convert.ToInt32(Label8.Text) - 1);
    GetDataPaged();
```

```
}
protected void LinkButton8_Click(object sender, EventArgs e)
{
  //下一条
  Label8.Text = Convert.ToString(Convert.ToInt32(Label8.Text) + 1);
  GetDataPaged();
}
protected void LinkButton9_Click(object sender, EventArgs e)
{
  //最后一条
  Label8.Text = Label9.Text;
  GetDataPaged();
}

#region 将指定字符串按指定长度进行剪切
/// <summary>
/// 将指定字符串按指定长度进行剪切
/// </summary>
/// <param name= "oldStr "> 需要截断的字符串 </param>
/// <param name= "maxLength "> 字符串的最大长度 </param>
/// <param name= "endWith "> 超过长度的后缀 </param>
/// <returns> 如果超过长度，返回截断后的新字符串加上后缀，否则，返回原字符串 </returns>
public static string StringTruncat(string oldStr, int maxLength, string endWith)
{
  if (string.IsNullOrEmpty(oldStr))
    // throw new NullReferenceException( " 原字符串不能为空 ");
    return oldStr + endWith;
  if (maxLength < 1)
    throw new Exception(" 返回的字符串长度必须大于 [0] ");
  if (oldStr.Length > maxLength)
  {
    string strTmp = oldStr.Substring(0, maxLength);
    if (string.IsNullOrEmpty(endWith))
      return strTmp;
    else
      return strTmp + endWith;
  }
  return oldStr;
}
```

```
        #endregion
    }
```

其中 StrArtID = "11" 表示文章分类，不同栏目的编号在数据库中自动生成，具体如图 9-23 所示，运行效果如图 9-24 所示。

	ac_id	ac_name	parent_id	ac_order
1	2	首页栏目	NULL	1
2	4	校园图片	2	1
3	5	新闻图片	2	2
4	6	校园新闻	2	3
5	7	通知公告	2	4
6	11	学院概况	NULL	2
7	60	机构设置	NULL	3
8	66	信息公开	NULL	4
9	71	规章制度	NULL	5
10	72	合作交流	NULL	6
11	75	专题网站	NULL	7
12	79	校友之窗	NULL	8
13	83	联系我们	NULL	9

图 9-23　文章类别代码

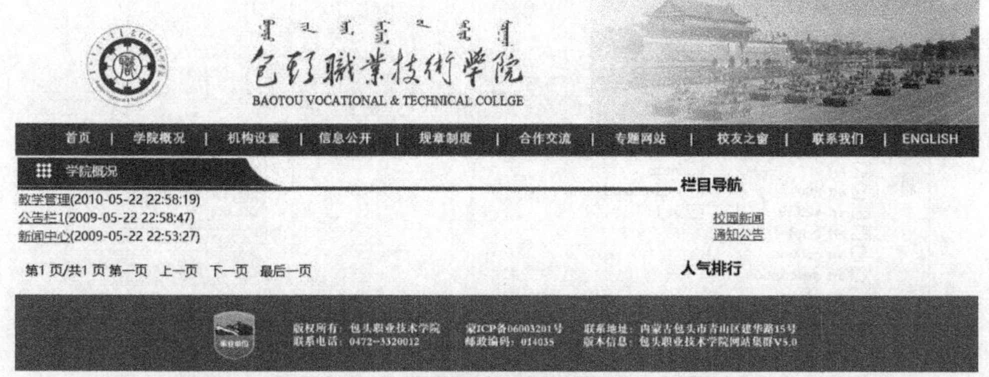

图 9-24　运行效果

9.5　知识点 4：首页板块文章的显示

在首页 (defaulr.aspx) 中有两个板块也需要显示信息，这两个板块分别是校园新闻和通知公告，它们的设计方法是一样的。我们以校园新闻为例进行设计。

首页板块文章列表的显示

打开 default.asp 进入设计视图，在设计视图中的校园新闻信息显示区域添加一个 Repeater 控件和一个 SqlDataSource 控件，如图 9-25 所示。

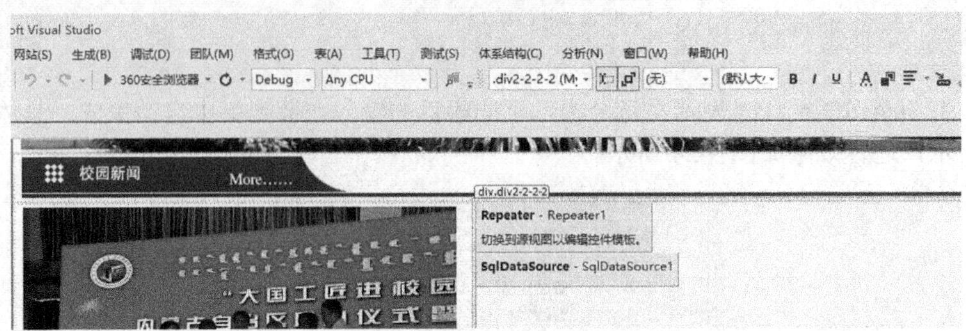

图 9-25　设计校园新闻信息显示

1. 设置 SqlDataSource 控件属性

配置 SqlDataSource1 的数据源为校园新闻类别下的信息，在配置 Select 语句中，选择表 Article，要显示的数据项有文章编号 (art_id)、文章标题 (art_title)、文章添加时间 (art_date)，如图 9-26 所示。

配置数据源 - SqlDataSource1

配置 Select 语句

希望如何从数据库中检索数据?

○ 指定自定义 SQL 语句或存储过程(S)

◉ 指定来自表或视图的列(T)

名称(M): Article

列(O):

☐ *　☐ art_click
☑ art_id　☐ istop
☑ art_title　☐ iscommend
☐ art_author　☐ ac_id
☐ art_from
☐ art_content
☐ art_description
☐ art_image
☑ art_date

☐ 只返回唯一行(E)　WHERE(W)...　ORDER BY(R)...　高级(V)...

SELECT 语句(L):

```
SELECT [art_id], [art_title], [art_date] FROM [Article]
```

< 上一步(P)　下一步(N) >　完成(F)　取消

图 9-26　配置 Select 语句

文章列表中的文章不进行分类的话会显示全部的信息，为了只显示某个类别下的文章，需要使用 WHERE 语句，单击【WHERE...】按钮进入 Where 语句配置，按图 9-27 的形式进行配置。其中 ArtClassID 表示文章类别的 ID 号，具体如图 9-23 所示。

当某栏目下文章信息很多的时候，首页显示不了全部的信息，需要选取最新的信息进行显示，所以要按照文章的添加日期倒序排列，并选择前面若干项。这需要设置 ORDER，具体设置方法如图 9-28 所示。

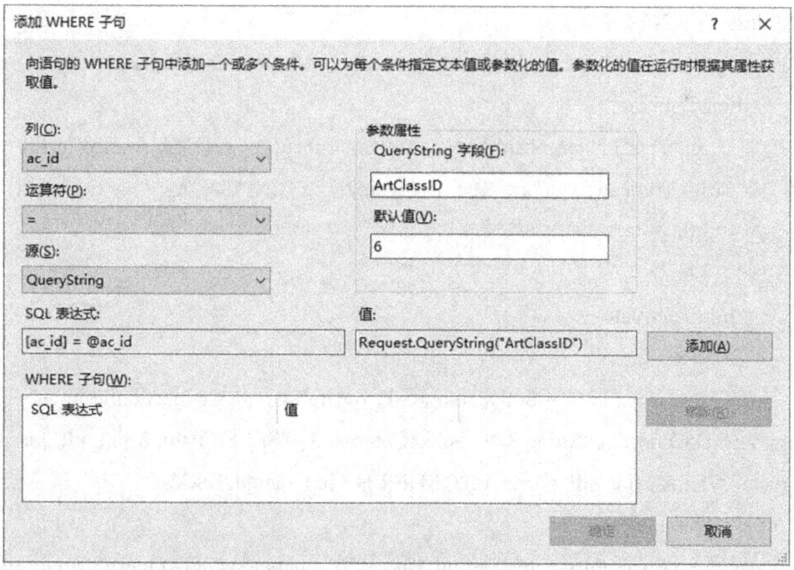

图 9-27　配置 WHERE 子句

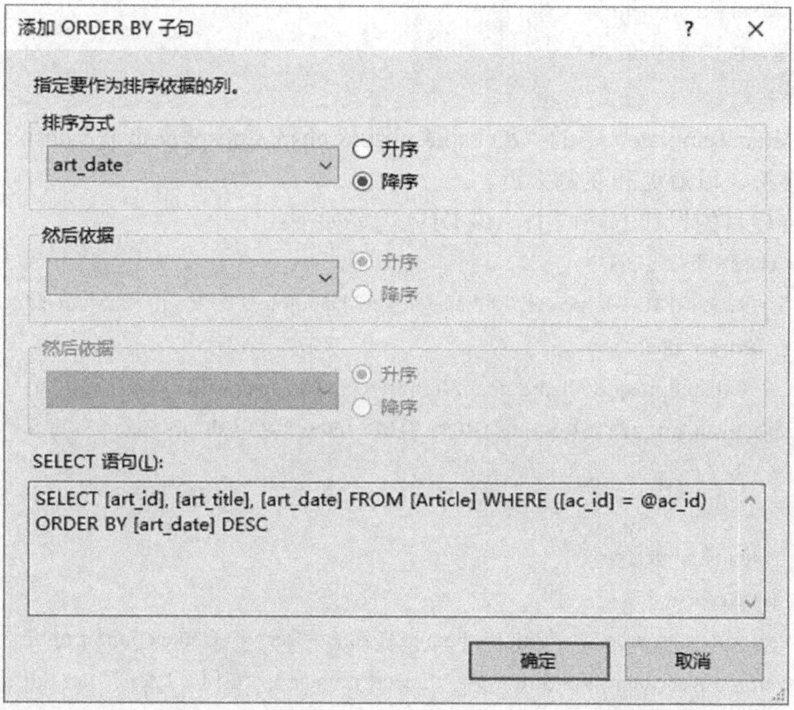

图 9-28　添加 ORDER BY 子句

这样数据库记录的取出就完成了。

2. 设置 Repeater 控件属性

在 Repeater1 控件中显示的信息为从 SqlDataSource1 中取出的数据信息，具体的这个 DIV 中的代码如下：

```
<div class="div2-2-2-2">
    <asp:Repeater ID="Repeater1" runat="server" DataSourceID ="SqlDataSource1">
        <ItemTemplate>
                   <a href="Show.aspx?artid=<%# Eval("art_
id") %>"><%# StringTruncat(Eval("art_title").ToString(),32,"...") %></a>(<%# Eval("art_date") %>)
            <br />
            <br />
        </ItemTemplate>
        </asp:Repeater>
      <asp:SqlDataSource ID="SqlDataSource1" runat="server" ConnectionString ="<%$ ConnectionS
trings:EnterpriseWebConnectionString %>" SelectCommand ="SELECT top 8 [art_id], [art_title], [art_date]
FROM [Article] WHERE ([ac_id] = @ac_id) ORDER BY [art_date] DESC">
      <SelectParameters>
      <asp:QueryStringParameter DefaultValue="6" Name="ac_id" QueryStringField="ArtClassId"
Type="Int32" />
      </SelectParameters>
    </asp:SqlDataSource>
</div>
```

其中在 <ItemTemplate> 中的“   ”表示添加六个半角空格字符，以避免和左侧太近。

通知公告栏目的设计方法同上，该 DIV 代码如下：

```
<div class="div2-3-2-1">
    <asp:Repeater ID="Repeater2" runat="server" DataSourceID="SqlDataSource2">
      <ItemTemplate>
            <a href="Show.aspx?artid=<%# Eval("art_id") %>"><%#
StringTruncat(Eval("art_title").ToString(),40,"...") %></a>(<%# Eval("art_date") %>)
        <br />
        <br />
      </ItemTemplate>
    </asp:Repeater>
    <asp:SqlDataSource ID="SqlDataSource2" runat="server" ConnectionString="<%$ Connection
Strings:EnterpriseWebConnectionString %>" SelectCommand="SELECT top 7 [art_id], [art_title], [art_
date] FROM [Article] WHERE ([ac_id] = @ac_id) ORDER BY [art_date] DESC">
      <SelectParameters>
            <asp:QueryStringParameter DefaultValue="7" Name="ac_id" QueryStringField=
"ArtClassId" Type="Int32" />
          </SelectParameters>
      </asp:SqlDataSource>
</div>
```

9.6　知识点 5：首页图片动态效果实现

设计好文字信息之后，首页还有两个区域显示的是图片，分别为校园风景区和新闻图片区域左侧。这两个区域的图片均需要从数据库中提取出来，并以一定的形式进行显示。

首页图片动态显示的实现

1. 在管理后台添加图片

进入后台选择文章添加功能，在文章添加功能中选择文章分类为“校园图片”，在文章内容部分添加一张图片，系统默认的第一张图片的地址会存放在文章图片的数据项中，今后就可以直接调用该地址显示图片，如图 9-29 所示。

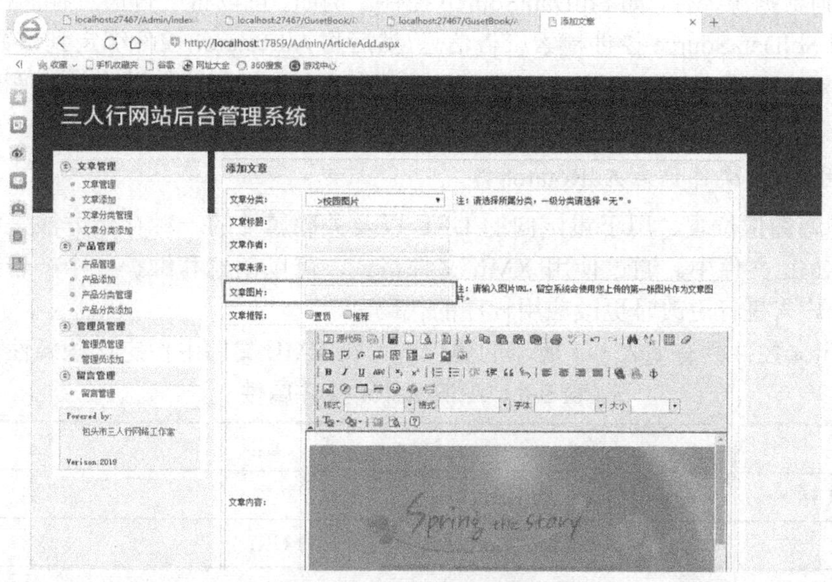

图 9-29　添加校园图片

2. 设置校园风景区域

按照前面的方法设置校园图片的显示，其中使用到 AdRotator 控件进行图片的显示，该区域的代码如下：

```
<asp:SqlDataSource ID="SqlDataSource3" runat="server" Connection String="<%$ ConnectionStrings:EnterpriseWebConnectionString %>" SelectCommand="SELECT [art_id], [art_title], [art_image], [art_date] FROM [Article] WHERE ([ac_id] = @ac_id) ORDER BY [art_date] DESC">
    <SelectParameters>
        <asp:QueryStringParameter DefaultValue="4" Name="ac_id" QueryString Field="ArtClassID" Type="Int32" />
    </SelectParameters>
</asp:SqlDataSource>
<asp:AdRotator ID="AdRotator1" runat="server" DataSourceID ="SqlDataSource3" Height="360px" ImageUrlField="art_image" Width="1200px" />
```

AdRotator Web 服务器控件提供了一种在 ASP.NET 网页上显示广告的简便方法。该控件会显示用户提供的图形图像，如 .gif 文件或类似图像。当浏览用户单击广告时，系统会将他们定向到指定的目标 URL。该控件会从网站使用数据源(通常是 XML 文件或数据库表)提供的广告列表中自动读取广告信息(如图形文件名和目标 URL)。

AdRotator 控件会随机选择广告，并在每次刷新网页时更改所显示的广告。广告可以加权以控制广告横幅的优先级别，这可以使某些广告的显示频率比其他广告高。用户也可以编写自定义逻辑，在广告之间循环。

广告信息来源主要有以下三种：

(1) XML 文件。可以将广告信息存储在 XML 文件中，其中包含对广告条及其关联属性的引用。

(2) 任何数据源控件，如 SqlDataSource 控件。例如，可以将广告信息存储在数据库中，还可以使用 SqlDataSource 控件检索广告信息，然后将 AdRotator 控件绑定到该数据源控件。

(3) 自定义逻辑，可以为 AdCreated 事件创建一个处理程序，并在该事件中选择一条广告。

1) 使用 XML 文件作为 AdRotator 源

广告横幅图像位置、用于重定向的 URL 以及关联属性的一种存储方法是将这些信息放入一个 XML 文件中。通过使用 XML 文件格式，可以创建和维护一个广告列表，而不必在对某一广告进行更改时更改应用程序的代码。

AdRotator 控件具有如表 9-1 所示的属性，可在 XML 文件中指定这些属性。

表 9-1 AdRotator 控件属性

属性	描 述
ImageUrl	要显示的图像的 URL
href	单击 AdRotator 控件时要转到的网页的 URL
AlternateText	图像不可用时显示的文本
Keyword	可用于筛选特定广告的广告类别
Impressions	一个指示广告可能显示频率的数值(加权数值)。在 XML 文件中，所有 Impressions 值的总和不能超过 2 048 000 000 −1
Height	广告的高度(以像素为单位)。此值会替代 AdRotator 控件的默认高度设置
Width	广告的宽度(以像素为单位)。此值会替代 AdRotator 控件的默认宽度设置

(1) 创建 XML 文件格式的广告列表。

在网站的 App_Data 或 _private 文件夹中创建一个新的 XML 文件。为了更好地保证安全性，请将该文件的文件扩展名命名为非 .xml 的名称，如 .ads。

向该文件中添加下列 XML 元素：

```
<?xml version="1.0" encoding="utf-8" ?>
<Advertisements xmlns="http://schemas.microsoft.com/AspNet/AdRotator-Schedule-File">
</Advertisements>
```

在 Advertisements 元素中，为每个要包括在广告列表中的广告创建一个 Ad 元素，然后保存文件。下面是一个文件示例：

```
<?xml version="1.0" encoding="utf-8" ?>
<Advertisements xmlns="http://schemas.microsoft.com/AspNet/AdRotator-Schedule-File">
<Ad>
<ImageUrl>~/images/Contoso_ad.gif</ImageUrl>
<href>http://www.contoso.com</href>
<AlternateText>Ad for Contoso, Ltd. website</AlternateText>
<Impressions>100</Impressions>
</Ad>
<Ad>
<ImageUrl>~/images/Aspnet_ad.gif</ImageUrl>
<href>http://www.asp.net</href>
<AlternateText>Ad for ASP.NET website</AlternateText>
<Impressions>50</Impressions>
</Ad>
</Advertisements>
```

(2) 从 XML 文件显示广告。

在“设计”视图中，将一个 AdRotator 控件从“工具箱”拖放到 ASP.NET 网页上要显示该广告的位置，将显示“AdRotator 任务”菜单。

执行下列操作之一：

① 在“选择数据源”下拉框中，选择您创建的 XML 文件。

② 在“标记属性”任务窗格中，将 AdRotator 控件的 AdvertisementFile 属性设置为您创建的 XML 文件的路径。

2) 使用数据库作为 AdRotator 源

除了可以为广告信息创建一个 XML 文件以外，还可以将广告信息存储到一个数据库表中。该表需要一种 AdRotator 控件能够读取的特定架构。用户可以将广告信息存储在任何类型的数据库中，只要这种数据库有对应的数据源控件即可。

(1) 创建广告数据库表。

如果还没有包含广告信息的数据库表，请创建具有下列架构的表，除 ID 之外的所有列均是可选的。

说明
提供的数据类型是 SQL Server 类型。如果使用的是其他数据库，请替换合适的对应类型。

表 9-2　广告数据表

列名	数据类型	描　述
ID	int	主键。此列可给定任何名称
ImageUrl	nvarchar(length)	要作为广告显示的图像的相对或绝对 URL
href	nvarchar(length)	广告的目标 URL。如果未提供值，则广告不是一个超链接

续表

列名	数据类型	描　述
AlternateText	nvarchar(length)	找不到图像时要显示的文本。在有些浏览器中，该文本还会作为工具提示显示出来。可选文字也用于辅助功能，以便无法看到图形的用户能够听到大声读出的说明
Keyword	nvarchar(length)	可作为网页筛选依据的广告类别
Impressions	int(4)	一个指示广告可能显示频率的数值。数值越大，显示该广告的频率越高。在 XML 文件中，所有 Impressions 值的总和不能超过 2 048 000 000−1
Width	int(4)	图像的宽度 (以像素为单位)
Height	int(4)	图像的高度 (以像素为单位)

如果有一个带有广告信息的现有数据库表，请设置 AdRotator 控件的下列属性，将数据库表架构映射到该控件所需的字段：AlternateTextField、ImageUrlField、hrefField。在包含广告信息的表中插入新记录。

(2) 从数据库显示广告。

在“设计”视图中，将一个数据源控件 (如 SqlDataSource 控件或 AccessDataSource 控件) 从“工具箱”拖放到 ASP.NET 网页上。使用连接字符串和查询来配置该数据源控件，从先前创建的数据库表选择所有记录。在要显示广告的网页上放置一个 AdRotator 控件。将 AdRotator 控件的“DataSourceID”属性设置为刚创建的数据源控件 ID。当网页运行时，AdRotator 控件将查询广告数据库，并选择一条广告进行显示。

3) 通过关键字筛选广告

在广告文件中，可以通过如下方法指定广告的类别：使用“Keyword”属性，然后将 AdRotator 控件配置为根据用户指定的筛选条件显示广告。例如，如果一个特定的广告文件同时包含银行和硬件商店两个类别的广告，而用户可能只希望网页显示与银行有关的广告，则通过将 AdRotator 控件的“KeywordFilter”属性设置为“银行”，可筛选掉硬件商店的广告。

如果指定了筛选器，则会发生下面两种情况之一：

(1) 如果 AdRotator 控件可以找到带有匹配关键字的广告，则显示一条带有该关键字的广告。

(2) 如果不存在带有该关键字的广告，则 AdRotator 控件在浏览器中显示一个空白图像。

4) 跟踪广告响应

AdRotator 控件本身不提供收集统计信息 (比如用户已点击哪些广告，某一广告的点击次数等) 的方法。但是，因为 URL 可以控制广告指向，所以可在应用程序中为广告添加跟踪逻辑。典型的实现方法是将所有广告都指向一个跟踪网页，此网页先收集需要的统计信息，然后再跳转到广告的目标网页。

5) 缓存广告

如果缓存了包含 AdRotator 控件的网页，则每次从缓存中检索该网页时，AdRotator

控件都会自动执行缓存替换，将缓存的广告替换为新广告。

9.7　知识点6：利用Ajax技术实现局部刷新

校园风景图片在首页第一次调入的时候加入显示，校园新闻的图片也可以按照这种形式进行操作，但是会每次对所有页中的元素进行刷新。若想要实现校园新闻图片区域的局部刷新，可以采用Ajax技术。

该区域的源代码如下：

```
<div class="div2-2-2-1">
    <asp:ScriptManager ID="ScriptManager1" runat="server">
    </asp:ScriptManager>
    <asp:UpdatePanel ID="UpdatePanel1" runat="server" UpdateMode ="Conditional">
      <ContentTemplate>
        <asp:AdRotator ID="AdRotator2" runat="server" DataSourceID="SqlDataSource4"
EnableTheming="True" Height="300px" ImageUrlField="art_image" Width="470px" />
        <asp:Timer ID="Timer1" runat="server" Interval="1000"> </asp:Timer>
      </ContentTemplate>
    </asp:UpdatePanel>
    <asp:SqlDataSource ID="SqlDataSource4" runat="server" ConnectionString="<%$ Connec
tionStrings:EnterpriseWebConnectionString %>" SelectCommand="SELECT [art_id], [art_title], [art_
image] FROM [Article] WHERE ([ac_id] = @ac_id) ORDER BY [art_date] DESC">
    <SelectParameters>
      <asp:QueryStringParameter DefaultValue="5" Name="ac_id" QueryStringField=
"ArtClassID" Type="Int32" />
    </SelectParameters>
  </asp:SqlDataSource>
</div>
```

在上述的设计中，我们使用了广告控件和重复显示控件，同时也使用了Ajax的ScriptManager、UpdatePanel和Timer控件。

若要启用ASP.NET的以下Ajax功能，必须在网页中使用一个ScriptManager控件、Microsoft Ajax Library的客户端脚本功能和要发送到浏览器的任何自定义脚本。部分页呈现允许在不回发的情况下单独刷新网页上的各个区域。ASP.NET UpdatePanel、UpdateProgress和Timer控件需要有ScriptManager控件才能支持部分页呈现。

借助Web服务的JavaScript代理类，能够使用客户端脚本访问ASP.NET网页中的Web服务和特殊标记的方法。它通过将Web服务和网页方法公开为强类型化对象来实现此操作。

JavaScript类用于访问ASP.NET身份验证、配置文件和角色应用程序服务。

ASP.NET UpdatePanel控件可用于生成功能丰富、以客户端为中心的Web应用程序。通过使用UpdatePanel控件，可以在回发期间刷新网页的选定部分而不是刷新整个网页。

这被称为执行部分页更新。包含一个 ScriptManager 控件和一个或多个 UpdatePanel 控件的 ASP.NET 网页，不需要使用自定义客户端脚本即可自动参与部分页更新。

Timer 控件用于进行时间间隔的控制。

9.8 知识点 7：网站文章内容的显示

网站信息的详细内容显示在文章显示页 (show.aspx) 中实现，使用技术和列表页的使用技术相当。

将文章库中内容在文章显示页中显示

文章显示页的源代码如下：

```
<%@ Page Title="" Language="C#" MasterPageFile="~/MasterPage.master" AutoEventWireup="true" CodeFile="Show.aspx.cs" Inherits="Show" %>

<asp:Content ID="Content1" ContentPlaceHolderID="head" Runat="Server">
</asp:Content>
<asp:Content ID="Content2" ContentPlaceHolderID="ContentPlaceHolder1" Runat="Server">
  <table>
  <tr style="width:1200px;">
    <td style="width:820px; vertical-align:top;">
    <div ></div>
    <div>
      <asp:SqlDataSource ID="SqlDataSource1" runat="server" ConnectionString="<%$ ConnectionStrings:EnterpriseWebConnectionString %>" SelectCommand="SELECT [art_id], [art_title], [art_author], [art_content], [art_date], [art_click] FROM [Article] WHERE ([art_id] = @art_id)">
        <SelectParameters>
        <asp:QueryStringParameter DefaultValue="46" Name="art_id" QueryStringField="artid" Type="Int32" />
        </SelectParameters>
      </asp:SqlDataSource>
        <asp:DataList ID="DataList1" runat="server" DataKeyField="art_id" DataSourceID="SqlDataSource1">
        <ItemTemplate>
          <asp:Label ID="art_titleLabel" runat="server" style="text-align: center" Text='<%# Eval("art_title") %>' />
          <br />
          <br />
          作者：
          <asp:Label ID="art_authorLabel" runat="server" Text='<%# Eval("art_author") %>' />
          发表日期：
          <asp:Label ID="art_dateLabel" runat="server" Text='<%# Eval("art_date") %>' />
```

```
                阅读次数：
                <asp:Label ID="art_clickLabel" runat="server" Text='<%# Eval("art_click") %>' />
                <br />
                <br />
                <br />
 <asp:Label ID="art_contentLabel" runat="server" Text='<%# Eval("art_content") %>' />
                <br />
            </ItemTemplate>
          </asp:DataList>
          </div>
        </td>
        <td style="width:380px;">
          <h3> 栏目导航 </h3>
          <ul style="list-style-type:none;">
            <li> 校园新闻 </li>
            <li> 通知公告 </li>
          </ul>
          <h3> 人气排行 </h3>
        </td>
      </tr>
    </table>
    </asp:Content>
```

为了使每次文章的阅读次数加 1，在 page_load 中加入如下代码即可实现：

```
    protected void Page_Load(object sender, EventArgs e)
    {
        // 文章阅读次 +1
        string StrArtid = Request.QueryString["artid"];

          string constr = ConfigurationManager.ConnectionStrings["EnterpriseWebConnectionString"].
ConnectionString;
        SqlConnection con = new SqlConnection(constr);
        string sql = "update Article set art_click=art_click+1 where art_id =@artid ";
        con.Open();
        SqlCommand cmd = new SqlCommand(sql, con);
        cmd.Parameters.AddWithValue("@artid", StrArtid);
        cmd.ExecuteNonQuery();
        con.Close();
        DataList1.EditItemIndex = -1;
    }
```

Ajax 基础知识

9.9 拓展知识——Ajax 技术

1. Ajax 基础

Ajax 是当今 Web 开发领域最流行的一种技术，Ajax 能够提升用户体验，更方便地与 Web 应用程序进行交互。在传统的 Web 开发中，对页面进行操作会导致页面刷新，而使用 Ajax 就无需产生回发，从而实现无刷新效果。Web 应用属于一种无状态的应用程序，在 Web 应用程序操作过程中，需要通过 Post 等方法进行页面参数传递，这样就不可避免地产生页面的刷新。

1) Ajax 技术

在传统的 Web 开发过程中，用户浏览一个 Web 页面，并进行相应的页面填写时，就需要使用表单向服务器提交信息。当用户提交表单时，就会向服务器发送一个请求，服务器接收该请求并执行相应的操作后，将生成一个页面返回给用户。在服务器处理表单并返回新的页面的同时，用户第一次浏览时的页面(这里可以当作是旧的页面)和服务器处理表单后返回的页面在形式上基本相同，当大量的用户进行表单提交操作时，无疑是增加了网络带宽的需求，这是因为处理前和处理后的页面基本相同。

在 C/S 应用程序开发中，C/S 应用程序往往安装在本地，响应用户事件的时间非常地短，而且 C/S 应用程序是有状态的，能够及时捕捉和响应用户的操作。而在 Web 端，由于每次的交互都需要向服务器发送请求，服务器接受请求和返回请求的过程依赖于服务器的响应时间，因此给用户造成比在本地慢得多的感觉。

为了解决这一问题，可以在用户浏览器和服务器之间设计一个中间层即 Ajax 层。Ajax 改变了传统的 Web 中客户端和服务器的“请求—等待—请求—等待”的模式，通过使用 Ajax 应用向服务器发送和接收需要的数据，从而不会产生页面的刷新。

Ajax(Asynchronous JavaScript+XML) 是一种在客户端与服务器端异步通信的技术，通俗地说就是无刷新的页面请求技术。在 ASP.NET 中，每当用户请求页面时，无论是第一次请求还是页面回发请求，都将导致 Server 端重新生成一个 Web 页面，并被发送到客户端。此时客户端会重新加载一个全新的 Web 页面，浏览器的进度条会显示重新加载时的进度，整个过程都由客户端和服务器端直接通信来完成。

Ajax技术看似非常的复杂新颖，但Ajax并不是新技术，Ajax只是一些老技术的混合体，Ajax通过将这些技术进行一定的修改、整合和发扬，就形成了Ajax技术。这些老技术主要有：

(1) XHTML：基于 XHTML1.0 规范的 XHTML 技术。

(2) CSS：基于 CSS2.0 的 CSS 布局的 CSS 编程技术。

(3) DOM：HTML DOM，XML DOM 等 DOM 技术。

(4) JavaScript：JavaScript 编程技术。

(5) XML：XML DOM、XSLT、XPath 等 XML 编程技术。

除了上面的一些老技术，Ajax 还包含另一个技术，这个技术就是 XMLHttpRequest。在 Ajax 中，最重要的就是 XMLHttpRequest 对象，XMLHttpRequest 对象是 JavaScript 对象，正是 XMLHttpRequest 对象实现了

Ajax 工作原理

Ajax 可以在服务器和浏览器之间通过 JavaScript 创建一个中间层，从而实现了异步通信。Ajax 页面请求示意图如图 9-30 所示。

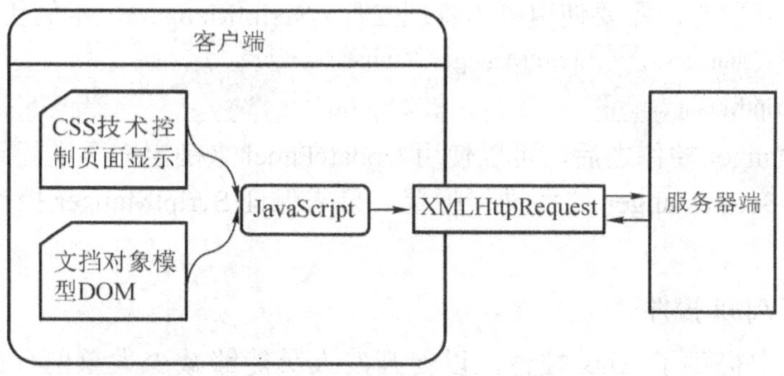

图 9-30　Ajax 示意图

简而言之，Ajax 技术是通过使用 XHTML、CSS、DOM 等实现的，具体实现方式如下：

(1) 使用 XHTML+CSS 进行页面表示。

(2) 使用 DOM 进行动态显示和交互。

(3) 使用 XML 和 XSLT 进行数据交换。

(4) 使用 XMLHttpRequest 进行异步数据查询、检索。

(5) 使用 JavaScript 进行页面绑定。

相对于传统的 Web 开发，Ajax 提供了更好的用户体验，Ajax 也提供了较好的 Web 应用较好的解决方案，减少了对网络带宽的需求。传统的 Web 应用和 Ajax 应用模型如图 9-31 所示。

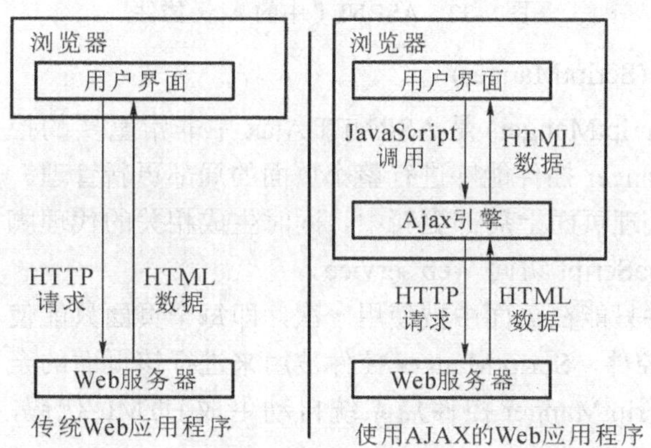

图 9-31　传统 Web 程序和 Ajax 应用模型比较

Ajax Web 应用模型的优点在于无需进行整个页面的回发就能实现页面的更新，使 Web 服务器能够尽快地响应用户的要求。Ajax Web 应用无需安装任何插件，也无需在 Web 服务器中安装应用程序，但是 Ajax 需要用户允许 JavaScript 在浏览器上执行。若用户不允许 JavaScript 在浏览器上执行，则 Ajax 可能无法运行。随着 Ajax 的发展和客户端浏览器的发展，目前主流的浏览器都能够支持 Ajax，包括最新的 IE11、Firefox4 以及 Opera 等。

2) Ajax 简单示例

ASP.NET 3.5 以上版本提供了 Ajax 控件，以便开发人员快速的进行 Ajax 应用程序开发。在进行 Ajax 页面开发时，需要使用脚本管理控件 (ScriptManger)，示例代码如下：

```
<asp:ScriptManager ID= "ScriptManagerl " runat="server">
</asp: ScriptManager>
```

使用 ScriptManger 控件之后，可以使用 UpdatePanel 来确定需要进行局部更新的控件。开发人员无需对 ScriptManger 控件进行配置，只需保证 ScriptManger 控件在 UpdatePanel 控件之前即可。

2. ASP.NET Ajax 控件

在 ASP.NET 中提供了 Ajax 控件，以便开发人员能够减少大量的代码编写，为开发人员提供了 Ajax 应用程序搭建和应用的绝佳环境。即使不懂任何的客户端 Ajax Library 也能在 ASP.NET 中创建简单的 Ajax 应用。这些核心的控件有 ScriptManager、Timer、UpdatePanel 和 UpdateProgress 控件，如图 9-32 所示。

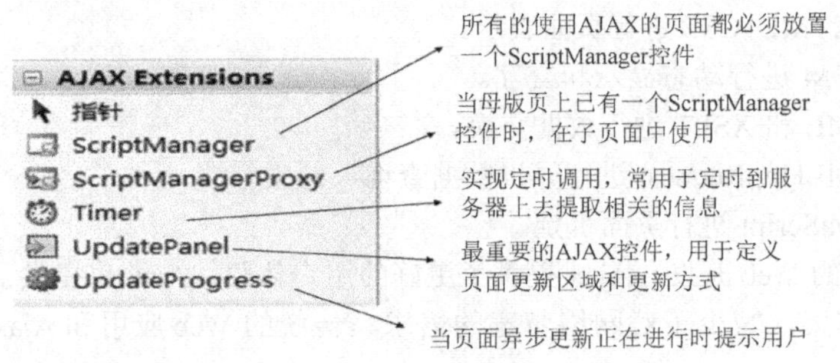

图 9-32　ASP.NET 中的 Ajax 控件

1) 脚本管理控件 (ScriptManger)

脚本管理控件 (ScriptManger) 是 ASP.NET Ajax 中非常重要的控件，通过使用 ScriptManger 控件能够进行整个页面的局部更新管理。ScriptManger 被用来处理页面上局部更新中。同时生成相关的代理脚本，以便能够通过 JavaScript 访问 Web service。

ScriptManager 控件

ScriptManger 控件只能在页面中被使用一次，即每个页面只能使用一个 ScriptManger 控件，ScriptManger 控件被用来进行该页面的全局管理。创建一个 ScriptManger 控件后系统自动生成 HTML 代码，示例代码如下：

创建 ScriptManager 控件

```
<asp:ScriptManager ID="ScriptManagerl"runat="server">
</asp:ScriptManager>
```

ScriptManger 控件可以实现整个页面的局部更新管理，ScriptManger 控件的常用属性如下。

(1) AllowCustomErrorRedirect：指明在异步回发过程中是否进行自定义错误的重定向。

(2) AsyncPostBackTimeout：指定异步回发的超时事件，默认值为 90 秒。

(3) EnablePageMethods：是否启用页面方法中默认值为 False。

(4) EnablePartialRendering：在支持的浏览器上为 UpdatePanel 控件启用异步回发中默认值为 True。

(5) LoadScriptsBeforeUI：指定在浏览器中呈现 UI 之前是否应加载脚本引用。

(6) ScriptMode：指定要在多个类型时可加载的脚本类型，默认值为 Auto。

在 Ajax 应用中，ScriptManger 控件通常需要同其他 Ajax 控件搭配使用。在 Ajax 应用程序中，ScriptManger 控件就相当于一个总指挥官，这个总指挥官只是进行指挥，而不进行实际的操作。

2) 更新区域控件 (UpdatePanel)

局部更新是 ASP.NET Ajax 中最基本、最重要的技术。UpdatePanel 可以用来创建丰富的局部更新 Web 应用程序，其强大之处在于不用编写任何客户端脚本，就可以自动实现局部更新。

认识 UpdatePanel 控件

UpdatePanel 控件是一个容器控件，该控件自身不会在页面上显示任何内容，其主要作用是使放置在其中的控件具有局部更新的功能。通过使用 UpdatePanel 控件，能够减少整页回发时屏幕的闪烁并提高了网页交互性，改善用户体验，同时也减少在客户端和服务器之间传输的数据量。

UpdatePanel 控件使用的方法同 Panel 控件类似，只需要在 UpdatePanel 控件中放入需要刷新的控件就能够实现局部刷新。使用 UpdatePanel 控件，整个页面中只有 UpdatePanel 控件中的服务器控件或事件会进行刷新操作，而页面的其他地方都不会被刷新。UpdatePanel 控件 HML 代码如下：

```
<asp:UpdatePanel ID="UpdatePanel1" runat="server">
</asp:UpdatePanel>
```

UpdatePanel 控件的属性如下：

(1) RenderMode：指明 UpdatePanel 控件内呈现的标记应为 <div> 或 <span>。

(2) ChildrenAstriggers：当 UpdateMode 属性为 Conditional 时，UpdatePanel 中子控件的异步回送是否会引发 UpdatePanle 的更新，其默认值为 True。

(3) EnableviewState：明控件是否自动保存其往返过程。

(4) Triggers：指明可以导致 UpdatePanel 控件更新的触发器的集合。

(5) UpdateMode：指明 UpdatePanel 控件回发的属性，有两个选项：Always 和 Conditional。当 UpdateMode=Always 时，只要页面上引发了异步回发 (包括其他 UpdatePanel 内的控件) 就会更新。当 UpdateMode=Conditional 时，页面是否更新取决于 UpdatePanel 的设置。默认情况下，仅自己内部的控件引发的回发才会更新。

(6) Visible：UpdatePanel 控件的可见性。

UpdatePanel 控件包括 ContentTemplate 标签。在 UpdatePanel 控件的 ContentTemplate 标签中，开发人员能够放置任何 ASP.NET 控件到 ContentTemplate 标签中，利用这些控件就能够实现页面无刷新的更新操作，示例代码如下：

ContentTemplate 标签

```
<asp:UpdatePanel ID="UpdatePanell" runat="server">
  <ContentTemplate>
```

```
            <asp:TextBox ID="TextBoxl" runat="server"></asp:TextBox>
            <asp:Button ID="Button" runat="server" Text="Button" />
        </ContentTemplate>
    </asp: UpdatePanel>
```

以上代码在 ContentTemplate 标签中加入了 TextBox1 控件和 Button1 控件，当这两个控件产生回发事件时，并不会对页面中的其他元素进行更新，只会对 UpdatePanel 控件中的内容进行更新。UpdatePanel 控件还包括 Triggers 标签，Triggers 标签包括两个属性，分别为 AsyncPostBackTrigger 和 PostBackTrigger。AsyncPostBackTrigger 用来指定某个服务器端控件，以及将其触发的服务器事件作为 UpdatePanel 异步更新的一种触发器，AsyncPostBackTrigger 属性需要配置控件的 ID 和控件产生的事件名，示例代码如下：

```
    <asp:UpdatePanel ID="UpdatePanell" runat="server">
      <ContentTemplate>
            <asp:TextBox ID="TextBoxl" runat="server"></asp:TextBox>
            <asp:Button ID="Buttonl" runat="server" Text="Button"/>
      </ContentTemplate>
         <Triggers>
         <asp:AsyncPostBackTrigger ControlID="TextBox1" EventName="TextChanged"/>
      </Triggers>
    </asp:UpdatePanel>
```

而 PostBackTrigger 用来指定在 UpdatePanel 中的某个控件，并指定将该控件产生的事件使用传统的回发方式进行回发。当使用 PostBackTrigger 标签进行控件描述时，当该控件产生了一个事件，页面并不会异步更新，而会使用传统的方法进行页面刷新，示例代码如下：

```
        <asp: Post Back Trigger ControllD="TextBox1"/>
```

UpdatePanel 控件在 ASP.NET Ajax 中是非常重要的，它被应用于局部更新。当 UpdatePanel 控件中的服务器控件产生事件并需要动态更新时，服务器端返回请求只会更新 UpdatePanel 控件中的事件，而不会影响到其他的事件。

3) 时间控件 (Timer)

在 C/S 应用程序开发中，Timer 控件是最常用的控件，使用 Timer 控件能够进行时间控制，故而被广泛地应用在 Windows winForm 应用程序中。Timer 控件能够在一定的时间内间隔触发某个事件，如每隔 5 秒就执行某个事件。

认识 Timer 控件

Timer 控件能够定时引发整个页面回送，当它与 UpdatePanel 控件搭配使用时，就可以定时引发异步回送并局部刷新 UpdatePanel 控件的内容。

在 Web 应用中，由于 Web 应用是无状态的，开发人员很难通过编程方法实现 Timer 控件。虽然 Timer 控件还是可以通过 JavaScript 实现，但其也是以通过复杂的编程和牺牲大量的性能要求为代价的，这就造成了 Timer 控件的使用困难。在 ASP.NET Ajax 中，Ajax 提供了一个 Timer 控件，用于执行局部更新，使用 Timer 控件能够控制应用程序在一段时间内进行事件刷新。Timer 控件初始代码如下：

```
<asp:Timer ID="Timer1" runat="server">
</asp:Timer>
```

开发人员能够配置 Timer 控件的属性进行相应事件的触发，Timer 具有以下属性：

(1) Enabled：是否启用 Tick 时间引发。

(2) Interval：设置 Tick 事件之间的连续时间，单位为毫秒。

Timer 控件可以用在下列场合：

(1) 定期更新一个或多个 UpdatePanel 控件的内容，而且不需要刷新整个页面。

(2) 每当 Timer 控件引发回送时就运行服务器的代码。

(3) 定时同步地把整个页面发送到服务器。

Timer 控件可以放在 UpdatePanel 控件内部，也可以放在 UpdatePanel 控件外部。Timer 位于 UpdatePanel 控件之外时，要将 Timer 控件设定为 UpdatePanel 控件的异步更新触发器。

4) *更新进度控件* (UpdateProgress)

使用 ASP.NET Ajax 常常会给用户造成疑惑。例如，当用户进行评论或留言时，页面并没有刷新，而是进行了局部刷新，此时用户很可能不清楚到底发生了什么，以至于用户可能会产生重复操作，甚至会产生非法操作。

认识 UpdateProgress 控件

更新进度控件 (UpdateProgres) 就可用于解决该问题，当服务器端与客户端进行异步通信时，需要使用 UpdateProgress 控件告诉用户现在异步更新正在执行中。例如，用户进行评论时，当用户单击按钮提交表单，系统应该提示“正在提交中，请稍后”，这样就能让用户知道应用程序正在运行中。这种方法不仅能够让用户更少出现操作错误，也能够提升用户体验的友好度。UpdateProgress 控件的 HTML 代码如下所示：

```
<asp:UpdateProgress ID="UpdateProgress1" runat="server">
    <ProgressTemplate> 正在操作中，请稍后 ... <br/></ProgressTemplate>
</asp:UpdateProgress>
```

以上代码定义了一个 UpdateProgress 控件，并通过使用 ProgressTemplate 标记进行等待中的样式控制。当用户单击按钮进行相应的操作后，若服务器和客户端之间需要时间等待，则 ProgressTemplate 标记就会呈现在用户面前，以提示用户该应用程序正在运行。UpdateProgress 控件的常用属性如表 9-3 所示。

表 9-3　UpdateProgress 控件的常用属性

属性	说　明
AssociatedUpdatePanelID	获取或设置 UpdateProgress 控件显示其状态的 UpdatePanel 控件的 ID
DisIsplayAfter	获取或设置显示 Update Progress 控件之前经过的时间值
DynamicLayout	获取或设置一个值，该值可确定是否动态呈现进度模板
ProgessTemplate	获取或设置定义 UpdateProgress 控件内容的模板
Visible	获取或设置一个值，该值指示服务器控件是否作为 UI 呈现在页上

UpdateProgress 的使用注意要点：

(1) 如果 UpdateProgress 在 UpdatePanel 的 <ContentTemplate> 中，则会显示 Update Progress 中的提示信息。

(2) 如果 UpdateProgress 在 UpdatePanel 的 <ContentTemplate> 外，则需要指定 Associated UpdatePanelID 属性。但其有一个前提，就是触发事件的 Button 件必须在 Update Panel 的 <ContentTemplate> 中，否则就得用 (3) 解决。

(3) 如果触发事件的 Button 控件和 UpdateProgress 都在 UpdatePanel 的 <Content Template> 外，除要指定 AssociatedUpdatePanelID 属性的 UpdatePanel 的 ID 外，还要将如下代码加入页面中。

```
<Triggers>
<asp:AsyncPostBackTrigger ControlID="Button1" EventName="Event"/>
</Triggers>
```

3. Ajax 示例

1) 比较“标准回发”和“异步回发”

(1) 实施要求。

通过创建一个 ASP.NET Ajax 程序让用户直观了解页面局部刷新。当单击【标准回发】按钮时，整个页面会被 POST 回发，服务器传回数据后，浏览器将刷新整个页面。当单击【异步回发】按钮时，仅阴影部分被刷新。运行效果分别如图 9-33 和图 9-34 所示。

比较“标准回发”和“异步回发”完成步骤

比较“标准回发”和“异步回发”

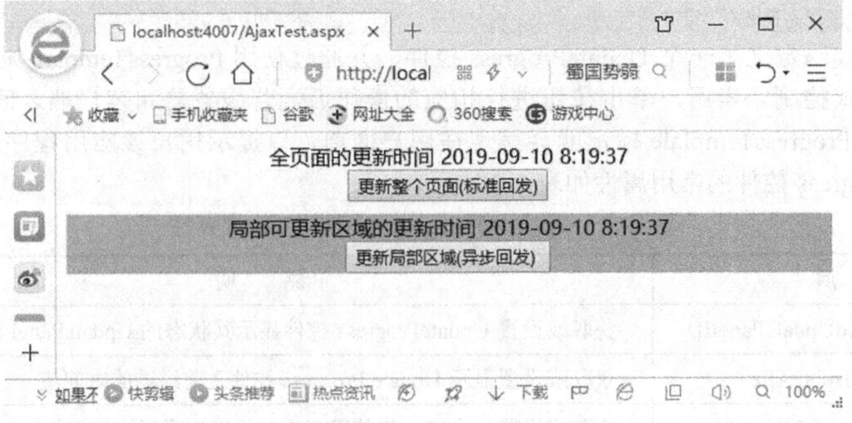

图 9-33　更新整个页面

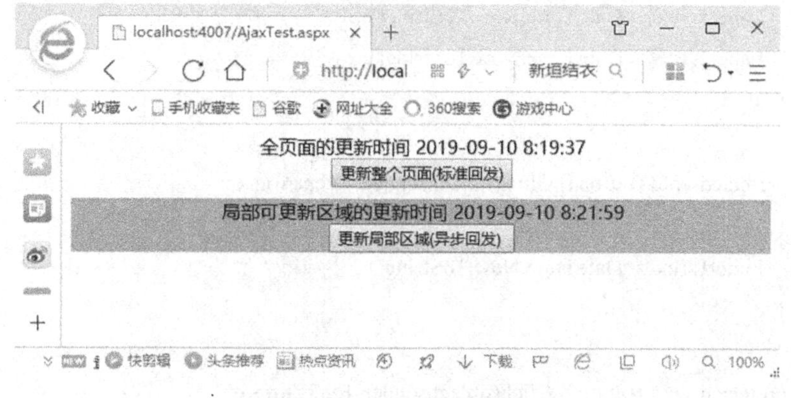

图 9-34　局部刷新页面

(2) 实施步骤。

① 新建 ASP.NET 空 Web 项目 AjaxDemo，添加页面 AjaxTest.aspx，页面布局代码如下：

完成比较“标准回发”和“异步回发”

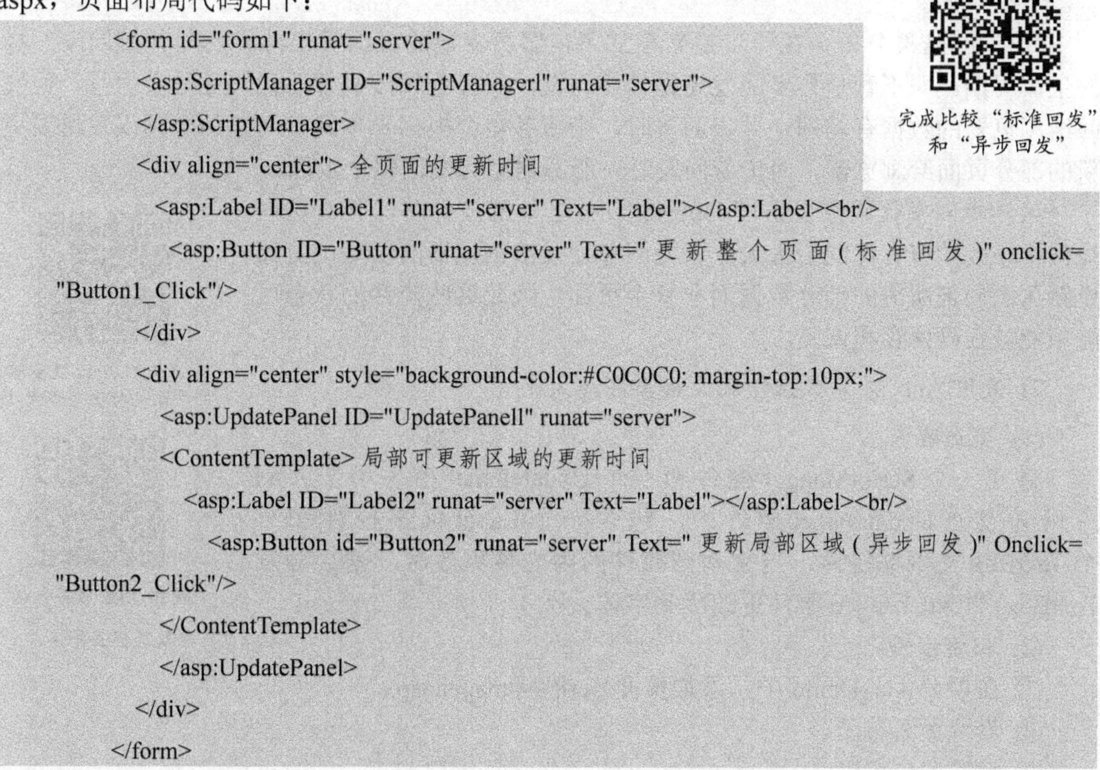

```
<form id="form1" runat="server">
  <asp:ScriptManager ID="ScriptManagerl" runat="server">
  </asp:ScriptManager>
  <div align="center"> 全页面的更新时间
    <asp:Label ID="Label1" runat="server" Text="Label"></asp:Label><br/>
     <asp:Button ID="Button" runat="server" Text=" 更新整个页面 ( 标准回发 )" onclick=
"Button1_Click"/>
  </div>
  <div align="center" style="background-color:#C0C0C0; margin-top:10px;">
    <asp:UpdatePanel ID="UpdatePanell" runat="server">
    <ContentTemplate> 局部可更新区域的更新时间
      <asp:Label ID="Label2" runat="server" Text="Label"></asp:Label><br/>
        <asp:Button id="Button2" runat="server" Text=" 更新局部区域 ( 异步回发 )" Onclick=
"Button2_Click"/>
    </ContentTemplate>
    </asp:UpdatePanel>
  </div>
</form>
```

② 以上代码使用了 UpdatePanel 控件将服务器控件进行绑定，当用户操作 UpdatePanel 控件中的控件实现某种特定的功能时，页面只会针对 UpdatePanel 中的控件进行刷新操作，而不进行整个页面的刷新。为控件进行事件操作编写代码，示例代码如下：

```
public partial class AjaxTest : System.Web.UI.Page
{
  protected void Page_Load(object sender, EventArgs e)
  {
```

```
            Label1.Text = DateTime.Now.ToString();
            Label2.Text = DateTime.Now.ToString();
        }

        protected void Button1_Click(object sender, EventArgs e)
        {
            Label1.Text = DateTime.Now.ToString();
        }

        protected void Button2_Click(object sender, EventArgs e)
        {
            Label2.Text = DateTime.Now.ToString();
        }
    }
```

③ 运行结果分析。在异步更新模式下，服务器端的页面类仍然经历与传统回发一样的生命周期。即不管是异步回发还是传统回发，服务器端该执行的代码还是会执行，但发回给浏览器的数据有差别。异步回发时，则服务器会根据异步回发送来的数据仅发送要更新的部分页面给浏览器。而传统回发时，服务器则会发回整个页面。

当异步回发代码需要访问 UpdatePanel 之外的控件时，其对这些控件所修改的值有可能会丢失，因为服务器发给浏览器的仅是浏览器更新页面局部所需的部分数据而非整个页面，因此这些控件的状态可能不能被正确保存和恢复。

完成使用 Ajax 服务器控件改变标签字体大小

2) 使用 Ajax 服务器控件改变标签字体大小

(1) 实施要求。

使用 Ajax 服务器控件改变标签字体大小

建立一个 ScriptManger 控件和一个 UpdatePanel 控件用于 Ajax 应用开发在 UpdatePanel 控件中，包含一个 Label 标签控件和一个 TextBox 文本框控件，当文本框控件的内容被更改时，则会触发 TextBox1_TextChanged 事件更改标签字体大小。

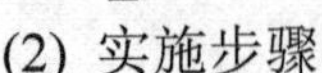

(2) 实施步骤。

① 在项目 AjaxDemo 中，添加页面 ScriptManager.aspx。

② 设置页面布局。

③ 编写后台代码。

④ 运行程序，在浏览器中查看页面运行效果。

ScriptManager.aspx 的代码如下：

```
<form id="form1" runat="server">
<asp:ScriptManager ID="ScriptManager1" runat="server"></asp:ScriptManager>
<div>
   <asp:UpdatePanel ID="UpdatePanel1" runat="server">
```

```
            <ContentTemplate>
                <asp:Label ID="Label1" runat="server" Text=" 这是一串字符串 " Font-Size ="12px"></
asp:Label><br /><br />
                <asp:TextBox ID="TextBox1" runat="server" AutoPostBack="True" OnTextChanged=
"TextBox1_TextChanged"></asp:TextBox>
            </ContentTemplate>
        </asp:UpdatePanel>
    </div>
    </form>
```

ScriptManager.aspx.cs 的代码如下：

```
    public partial class ScriptManager : System.Web.UI.Page
    {
        protected void Page_Load(object sender, EventArgs e)
        {
        }
        protected void TextBox1_TextChanged(object sender, EventArgs e)
        {
            try
            {
                Label1.Font.Size = FontUnit.Point(int.Parse(TextBox1.Text));
            }
            catch (Exception err)
            {
                Response.Write(" 错误 ");
            }
        }
    }
```

运行效果如图 9-35 和图 9-36 所示。

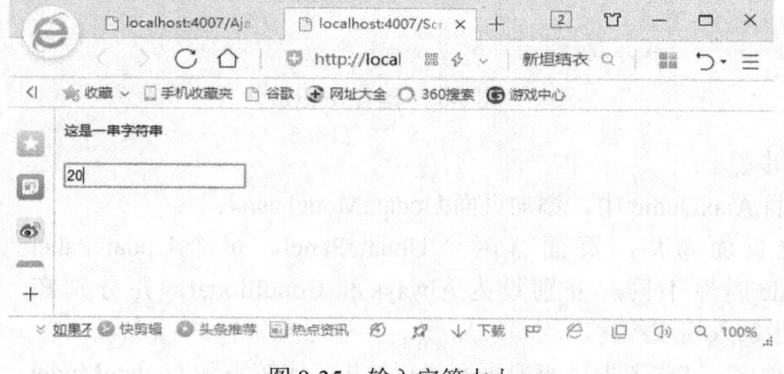

图 9-35　输入字符大小

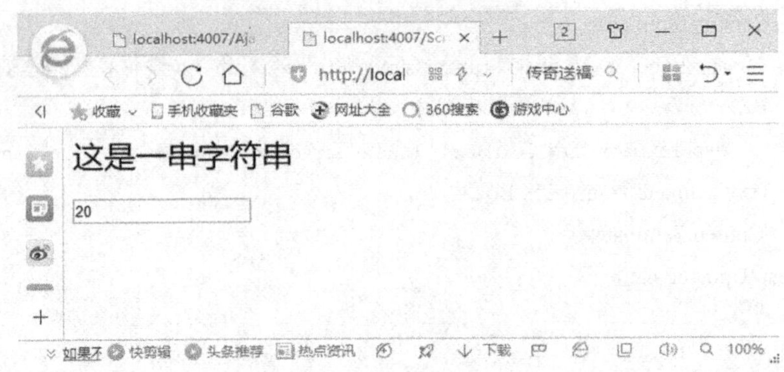

图 9-36　改变字符大小

3) UpdatePanel 的局部更新方式

(1) 实施要求。

通过设置 UpdatePanel 的 UpdateMode 值的不同来说明 UpdatePanel 的局部更新方式。运行效果如图 9-37 所示。

完成 Update 控件的局部更新方式

UpdatePanel 的局部更新方式

图 9-37　运行效果图

(2) 实施步骤。

① 在项目 AjaxDemo 中，添加页面 UpdateModel.aspx。

② 设置页面布局，页面有两个 UpdatePanel，每个 UpdatePanel 的 UpdateMode 属性不同，分别设为 Always 和 Conditional，并分别在 UpdatePanel 中加入相应控件。

UpdateMode 属性

③ 运行程序，在浏览器中查看页面运行效果，比较不同 UpdateModel

模式下，局部刷新的变化。

UpdateModel.aspx 的代码如下：

```
<body>
  <form id="form1" runat="server">
  <asp:ScriptManager ID="ScriptManager1" runat="server"></asp:Script Manager>
  <div>
    <h1> 局部更新方式 </h1>
    当 UpdateMode= Always 时，只要页面上引发了异步回发，就会更新。<br />
    当 UpdateMode=Conditional 时，是否更新取决于 Update Panel 的设置。
  </div>
  <div align="center" style="background-color:#c0c0c0">
    整页更新时间：<%=DateTime.Now.ToString() %>
    <asp:Button ID="Button1" runat="server" Text=" 传统标准按钮 ( 整页回发 )" />
  </div>
  <div align="center" style="background-color:#00FFFF">
    <asp:UpdatePanel ID="UpdatePanel1" runat="server" UpdateMode="Always">
      <ContentTemplate>UpdateMode:Always 局部可更新区域一的更新时间：
        <%=DateTime.Now.ToString() %>
        <asp:Button ID="Button2" runat="server" Text=" 更新局部区域一 ( 异步回发 )" />
      </ContentTemplate>
    </asp:UpdatePanel>
  </div>
  <div align="center" style="background-color:#FFFF00">
    <asp:UpdatePanel ID="UpdatePanel2" runat="server" UpdateMode ="Conditional">
      <ContentTemplate>UpdateMode: Conditional 局部可更新区域二的更新时间：
          <%=DateTime.Now.ToString() %>
          <asp:Button ID="Button3" runat="server" Text=" 更新局部区域二 ( 异步回发 )" />
      </ContentTemplate>
    </asp:UpdatePanel>
  </div>
  </form>
</body>
```

外部触发器的定义及使用

外部触发器的定义与使用

4) 外部触发器的定义与使用

(1) 实施要求。

运行效果如图 9-38 所示。

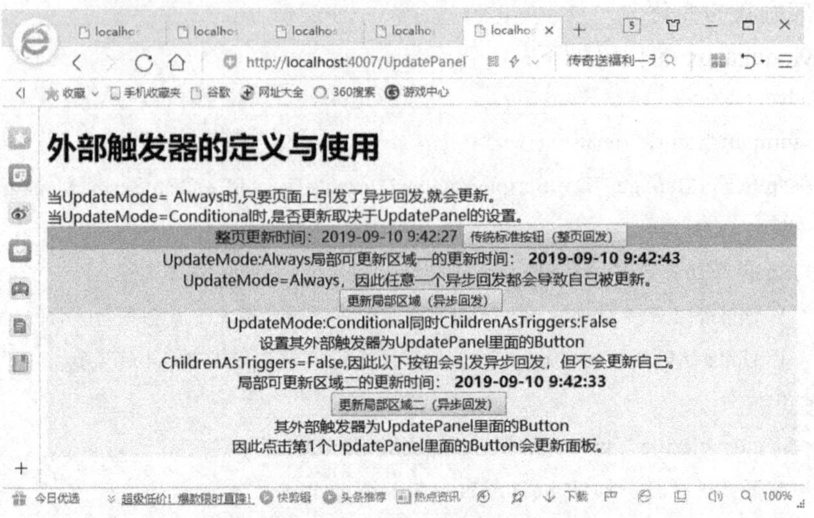

图 9-38 运行效果图

(2) 实施步骤。

① 在项目 AjaxDemo 中，添加页面 UpdatePanelTrigger.aspx。

② 设置页面布局，并为 UpdatePanel 加上 Trigger 触发器标签。

③ 运行程序，在浏览器中查看页面运行效果，比较加上 Trigger 后对局部刷新的影响。

子标签 Triggers

UpdatePanelTrigger.aspx 的代码如下：

```
<body>
  <form id="form1" runat="server">
  <asp:ScriptManager ID="ScriptManager1" runat="server"></asp:ScriptManager>
  <div>
    <h1> 外部触发器的定义与使用 </h1>
    当 UpdateMode= Always 时，只要页面上引发了异步回发，就会更新。<br />
    当 UpdateMode=Conditional 时，是否更新取决于 UpdatePanel 的设置。
  </div>
  <div align="center" style="background-color:#c0c0c0">
    整页更新时间：<%=DateTime.Now.ToString() %>
    <asp:Button ID="Button1" runat="server" Text=" 传统标准按钮 ( 整页回发 )" />
  </div>
  <div align="center" style="background-color:#00FFFF">
    <asp:UpdatePanel ID="UpdatePanel1" runat="server" UpdateMode="Always">
      <ContentTemplate>
        UpdateMode:Always 局部可更新区域一的更新时间：
        <b><%=DateTime.Now.ToString() %></b><br />
        UpdateMode=Always，因此任意一个异步回发都会导致自己被更新。<br />
        <asp:Button ID="Button2" runat="server" Text=" 更新局部区域 ( 异步回发 )" />
```

```
                </ContentTemplate>
            </asp:UpdatePanel>
        </div>
        <div align="center" style="background-color:#FFFF00">
            <asp:UpdatePanel ID="UpdatePanel2" runat="server" UpdateMode ="Conditional"
ChildrenAsTriggers="False">
                <ContentTemplate>
                    UpdateMode:Conditional 同时 ChildrenAsTriggers:False<br />
                    设置其外部触发器为 UpdatePanel 里面的 Button<br/>
                    ChildrenAsTriggers=False，因此以下按钮会引发异步回发，但不会更新自己。<br/>
                    局部可更新区域二的更新时间：
                    <b><%=DateTime.Now.ToString() %></b><br/>
                    <asp:Button ID="Button3" runat="server" Text=" 更新局部区域二 ( 异步回发 )" />
                    <br /> 其外部触发器为 UpdatePanel 里面的 Button<br/>
                    因此点击第 1 个 UpdatePanel 里面的 Button 会更新面板。
                </ContentTemplate>
                <Triggers>
                    <asp:AsyncPostBackTrigger ControlID="Button2" EventName="Click" />
                </Triggers>
            </asp:UpdatePanel>
        </div>
    </form>
</body>
```

5) 使用 Timer 控件定时取出服务器时间

(1) 实施要求。

运行效果如图 9-39 所示。

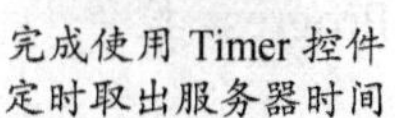

完成使用 Timer 控件定时取出服务器时间

使用 Timer 控件定时取出服务器时间

图 9-39　运行效果图

(2) 实施步骤。

① 在项目 AjaxDemo 中，添加页面 Timer.aspx。

② 设置页面布局，在页面加入 Timer 控件和其他相应控件，设置 Timer 控件的事件连续时间。

③ 运行程序，在浏览器查看页面运行效果。

Timer.aspx 示例代码如下：

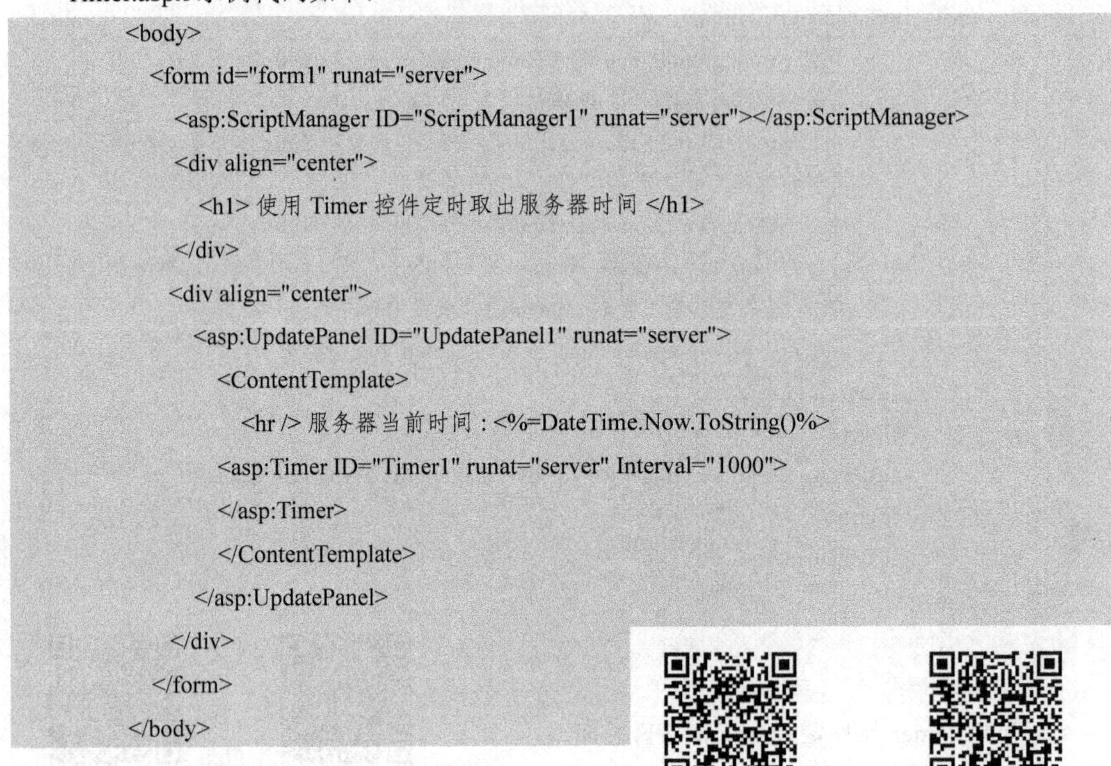

```
<body>
  <form id="form1" runat="server">
    <asp:ScriptManager ID="ScriptManager1" runat="server"></asp:ScriptManager>
    <div align="center">
      <h1> 使用 Timer 控件定时取出服务器时间 </h1>
    </div>
    <div align="center">
      <asp:UpdatePanel ID="UpdatePanel1" runat="server">
        <ContentTemplate>
          <hr /> 服务器当前时间 : <%=DateTime.Now.ToString()%>
        <asp:Timer ID="Timer1" runat="server" Interval="1000">
        </asp:Timer>
        </ContentTemplate>
      </asp:UpdatePanel>
    </div>
  </form>
</body>
```

完成使用 UpdateProgress 控件

使用 UpdateProgress 控件

6) 使用 UpdateProgress 控件

(1) 实施要求。

运行效果如图 9-40 和图 9-41 所示。

图 9-40　正在操作中

图 9-41　操作完成后

(2) 实施步骤。

① 在项目 AjaxDemo 中，添加页面 UpdateProgress.aspx。

② 设置页面布局，在页面加入 UpdateProgress 控件和其他相应控件。

③ 编写后台相应代码。

④ 运行程序，并查看页面运行效果。

UpdateProgress.aspx 代码如下：

```
<body>
  <form id="form1" runat="server">
    <asp:ScriptManager ID="ScriptManager1" runat="server"></asp:ScriptManager>
    <div align="center">
      <h1> 使用 UpdateProgress 控件 </h1>
    </div>
    <div align="center">
      <asp:UpdatePanel ID="UpdatePanel1" runat="server">
        <ContentTemplate>
        <asp:Button ID="Button1" runat="server" Text=" 启动一个长达 5 秒的工作 " OnClick=
"Button1_Click" /><br/><br/>
          <asp:UpdateProgress ID="UpdateProgress1" runat="server">
            <ProgressTemplate>
              操作中，请稍后……
            </ProgressTemplate>
          </asp:UpdateProgress><br/>
          <asp:Label ID="Label1" runat="server" Text="Label"></asp:Label>
        </ContentTemplate>
      </asp:UpdatePanel>
    </div>
  </form>
```

```
    </body>
```

UpdateProgress.aspx.cs 的代码如下：

```
public partial class UpdateProgress : System.Web.UI.Page
{
    protected void Page_Load(object sender, EventArgs e)
    {

    }

    protected void Button1_Click(object sender, EventArgs e)
    {
        System.Threading.Thread.Sleep(5000);
        Label1.Text = " 操作完成 ";
    }
}
```

单 元 测 试

1. 填空题

(1) 后台管理系统的用途有__________、__________和__________。

(2) 网站后台管理系统开发者的出发点是为了让__________用户有一个直观的表示方法，让不同的用户在懂得少许__________的基础上，就能够快速的构建一个风格个性化的而功能强大的专业企业网站。

(3) 每一套网站后台管理系统的出现就有它存在的价值，不同的行业，不同的需求，就有不同的市场。功能比较复杂的，__________，而且有些功能完全用不上；而功能比较简单的，对于后期维护和升级方面就__________。

2. 简答题

(1) 简述后台管理系统的作用。

(2) 建设后台管理系统的主要包含的操作有哪些。

3. 实践题

利用教材中提供的 CMS 系统为自己的网站构建一个后台管理系统。

任务 10　网站的发布

教学目标

通过本章的学习，掌握网站的发布，能够使用 Visual Studio 2013 正确发布网站。

知识目标

- 了解网站发布的条件。
- 了解发布网站的工具。
- 知道如何申请域名和空间。
- 掌握 Visual Studio 2013 发布网站的方法。

技能目标

- 能够利用 Visual Studio 2013 发布网站。

10.0　任务描述及工作单

通过前面的学习，已经顺利完成了一个校园网站的设计与开发，现在需要利用网站发布工具将其发布到服务器上，运行测试网站的功能。

10.1　网站发布简介

1. 发布网站的目的

网站开发人员一般使用自己的电脑(个人、公司办公)来开发网站，开发网站时会使用到后台数据库，和大量的后台编程语言(ASP、JSP、Java、PHP、ASP.NET 等)，数据库和编程语言在网站不发布的情况下，无法实现其应有的功能。网站建设好后，就需要发布到互联网上。

发布网站相关知识

2. 发布网站的途径

对于一般个人或者小公司，没有自己的服务器也没有固定的 IP 地址(公有 IP 地址)，无法自己发布网站。为了发布网站，一般会租用服务器或者购买网站发布空间，然后再把网站信息上传到服务器或者空间中。如果租用服务器，服务器管理员会将网站发布出去；购买的网站发布空间会自动把网站发布出去。对于大型公司，一般会自己购买服务器和固定的 IP 地址，可以自己发布网站，可以自己管理服务器也可以进行托管。

网站的部署及发布

3. 网站发布的条件

域名类似于 Internet 上的门牌号，是用于识别和定位 Internet 上计算机的层次结构的字符标识，是 Internet 用于解决地址对应问题的一种方法。虽然可以通过 IP 地址来访问互联网上的主机，但要记住一长串数字是比较困难的，因此互联网推出了域名服务。例如要访问中央电视台，用 www.cctv.com 访问要比通过 IP 地址 202.108.249.206 更方便，www.cctv.com 便是域名。

域名以若干英文字母和数字组成，由“.”分隔成几个部分。要申请一个与自己网站相符的域名，需向域名代理机构提出申请。一些提供免费主页空间的网站，在用户申请免费网站空间时会免费提供一个域名。

网站空间是指远程服务器中的用于存放网页的硬盘空间。获取网站空间的方法一般有以下几种：

(1) 申请免费主页空间。

目前，很多网站建设服务平台都会提供免费的网站空间，而国内比较稳定的网站空间也比较多，通常国内比较大的自助建站服务提供商的网站空间都比较好申请，具体就不一一列举了。申请网站空间可以通过在百度上搜索“免费空间”“网站空间申请”“网站虚拟空间申请”等关键词进行查找。

以凡科网为例，找到申请免费空间的网站后，单击网站上的【免费注册】按钮，即可进入免费空间的申请界面，如图 10-1 所示。填写网站空间的注册信息，即可完成网站空间的申请，如图 10-2 所示。

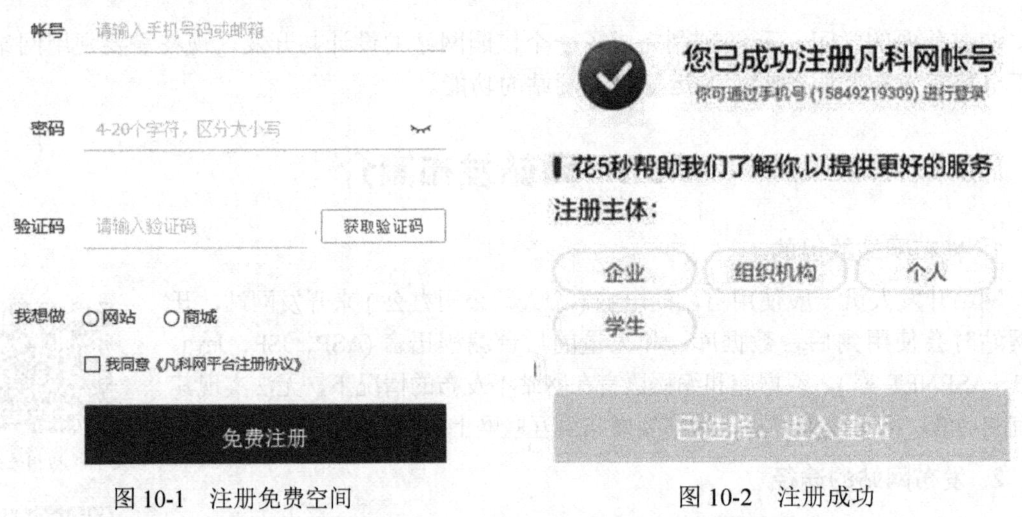

图 10-1　注册免费空间　　　　图 10-2　注册成功

(2) 付费空间。

为得到稳定的主页空间和较好的服务，越来越多的人购买付费空间。

4. 发布网站的工具

借助 FTP 工具软件，可以将本地网站上传到 Web 服务器中。支持 FTP 的工具软件有很多，甚至 IE 浏览器也支持，业界常用的是 FlashFXP 和 CuteFTP，需要单独下载安装。

1) 使用 FlashFXP 发布网站

(1) 选择“开始”|“所有程序”|“FlashFXP”命令，启动 FTP 工具 FlashFXP（需要单独安装），如图 10-3 所示。

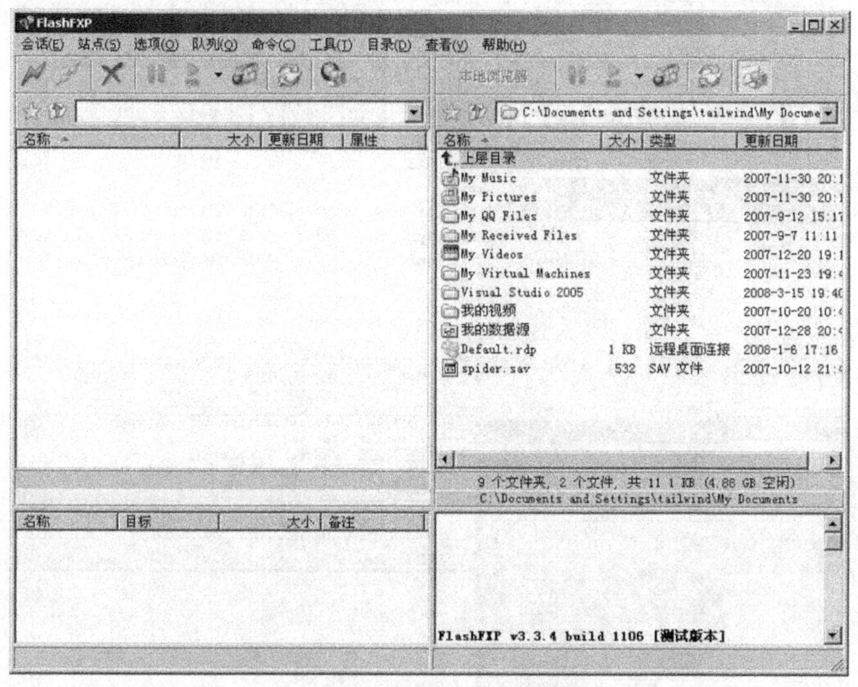

图 10-3　FlashFXP 程序界面

(2) 单击左上角的【连接】按钮，选择下拉列表中的“快速连接”命令，在弹出的“快速连接”对话框中填写 FTP 的相应信息，其中的“服务器”“用户名”和“ 密码”三个文本框中所填的信息，均来自申请虚拟主机成功后得到的信息，然后单击【连接】按钮，如图 10-4 所示。

(3) FlashFXP 开始与虚拟主机建立连接，成功后在左侧窗口显示远程服务器文件列表，右侧为本地文件列表，切换本地文件目录为发布路径“D:\website\upload”，如图 10-5 所示。

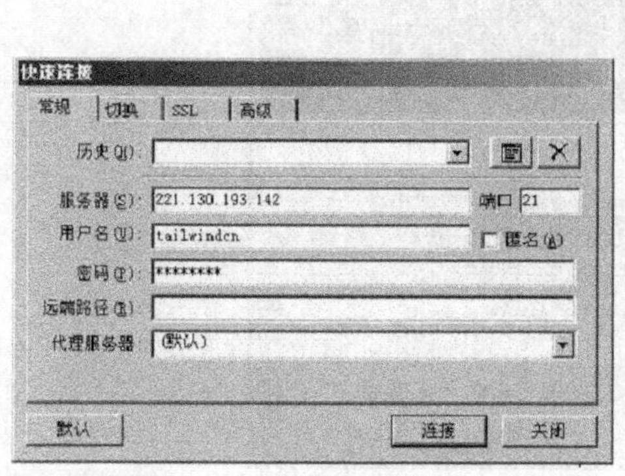

图 10-4　“快速连接”对话框

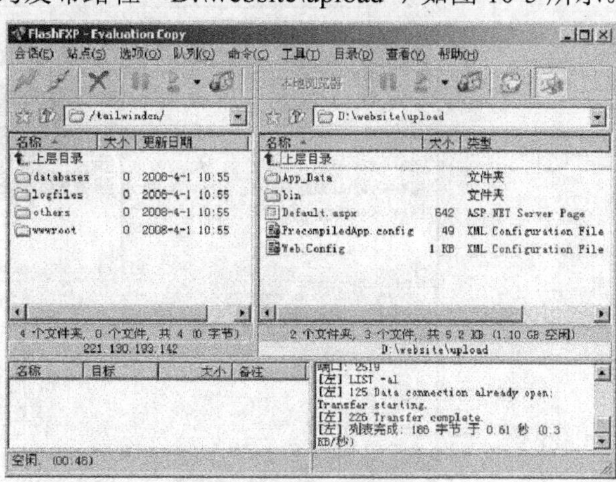

图 10-5　FlashFXP 连接后界面

(4) 双击左侧远程服务器的“wwwroot”进入该子目录，并删除其中的文件(保留 cert 子目录)，如图 10-6 所示。

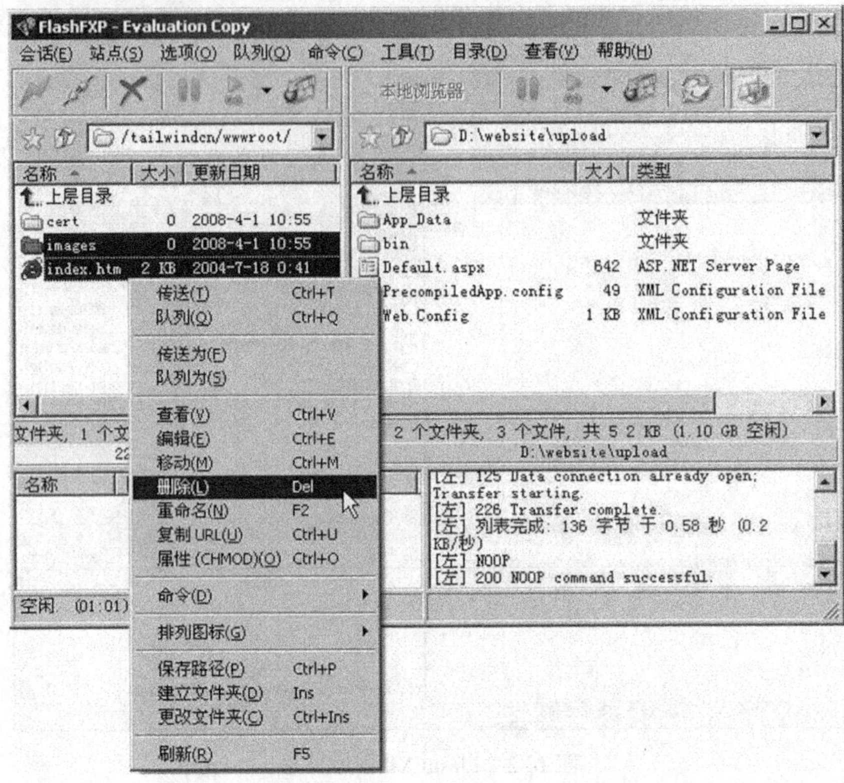

图 10-6 删除远程主机 wwwroot 子目录下的文件

(5) 选择右侧本地所有文件，单击工具栏右侧的【传送所选】按钮，将“D:\website\upload”中所有文件上传到远程服务器中，如图 10-7 所示。完成后关闭 FlashFXP。

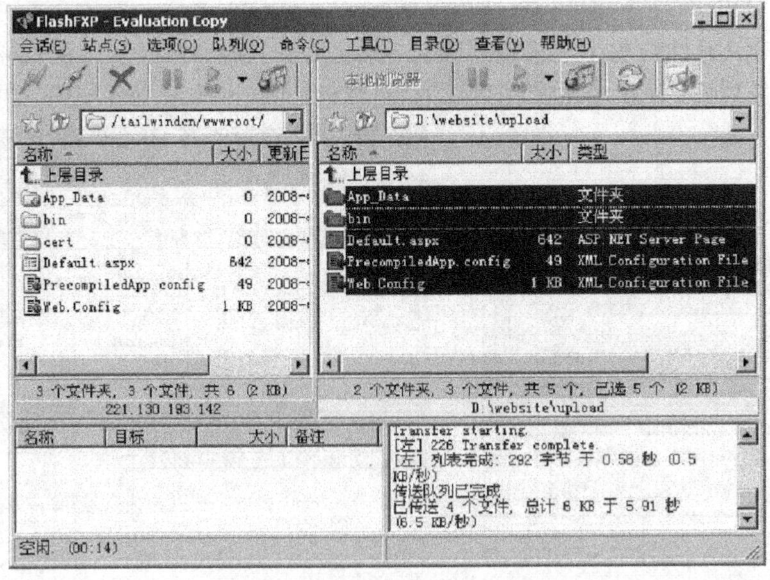

图 10-7 上传网站

提示

对于有些虚拟主机，连接后远程主机文件列表中不包含“wwwroot”这类的子目录，那么直接传送就可以了。这与虚拟主机的设置有关，具体要看提供商的使用说明。

2) 使用 CuteFTP 发布网站

(1) CuteFTP 的软件界面如图 10-8 所示。

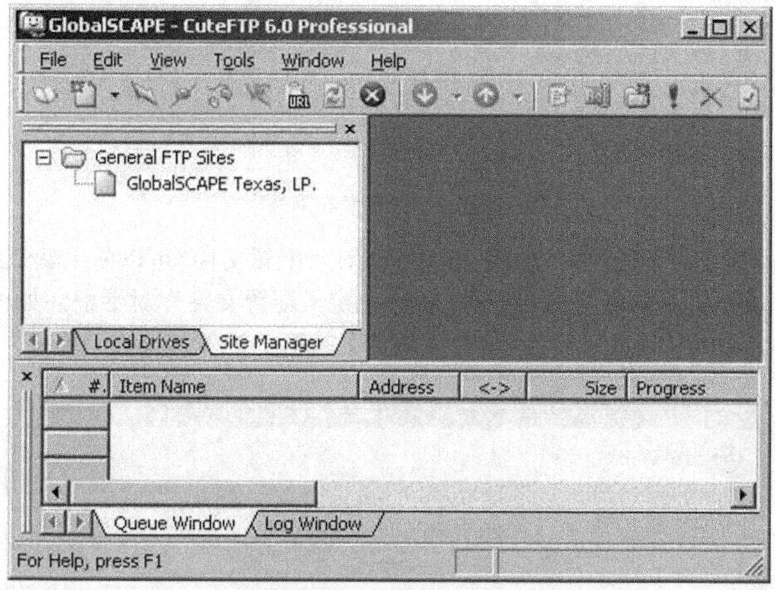

图 10-8 CuteFTP 软件界面

(2) 单击【快速连接】按钮，填写 FTP 服务器地址、用户名、密码后连接远程服务器，连接成功后，左侧窗口显示本地文件列表，右侧窗口显示远程主机文件列表，操作方式与 FlashFXP 类似。

此外，利用 Visual Studio 自带的发布网站功能也可以发布网站，在下一节中会重点讲利用 Visual Studio 2013 发布网站的步骤。

10.2 知识点 1：网站的发布

使用 Visual Studio 2013 发布校园网站的操作步骤如下：

(1) 在 Visual Studio 2013 中，打开创建的网站，重新生成一下，如果不报错，就单击右键，在弹出菜单中选择“发布网站”，如图 10-9 所示；如果报错，需要将程序错误修改正确后进行发布。

发布网站

发布网站

图 10-9　选择发布网站

(2) 弹出网站发布设置面板，如图 10-10 所示。“配置文件”可以使用默认的，或者新建。如果新建，可以单击“自定义”，打开“新建自定义配置文件”对话框，如图 10-11 所示，输入配置文件名 (可以随意取名)，单击【确定】按钮，进入到设置“连接”节点。

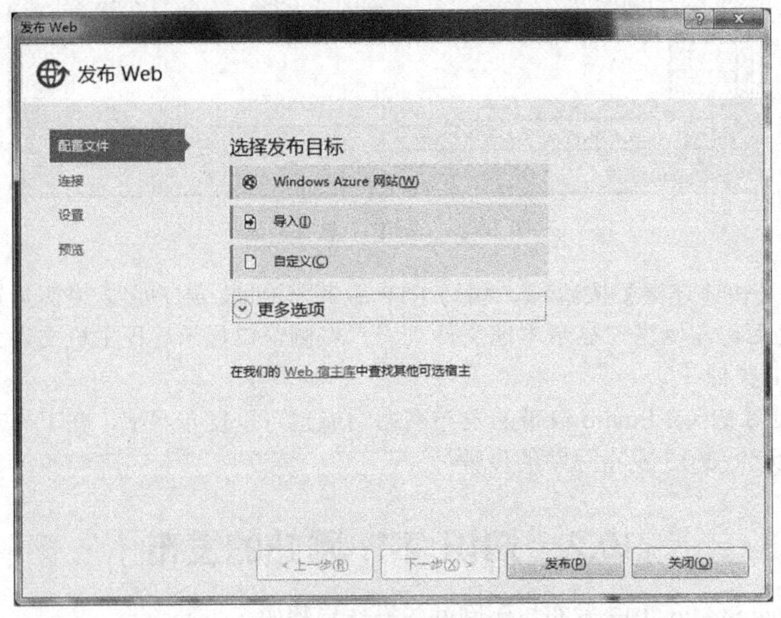

图 10-10　网站发布设置

图 10-11　新建自定义配置文件

(3) 在“发布方法”中选择“文件系统”，这样可以发布到自己指定的本机上，然后在“目标位置”中选择文件发布后存放的位置文件夹，如图 10-12 所示。

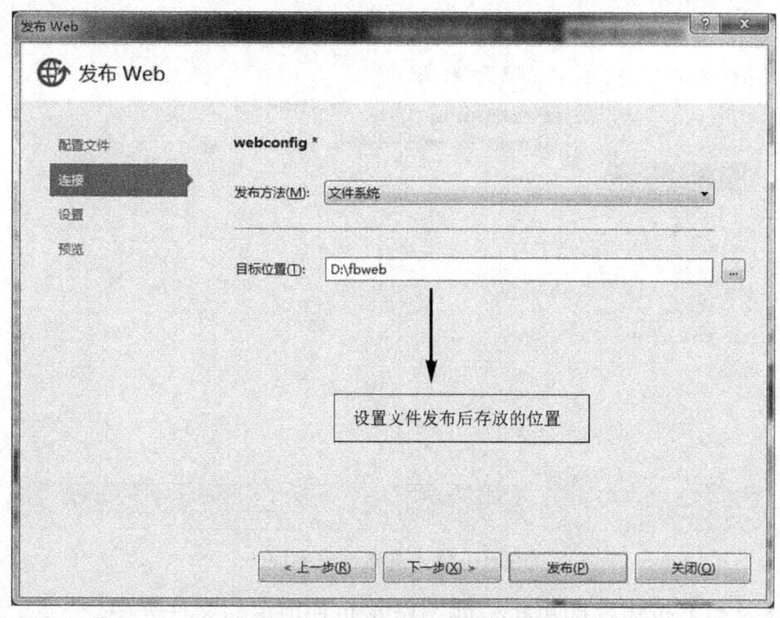

图 10-12　设置发布方法和目标位置

(4) 单击【下一步】按钮，进入到“设置”节点，在“配置”中选择发布模式，如图 10-13 所示。Release 被称为发布版本，它进行了优化，使得程序在代码大小和运行速度上都是最优的，以便用户很好地使用。Debug 被称为调试版本，它包含调试信息，并且不作任何优化，便于程序员调试程序。

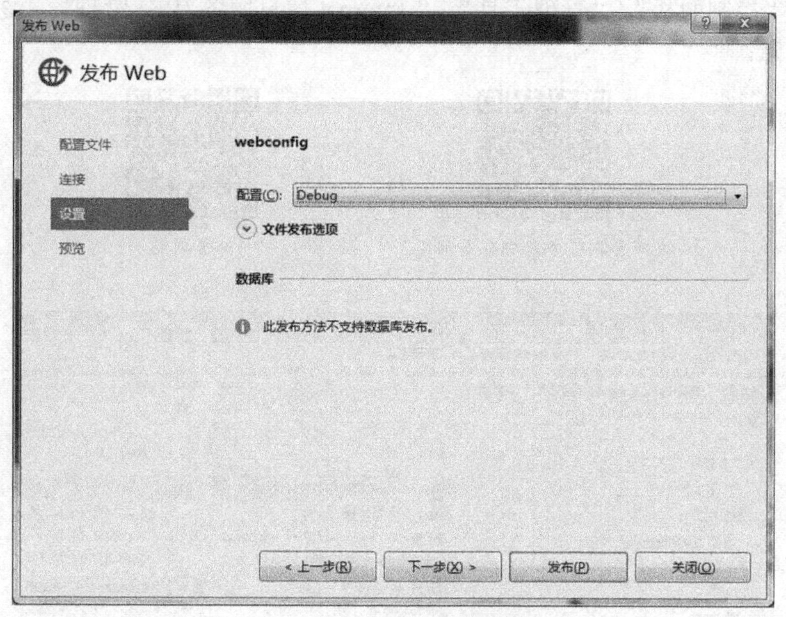

图 10-13　设置发布模式

(5) 单击【下一步】按钮，进入发布前的“预览”节点，如图 10-14 所示。

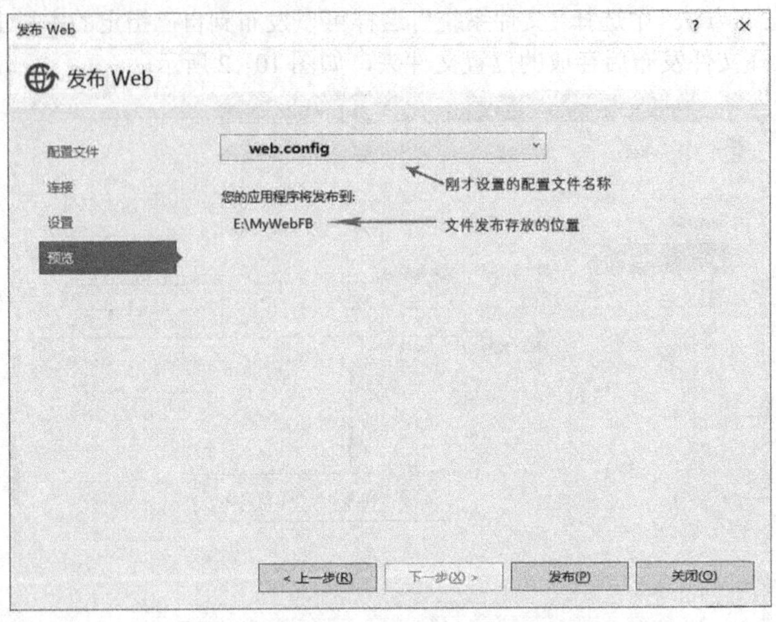

图 10-14　发布预览界面

(6) 单击【发布】按钮，即可将校园网站发布到指定的文件夹中。

注意：一定保证代码运行无错。

10.3　知识点 2：网站的部署

本节主要介绍在 Web 服务器中部署网站的方法。

(1) 单击“控制面板”|“管理工具”|“ Internet 信息服务 (IIS) 管理器”进入 IIS 界面，如图 10-15 所示。

发布并在服务器中部署网站

部署网站

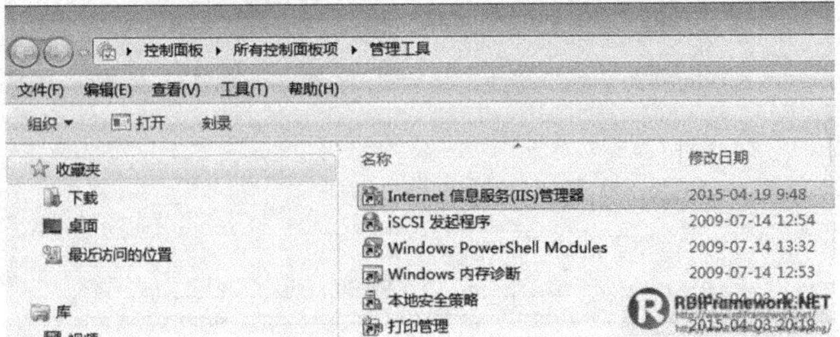

图 10-15　管理工具界面

(2) 双击“Internet 信息服务 (IIS) 管理器”，打开 Internet 信息服务 (IIS) 管理器，右键单击左侧“网站”树节点，选择“添加网站”，如图 10-16 所示。

图 10-16　IIS 界面

(3) 打开“添加网站”属性窗口，按如图 10-17 所示进行设置，单击【确定】按钮，IIS 的设置基本就完成了。

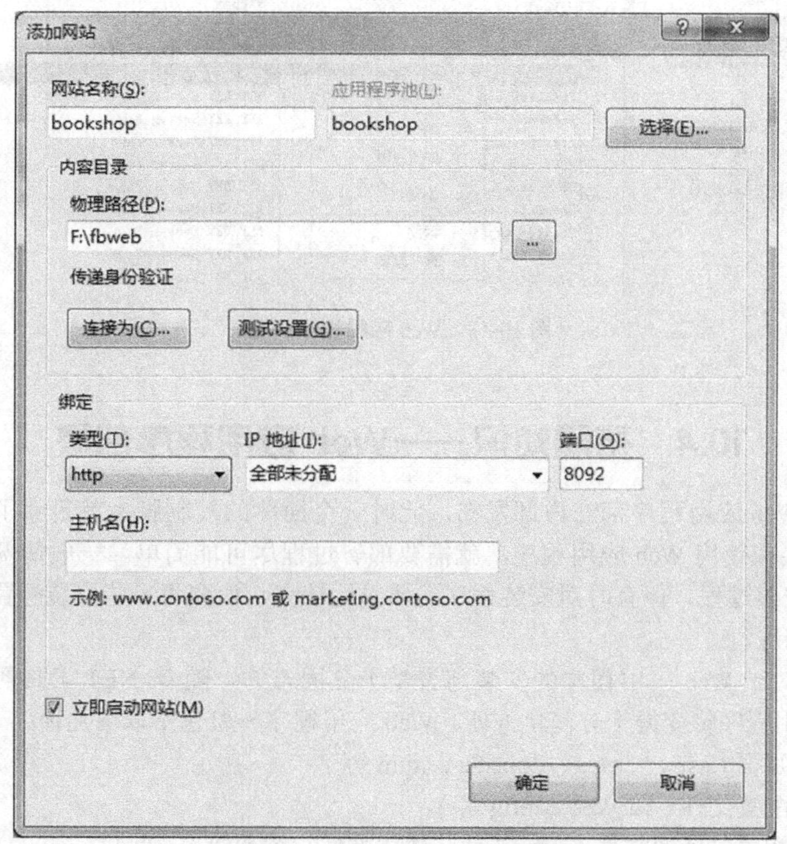

图 10-17　“添加网站”属性窗口

在图 10-17 中一些常用设置项说明如下：

① 网站名称：网站的名称可以随意命名，这里暂取为“bookshop”。

② 物理路径：该路径是 VS 2013 发布的文件系统路径，这里发布的路径是“F:\fbweb”。

③ 端口：设置为 8092，只要不与已占端口冲突即可。

(4) 在 Internet 信息服务 (IIS) 管理器中，右击网站名称，切换到内容视图，选择“index.aspx”文件，右键选择“浏览”，即可在默认浏览器中打开这个页面，如图 10-18 所示，到此就成功地完成了网站的部署及发布。

图 10-18　Web 应用程序部署

10.4　拓展知识——Web 应用程序部署

大多数 Web 应用程序都在内部发布，此时一个简单的复制脚本就足够了。但如果允许其他人购买或使用 Web 应用程序，就需要部署过程尽可能简单。一般情况下，需要尽可能地简化安装过程。但有时对安装程序的要求比较高，如要将一些安装配置信息写到注册表中去的情况。

以往，对于 Web 应用程序的安装部署是十分困难的，随着 .NET 工具的升级，安装部署 Web 应用程序将变得十分简单方便。Web 应用程序一般包括以下几种：

(1) Web 页面 (.aspx、.ascx、. master、.htm 等)。

(2) 各类配置文件 (如 Web.config 等)。

(3) 各类相关的资源文件 (.resx 文件、样式文件、图片等)。

(4) 各类包括业务核心代码的源代码文件或编译后的各类 DLL 文件，这些 DLL 文件放在 BIN 目录下。这些文件一般会放在 Web 服务器的一个虚拟目录下。

对于部署 Web 应用程序，在 .NET 中可以采用以下几种方法：

(1) 使用 XCOPY 部署。

(2) 使用 Visual Studio 的复制网站 (Copy Web Site) 部署。

(3) 使用 Visual Studio 的预编译 (Precompilation) 部署。

当创建并编译好一个 ASP.NET Web 应用程序之后，就可以使用 XCOPY 部署了。XCOPY 是 .NET 应用程序部署中最简单的方法。在运行中输入 cmd，打开 Windows 命令提示符，使用 XCOPY 命令将 Web 应用程序的所有文件复制所需文件到目的服务器的指定路径下。命令格式如下：

XCOPY source [destination] 参数

参数作用如下：

① Source：指定要复制的文件。

② Destination：指定新文件的位置和名称。

Visual Studio 的复制网站 (Copy Web Site) 功能可以方便地进行 Web 应用程序的部署和安装。使用该功能可以将 Web 工程复制到同一服务器、其他服务器或者 FTP 上。但需要注意的是使用该功能仅仅是将文件复制到目的路径中，并不执行任何编译操作。

ASP.NET 提供一种更新的编译部署方式，叫预编译部署 (Precompilation Deployment)。.Net Framework 2.0 提供了一个命令行工具 ASP.NET 编译工具——Aspnet_ Compiler.exe，利用 ASP. NET 编译工具可以就地编译 ASP.NET Web 应用程序，也可以为部署到某个目标位置 (如成品服务器) 编译 ASP.NET Web 应用程序。就地编译有助于提高应用程序的性能，因为在编译应用程序的过程中，最终用户可以避免第一次请求应用程序而导致的延迟。

单 元 测 试

1. 选择题

(1) (　　) 是用于创建 Web 应用程序的平台 , 该应用程序可使用 IIS 和 .NET Framework 在 Windows 服务器上运行

A. C#　　B. ASP.NET

C. Visual Basic.NET　　D. Visual Studio.NET

(2) 下列 (　　) 不是运行 ASP.NET 程序的必要条件。

A. IIS　　B. 浏览器

C. NET Framework　　D. Microsoft Visual Studio.NET 环境

(3) 假设 IIS 所预设的主目录位置为 D:\Test 目录下的 mytest. htm 被浏览 , 则其在浏览器中的地址为 (　　)。

A. http://mytest.htm　　B. http://localhost/mytest.htm

C. http://localhost　　D. http://localhost/test/mytest.htm

2. 操作题

将设计好的网站进行发布，生成发布文件。

参考文献

[1] 刘梅彦 . 动态网页制作实用教程 [M]. 北京：清华大学出版社，2010.
[2] 孙小英，马力 . 网页设计与制作项目教程 [M]. 武汉：华中科技大学出版社，2013.
[3] 神龙工作室 . 新编 ASP.NET 2.0 网络编程入门与提高 [M]. 北京：人民邮电出版社，2008.
[4] 明日科技 . 实战突击：ASP.NET 项目开发案例整合 [M]. 北京：电子工业出版社，2011.